全国高职高专药品类专业
国家卫生和计划生育委员会“十二五”规划教材

供生物制药技术专业用

微生物学

U0311624

主　编　凌庆枝

副主编　吴正吉

编　者（以姓氏笔画为序）

丁海峰（黄冈职业技术学院）
叶丹玲（浙江医药高等专科学校）
吴正吉（重庆医药高等专科学校）
周　立（大庆医学高等专科学校）
赵秀梅（黑龙江护理高等专科学校）
凌庆枝（浙江医药高等专科学校）

人民卫生出版社

图书在版编目（CIP）数据

微生物学/凌庆枝主编. —北京：人民卫生出版社，2013
ISBN 978-7-117-17442-8

Ⅰ.①微… Ⅱ.①凌… Ⅲ.①微生物学-高等职业教育-教材 Ⅳ.①Q93

中国版本图书馆CIP数据核字(2013)第131556号

人卫社官网	www.pmph.com	出版物查询，在线购书
人卫医学网	www.ipmph.com	医学考试辅导，医学数据库服务，医学教育资源，大众健康资讯

微 生 物 学

主　　编： 凌庆枝
出版发行： 人民卫生出版社（中继线 010-59780011）
地　　址： 北京市朝阳区潘家园南里19号
邮　　编： 100021
E - mail： pmph @ pmph.com
购书热线： 010-59787592　010-59787584　010-65264830
印　　刷： 北京人卫印刷厂
经　　销： 新华书店
开　　本： 787×1092　1/16　　**印张：** 19
字　　数： 450千字
版　　次： 2013年8月第1版　2018年1月第1版第8次印刷
标准书号： ISBN 978-7-117-17442-8/R·17443
定　　价： 33.00元
打击盗版举报电话：010-59787491　E-mail：WQ@pmph.com
（凡属印装质量问题请与本社市场营销中心联系退换）

全国高职高专药品类专业
国家卫生和计划生育委员会“十二五”规划教材

出版说明

随着我国高等职业教育教学改革不断深入，办学规模不断扩大，高职教育的办学理念、教学模式正在发生深刻的变化。同时，随着《中国药典》、《国家基本药物目录》、《药品经营质量管理规范》等一系列重要法典法规的修订和相关政策、标准的颁布，对药学职业教育也提出了新的要求与任务。为使教材建设紧跟教学改革和行业发展的步伐，更好地实现“五个对接”，在全国高等医药教材建设研究会、人民卫生出版社的组织规划下，全面启动了全国高职高专药品类专业第二轮规划教材的修订编写工作，经过充分的调研和准备，从2012年6月份开始，在全国范围内进行了主编、副主编和编者的遴选工作，共收到来自百余所包括高职高专院校、行业企业在内的900余位一线教师及工程技术与管理人员的申报资料，通过公开、公平、公正的遴选，并经征求多方面的意见，近600位优秀申报者被聘为主编、副主编、编者。在前期工作的基础上，分别于2012年7月份和10月份在北京召开了论证会议和主编人会议，成立了第二届全国高职高专药品类专业教材建设指导委员会，明确了第二轮规划教材的修订编写原则，讨论确定了该轮规划教材的具体品种，例如增加了可供药品类多个专业使用的《药学服务实务》、《药品生物检定》，以及专供生物制药技术专业用的《生物化学及技术》、《微生物学》，并对个别书名进行了调整，以更好地适应教学改革和满足教学需求。同时，根据高职高专药品类各专业的培养目标，进一步修订完善了各门课程的教学大纲，在此基础上编写了具有鲜明高职高专教育特色的教材，将于2013年8月由人民卫生出版社全面出版发行，以更好地满足新时期高职教学需求。

为适应现代高职高专人才培养的需要，本套教材在保持第一版教材特色的基础上，突出以下特点：

1. 准确定位，彰显特色　本套教材定位于高等职业教育药品类专业，既强调体现其职业性，增强各专业的针对性，又充分体现其高等教育性，区别于本科及中职教材，同时满足学生考取职业证书的需要。教材编写采取栏目设计，增加新颖性和可读性。

2. 科学整合，有机衔接　近年来，职业教育快速发展，在结合职业岗位的任职要求、整合课程、构建课程体系的基础上，本套教材的编写特别注重体现高职教育改革成果，教材内容的设置对接岗位，各教材之间有机衔接，避免重要知识点的遗漏和不必要的交叉重复。

3. 淡化理论，理实一体　目前，高等职业教育愈加注重对学生技能的培养，本套教材一方面既要给学生学习和掌握技能奠定必要、足够的理论基础，使学生具备一定的可持续发展的能力；同时，注意理论知识的把握程度，不一味强调理论知识的重要性、系统性和完整性。在淡化理论的同时根据实际工作岗位需求培养学生的实践技能，将实验实训类内容与主干教材贯穿在一起进行编写。

4. 针对岗位，课证融合 本套教材中的专业课程，充分考虑学生考取相关职业资格证书的需要，与职业岗位证书相关的教材，其内容和实训项目的选取涵盖了相关的考试内容，力争做到课证融合，体现职业教育的特点，实现“双证书”培养。

5. 联系实际，突出案例 本套教材加强了实际案例的内容，通过从药品生产到药品流通、使用等各环节引入的实际案例，使教材内容更加贴近实际岗位，让学生了解实际工作岗位的知识和技能需求，做到学有所用。

6. 优化模块，易教易学 设计生动、活泼的教材栏目，在保持教材主体框架的基础上，通过栏目增加教材的信息量，也使教材更具可读性。其中既有利于教师教学使用的“课堂活动”，也有便于学生了解相关知识背景和应用的“知识链接”，还有便于学生自学的“难点释疑”，而大量来自于实际的“案例分析”更充分体现了教材的职业教育属性。同时，在每节后加设“点滴积累”，帮助学生逐渐积累重要的知识内容。部分教材还结合本门课程的特点，增设了一些特色栏目。

7. 校企合作，优化团队 现代职业教育倡导职业性、实际性和开放性，办好职业教育必须走校企合作、工学结合之路。此次第二轮教材的编写，我们不但从全国多所高职高专院校遴选了具有丰富教学经验的骨干教师充实了编者队伍，同时我们还从医院、制药企业遴选了一批具有丰富实践经验的能工巧匠作为编者甚至是副主编参加此套教材的编写，保障了一线工作岗位上先进技术、技能和实际案例融入教材的内容，体现职业教育特点。

8. 书盘互动，丰富资源 随着现代技术手段的发展，教学手段也在不断更新。多种形式的教学资源有利于不同地区学校教学水平的提高，有利于学生的自学，国家也在投入资金建设各种形式的教学资源和资源共享课程。本套多种教材配有光盘，内容涉及操作录像、演示文稿、拓展练习、图片等多种形式的教学资源，丰富形象，供教师和学生使用。

本套教材的编写，得到了第二届全国高职高专药品类专业教材建设指导委员会的专家和来自全国近百所院校、二十余家企业行业的骨干教师和一线专家的支持和参与，在此对有关单位和个人表示衷心的感谢！并希望在教材出版后，通过各校的教学使用能获得更多的宝贵意见，以便不断修订完善，更好地满足教学的需要。

在本套教材修订编写之际，正值教育部开展“十二五”职业教育国家规划教材选题立项工作，本套教材符合教育部“十二五”国家规划教材立项条件，全部进行了申报。

全国高等医药教材建设研究会

人民卫生出版社

2013 年 7 月

附:全国高职高专药品类专业
国家卫生和计划生育委员会“十二五”规划教材

教 材 目 录

序号	教材名称	主编	适用专业
1	医药数理统计(第 2 版)	刘宝山	药学、药品经营与管理、药物制剂技术、生物制药技术、化学制药技术、中药制药技术
2	基础化学(第 2 版)★	傅春华 黄月君	药学、药品经营与管理、药物制剂技术、生物制药技术、化学制药技术、中药制药技术
3	无机化学(第 2 版)★	牛秀明 林 珍	药学、药品经营与管理、药物制剂技术、生物制药技术、化学制药技术、中药制药技术
4	分析化学(第 2 版)★	谢庆娟 李维斌	药学、药品经营与管理、药物制剂技术、生物制药技术、化学制药技术、中药制药技术、药品质量检测技术
5	有机化学(第 2 版)	刘 斌 陈任宏	药学、药品经营与管理、药物制剂技术、生物制药技术、化学制药技术、中药制药技术
6	生物化学(第 2 版)★	王易振 何旭辉	药学、药品经营与管理、药物制剂技术、化学制药技术、中药制药技术
7	生物化学及技术 *	李清秀	生物制药技术
8	药事管理与法规(第 2 版)★	杨世民	药学、中药、药品经营与管理、药物制剂技术、化学制药技术、生物制药技术、中药制药技术、医药营销、药品质量检测技术

序号	教材名称	主编	适用专业
9	公共关系基础(第2版)	秦东华	药学、药品经营与管理、药物制剂技术、生物制药技术、化学制药技术、中药制药技术、食品药品监督管理
10	医药应用文写作(第2版)	王劲松 刘　静	药学、药品经营与管理、药物制剂技术、生物制药技术、化学制药技术、中药制药技术
11	医药信息检索(第2版)★	陈　燕 李现红	药学、药品经营与管理、药物制剂技术、生物制药技术、化学制药技术、中药制药技术
12	人体解剖生理学(第2版)	贺　伟 吴金英	药学、药品经营与管理、药物制剂技术、生物制药技术、化学制药技术
13	病原生物与免疫学(第2版)	黄建林 段巧玲	药学、药品经营与管理、药物制剂技术、化学制药技术、中药制药技术
14	微生物学*	凌庆枝	生物制药技术
15	天然药物学(第2版)★	艾继周	药学
16	药理学(第2版)★	罗跃娥	药学、药品经营与管理
17	药剂学(第2版)	张琦岩	药学、药品经营与管理
18	药物分析(第2版)★	孙　莹 吕　洁	药学、药品经营与管理
19	药物化学(第2版)★	葛淑兰 惠　春	药学、药品经营与管理、药物制剂技术、化学制药技术
20	天然药物化学(第2版)★	吴剑峰 王　宁	药学、药物制剂技术
21	医院药学概要(第2版)★	张明淑 蔡晓虹	药学
22	中医药学概论(第2版)★	许兆亮 王明军	药品经营与管理、药物制剂技术、生物制药技术、药学
23	药品营销心理学(第2版)	丛　媛	药学、药品经营与管理
24	基础会计(第2版)	周凤莲	药品经营与管理、医疗保险实务、卫生财会统计、医药营销

序号	教材名称	主编	适用专业
25	临床医学概要(第2版)*	唐省三 郭　毅	药学、药品经营与管理
26	药品市场营销学(第2版)*	董国俊	药品经营与管理、药学、中药、药物制剂技术、中药制药技术、生物制药技术、药物分析技术、化学制药技术
27	临床药物治疗学 **	曹　红	药品经营与管理、药学
28	临床药物治疗学实训 **	曹　红	药品经营与管理、药学
29	药品经营企业管理学基础 **	王树春	药品经营与管理、药学
30	药品经营质量管理 **	杨万波	药品经营与管理
31	药品储存与养护(第2版)*	徐世义	药品经营与管理、药学、中药、中药制药技术
32	药品经营管理法律实务(第2版)	李朝霞	药学、药品经营与管理、医药营销
33	实用物理化学 **;*	沈雪松	药物制剂技术、生物制药技术、化学制药技术
34	医学基础(第2版)	孙志军 刘　伟	药物制剂技术、生物制药技术、化学制药技术、中药制药技术
35	药品生产质量管理(第2版)	李　洪	药物制剂技术、化学制药技术、生物制药技术、中药制药技术
36	安全生产知识(第2版)	张之东	药物制剂技术、生物制药技术、化学制药技术、中药制药技术、药学
37	实用药物学基础(第2版)	丁　丰 李宏伟	药学、药品经营与管理、化学制药技术、药物制剂技术、生物制药技术
38	药物制剂技术(第2版)*	张健泓	药物制剂技术、生物制药技术、化学制药技术
39	药物检测技术(第2版)	王金香	药物制剂技术、化学制药技术、药品质量检测技术、药物分析技术
40	药物制剂设备(第2版)*	邓才彬 王　泽	药学、药物制剂技术、药剂设备制造与维护、制药设备管理与维护

序号	教材名称	主编	适用专业
41	药物制剂辅料与包装材料(第2版)	刘 葵	药学、药物制剂技术、中药制药技术
42	化工制图(第2版)★	孙安荣 朱国民	药物制剂技术、化学制药技术、生物制药技术、中药制药技术、制药设备管理与维护
43	化工制图绘图与识图训练(第2版)	孙安荣 朱国民	药物制剂技术、化学制药技术、生物制药技术、中药制药技术、制药设备管理与维护
44	药物合成反应(第2版)★	照那斯图	化学制药技术
45	制药过程原理及设备 **	印建和	化学制药技术
46	药物分离与纯化技术(第2版)	陈优生	化学制药技术、药学、生物制药技术
47	生物制药工艺学(第2版)	陈电容 朱照静	生物制药技术
48	生物药物检测技术 **	俞松林	生物制药技术
49	生物制药设备(第2版)★	罗合春	生物制药技术
50	生物药品 **;★	须 建	生物制药技术
51	生物工程概论 **	程 龙	生物制药技术
52	中医基本理论(第2版)	叶玉枝	中药制药技术、中药、现代中药技术
53	实用中药(第2版)	姚丽梅 黄丽萍	中药制药技术、中药、现代中药技术
54	方剂与中成药(第2版)	吴俊荣 马 波	中药制药技术、中药
55	中药鉴定技术(第2版)★	李炳生 张昌文	中药制药技术
56	中药药理学(第2版)★	宋光熠	药学、药品经营与管理、药物制剂技术、化学制药技术、生物制药技术、中药制药技术
57	中药化学实用技术(第2版)★	杨 红	中药制药技术
58	中药炮制技术(第2版)★	张中社	中药制药技术、中药

序号	教材名称	主编	适用专业
59	中药制药设备(第2版)	刘精婵	中药制药技术
60	中药制剂技术(第2版)★	汪小根 刘德军	中药制药技术、中药、中药鉴定与质量检测技术、现代中药技术
61	中药制剂检测技术(第2版)★	张钦德	中药制药技术、中药、药学
62	药学服务实务 *	秦红兵	药学、中药、药品经营与管理
63	药品生物检定技术 *;★	杨元娟	生物制药技术、药品质量检测技术、药学、药物制剂技术、中药制药技术
64	中药鉴定技能综合训练 **	刘　颖	中药制药技术
65	中药前处理技能综合训练 **	庄义修	中药制药技术
66	中药制剂生产技能综合训练 **	李　洪 易生富	中药制药技术
67	中药制剂检测技能训练 **	张钦德	中药制药技术

说明:本轮教材共61门主干教材,2门配套教材,4门综合实训教材。第一轮教材中涉及的部分实验实训教材的内容已编入主干教材。* 为第二轮新编教材;** 为第二轮未修订,仍然沿用第一轮规划教材;★为教材有配套光盘。

第二届全国高职高专药品类专业教育教材建设指导委员会

成 员 名 单

顾　问

张耀华　国家食品药品监督管理总局

名誉主任委员

姚文兵　中国药科大学

主任委员

严　振　广东食品药品职业学院

副主任委员

刘　斌　天津医学高等专科学校
邬瑞斌　中国药科大学高等职业技术学院
李爱玲　山东食品药品职业学院
李华荣　山西药科职业学院
艾继周　重庆医药高等专科学校
许莉勇　浙江医药高等专科学校
王　宁　山东医学高等专科学校
岳苓水　河北化工医药职业技术学院
昝雪峰　楚雄医药高等专科学校
冯维希　连云港中医药高等职业技术学校
刘　伟　长春医学高等专科学校
佘建华　安徽中医药高等专科学校

委　员

张　庆　济南护理职业学院
罗跃娥　天津医学高等专科学校
张健泓　广东食品药品职业学院
孙　莹　长春医学高等专科学校
于文国　河北化工医药职业技术学院
葛淑兰　山东医学高等专科学校
李群力　金华职业技术学院
杨元娟　重庆医药高等专科学校
于沙蔚　福建生物工程职业技术学院
陈海洋　湖南环境生物职业技术学院
毛小明　安庆医药高等专科学校
黄丽萍　安徽中医药高等专科学校
王玮瑛　黑龙江护理高等专科学校
邹浩军　无锡卫生高等职业技术学校
秦红兵　江苏盐城卫生职业技术学院
凌庆枝　浙江医药高等专科学校
王明军　厦门医学高等专科学校
倪　峰　福建卫生职业技术学院
郝晶晶　北京卫生职业学院
陈元元　西安天远医药有限公司
吴廼峰　天津天士力医药营销集团有限公司
罗兴洪　先声药业集团

前　言

随着我国社会的快速发展，生物医药技术与其产业的飞速进步，社会需要更多的生物医药技术人才和生命健康产品，医药类高等职业教育必将担当此重任，而相应的教材则是实现此目标的重要抓手。

本教材是全国高职高专药品类专业第二轮规划教材(即国家卫生和计划生育委员会“十二五”规划教材)之一，是在全国高等医药教材建设研究会、人民卫生出版社的组织规划下编写而成的。

微生物学是药品类专业主要的专业基础课，本教材主要针对生物制药技术专业高职高专学生的学习特点，遵守全国高职高专药品类专业第二轮规划教材的编写原则，注重实用性、科学性、理论联系实际，以微生物的细胞结构为线索，从原核微生物、真核微生物到非细胞微生物，在主要概述这三类核微生物的生物学特性的基础上，重点阐述微生物与药学的关系，特别是微生物学在药学上的应用。本教材的核心线索是微生物的结构、微生物与药学的关系，此为本教材的突出特点。教材在理论阐述的基础上，结合相关的工作岗位实际，编写了相应的实训内容。在栏目设置上也突出了微生物与药学这一主线。

参加本教材编写的共有5所学校的6位教师，他(她)们都是长期工作在高等职业教育教学科研第一线的教师，具有丰富的教学经验，分别是浙江医药高等专科学校的凌庆枝、叶丹玲；重庆医药高等专科学校的吴正吉；黑龙江护理高等专科学校的赵秀梅；大庆医学高等专科学校的周立；黄冈职业技术学院的丁海峰(排名不分先后)，本书是集体劳动的结晶，第一章由凌庆枝编写，第二章由赵秀梅、丁海峰、凌庆枝编写，第三章由吴正吉、凌庆枝编写，第四章由赵秀梅、周立编写，第五章由吴正吉编写，第六章由叶丹玲、凌庆枝编写；实训一～七由赵秀梅编写，实训八由吴正吉编写。全书由凌庆枝统稿。在本教材的编写过程中，得到了全国高等医药教材建设研究会的指导，得到了人民卫生出版社的特别帮助支持以及各编写人员所在单位的大力支持，在此一并致以衷心的感谢。

本次教材编写时间较紧，加上编者水平有限，经验尚显不足，书中的缺点和错误在所难免，恳请使用本教材的教师、学生以及有关专家提出宝贵意见，以利进一步完善和提高。

编　者

2013年4月

目　录

第一章　微生物与微生物学 …………………………………………………… 1

第一节　微生物概述 …………………………………………………………… 1

一、微生物的概念 …………………………………………………………… 1

二、微生物的特点 …………………………………………………………… 1

三、微生物的分类及细菌的命名 …………………………………………… 3

第二节　微生物与人类的关系 ……………………………………………… 6

一、微生物在自然界物质循环中的作用 …………………………………… 6

二、微生物与医疗卫生 ……………………………………………………… 7

三、微生物与工业发展 ……………………………………………………… 7

四、微生物与农业生产 ……………………………………………………… 8

五、微生物与环境保护 ……………………………………………………… 8

六、微生物与药学的发展 …………………………………………………… 8

第三节　微生物学及其发展简史 …………………………………………… 10

一、微生物学及其分支学科 ………………………………………………… 10

二、微生物学发展简史 ……………………………………………………… 11

三、微生物学发展趋势 ……………………………………………………… 15

第二章　原核微生物 ………………………………………………………… 18

第一节　细菌 ………………………………………………………………… 18

一、细菌的形态与结构 ……………………………………………………… 18

二、细菌的生理 ……………………………………………………………… 31

三、细菌的分布与控制 ……………………………………………………… 46

四、细菌的遗传和变异 ……………………………………………………… 56

五、细菌对药物的敏感性 …………………………………………………… 63

六、细菌的致病性 …………………………………………………………… 71

七、常见病原性细菌 ………………………………………………………… 74

第二节　放线菌 …………………………………………………………………… 81
一、放线菌的生物学特性 ………………………………………………… 81
二、放线菌的主要用途与危害 …………………………………………… 84
第三节　其他原核微生物简介 …………………………………………………… 91
一、螺旋体 ………………………………………………………………… 91
二、支原体 ………………………………………………………………… 96
三、衣原体 ………………………………………………………………… 98
四、立克次体 ……………………………………………………………… 99

第三章　真核微生物 ……………………………………………………………… 105
第一节　真菌概述 ………………………………………………………………… 105
一、真菌的基本特性 ……………………………………………………… 105
二、几种常见的真菌 ……………………………………………………… 110
第二节　药用真菌 ………………………………………………………………… 116
一、药用真菌概述 ………………………………………………………… 116
二、常用的药用真菌 ……………………………………………………… 119

第四章　病毒 ……………………………………………………………………… 124
第一节　病毒概述 ………………………………………………………………… 124
一、病毒的基本特性 ……………………………………………………… 124
二、病毒的增殖 …………………………………………………………… 127
三、病毒的遗传与变异 …………………………………………………… 130
四、病毒的分类 …………………………………………………………… 131
五、病毒的感染与防治 …………………………………………………… 133
第二节　病毒的人工培养 ………………………………………………………… 136
一、病毒的细胞培养 ……………………………………………………… 137
二、病毒的鸡胚培养 ……………………………………………………… 137
三、病毒的动物接种 ……………………………………………………… 137
第三节　抗病毒药物 ……………………………………………………………… 138
一、抗病毒化学药物 ……………………………………………………… 138
二、干扰素和干扰素诱生剂 ……………………………………………… 139
三、抗病毒基因制剂 ……………………………………………………… 140
四、抗病毒中草药 ………………………………………………………… 141
五、抗病毒药物的作用机制 ……………………………………………… 141
第四节　噬菌体 …………………………………………………………………… 141
一、噬菌体的生物学性状 ………………………………………………… 142
二、噬菌体与宿主的相互关系 …………………………………………… 143
三、噬菌体在医药学中的应用 …………………………………………… 144

第五节 常见致病性病毒 …… 145
一、流行性感冒病毒 …… 145
二、SARS 冠状病毒 …… 148
三、脊髓灰质炎病毒 …… 150
四、肝炎病毒 …… 152
五、人类免疫缺陷病毒 …… 160

第五章 微生物的感染与免疫 …… 169
第一节 固有免疫的抗感染作用 …… 169
一、固有免疫的概念与特征 …… 169
二、固有免疫的结构基础 …… 170
三、固有免疫的抗感染作用 …… 175
第二节 适应性免疫的抗感染作用 …… 176
一、适应性免疫的概念与特征 …… 176
二、适应性免疫的结构基础 …… 177
三、适应性免疫的抗感染作用 …… 197

第六章 微生物在生物制药中的应用 …… 203
第一节 生物制药工业中的微生物污染 …… 203
一、生物制药工业中污染微生物的来源 …… 203
二、生物制药工业中微生物污染的危害 …… 204
三、生物制药工业中微生物污染的防止措施 …… 207
第二节 微生物发酵 …… 212
一、微生物发酵概述 …… 212
二、微生物发酵的发展历程 …… 214
三、微生物发酵制药的基本流程 …… 216
四、微生物发酵的异常及其处理 …… 228
五、微生物发酵的发展趋势 …… 231
第三节 微生物药物 …… 232
一、微生态制剂 …… 233
二、疫苗 …… 234
三、微生物代谢产物 …… 234

实训部分 …… 254
实训一 显微镜的使用与细菌形态结构观察 …… 254
实训二 革兰染色技术 …… 256
实训三 培养基的制备 …… 257
实训四 细菌的接种与培养 …… 259

实训五　细菌的生化鉴定 …… 264
实训六　细菌的分布与控制技术 …… 266
实训七　细菌对药物的敏感性试验 …… 273
实训八　真菌的形态与结构观察 …… 276

参考文献 …… 277
目标检测参考答案 …… 278
微生物学教学大纲 …… 281

第一章　微生物与微生物学

在大自然中，生活着一类人们仅凭肉眼不能直接看见的生物，无论在繁华的都市、广阔的田野，还是在高山之巅、海洋之底，到处都有它们的身影，这群生物就是微生物，它们和植物、动物及人类共同组成了地球上的生物大家庭，使整个自然界充满勃勃生机。

第一节　微生物概述

一、微生物的概念

微生物(microorganism)是一类个体微小、构造简单、人们需借助显微镜才能看清其个体形态的微小生物的总称。

虽然人们对微生物的认识只有几百年的历史，但微生物却是地球上最早的“居民”。因为地球诞生至今已有46亿多年，而最早的微生物在35亿年前就已出现了，可是人类自诞生至今只有几百万年的历史。

微生物在地球上出现最早，但却能延续至今，这与其自身的特点密切相关。

二、微生物的特点

微生物和动植物一样，具有生物最基本的特征——新陈代谢、生长繁殖、遗传变异。此外，微生物还有其自身的一些特点及其独特的生物多样性。

1. 种类多、数量大、分布广　微生物种类繁多，迄今为止，人们所知道的微生物约有10余万种。但由于微生物的发现和研究较动植物迟得多，科学家们估计目前已知的微生物种类只占地球实际存在的微生物总数的20%，据此推测，微生物很可能是地球上物种最多的一类生物。

虽然人们仅凭肉眼看不到微生物，但我们却生活在一个充满微生物的环境中。在自然界里，除了“明火”、火山喷发的中心区和人工制造的“无菌场所”外，可以说微生物是无处不在、无孔不入。人类正常生活的地方是微生物生长的适宜场所，其中土壤是多种微生物的大本营，1g肥沃的土壤中微生物的数量可达到千百万乃至数亿。此外，甚至85km的高空、2000m深的地层、近100℃的温泉、－250℃的极寒冷环境等地方，均有微生物的生存。

除了存活在自然环境中，微生物还生存在动植物和人体内，如人的肠道中经常居住着100～400种不同的微生物，总数可达100万亿之多。把手放到显微镜下观察，一双普通的手上带有细菌4万～40万个，即使刚刚清洗过，上面也有300个左右的细菌，不过这些细菌绝大多数不是致病菌。

2. 个体微小、比表面积大、吸收多、转化快　绝大多数微生物的个体极其微小，需借助显微镜放大数十倍、数百倍甚至数万倍才能看清。微生物的大小常用 μm（$1m=10^6 μm$）或 nm（$1m=10^9 nm$）来表示。但是，也有极少数微生物是肉眼可见的，如一些藻类和真菌。近年来，人们还发现两种个体较大的细菌，它们是费氏刺尾鱼菌 *Epulopiscium fishelsoni* 和纳米比亚嗜硫珠菌 *Thiomargarita namibiensis*。

微生物体积微小，相对而言其比表面积却大。比表面积是指某一物体单位体积所占有的表面积，物体的体积越小，其比表面积就越大。微生物与大型生物相区别的关键在于其具有巨大的比表面积（即微生物的表面积和体积之比），如果把人的比表面积值设定为 1，则大肠埃希菌的比表面积可达 30 万。

微生物有巨大的比表面积，这有利于微生物在其生命活动时与环境中的物质、能量和信息的交换，表现为对营养物质吸收多、转化快。微生物能利用的物质十分广泛，是其他生物望尘莫及的。凡动植物能利用、不能利用，甚至对动植物有毒的物质，都可以被微生物所分解利用。

人们可以利用微生物"胃口"大、"食谱"广的特性，发挥其"微生物工厂"的作用，使大量基质在短时间内转化为有用的医药产品、食品或化工产品，使有害化为无害、无用变为可用。

3. 新陈代谢能力强、生长旺、繁殖速度快　由于微生物新陈代谢能力特别强，使它们的"胃口"变得分外庞大，如发酵乳糖的细菌在 1 小时内可分解是其自身重 100～1000 倍的乳糖。微生物代谢速率是任何其他生物所不及的，如大肠埃希菌在合适条件下，每小时可消耗相当于自身重量 2000 倍的糖，而人体消耗同样量的糖则需 40 年之久。

微生物的这个特性为它们高速生长、繁殖提供了充分的物质基础，从而以惊人的速度繁殖。绝大多数微生物的繁殖方式为无性"二分裂法"，繁殖速度极快，如大肠埃希菌在合适的条件下，约 20 分钟可繁殖一代，如按这个速度计算，一个细菌 10 小时可繁殖成 10 亿个！实际上，由于受各种条件（如营养物质的消耗、代谢废物的积累等）的限制，这种几何级数的繁衍只能维持几小时，是不可能无限制地翻番繁殖的，但即使如此，微生物的繁殖速度也足以让动植物望尘莫及。

另外，微生物的代谢类型多种多样，既可以 CO_2 为碳源进行自养型生长，也可以有机物为碳源进行异养型生长；既可以光能为能源，也可以化学能为能源；既可在有氧条件下生长，又可在无氧条件下生长，甚至可以兼性需氧或厌氧。微生物代谢的中间体和产物更是多种多样，可用于生产各种各样的工业产品，如酸、生物碱、醇、糖类、氨基酸、维生素、脂类、蛋白质、抗生素等。

4. 适应力强、易变异　微生物对环境条件，甚至是对恶劣的"极端环境"也具有惊人的适应力，这是高等动植物无法比拟的。如大多数细菌能耐 −196～0℃的低温；一些嗜盐菌能在接近饱和盐水（32%）的环境下正常生存；许多微生物尤其是产芽孢的细菌可在干燥条件下保藏几十年。

由于微生物的个体一般都是单细胞、简单多细胞或非细胞的，通常都是单倍体，加上它们新陈代谢旺盛、繁殖快的特点，并且与外界环境的接触面大，所以容易受外界条件的影响而发生性状变化。尽管变异的概率只有 10^{-10}～10^{-5}，但微生物仍可以在短时间内产生大量变异的后代，在外界环境条件发生剧烈变化时，变异了的个体就适应新的环境而生存下来。

微生物很容易发生变异，且可在短时间内出现大量的变异后代，这种不稳定性既会带来不利影响，又可以被人们利用。如常见的病原菌耐药性变异，给临床药物治疗带来困难；但利用微生物的变异也可制备疫苗；又如利用变异对生产菌种进行改造，获得优良品种，提高产量，最典型的例子是青霉素的发酵生产，通过改良菌种由最初发酵产物每毫升只含20U上升至近10万U。反之，变异也可使优良菌种退化，影响生产。微生物的适应强、易变异的特点也是造成其种类繁多的原因之一。

5. 结构简单，是研究生命科学规律的理想材料　微生物的结构简单，绝大多数是单细胞或个体结构简单的多细胞，甚至无细胞结构，仅有DNA或RNA。

微生物虽然结构简单，但却承载生命活动的功能。随着生物科学研究的深入，人们逐渐认识到微生物不是一个独立的分类类群。由于它们具有个体微小、形态结构简单、生长繁殖快速、代谢类型多样、分布广泛、容易发生变异，生物学特性比较接近，它们大多数能够生长在试管或三角瓶中，且便于保存等特点；而且，对它们的研究一般都要采用显微镜、分离、灭菌和培养等技术方法，微生物的代谢过程也与高等动植物的代谢模式相同或相似，如酿酒酵母的乙醇发酵机制和脊椎动物肌肉的糖酵解十分相似，可见其酶系统是相同的，这些特征使微生物当之无愧地成为研究阐明许多生命基本过程的理想材料。科学家们以微生物作为研究材料，已经获得了许多有关生命机制的著名的研究成果，特别是在遗传学研究方面。如在深入研究肺炎双球菌的基础上，发现遗传物质的化学性质是DNA，明确了生物遗传物质的本质问题。

近年来，微生物的研究无论在基础理论上还是在应用上都发展迅速，并且与相关的学科形成了交叉和渗透，如基因工程技术的理论和应用就是微生物技术与分子生物学技术、发酵技术等的完美结合。

三、微生物的分类及细菌的命名

1. 微生物在自然界生物中的地位　生物分类学的始祖——瑞典植物学家林奈(Carolus Linnaeus，1707—1778)在200多年前将生物划分为动物界和植物界，因那时对微生物缺乏系统的了解，使得动植物这两类生物界限十分明确。自从人们发现并逐步认识了微生物以后，科学家们习惯地把微生物分别归入动物界或植物界的低等类型。例如，原生动物没有细胞壁，能运动，不进行光合作用，故被归入动物界。藻类有细胞壁，进行光合作用，则被归于植物界。但是，有些微生物兼具动物和植物共同的特征，将它们归入动物界或植物界都不合适。因此，Haeckel在1866年提出三界系统，把生物分为动物界、植物界和原生生物界(protista)，他将那些既非典型动物、也非典型植物的单细胞微生物归属于原生生物界中。在这一界中包括细菌、真菌、单细胞藻类和原生动物，并把细菌称为低等原生生物，其余类型则称为高等原生生物。到20世纪50年代，人们利用电子显微镜观察微生物细胞的内部结构，发现典型细菌的核与其他原生生物的核有很大不同。前者的核物质不被核膜包围，后者全都有核膜，并进一步揭示两类细胞在其他方面也有不同，随后提出了原核生物与真核生物的概念。在此基础上，1969年Whittaker提出生物分类的五界系统，即原核生物界、原生生物界、真菌界、植物界和动物界。微生物分别归属于五界中的前三界，其中原核生物界包括各类细菌，原生生物界包括单细胞藻类和原生动物，而真菌界包括真菌和黏菌。

Jahn 等于 1949 年曾提出六界系统，即后生动物界、后生植物界、真菌界、原生生物界、原核生物界和病毒界。我国学者王大耜等于 1977 年也提出过六界系统的设想，即在 Whittaker 五界系统的基础上加上病毒界。美国学者 Raven 等于 1996 年提出了六界系统，即动物界、植物界、原生生物界、真菌界、真细菌界和古细菌界。

对整个生物的分类划界有不同的分类系统，除了已确定的动物界和植物界外，其余各界都是随着人类对微生物的深入研究和认识后才发展建立起来的。100 多年来，从两界系统发展到三界、四界、五界和六界系统，这是一个由低到高、由浅到深的认识过程，如图 1-1 所示。

由图 1-1 知，可将所有的生物分成有细胞结构和无细胞结构两大类六个界：动物界、植物界、原生生物界、真菌界、原核生物界和病毒界，微生物分属于除动物界和植物界以外的四个界。

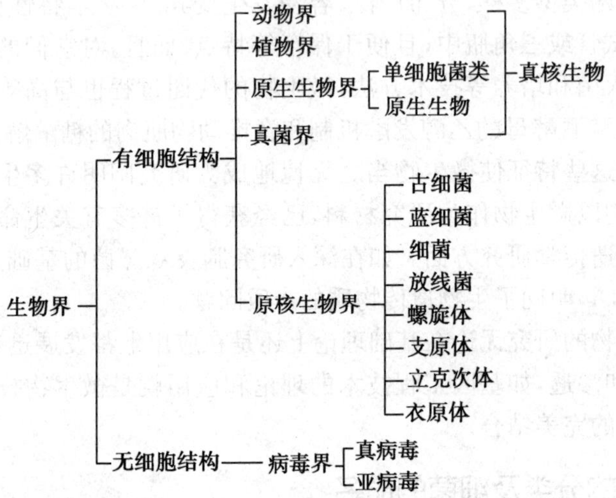

图 1-1　微生物在生物界中的分类位置(跨越四个生物界别)

2. 按有无细胞结构，微生物可分为三种类型(表 1-1)。

表 1-1　微生物的种类

细胞结构	核结构	微生物类群	
无细胞结构	无核	病毒	卫星病毒
			类病毒
		亚病毒	朊粒
有细胞结构	原核	细菌	古细菌
		放线菌	真细菌
		支原体、衣原体、螺旋体、立克次体	蓝细菌
	真核	酵母菌	
		真菌	
		藻类	
		原生动物	

(1)原核细胞型微生物:原核生物由单细胞组成,仅有原始核和裸露的DNA,无核膜和核仁,没有细胞器。此类微生物包括细菌、放线菌、蓝细菌、古细菌、支原体、衣原体、螺旋体、立克次体等。

(2)真核细胞型微生物:真核生物大多由多细胞组成,细胞具有高度分化的核,有核膜和核仁,且有多种细胞器,如内质网、核糖体、线粒体等。此类生物包括真菌、藻类和原虫等。

(3)非细胞型微生物:此类微生物无细胞结构,仅由一种核酸(DNA或RNA)和蛋白质组成,必须寄生于活细胞内。病毒属于此类微生物。

3. 微生物的分类单位 与动植物一样,微生物的分类单位自上而下可依次分为界(kingdom)、门(phylum)、纲(class)、目(order)、科(family)、属(genus)、种(species)。微生物分类中常用种和属,种是最基本的分类单位,在种以下还可分为亚种、菌株和型等。

(1)属:是指生物学性状基本相同、具有密切关系的一些种组成的集体。

(2)种:是一大群表型特征高度相似、亲缘关系极其接近、与同属内其他种有着明显差异的菌株的总称。在微生物中,一个种只能用该种的一个典型菌株(type strain)作为具体标本,该典型菌株就是这个种的模式种(type species)。在实际中,有时分离到的纯种具有某个明显而稳定的特征,与典型种不同,称为亚种(subspecies,subsp.)。

(3)型:曾用于表示细菌种内的细分,但现在已废除,目前尚在使用的是以"型"作后缀,如生物型(biotype)、血清型(strotype)、噬菌体型(phagotype)等。

(4)菌株:又称为品系或株(在病毒中称毒株),表示任何由一个独立分离的单细胞繁殖而成的纯种群体。因此,一种微生物的每一不同来源的纯培养物均可称为该菌种的一个株。

4. 细菌的命名 细菌的命名一般采用国际通用的拉丁文双名法。其学名(scientific name)由属名和种名两部分组成,前面为属名,用名词并以大写字母开头;后一个为种名,用形容词表示,全部小写,印刷时用斜体字。常在种名之后加上命名者的姓氏(用正体字),也可省略。在少数情况下,当该种是一个亚种时,学名就应按"三名法"构成,具体如下:

(1)"双名法":即属名+种名。

例如:金黄色葡萄球菌:*Staphylococcus aureus* Rosenbach

大肠埃希菌(即大肠杆菌):*Escherichia coli*

(2)"三名法":即属名+种名+亚种名(亚种名缩写"subsp.",用正体字,加上亚种名称)。

例如:蜡状芽孢杆菌的蕈状亚种 *Bacillus cereus* subsp. *mycoides*

脆弱拟杆菌卵形亚种 *Bacteroides fragilis* subsp. *ovatus*

(3)菌株的名称都放在学名的后面,可用字母、符号、编号等表示。

例如:大肠杆菌的两个菌株(B和K_{12}菌株)

Escherichia coli B(*E. coli* B)

Escherichia coli K_{12}(*E. coli* K_{12})

(4)通俗名称(common name):除了学名,细菌通常还有俗名。俗名简明、大众化,但不够确切。如结核分枝杆菌学名为 *Mycobacterium tuberculosis*,俗名是结核杆菌,英文是 tubercle bacillus,常缩写为 TB。

点 滴 积 累

1. 微生物是一类个体微小、构造简单、人们需借助显微镜才能看清其个体形态的微小生物的总称。

2. 微生物除具有生物最基本的特征——新陈代谢、生长繁殖、遗传变异外，还有其自身的一些特点及其独特的生物多样性：种类多、数量大、分布广；个体微小、比表面积大、吸收多、转化快；新陈代谢能力强、生长旺、繁殖速度快；适应力强、易变异；结构简单，是阐明生命科学规律研究的理想材料。

3. 微生物按有无细胞结构，可分为原核细胞型微生物、真核细胞型微生物、非细胞型微生物三大类。

4. 微生物的分类单位自上而下可依次分为界、门、纲、目、科、属、种。在种以下还可分为亚种、菌株和型等。

第二节　微生物与人类的关系

地球是目前唯一被人类所认知的生命的栖息地。虽然最早的微生物 35 亿年前就已出现在地球上了，但人类对微生物可谓"相识"甚晚，只有短短的几百年，事实上，人类从诞生时起就和微生物相依相存。绝大多数微生物对人类和动植物的生存是有益而必需的，人类也将微生物应用于生活和生产实践。人类在适应和利用微生物的同时，又不断遭遇微生物所引起的各种疾病的危害，因此，微生物对人类来讲既有有利的作用，也有有害的一面。

课堂互动

1. 地球上每年都有无数的动植物死亡，可是千万年过去了，怎么不见堆积如山的死亡的动植物尸体？

2. 微生物对人类的首要危害是引起疾病，请列举两种由微生物引起的疾病。

3. 试举例说明微生物与人们日常生活的密切关系。

微生物与人类社会的发展进步关系极为密切。在现代科学中，除医药科学之外，与人类健康关系最密切、贡献最为突出的就是微生物学。现代微生物学是一个具有许多不同专业方向的大学科，它不仅对自然界中的物质循环起重要作用，而且对医药、现代工业、农业、生态、环境等领域都有重大影响，并促进了人类社会的进步、文明和发展。

一、微生物在自然界物质循环中的作用

自然界中氮、碳、硫等多种元素的循环是依靠微生物的代谢活动来进行的。例如在碳素循环中，地球上 90% 的 CO_2 是由微生物的生命活动产生的；空气中的大量氮气只有依靠微生物的固氮、氨化、硝化等作用才能被植物吸收，土壤中的微生物能将动植物蛋白质转化为无机含氮化合物，以供植物生长的需要，而植物又为人类和动物所利用。

死亡的动植物尸体通过微生物的不断分解，可转化成为其他生物体成长所需的营养物质，微生物与其他生产者一起共同推动着自然界中生物圈内的物质循环，使生态系统保持平衡。可以说，没有微生物，就没有动植物和人类。

二、微生物与医疗卫生

微生物中的病原菌曾给人类带来巨大灾难。14 世纪中叶，鼠疫耶尔森菌(*Yersinia pestis*)引起的瘟疫导致了欧洲总人数约 1/3 的人死亡。我国新中国成立前也经历了类似的灾难。即使是现在，人类社会仍然遭受着微生物病原菌引起的疾病的威胁。肺结核、疟疾、霍乱等正有卷土重来之势，艾滋病的防治形势严峻，有大范围传播之势，还有正在不断出现的新的疾病，如疯牛病、军团病、埃博拉病毒病、大肠埃希菌 O157、霍乱 O139 新致病菌株、SARS 病毒、西尼罗河病毒、禽流感病毒等，正在给人类带来新的疾病或灾难。

然而，通过医疗卫生保健的一系列措施，如外科消毒手术的建立、寻找人畜重大传染病的病原体、免疫防治法的发明和广泛应用、磺胺等化学治疗剂的普及、抗生素的大规模生产和推广，以及近年来利用工程菌生产多肽类生化药物等，使原来猖獗的细菌性传染病得到了有效的控制，天花等烈性传染病已绝迹，脊髓灰质炎也已基本消灭，乙型脑炎等流行病也在逐步控制和消灭中。另外，科研工作者对人类流感病毒开展了生态研究，肿瘤病毒的研究也十分活跃，还开展了对真菌毒素和细菌毒素、衣原体、支原体等的研究。正因为如此，人们的健康水平才得以大幅度提高。可见，微生物与人类的医药卫生关系十分密切。

三、微生物与工业发展

微生物和工业生产与发展关系密切。我国的抗生素、氨基酸、有机酸、维生素、酿酒、酶制剂、纺织等的生产都已具相当规模，可见食品、医药等工业领域的生产与发展均离不开微生物。例如抗生素产量不断增加，质量逐步提高，品种逐渐增多，发酵单位也稳步上升，产品的产量居世界首位，远销世界各国。我国的一步发酵法生产维生素 C 和十五碳二元酸生产新工艺、十二碳二元酸及其衍生物工业化生产技术等都达到了国际先进水平。我国成功地以薯干和废糖蜜为原料，用微生物发酵法生产味精、枸橼酸、甘油、有机酸等，产量高、质量好，结束了过去许多产品依赖进口的局面。尤其是利用发酵法生产酶制剂等是我国的新兴工业，不仅提高了产量，而且提高了产品质量，促进了食品、纺织、皮革等行业的发展。我国已成功地用微生物发酵法进行石油脱蜡，降低油品凝固点，以满足工业生产和国防建设的需要。以石油为原料发酵生产有机酸、酶制剂等都取得了很大进展。利用微生物法勘探石油和天然气，提高原油采收率，创造多种微生物采油工艺，应用范围不断扩大。细菌冶金的研究进展很快，分离选育了氧化力强的嗜酸细菌等，并成功地应用于铜、锰、铀、金、镍等矿物的浸出和提取。

通过食品罐藏防腐、酿造技术的改造、纯种厌氧发酵的建立、液体深层通气搅拌大规模培养技术的创建，以及代谢调控发酵技术的发明，古老的酿造技术迅速发展为工业发酵新技术；随后又在遗传工程等高新技术的推动下，进一步发展为现代发酵工程，并与遗传、细胞、酶和生物反应器一起，共同构成当代的一个高技术学科——生物工程学(biotechnology)。

四、微生物与农业生产

微生物对发展当代农业生产具有显著的促进作用。我国已研制成功多种微生物农药，如防农田害虫的苏云金杆菌、防治松毛虫等的白僵菌制剂、防治蚊子幼虫的球形芽孢杆菌制剂等。农用抗生素如春雷霉素、井冈霉素、庆丰霉素等逐渐推广应用。微生物除草剂也获得良好效果。微生物肥料方面，我国分离的根瘤菌、自生固氮菌、磷细菌、菌根菌等多种制剂应用越来越广。生物固氮的研究在各方面都取得了较大的进展。以细菌产沼气等生物能源技术在农村普遍推广利用。赤霉素等生物生长刺激素、糖化饲料、畜用生物制品的研究与应用进展显著。

植物病毒病害的防治工作取得了显著成绩，可利用生物化学、分子生物学等手段对一些重要作物病毒病原迅速作出鉴定，为综合防治提供科学依据。利用控制温度等生长条件、接种类病毒及病毒卫星 RNA、创建抗病毒的转基因植物等多种途径防治植物病毒病获得成功。昆虫病毒的研究与利用也取得了可喜的成果。

五、微生物与环境保护

当前，微生物与环境保护的关系越来越受到全人类的广泛重视。目前，由于人类的生产活动，导致环境污染越来越严重，在保护环境的过程中，微生物的作用是极其重要的。如微生物是食物链中的重要环节、污水处理的关键角色，是自然界重要元素循环的主要推动者，以及是环境污染和监测的重要指示生物等。

在环境污染的治理方面，微生物也将发挥重要作用。我国利用微生物处理有毒废水进展很快，选育出一批高效降解污染物的菌株，研究了合理的生物治理工艺，已用微生物处理含酚、氰、有机磷、有机氯、丙烯腈、TNT、硫氰酸盐、石油、重金属、染料等的废水。

六、微生物与药学的发展

自从 1928 年弗莱明发现了青霉素以后，微生物与药学就结下了不解之缘，随着科学的发展和科技的进步，微生物与药学的关系愈加紧密。现在微生物在抗生素领域、多糖领域、微生物免疫制剂与酶抑制剂领域、微生物毒素药物等方面都有广泛的应用，其发展前景也更加广阔。

（一）微生物与抗生素

目前已知的抗生素大多都来自微生物。抗生素种类很多，根据其化学结构可将其分为以下几类：①β-内酰胺类抗生素：其分子中含 β-内酰胺环，如青霉素、头孢菌素 C；②氨基苷类抗生素：以氨基环醇为中心的衍生物，与氨基糖或戊糖组成聚三糖或聚四糖，如链霉素、卡那霉素、井冈霉素；③大环内酯类抗生素：分子中含有一个大环内酯作为配糖体，以糖苷键和 1～3 个分子的糖相连，如红霉素、麦迪霉素、稻瘟霉素等；④多肽类抗生素：由多种氨基酸经肽键缩合而成，如多黏菌素、杆菌肽等；⑤多烯大环内酯类抗生素：分子中含 3～7 个双键的大环内酯，有的含糖，有的不含糖，如制霉菌素、两性霉素 B；⑥芳香族类抗生素：分子中含有苯环衍生物，如氯霉素、灰黄霉素；⑦蒽环类抗生素：这类抗生素是以蒽环酮为配基，在 7 或 10 位与一种或多种不同糖相连的糖苷类化合物；⑧四环素类抗生素：其分子中含四环结构，为酸碱两性物质，这类抗生素是四环素、土霉素、金霉素等抗生素的总称;⑨其他抗生素:如放线菌酮、庆丰霉素等。

抗生素主要来源于微生物,目前筛选新抗生素的产生菌更多的是从“稀有”菌中寻找、分离新的菌种。在英国和意大利,从真菌和稀有放线菌中筛选出的抗生素的产生率分别高达60%和40%。在自然界,尤其是土壤中栖息着众多的抗生素产生菌,许多种有价值的抗生素产生菌都是从土壤中筛选出来的。

分子生物学的发展使新抗生素的来源从天然微生物扩展到由利用基因工程、细胞融合等新技术创造出来的微生物,即工程微生物。现在可以采用基因克隆,改变生物合成途径,或通过结合、转基因、原生质体融合、真菌的有性和无性周期进行重组;采用原生质体促进转化和转导、特定基因的定向克隆、基因文库的随机克隆等技术来构建微生物工程菌生产抗生素。

抗生素主要用于治疗各种传感染性疾病,但是面对层出不穷的人类和动植物的新疾病及许多致病菌日益增高的抗、耐药性,人类面临巨大的威胁和挑战,对于新抗生素的寻找不敢有丝毫放松。不过,微生物仍然是获取拯救人类药物的巨大资源库。

(二) 微生物多糖

微生物多糖可由许多细菌和真菌产生。根据多糖在微生物细胞中的位置,可分为胞内多糖、胞壁多糖和胞外多糖。其中胞外多糖由于产生量大,且易与菌体分离得到而被广泛关注。微生物多糖因有独特的理化特性和疗效,使其成为新药物的重要来源,同时也被作为稳定剂、增稠剂、成膜剂、乳化剂、悬浮剂和润滑剂等广泛应用于石油、化工、食品和制药等行业。

目前研究和应用最多的是真菌多糖,真菌多糖对于人体具有免疫调节和激活淋巴细胞、巨噬细胞等功能,从而可以提高人体抵御各种感染和抗肿瘤等能力。如香菇多糖(lentinan)就是一个典型的T细胞激活剂,它在体内和体外均能促进特异性细胞毒T淋巴细胞(CTL)的产生,并提高CTL的杀伤活性。

(三) 微生物免疫制剂

制备免疫制剂来预防疾病已有几千年的历史。免疫防治是通过免疫方法使机体获得具有针对某种传染病的特异性抵抗力。机体获得特异性免疫力主要分为天然获得性免疫和人工获得性免疫两种类型。目前已知的疫苗可分为活苗、死苗、代谢产物和亚单位疫苗以及生物技术疫苗等。疫苗主要来自微生物,是采用各种方法将微生物及其亚单位、代谢物等制作成可使机体产生一定免疫力的产品。

(四) 微生物生产的酶抑制剂

生命的一切活动过程实质上都是由酶催化的生物化学反应过程。一旦某种酶的基因表达或其催化活性发生变化,机体可能就会显示出某种病变症状。利用微生物生产各种酶抑制剂来调整酶的表达量或酶的活性,有的已在临床上得到应用。例如与蛋白质代谢相关的酶抑制剂,如由蜡状芽孢杆菌(*Bacillus cereus*)产生的以硫醇蛋白酶为靶酶的硫醇蛋白酶抑素(thiolstatin)等;与糖代谢相关的酶抑制剂,如由灰孢链霉菌(*S. griseosporeus*)生产的以α-淀粉酶为靶酶的haim Ⅰ等;与脂质代谢相关的酶抑制剂,如由枸橼酸青霉(*Penicillium citrinum*)生产的以HMG-CoA还原酶为靶酶的compactin等。目前在临床上已有多种酶抑制剂用于治疗非淋巴性白血病、高脂血症、糖尿病等疾患。

(五) 微生物毒素药物

许多细菌和真菌可以产生毒素,如细菌毒素有葡萄球菌毒素、链球菌外毒素等,真菌毒素有黄曲霉毒素、棕曲霉毒素等。正如任何事物都有两面性一样,这些微生物毒素同样是人类的重要药物宝库,尤其是寻找新药的资源库。这些毒素的用途也是多方面的:①可直接用作药物,如肉毒毒素可用于治疗重症肌无力和功能性失明的眼睑及内斜视;②以微生物毒素为模板,改造与设计抗癌和治疗新药;③作为外毒素菌苗使用;④作为超抗原(SAg)使用,许多微生物毒素本身就是超抗原,是多克隆有丝分裂原,激活淋巴细胞增殖的能力远比植物凝集素强,具有刺激频率高等特点,可用于治疗自身免疫性疾病。

点滴积累

1. 微生物与人类的关系非常密切,其中的病原微生物可以使人类产生疾病,而另一部分微生物又可以产生各种各样的药物来治疗疾病。自然界中的微生物大多数对人类是有益而无害的。

2. 微生物与人类的生活和生产密切相关,如工业生产、农业生产、环境保护等行业离不开微生物,特别是食品与药品领域,微生物与之息息相关。

第三节 微生物学及其发展简史

人类认识、研究、利用微生物是一个逐步深入发展的过程,对微生物规律的揭示就形成了微生物学,而揭示微生物的相关规律并有效利用微生物的历程就是微生物学发展的历史。

一、微生物学及其分支学科

(一) 微生物学

简单地说,微生物学(microbiology)是研究微生物及其生命活动规律的科学。具体来说,微生物学是研究微生物的形态与结构、生理生化与代谢、遗传与变异、生态分布以及与人类、动物、植物、自然界之间相互关系及其规律的一门科学。

学习、研究微生物的目的是为了充分利用微生物对人类有益的一面,开发微生物资源,使其更好地为人们的生活、生产服务;与此同时,控制微生物有害的方面,使微生物对人类的病害等得到有效的治疗和预防。

(二) 微生物学的分支学科

随着微生物学的不断发展,现已形成了基础微生物学和应用微生物学两大领域,研究领域和范围日益广泛与深入,已涉及医学、工业、农业和环境等许多方面,从而形成了许多不同的分支学科。按其研究对象,有细菌学、放线菌学、真菌学、病毒学、原生动物学、藻类学等。按微生物所在的生态环境来分,有土壤微生物学、海洋微生物学、宇宙微生物学、环境微生物学等。按其功能与过程,可分为微生物生理学、微生物分类学、微生物遗传学、微生物生态学等。按应用范围来分,有工业微生物学、农业微生物学、医学微生物学、兽医微生物学、药学微生物学、食品微生物学等分支学科。

随着研究的深入与学科的交叉，微生物学的分支学科越来越多，其中细胞微生物学、微生物分子生物学、微生物基因组学等是在基因和分子水平上研究微生物的生命活动及其规律的分支学科，这表明微生物学的发展已进入了一个新型的领域、崭新的阶段。

二、微生物学发展简史

(一) 我国古代对微生物的利用

由于大多数微生物的个体很小，需要在显微镜下才能观察到，所以在古代人们并不认识微生物。但是在长期的生产实践活动中，人类对微生物的认识和利用却有着悠久的历史，并积累了丰富的经验。我国人民很早就发明了制曲酿酒工艺。除文字记载外，在出土文物中经常出现酿酒和盛酒用具，自古以来，我国不乏名酒，可见古时我国劳动人民是十分成功地掌握了酿酒这项微生物技术。在我国春秋战国时期，人们就已经知道制醋和制酱。

在农业上，我国农民一向以利用有机肥为主，对于制作堆肥和厩肥有一套完整的技术，即利用有机质在微生物的作用下，腐解为简单的可供植物吸收的营养成分，在著名的农业著作《齐民要术》中已有详细论述。我国农民还懂得如何利用豆科植物与粮食作物进行轮作和间作，实际上是利用根瘤菌与豆科植物的共生固氮作用，以提高土壤肥力。

在古医书中，也有许多防止病原菌侵染和治病的措施，如种痘防天花，自宋朝就已经广泛应用了。所以，免疫接种法预防疾病在我国有悠久的历史。此外，还利用微生物，如灵芝、茯苓等作为强身和治病的药剂。

(二) 微生物的发现

1676 年，荷兰人 Leeuwenhoek 利用自制的简单显微镜首次观察发现了微生物。他当时所用的显微镜可以放大 300 倍，他观察了雨水、血液和牙垢等物，描绘了细菌和原生动物等的形态与活动方式(图 1-2)，这在微生物学的发展史上具有划时代的意义。此后，对微生物的研究停滞了一段时期，主要是因为没有放大倍数更高的显微镜。另外，当时人们对微生物的研究仅停留在形态描述上，没有对微生物的生理活动进行研究。

(a) 荷兰生物学家，微生物学的开山祖——列文虎克

(b) 列文虎克自制的单筒复式显微镜($50\times\sim300\times$)

图 1-2　列文虎克和他自制的显微镜

(三) 微生物学的奠基时期

微生物学作为一门学科,是在 19 世纪中期才发展起来的。19 世纪 60 年代,在欧洲一些国家占有重要经济地位的酿酒工业和蚕丝业出现了酒变质与蚕病危害等问题,促进了对微生物的研究。当时以法国人 Pasteur(1822—1895)(图 1-3)和德国人 Koch(1843—1910)为代表的科学家研究了微生物的生理活动,并与生产和预防疾病联系起来,为微生物学奠定了理论和技术基础。

图 1-3 微生物学的奠基人——法国科学家巴斯德

巴斯德通过研究发现,未变质的陈年葡萄酒和啤酒中有一种圆球状的酵母细胞,而变质的酒中有一根根细棍似的乳酸杆菌,正是它们使得酒质变酸。他通过反复试验,终于找到了简便而有效的解决牛奶、酒类等变质的消毒方法,即时至今日仍一直使用的巴氏消毒法(63℃ 30 分钟或 72℃ 15 秒)。

巴斯德还用曲颈瓶实验彻底地否定了统治长久的微生物“自然发生”学说。该学说认为一切生物是自然发生的,可以从一些没有生命的材料中产生。巴斯德设计了具有细长弯曲的长颈的玻璃瓶,内装有机物浸汁(图 1-4),将浸汁煮沸灭菌后,瓶口虽然开放,但不会腐败。这是由于空气虽能进入玻璃瓶,但其中所含有的微小生物不能从弯曲的细管进入瓶内,而附着在管壁上。一旦将瓶颈打破,或将瓶内的浸汁倾湿管壁,再倒回去,则瓶内浸汁才有了微生物而腐败。这个试验证明了空气中含有微生物,可引起有机质的腐败,否定了自然发生学说。

随后,巴斯德又对蚕病进行研究,发现是由微生物导致的一种传染病,并找到了预防方法,从而遏止了蚕业病害的蔓延。此外,巴斯德还证明鸡霍乱、炭疽病、狂犬病等都是由相应微生物引起,发明并使用了狂犬病疫苗。巴斯德为微生物学的发展建立了不朽的功勋,被誉为“微生物学之父”。

微生物学的另一位奠基人——德国医生柯赫(Koch)的主要功绩有三个方面:①创造了固体培养基代替液体培养基:通过固体培养基可将环境中或患者排泄物中的细菌分离成单个的菌落,从而建立了纯培养技术;②分离得到多种病原菌:利用纯培养技术,几年内他先后分离出炭疽杆菌(1877 年)、结核杆菌(1882 年)和霍乱弧菌(1883 年)等病原菌,此后的短期内世界各地相继发现了许多细菌性传染病的病原菌;③提出了确立病原菌的柯赫法则:即病原微生物总是在患传染病的机体中发现,健康机体中不存在,可以在体外获得病原菌的纯培养物;将病原菌接种于健康动物后能引起同样的疾病,并可从患病动物体内重新分离出相同的病原菌(图 1-5)。实践证明,Koch 法则对大多数病原菌的确定是实用的。在随后的研究中,这个法则得到了修正和发展。

在早期,微生物学的发展速度比较缓慢,主要是受到了研究方法的限制,但是,无论如何,初期的工作打开了微生物世界的大门,奠定了微生物形态学、微生物生理学、微生物分类学及医学微生物等各方面的基础。

(四) 微生物学的发展时期

19 世纪后期到 20 世纪初期是微生物学全面发展的时期。

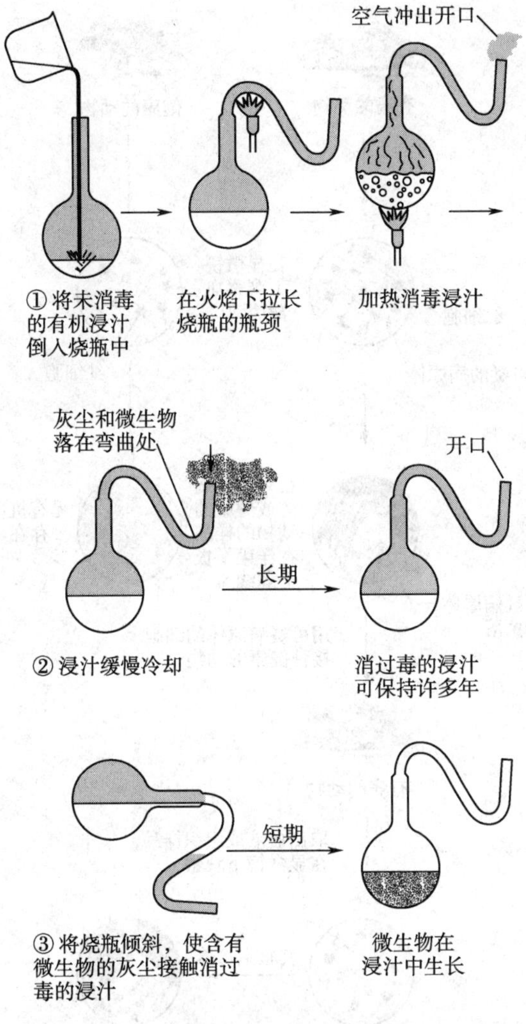
空气冲出开口
① 将未消毒的有机浸汁倒入烧瓶中
在火焰下拉长烧瓶的瓶颈
加热消毒浸汁
灰尘和微生物落在弯曲处
开口
长期
② 浸汁缓慢冷却
消过毒的浸汁可保持许多年
短期
③ 将烧瓶倾斜，使含有微生物的灰尘接触消过毒的浸汁
微生物在浸汁中生长

图 1-4　巴斯德曲颈瓶实验的图解示意

1897 年，德国人 Büchner 用酵母菌无细胞滤液进行乙醇发酵取得成功，建立于现代酶学，开创了微生物生物化学研究的新时代。

俄国微生物学家 Winogradsky（1856—1953）发现在土壤中存在一类化能自养菌，它们只需氧化无机物就可以存活。他还着重研究了在温泉中生活的一种硫细菌，证明这种细菌能将 H_2S 氧化成 S，并在菌体内积累硫颗粒。其后他还研究了铁细菌和硝化细菌，这不仅丰富了细菌的种类，而且揭示了新的一类代谢类型。

荷兰的微生物学家 Beijerinck（1851—1931）首先发现了自然界存在固氮细菌这一特殊类型的微生物。1888 年，他成功地自豆科植物的根瘤中分离出根瘤菌，揭示了共生固氮现象。

抗生素的发现及其在疾病治疗上的应用具有划时代的意义。1929 年，英国细菌学家 Fleming 在培养葡萄球菌的实验中发现了青霉素，后来，Florey 提纯了青霉素，用于治疗革兰阳性菌所引起的疾病，从而挽救了无数患者的生命。随后，科学家们纷纷从微生物中寻找抗生素，后来，氯霉素、四环素、金霉素等一系列抗生素被发现，为治疗和预防感染性疾病作出了重大贡献。

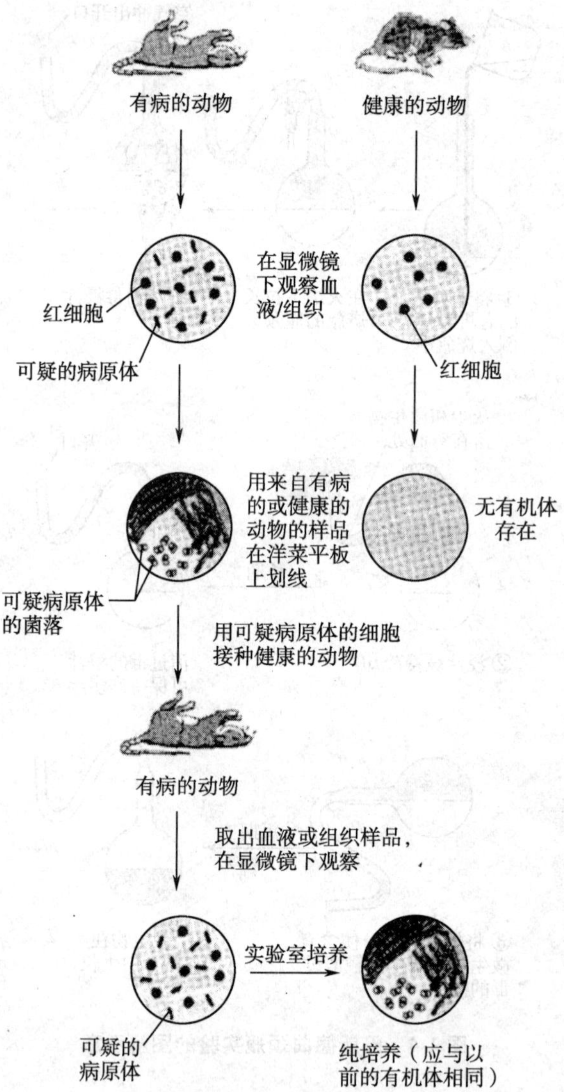

图 1-5　柯赫关于病原研究实验的图解

（五）现代微生物学的发展

20 世纪 30 年代以来，由于电子显微镜和放射性核素示踪技术的运用，人们将微生物学、生物化学、遗传学、细胞生物学、生物物理学和计算机科学综合起来，在分子水平上进行研究，形成了现代微生物学的新分支——分子微生物学。

1941 年，Beadle 和 Tatum 根据在微生物上的研究结果，提出了“一个基因一个酶”的假说。1944 年 Avery 等在研究细菌的转化因子时取得重要成果，发现了 DNA 的遗传作用，揭示了基因的化学本质，从而证实了遗传的物质基础。1953 年，Watson 和 Crick 发现并证明了 DNA 的双螺旋结构，极大地促进了分子遗传学的发展，标志着分子生物学的诞生。1961 年，Jacob 和 Monod 用实验证实了大肠埃希菌乳糖代谢的调节是由一套调节基因控制的，提出乳糖操纵子学说，建立了研究微生物代谢调控的基础。1965 年，Nirenberg 破译了 DNA 碱基组成的三联密码，揭示了生物同一性的本质。此外，DNA 复制机制、DNA 分子杂交、DNA 序列分析、蛋白质生物合成以及 PCR 技术等均以惊人的速度发展，极大地推动了相关学科的发展。

三、微生物学发展趋势

微生物学的发展简史充分说明，微生物学对医药学、生命科学、工农业生产和人类社会的发展均已经产生了深远的影响。微生物学的未来发展趋势主要在以下几方面。

(一) 微生物的基因组和后基因组

目前已有许多微生物的基因组被测序，主要是模式微生物、病原微生物和特殊微生物。今后，人们将把视野扩大到与工农业生产和环境保护有关的重要微生物上，采用分子生物学和生物信息学的方法，重点研究基因组与细胞结构的关系，以及相关基因的功能。

(二) 微生物的多样性

据估计，目前地球上能被培养的微生物种类可能还不到自然界微生物总数的1%。因此，在未来，微生物学家将大力发展新的分离培养技术，广泛深入地研究微生物的多样性。尤其加强研究在实验室还不能培养的微生物以及在极端环境中生长的微生物(嗜极微生物)，发现新型微生物，促进工业化生产和提高对环境的保护。

(三) 微生物的深入综合利用

在21世纪，人们将应用各种不同的新方法来深入开发和利用微生物，生产高质量的食品和其他新型实用的微生物产品，如新型酶制剂等。另外，利用微生物来降解土壤和水域的污染物以及有毒的废料，以微生物为载体来提高农业的产量和防治病虫害、防止食品和其他产品的微生物污染等亦将受到高度重视。

(四) 微生物之间、微生物与其他生物以及微生物与环境之间的相互关系

随着微生物生态学研究的深入，人们将更深入地了解微生物与高等生物之间的各种关系，更有效地促进各种生物的协调发展，改善并维护生态平衡，促进人与自然的平衡与和谐发展。

(五) 微生物的致病性和寄主免疫机制

新传染病(如SARS、AIDS、禽流感等)的不断发生和旧传染病(如出血热和肺结核病等)的复发与传播，说明人类的生命和健康始终受到微生物的威胁。因此，人类应加强对微生物致病性和寄主免疫机制的研究，不断寻求延缓或阻止抗药性的发生和传播的新途径，研究制造新的疫苗来防治严重危害人类健康的疾病。

总之，微生物学已经给生命科学等相关学科的研究带来了理论、技术和方法的革命，也为医疗卫生、工农业生产和环境保护的发展和人类社会的进步作出了重要贡献。随着对微生物研究的深入，以及对微生物资源的深入开发和利用等，可以相信，微生物学仍将是领先发展的学科之一，并将为人类的健康和社会经济的发展作出更大的贡献。

点滴积累

1. 微生物学是研究微生物及其生命活动规律的科学，其研究涉及微生物的形态与结构、生理生化与代谢、遗传与变异、生态分布以及与人类、动物、植物、自然界之间相互关系及其规律。随着研究的深入，微生物学自身已经形成许多分支学科。另外，微生物学与其他学科进行了交叉与融合，形成了一些新的学科。

2. 微生物学发展史实际就是人们研究、揭示微生物的相关规律并有效利用微生物为人类服务的发展历程。

目标检测

一、选择题

(一) 单项选择题

1. 人类历史上首先观察并描述微生物的科学家是(　　)
   A. 列文虎克　B. 科赫　C. 巴斯德　D. 琴纳
2. 微生物生理学的奠基人是(　　)
   A. 巴斯德　B. 列文虎克　C. 科赫　D. 李斯特
3. 观察微生物的基本设备是(　　)
   A. 电子显微镜　B. 普通光学显微镜
   C. 50×10 倍放大镜　D. 望远镜
4. 与人相比，微生物的比表面积(　　)
   A. 小　B. 大　C. 相等　D. 无法比较
5. 细菌的命名一般采用(　　)
   A. 只命名为属　B. 国际通用的拉丁文双名法
   C. 只命名为种　D. 用英文命名

(二) 多项选择题

1. 下列属于原核细胞型微生物的是(　　)
   A. 细菌　B. 放线菌　C. 真菌
   D. 病毒　E. 螺旋体
2. 对微生物的描述正确的是(　　)
   A. 微生物个体只能放显微镜下才能观察到
   B. 微生物虽然结构简单，但具有生物的所有生命特征
   C. 微生物繁殖能力、适应能力均强，故可在自然界里一直无限制地繁殖下去
   D. 微生物的标准菌株是菌种鉴定、质量控制的参考标准
   E. 微生物及其代谢产物即可用于制造食品、药品等，但也可使人类致病
3. 微生物的用途有(　　)
   A. 用于酿酒　B. 制备抗生素
   C. 提供人体所需的某些维生素　D. 污水处理
   E. 农作物饲料
4. 微生物的特点有(　　)
   A. 结构简单　B. 比表面积大　C. 易变异
   D. 适应强　E. 分布广
5. 巴斯德在微生物学上的重大发现是(　　)
   A. 发酵是由微生物引起　B. 低温灭菌保存葡萄酒

C. 无菌操作　　　　　　　　　　　　　D. 确定生命自然发生学说

E. 首创了病原菌培养鉴定的方法

二、简答题

1. 举例简述微生物与人类的关系。
2. 举例简述微生物在制药工业中的应用。

三、实例分析

19 世纪，当法国酿酒业遭遇变酸困境时，伟大的科学家巴斯德为了解决这一问题，首先用显微镜观察正常的葡萄酒和变酸的葡萄酒中究竟有什么不同。结果他发现，正常的葡萄酒中只能看到一种又圆又大的酵母菌，变酸的酒中则还有另外一种又细又长的细菌。他把这种细菌放到没有变酸的葡萄酒中，葡萄酒就变酸了。随后，他做了一个实验，把几瓶葡萄酒分成两组，一组在 50℃的温度下加热并密封，另一组不加热，放置几个月后，当众开瓶品尝，结果加热过的葡萄酒依旧酒味芳醇，而没有加热的酒却把人的牙都酸软了。针对这个实例，请问：

(1)你从巴斯德的实验发现中得出什么结论？变酸的酒中的细菌是怎么来的？

(2)如果你是巴斯德，你如何防止酒变酸？

(凌庆枝)

第二章　原核微生物

原核微生物是微生物中的一大类，其中与人类关系密切的主要有细菌、放线菌、螺旋体、支原体、衣原体和立克次体。

第一节　细　菌

细菌是一类个体微小、结构简单、具有细胞壁，并以二分裂方式进行繁殖的单细胞原核细胞型微生物。细菌种类繁多，在自然界中分布广泛，其中大多数细菌对人有益，少数细菌可引起人和动植物的疾病。

本节主要介绍细菌的形态结构、生理、遗传变异和消毒灭菌、药物敏感性及致病性等基础知识，对于鉴别细菌、研究、开发利用细菌以及诊断和防治细菌性疾病具有十分重要的意义。

一、细菌的形态与结构

（一）细菌的大小和形态

细菌个体微小，需用显微镜放大数百至上千倍才能被看到，通常以微米（μm，$1\mu m = 10^{-3}mm$）为单位来测量细菌的大小。不同种类的细菌，其大小不同，同一种细菌的大小也可因菌龄和环境不同而有差异。

虽然细菌种类很多，但其基本形态概括起来有球形、杆形和螺形三种，分别称为球菌、杆菌和螺形菌（图 2-1）。

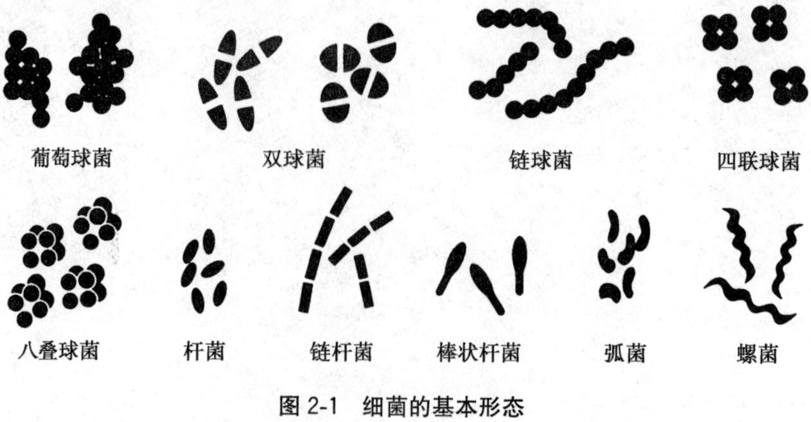

图 2-1　细菌的基本形态

球菌的大小通常以其直径表示，多数球菌的直径为 1.0μm 左右；杆菌和螺菌的大小一般以其长度和宽度表示，常见杆菌的大小一般为(1～5)μm×(0.5～1.0)μm。

1. 球菌(coccus)　呈球形或近似球形。根据球菌分裂的平面和分裂后排列方式的不同，可分为：

(1)双球菌(diplococcus)：在一个平面上分裂，分裂后的两个菌体成对排列，如肺炎双球菌(*Diplococcus pneumoniae*)。

(2)链球菌(streptococcus)：在一个平面上分裂，分裂后多个菌体粘连呈链状排列，如溶血性链球菌(*Streptococcus hemolyticus*)。

(3)四联球菌(tetrad)：在两个相互垂直的平面上分裂，分裂后的四个菌体黏附在一起呈正方形，如四联微球菌(*Micrococcus tetragenus*)。

(4)八叠球菌(sarcina)：在三个相互垂直的平面上分裂，分裂后的八个菌体黏附呈包裹状立方体，如藤黄八叠球菌(*Sarcina ureae*)。

(5)葡萄球菌(staphylococcus)：在多个不规则的平面上分裂，分裂后的菌体黏附在一起呈葡萄串状，如金黄色葡萄球菌(*Staphylococcus aureus*)。

2. 杆菌(bacillus)　多数呈直杆状，有的菌体稍弯，常呈散在排列。有的杆菌菌体短小，近似椭圆形，称为球杆菌；有的杆菌末端膨大如棒状，称为棒状杆菌；有的常呈分支生长趋势，称为分枝杆菌；也有少数杆菌呈链状排列，称为链杆菌。

3. 螺形菌(spirillar bacterium)　菌体呈弯曲状，按其弯曲程度不同分为两大类：

(1)弧菌(vibrio)：菌体只有一个弯曲，呈弧形或逗点状，如霍乱弧菌。

(2)螺菌(spirillum)：菌体有数个弯曲，呈螺旋状，如幽门螺杆菌。

细菌的形态易受培养温度、时间、培养基成分及 pH 等因素的影响。通常在适宜的生长条件下，培养 8～18 小时的细菌形态较为典型，否则可能会出现不规则形态。

(二)细菌的结构

细菌的结构包括基本结构和特殊结构(图 2-2)。前者包括细胞膜、细胞壁、细胞质和核质，是所有细菌都具有的结构；后者包括荚膜、鞭毛、菌毛和芽孢，是部分细菌具有的结构。

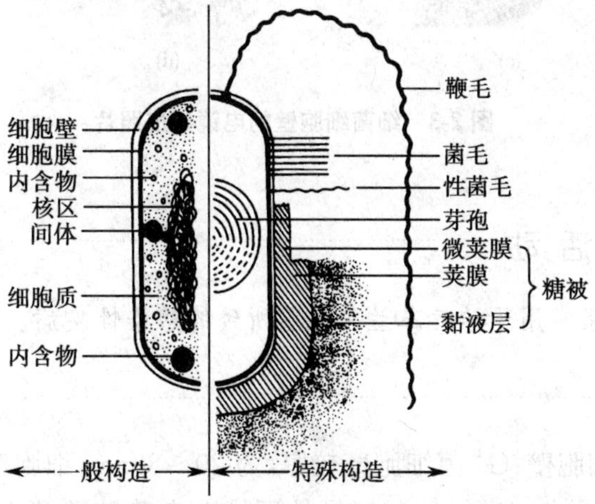

图 2-2　细菌细胞结构模式图

1. 基本结构

(1)细胞壁(cell wall):是位于细菌细胞最外层坚韧而富有弹性的结构。经质壁分离和特殊染色法在光学显微镜下可见,也可用电子显微镜直接观察。细胞壁的主要功能是维持细菌固有形态,保护细菌抵抗低渗环境。细胞壁能使细菌抵抗胞内强大的渗透压(506.6～2533.1kPa,相当于5～25个大气压),而不致破裂和变形,并在低渗环境中也能生存;细胞壁上的许多微孔与细胞膜共同完成细胞内外的物质交换;细胞壁上某些成分具有免疫原性,可诱导机体产生免疫应答。此外,细胞壁上某些成分还与细菌的致病性有关。

细胞壁的组成较复杂,并随细菌种类不同而异。细胞壁的主要成分为肽聚糖(peptidoglycan),又称为黏肽,是原核细胞型微生物所特有的成分。此外,还含有磷壁酸、外膜层等特殊成分。由于细胞壁的结构组成不同,用革兰染色法可将细菌分为革兰阳性菌(G^+)和革兰阴性菌(G^-)两大类,其细胞壁组成有较大差异(图2-3)。

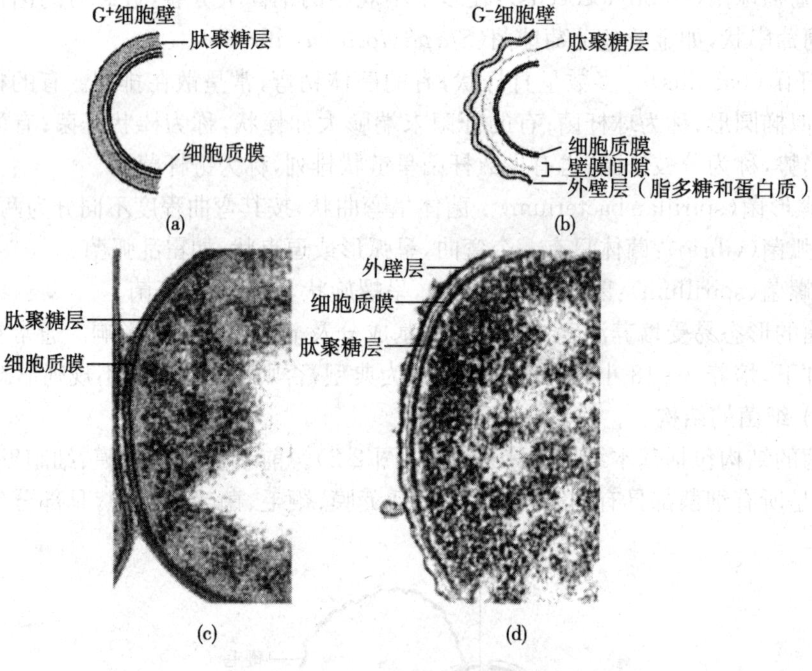

图2-3　细菌细胞壁的电镜扫描照片

课堂活动

临床上,青霉素常用于治疗革兰阳性菌所致的感染性疾病。青霉素的杀菌机制是什么?

1)革兰阳性菌细胞壁:G^+菌细胞壁较厚,为20～80nm,细胞壁的化学组成以肽聚糖为主,占细胞壁总量的40%～90%,另外还结合有磷壁酸(teichoic acid)(图2-4)。①肽聚糖:革兰阳性菌的肽聚糖由聚糖骨架、四肽侧链和五肽交联桥组成。聚糖骨架由N-乙酰葡萄糖胺与N-乙酰胞壁酸交替排列,通过β-1,4糖苷键连接而成。四肽侧链为由四种氨基酸组成的短肽，连接在N-乙酰胞壁酸上。四肽侧链之间借助肽桥连接，肽桥多由5个甘氨酸组成，第三位的L-赖氨酸通过甘氨酸五肽交联桥连接到相邻四肽链末端的D-丙氨酸上，构成机械强度十分坚韧的三维立体框架结构(图2-5)。②磷壁酸：是革兰阳性菌细胞壁特有的成分，一般占细胞壁干重的10%左右，有时可达50%，由几十个分子组成的长链穿插于肽聚糖中。按其结合部位不同，可分为壁磷壁酸和膜磷壁酸。前者与肽聚糖的N-乙酰胞壁酸相结合，后者与细胞膜中的磷脂相连，两者的另一端均伸到肽聚糖的表面，构成革兰阳性菌重要的表面抗原。此外，某些细菌(如A族溶血性链球菌)的膜磷壁酸具有黏附作用，与细菌的致病性有关。

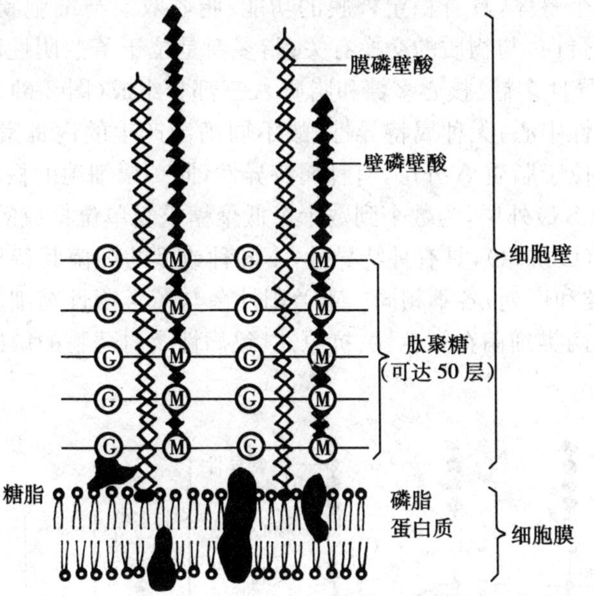

图2-4 革兰阳性菌细胞壁结构

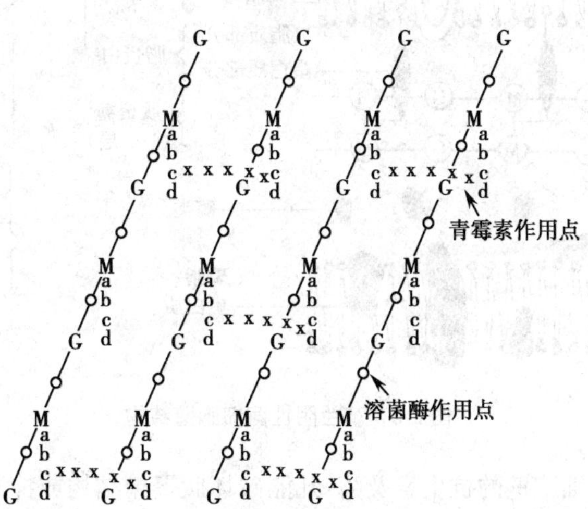

图2-5 革兰阳性菌细胞壁肽聚糖结构

M. N-乙酰胞壁酸；G. N-乙酰葡糖胺；O. β-1,4糖苷键；a. L-丙氨酸；b. D-谷氨酸；c. L-丙氨酸；d. D-丙氨酸；x. 甘氨酸

2)革兰阴性菌细胞壁：G^-菌细胞壁较薄，为10～15nm，其结构较复杂，除含有少量的肽聚糖(5%～10%)外，还有由脂多糖、脂蛋白、脂质双层构成的外膜(outer membrane)。①肽聚糖：革兰阴性菌的肽聚糖仅由聚糖骨架、四肽侧链两部分组成。在大肠埃希菌(G^-菌)四肽侧链中，第三位氨基酸是内消旋二氨基庚二酸(m-DAP)，并由m-DAP与相邻四肽侧链末端的D-丙氨酸直接相连。两条四肽侧链之间没有五肽桥交联，因而只能形成一个疏松的单层平面的二维结构(图2-7)。②外膜：位于肽聚糖层外部，是革兰阴性菌细胞壁特有的组分，外膜自内向外由脂蛋白、脂质双层、脂多糖(lipopolysaccharide，LPS)三部分组成。脂蛋白由类脂质和蛋白质组成，连接外膜和肽聚糖使其构成一个整体，具有稳定外膜的功能；脂质双层与细胞膜的结构类似，其内镶嵌多种特异性蛋白，与物质的交换有关；脂多糖是位于革兰阴性菌细胞壁最外层的结构，它由O-特异性多糖、核心多糖和脂质A三部分组成(图2-6)。脂质A是革兰阴性菌内毒素的毒性中心，无种属特异性，故不同细菌产生的内毒素，其毒性作用基本相似。核心多糖位于脂质A外层，有种属特异性，同一属细菌的核心多糖相同。O-特异性多糖位于LPS最外层，为数个到数十个低聚糖重复单位构成的多糖链，是革兰阴性菌的菌体抗原(O抗原)，具有种特异性，不同种或型的细菌其特异性多糖组成和结构(如多糖的种类和序列)各不相同。革兰阳性菌与革兰阴性菌细胞壁结构显著不同(表2-1)，导致这两类细菌在染色性、抗原性、致病性及对药物的敏感性等方面有很多差异。

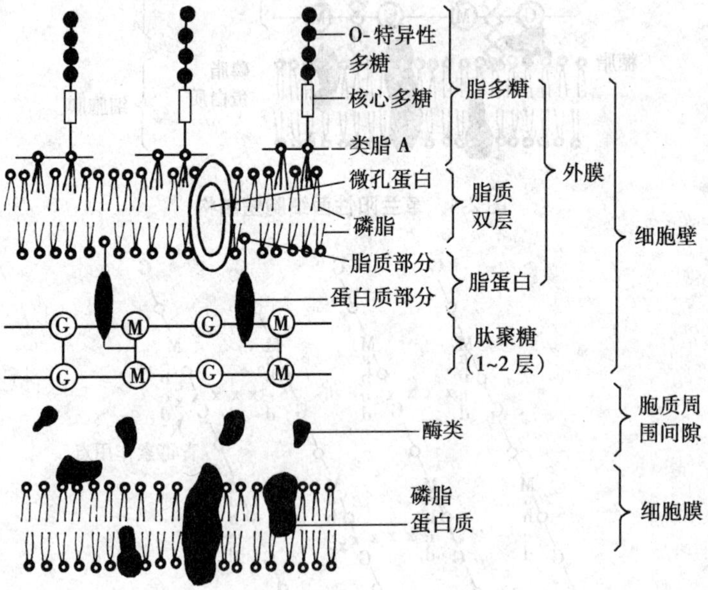

图2-6 革兰阴性菌细胞壁结构

3)作用于细菌细胞壁的抗生素及酶：凡能破坏肽聚糖结构或抑制其合成的物质，都能损伤细胞壁而杀伤细菌。如溶菌酶能切断肽聚糖中N-乙酰葡萄糖胺与N-乙酰胞壁酸之间的β-1,4糖苷键，裂解聚糖骨架；青霉素能阻断四肽链上的D-丙氨酸与五肽桥之间的连接；环丝氨酸、磷霉素作用于聚糖支架合成阶段；万古霉素、杆菌肽则作用于四肽链形成阶段，这些均使细菌不能合成完整的细胞壁，从而导致细菌死亡。革兰阴性菌由

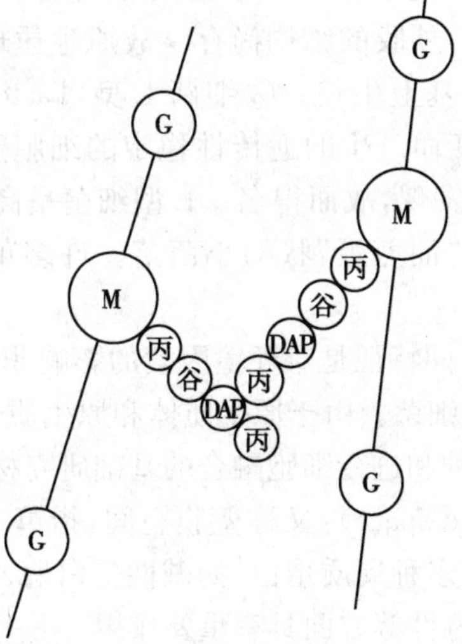

图 2-7　革兰阴性菌细胞壁肽聚糖结构

表 2-1　革兰阳性菌与革兰阴性菌细胞壁结构比较

细胞壁结构	革兰阳性菌	革兰阴性菌
坚韧度	较坚韧	较疏松
厚度	厚，20～80nm	薄，5～10nm
肽聚糖层数	多，可达50层	少，1～3层
肽聚糖含量	多，占胞壁干重的50%～80%	少，占胞壁干重的10%～20%
肽聚糖组成	聚糖骨架、四肽侧链、五肽交联桥	聚糖骨架、四肽侧链
肽聚糖结构	三维空间（立体结构）	二维空间（平面结构）
磷壁酸	＋	－
外膜	－	＋

于肽聚糖含量少，且有外膜保护作用，溶菌酶和青霉素等药物对其无明显抗菌作用。由于人和动物细胞无细胞壁，故这些药物和酶对其无影响。

4）细胞壁缺陷型细菌：泛指那些由于长期受某些环境因素影响或通过人工施加某种压力而导致细菌细胞壁合成不完整或完全缺失的细菌。这种细胞壁受损的细菌一般在普通环境中不能耐受菌体内的高渗透压，从而导致胀裂死亡，但其在高渗环境下仍可存活。根据导致细胞壁缺失的因素和程度的不同，可将细胞壁缺陷型细菌分为三种类型：①原生质体（protoplast）：指在人工条件下，用溶菌酶完全水解或通过青霉素阻止其细胞壁的正常合成而获得的仅有细胞膜包裹的原球状结构。一般由革兰阳性菌在高渗环境中形成。原生质体由于没有坚韧的细胞壁，故任何形态的菌体均呈球形。原生质体对环境条件很敏感，而且特别脆弱，渗透压、振荡、离心甚至通气等因素都易引起其破裂。②原生质球（spheroplast）：又称球状体或原球体，指在人工条件下，用溶菌酶和乙二胺四乙酸（EDTA）部分水解细胞壁所获得的仍带有部分细胞壁的圆球状结构，一般由革兰阴性细菌在高渗环境中形成。原生质球细胞壁肽聚糖虽被除去，但外膜层中脂多糖、脂蛋白仍然保留，外膜的结构尚存。故原生质球较原生质体对外界环境具一定抗性，并能在普通培养基上生长。③细菌L型（bacterial L-form）：指细菌在实验室或宿主体内通过自发突变而产生的遗传性稳定的细胞壁缺陷菌株。由于它最先被英国李斯特（Lister）研究所发现，故而得名。L型细菌呈高度多形性，对渗透压十分敏感，在固体培养基表面形成"油煎蛋"状的小菌落。许多革兰阳性菌和革兰阴性菌都可形成L型。

细胞壁缺陷型细菌的共同特征是对环境因素的影响非常敏感。对环境的敏感度为原生质体＞原生质球＞L型细菌。由于原生质体和原生质球比正常细菌更易于导入外源性遗传物质，故是遗传育种和进行细胞融合的基础研究材料。

5）周浆间隙（periplasmic space）：又称壁膜空间，指革兰阴性菌外膜与细胞膜之间的狭窄空间。该间隙中含有多种周质蛋白，如碱性蛋白酶、核酸酶、β-内酰胺酶等，在细菌获取营养、解除有害物质毒性等方面具有重要作用。

（2）细胞膜（cell membrane）：又称胞质膜，是位于细胞壁内侧的一层柔软而富有弹性、具有半透性的生物膜。厚5～10nm，占细菌干重的10%～20%。细菌细胞膜的结构与其他生物细胞膜基本相同，为脂质双层中间镶嵌多种蛋白质，这些蛋白质多为具有特殊作用的酶和载体蛋白（图2-8）。

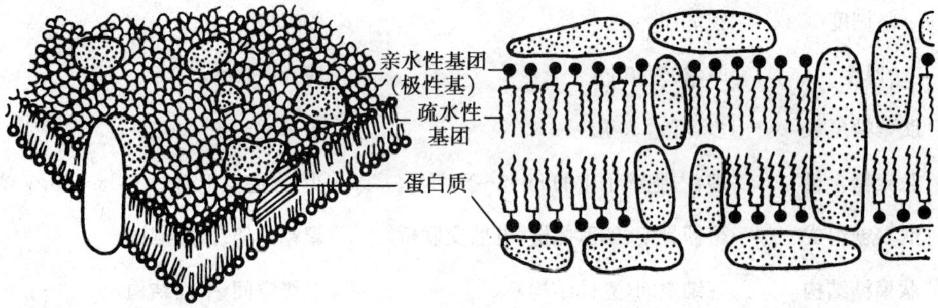

图2-8 细菌细胞膜结构模式图

由于细菌细胞内没有行使独立功能的细胞器，因此其细胞膜具有非常重要的生理功能：①物质转运：细胞膜具有选择性通透作用，控制细胞内外物质的转运和交换。②呼吸和分泌：细胞膜上含有多种呼吸酶，参与细胞的呼吸和能量代谢。③生物合成：细胞膜上有多种合成酶，参与细胞结构（如肽聚糖、鞭毛和荚膜等）的合成。其中与肽聚糖合成有关的酶类（转肽酶或转糖基酶）也是青霉素的主要靶位，称其为青霉素结合蛋白（penicillin-binding protein，PBP），与细菌耐药性形成有关。④参与细菌的分裂：细胞膜内陷折叠形成的囊状物，称为中介体（mesosome）（图2-9），电镜下可见，多见于革兰阳性菌，有类似真核细胞纺锤丝的作用。中介体的形成扩大了细胞膜的表面积，增加了膜上酶的含量，加强了膜的生理功能。此外，中介体具有类似真核细胞线粒体的作用，又称拟线粒体。

（3）细胞质（cytoplasm）：细胞质是由细胞膜包裹着的透明胶状物。主要成分为水、蛋白质、脂类、核酸及少量的糖和无机盐。细胞质是细菌的内环境，含丰富的酶系统，是细菌新陈代谢的主要场所。细胞质内含多种重要结构。

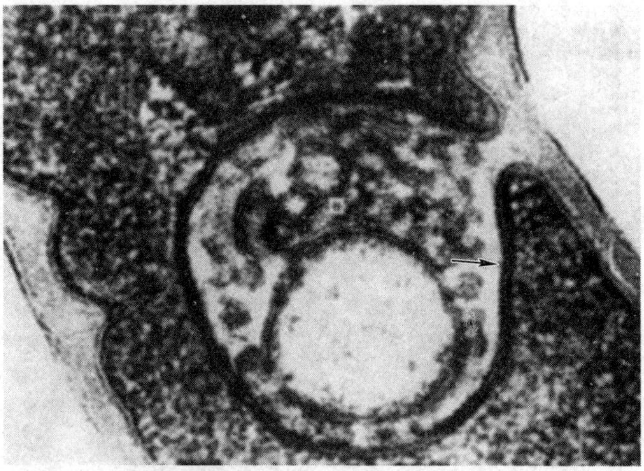

图 2-9　中介体

1)核糖体(ribosome):亦称核蛋白体,是分散于细胞质中的微小颗粒,数量可达数万个,由 RNA 和蛋白质组成,菌体中约 90%的 RNA 存在于核糖体内。细菌的核糖体由 50S 和 30S 两个亚基组成,在一定条件下聚合成完整有活性的 70S 核糖体,成为合成蛋白质的场所。链霉素、红霉素等抗菌药物能分别与 30S 和 50S 亚基结合,从而干扰蛋白质的合成而导致细菌死亡。由于真核细胞(包括人类)核糖体由 60S 和 30S 两个亚基组成,在合成蛋白质时组装成 80S 的活性单位,因此许多能有效作用于细菌核糖体的抗生素对人体无害。

2)质粒(plasmid):是细菌染色体外的遗传物质,为闭合环状双链 DNA 分子,携带遗传信息,控制细菌某些特定的遗传性状。医学上重要的质粒有决定细菌耐药性的 R 质粒、决定细菌性菌毛的 F 质粒等。质粒能自行复制,但并非细菌生命活动所必需。质粒是基因工程研究中的重要载体。

3)胞质颗粒:是细菌胞质内的一些颗粒状物质,多数为细菌暂时储存的营养物质,包括多糖、脂类、多磷酸盐等。较常见的是异染颗粒,主要成分是 RNA 和多偏磷酸盐,嗜碱性强,经特殊染色法可染成与菌体其他部分不同的颜色,故称异染颗粒。如白喉棒状杆菌具有此颗粒,是鉴定该菌的重要特征之一。

(4)核质:是由一条细长的闭合双链环状 DNA 经反复盘绕卷曲而成的,位于细胞质的一定区域,因无核膜、核仁,故称为核质或拟核。核质具有细胞核的功能,决定细菌的遗传性状,是细菌遗传变异的物质基础。

2. 特殊结构　是指某些细菌在一定条件下所特有的结构,具有某些特定的功能。包括荚膜、鞭毛、菌毛和芽孢。

(1)荚膜(capsule):是某些细菌合成并分泌到细胞壁外的一层黏液性物质,厚度在 0.2μm 以上的称为荚膜,厚度小于 0.2μm 的称为微荚膜。若黏液性物质疏松地附着于菌体表面、边界不明显且易被洗脱则称为黏液层。荚膜用一般染色法不易着色,在光学显微镜下只能观察到菌体周围有一层透明圈(图 2-10)。荚膜的形成与环境条件密切相关,一般在人和动物体内或营养丰富的培养基上容易产生。荚膜的化学成分因菌种而异,多数细菌的荚膜为多糖,如肺炎链球菌;少数细菌的荚膜为多肽,如炭疽芽孢杆菌的荚膜为 D-谷氨酸的多肽。

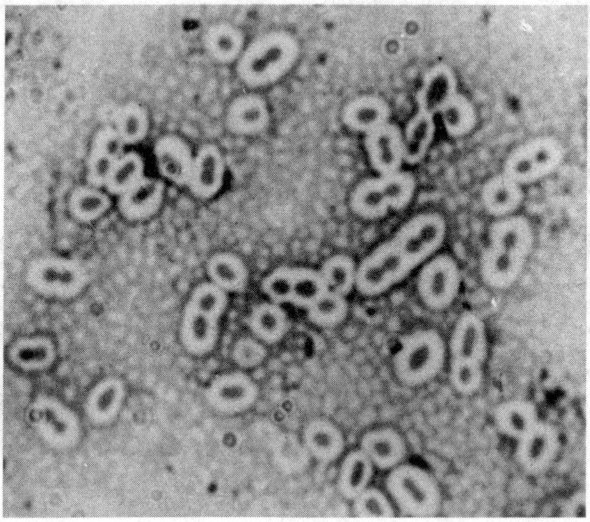

图 2-10　细菌荚膜

荚膜形成的意义：①抗吞噬作用：荚膜具有抵抗吞噬细胞对病原菌的吞噬和消化，增强细菌的侵袭力；②抗干燥作用：荚膜丰富的含水量使其免受干燥的影响；③具有免疫原性，对于细菌的鉴别和分型具有重要的作用；④黏附作用：荚膜多糖可使细菌彼此之间粘连，也可黏附于组织细胞或无生命物体表面，引起感染。如变异链球菌能借助荚膜牢固地黏附在牙齿表面引起龋齿。

产荚膜细菌对人类既有利又有害。在制药工业中，可以从肠系膜明串珠菌的荚膜中提取葡聚糖，葡聚糖已成为用来治疗失血性休克的血浆代用品。另外产荚膜细菌作为污染菌出现时，常常给发酵生产带来危害。

(2)芽孢(spore)：某些细菌在一定环境条件下，细胞质脱水浓缩在菌体内形成一个圆形或椭圆形的小体，称为芽孢。芽孢具有厚而致密的壁，折光性强，不易着色，经特殊的芽孢染色法可将芽孢染成与菌体不同的颜色。芽孢的位置、形状、大小因菌种而异，故在分类鉴定上有一定意义(图 2-11)。成熟的芽孢具有多层膜结构，由内向外依次为核心、内膜、芽孢壁、皮质、外膜、外壳层及芽孢外衣(图 2-12)。

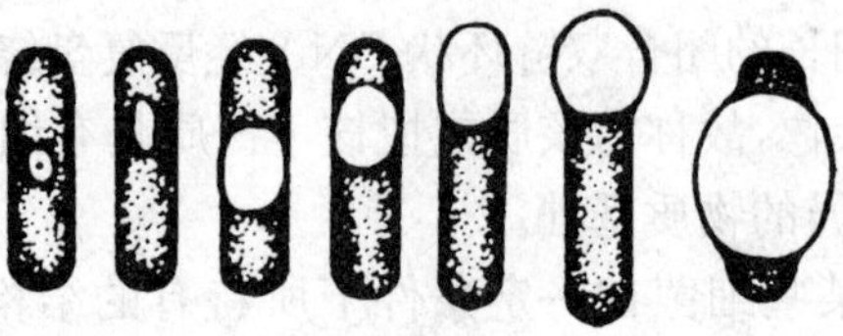

图 2-11　芽孢形状和位置模式图

能生成芽孢的细菌多为 G^{+} 杆菌。芽孢具有完整的核质、酶系统和合成菌体组分的结构，保存着细菌全部生命活动的物质，但代谢相对静止，不能分裂繁殖，即细菌的休眠体。当条件适宜时，芽孢可发芽形成新的菌体。一个菌体只能形成一个芽孢，一个芽孢发芽也只能生成一个菌体，因此芽孢不是细菌的繁殖方式，而菌体能进行分裂繁殖可称为繁殖体。

芽孢形成的意义：①增强细菌的抵抗力：芽孢对热、干燥、辐射及消毒剂均有很强

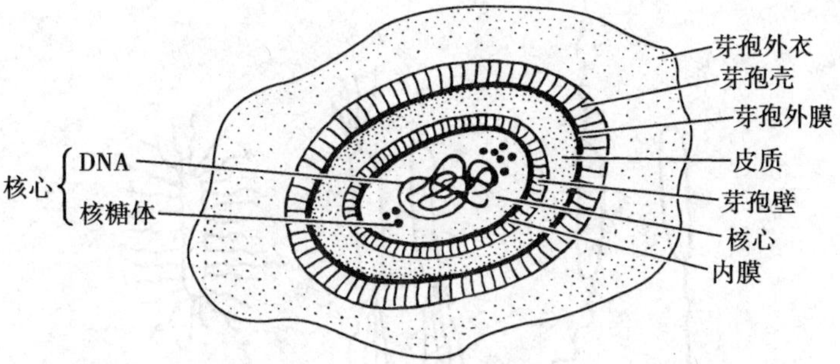

图 2-12　细菌芽孢结构模式图

的抵抗力，在自然界能存活几年甚至几十年；某些细菌的芽孢可耐煮沸数小时等。芽孢的抵抗力强与其结构和成分有关，芽孢含水量低，并有致密且厚的芽孢壁；内含有大量耐热的吡啶二羧酸钙盐能增强芽孢中各种酶的耐热性。②作为判断灭菌效果的指标：由于芽孢抵抗力强，在医学实践中对手术器械、敷料、培养基、注射剂等进行灭菌时，应以是否杀死芽孢作为判断灭菌效果的指标。杀灭芽孢最可靠的方法是高压蒸汽灭菌法。

(3)鞭毛(flagella)：某些细菌的表面附着的细长呈波状弯曲的丝状物称为鞭毛。由于鞭毛细而长，直径只有 10～20nm，需用电子显微镜观察，或用特殊的鞭毛染色法使其增粗后才能在普通光学显微镜下观察到(图 2-13)。

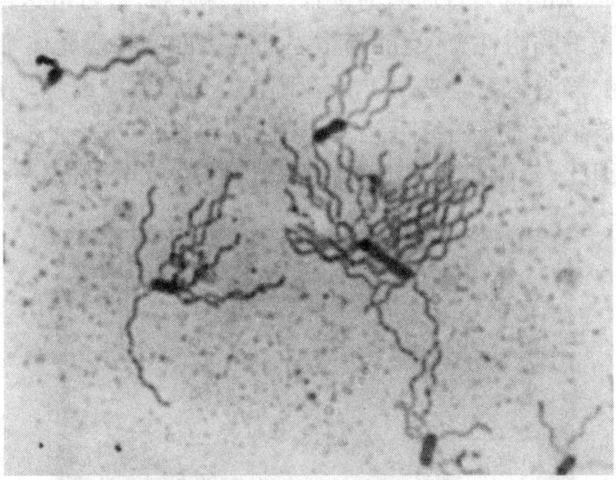

图 2-13　细菌鞭毛

细菌鞭毛的数目和着生位置是细菌种的特征，据此可将细菌分为四类(图 2-14)。①单毛菌(monotrichaete)：在菌体的一端只生一根鞭毛，如霍乱弧菌(*Vibrio cholerae*)；②端毛菌(amphitrichaete)：菌体两端各具一根鞭毛，如鼠咬热螺旋体(*Spirochaeta morsusmuris*)；③丛毛菌(lophotrichaete)：菌体一端或两端生一束鞭毛，如铜绿假单胞菌(*Pseudomonas aeruginosa*)；④周毛菌(peritrichaete)：周身都有鞭毛，如大肠埃希菌、枯草芽孢杆菌等。

鞭毛形成的意义：①是细菌的运动器官：根据有无鞭毛运动，可鉴别细菌；②具有免疫原性：鞭毛的化学成分是蛋白质，具有很强的免疫原性，称为 H 抗原，在细菌的分类、

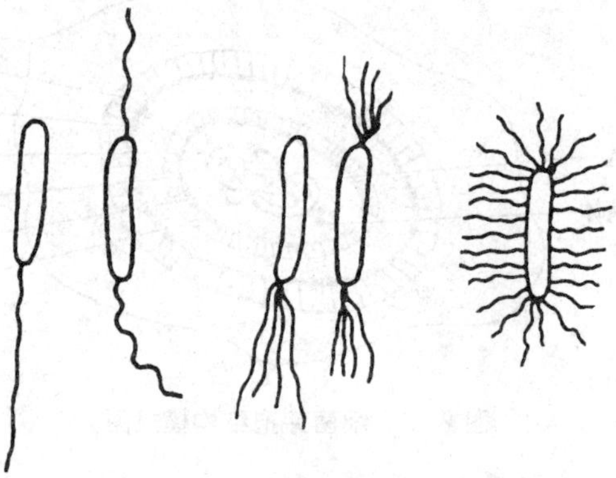

图 2-14 细菌鞭毛的类型

分型和鉴定上具有一定意义；③与致病性有关，某些细菌如空肠弯曲菌、霍乱弧菌等借鞭毛运动，帮助细菌穿透肠黏膜表面的黏液层，使菌体黏附于小肠上皮细胞而导致病变。

(4)菌毛(fimbria)：某些细菌菌体表面有比鞭毛更细、短而直硬的丝状物，称为菌毛。菌毛与细菌运动无关，必须用电子显微镜才能观察到。根据功能不同，菌毛可分为两种类型：

1)普通菌毛(common pili)：普通菌毛短而直，周身分布，数目可达百根以上(图 2-15)。普通菌毛主要与细菌的黏附性有关，能与宿主细胞表面的相应受体结合，导致感染的发生。如大肠埃希菌的普通菌毛能黏附于肠道和尿道黏膜上皮细胞，引发肠炎或尿道炎。无菌毛的细菌则易被黏膜细胞的纤毛运动、肠蠕动或尿液冲洗而被排出，失去菌毛，致病力亦随之丧失。因此，普通菌毛与细菌的致病性有关。

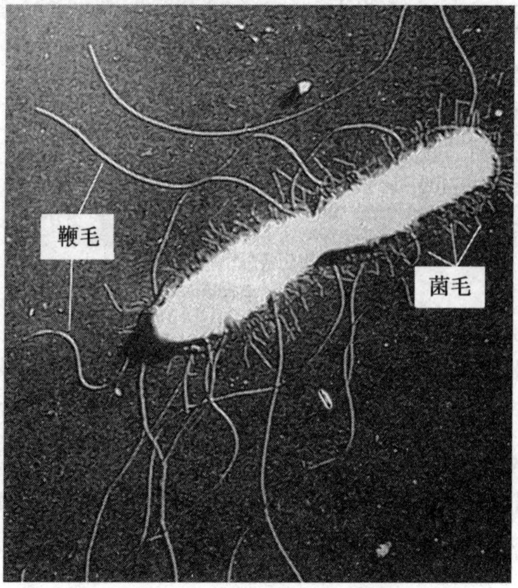

图 2-15 细菌鞭毛和菌毛

2)性菌毛(sex pili):性菌毛比普通菌毛粗而长,数量少,一个细胞仅具1～4根,为中空的管状结构。性菌毛是在F质粒控制下形成的,带有性菌毛的细菌称为F^+菌或雄性菌,无性菌毛的细菌称为F^-菌或雌性菌。性菌毛能在细菌之间传递DNA,细菌的毒力及耐药性即可通过这种方式传递,这是某些肠道杆菌容易产生耐药性的原因之一(图2-16)。

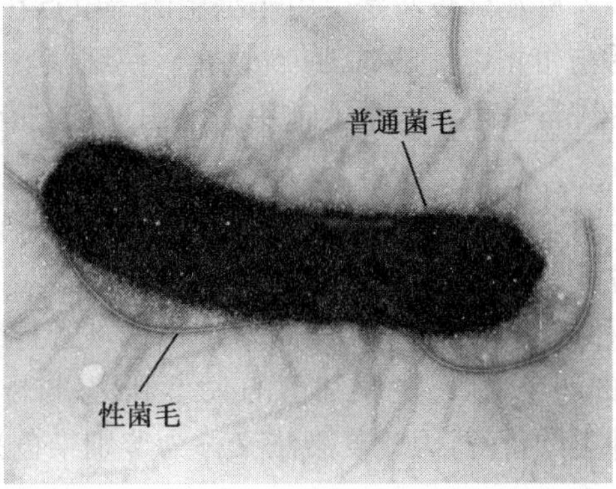

图2-16　细菌性菌毛

(三)细菌的形态学检查

细菌形态学检查是细菌检验的基本方法之一,它是细菌分类和鉴定的基础,可根据其形态、结构和染色反应性等为进一步鉴定提供参考依据。

1. 显微镜　细菌个体微小,肉眼无法看到,显微镜是观察细菌的基本工具。根据目的不同实验室内常使用以下几种显微镜。

(1)普通光学显微镜:采用自然光或灯光为光源,其最大分辨率为0.2μm,最大放大倍数为1000倍,一般细菌都大于0.25μm,故可用光学显微镜进行观察细菌的形态和排列方式,对于荚膜、鞭毛、芽孢等特殊结构经特殊染色也可进行清晰观察。

(2)暗视野显微镜:在普通显微镜上安装暗视野聚光器后,光线不能从中间直接透入,整个视野呈暗色,而标本片上的细菌能反射发光,因此可在暗视野背景下观察到光亮的微生物如细菌或螺旋体等。常用于观察不染色活菌体的形态和运动。

(3)相差显微镜:相差显微镜利用相差板的光栅作用,改变直射光的光位相和振幅,将光位相的差异转换为光强度差。在相差显微镜下,当光线透过不染色标本时,由于标本不同部位的密度不一致而引起位相的差异并显示出光强度的明暗对比,可观察到活菌及其内部结构。

(4)荧光显微镜:采用能发出紫外光或蓝紫光的高压汞灯为光源,配有滤光片和能透过紫外线的聚光器。因其波长短,故比普通显微镜的分辨率高。细菌预先用荧光素着色,置于荧光显微镜下就可激发荧光,故在暗色背景中即能看到发射荧光的物体。本法适用于对荧光色素染色或与荧光抗体结合的细菌的检测或鉴定。

(5)电子显微镜:以电子流代替可见光,以电磁圈代替放大透镜。因其波长极短,仅为可见光波长的几万分之一,故电子显微镜的放大倍数可达数十万倍,能分辨至1nm的微粒。常用于细菌超微结构和病毒颗粒的观察。当前使用的电子显微镜有两类,即透射电子显微镜和扫描电子显微镜。

2. 不染色标本检查　是指将细菌直接放在显微镜下观察，常用的方法有压滴法、悬滴法和毛细管法等。细菌未染色时无色透明，在显微镜下主要靠细菌的折光率与周围环境的不同来进行观察。因此一般可用于观察细菌形态、动力及运动情况，其优点是操作简单。

3. 染色标本检查　由于细菌是半透明个体，一般很难直接在显微镜下观察其形态结构，因此必须经染色后才可观察较清楚。由于细菌的等电点在 pH 2～5 之间，在近中性的环境中带负电荷，易与带正电荷的碱性染料结合，使细菌着色，故常用亚甲蓝、碱性复红、结晶紫等碱性染料进行染色。医学上常用的细菌染色法有单染色、复染色和特殊染色法三种。

(1)单染色法：只用一种染料进行染色的方法。细菌经单染色法处理后，可观察细菌的大小、形态与排列方式，但不能显示细菌的染色特性。

(2)复染色法：用两种或两种以上不同染料对细菌标本进行染色的方法。通过复染色法可将细菌染成不同的颜色，除可观察细菌的大小、形态与排列外，还反映出细菌染色特性，具有鉴别细菌种类的价值，因此复染法又称为鉴别染色法。常用的有革兰染色法和抗酸染色法。

1)革兰染色法(Gram stain)：该法是丹麦细菌学家革兰(Hans Christian Gram)于1884年创建的，至今仍在广泛应用。其具体步骤是：细菌涂片干燥、固定后，加结晶紫初染，然后加碘液媒染，此时各种细菌都染成深紫色。然后用95%乙醇脱色，其中有的脱去紫色，有的仍保留紫色。最后加苯酚复红(或沙黄染液)复染，吸干后置显微镜下观察结果。镜下呈紫色的为革兰阳性(G^+)菌，呈红色的为革兰阴性(G^-)菌。

革兰染色的结果与细菌细胞壁的化学组成与结构有关。随着对细菌细胞壁结构的深入研究，现在对革兰染色的原理也有比较满意的解释：革兰阴性细菌细胞壁中肽聚糖含量较低，脂类物质含量较高，染色过程中经过脂溶剂乙醇的处理，细胞壁中的脂类物质被溶解，使革兰阴性细菌细胞壁的通透性增加，染色过程中形成的结晶紫-碘复合物被乙醇抽提出来，细菌被脱色，最后呈复染液的红色。革兰阳性细菌因其细胞壁中肽聚糖含量高，形成多层的网状结构，交联度高，脂类物质含量低，染色过程中经过脂溶剂乙醇的处理，引起细菌细胞壁肽聚糖网状结构中孔径缩小，细胞壁的通透性降低，染色过程中形成的结晶紫-碘复合物被保留在细胞壁中，从而呈紫色。

革兰染色法的实际意义在于：①鉴别细菌：通过该染色法可将细菌分为革兰阳性菌和革兰阴性菌两大类，从而有助于鉴别细菌；②选择治疗用药：革兰阳性菌和革兰阴性菌细胞壁组成上的差异导致其对某些抗生素的敏感性不同，如大多数革兰阳性菌对青霉素、头孢菌素等作用于细菌细胞壁的抗生素敏感，而革兰阴性菌大多对作用于细胞内核糖体的红霉素、链霉素等抗生素敏感，故对指导临床用药有一定的参考价值；③与致病性有关：革兰染色性的差异，在某种程度上反映出细菌某些生物学性状的差异，如革兰阳性菌大多能分泌产生外毒素，而革兰阴性菌多数具有内毒素，这有助于了解细菌的致病性。

2)抗酸染色法：可用于鉴定细菌的抗酸性，根据染色结果将细菌分为抗酸性细菌和非抗酸性细菌。具体步骤是：将细菌涂片经火焰固定后，加苯酚复红溶液加温染色，再用盐酸乙醇脱色，最后加碱性亚甲蓝复染。凡不被脱色，镜下呈红色的为抗酸性细菌，如结核分枝杆菌、麻风分枝杆菌等；能被脱色在镜下呈蓝色的为非抗酸性细菌。目前认为这种染色性的差异可能与抗酸性细菌细胞内的分枝菌酸、脂类等成分有关。

(3)特殊染色法:细菌细胞的某些结构如芽孢、荚膜、鞭毛等,用一般染色方法不易染色,必须用相应的特殊染色法才能着色观察。在芽孢染色中,为了增强其通透性,必须处理芽孢壁才能使其着色;在荚膜染色中一般采用负染色法,是通过将背景染色,从而衬托出不能着色的荚膜,在显微镜下可看到呈现透明的荚膜层;在鞭毛染色中,往往是将染料堆积在鞭毛丝上,加粗其直径,便于观察。

二、细菌的生理

细菌的生理是研究细菌的营养、代谢、生长繁殖与生命活动的规律。细菌代谢旺盛,生长繁殖迅速,在代谢过程中可产生多种对医学和工农业生产具有意义的代谢产物。了解细菌的生长繁殖及新陈代谢规律,对于了解病原菌的致病性、细菌的分离培养鉴定、消毒灭菌及发酵生产等均具有理论和实际意义。

(一) 细菌的化学组成

研究细菌细胞的化学组成,能正确理解细菌的营养需要和生理特性。细菌细胞的化学组成与其他生物细胞基本相似,都含有碳、氢、氧、氮、磷、硫、钾、钙、镁、铁等元素,这些元素按其对细胞的重要程度来说是主要元素,其中碳、氢、氧、氮、磷、硫这六种元素可占细菌细胞干重的97%,其他如锌、锰、铜、锡、钴、镍、硼等为微量元素,含量极低。这些化学元素构成细胞内的各类化学物质,以满足生命活动的需要。

1. 水分　细菌细胞水分含量占细胞重量的75%～85%。芽孢含水量较少,约占40%。细菌细胞的水分分为结合水和自由水。结合水与细胞成分紧密结合,是蛋白质等复杂有机物的组成成分;而自由水是细胞物质的溶媒,参与各种生理作用。

2. 固形成分　细菌细胞的固形成分包括有机物(如蛋白质、核酸、糖类、脂类、维生素等)和无机物,占细胞重量的15%～25%。在固形成分中,碳、氢、氧、氮四种元素占90%～97%,其他元素占3%～10%。

(1)蛋白质:占固形成分的50%～80%,含量随菌种、菌龄和培养条件而有所不同。蛋白质是组成细菌细胞的基本物质,也是细菌酶的组成成分,与细菌生命活动密切相关。细菌的蛋白质少数为简单蛋白质,如球蛋白、鞭毛蛋白等;多数为复合蛋白,如核蛋白、糖蛋白、脂蛋白等,而以核蛋白含量最多,占蛋白质总量的50%以上。

(2)核酸:细菌细胞同时存在有核糖核酸(RNA)和脱氧核糖核酸(DNA)。RNA存在细胞质中,除少量以游离状态存在外,大多与蛋白质组成核蛋白体,约占细胞干重的10%;DNA存在于染色体和质粒中,约占细胞干重的3%。核酸与细菌的遗传和蛋白质的合成有密切关系。

(3)糖类:占固形成分的10%～30%,其中有2.6%～8%是核糖,构成核糖核酸。细菌表面的糖类主要是荚膜多糖、肽聚糖、脂多糖等。细胞内常有游离的糖原和淀粉颗粒,前者是作为内源性碳源和能源,后者为可被利用的贮藏性多糖。

(4)脂类:细菌细胞中脂类含量为1%～7%,但结核分枝杆菌高达40%。脂类包括脂肪、磷脂、蜡质和固醇等。脂类或以游离状态存在,或与蛋白质或糖结合。磷脂是构成细胞膜的重要成分,脂蛋白、脂多糖(LPS)是细胞壁的组成成分。

(5)矿物质元素:又称无机盐。其种类很多,约占固形成分的10%。以磷为主,其次为钾、镁、钙、硫、钠、氯等,此外还有铁、铜、锌、锰、硅等微量元素。矿物质元素或参与菌体成分的组成，或以无机盐形式存在，可调节细胞的渗透压及维持酶活性等。

(6)维生素：细菌细胞中存在的维生素主要是水溶性B族维生素，其含量非常低。维生素是构成许多重要辅酶的前体或功能基团，在代谢过程中起重要作用。

除上述物质外，细菌体内还含有一些特有的化学物质，如肽聚糖、D型氨基酸、磷壁酸、胞壁酸、二氨基庚二酸(DAP)、2,6-吡啶二羧酸(DPA)、2-酮基-3-脱氧辛酸(KDO)等。细菌的组成成分中除核酸相对稳定外，其他化学成分的含量常因菌种、菌龄的不同以及环境条件的改变而有所变化。

(二) 细菌的物理性质

1. 细菌的带电现象　细菌的蛋白质和其他蛋白质一样，是由许多氨基酸组成的。氨基酸是兼性离子，在溶液中可电离成带阳离子的氨基(NH_3^+)和带阴离子的羧基(COO^-)。在一定pH下，它所电离的阳离子和阴离子相等(净电荷为零)，此pH即为细菌的等电点(pI)。当溶液的pH比细菌等电点低时，则氨基酸中羧基电离受抑制，氨基电离，细菌带正电荷；反之，溶液的pH比等电点高时，则氨基电离受抑制，羧基电离，细菌则带负电荷。

溶液的pH距离细菌等电点越远，细菌所带的电荷就越多。细菌的等电点在pI 2～5之间，其中革兰阳性细菌的等电点较低，为pI 2～3；革兰阴性细菌的等电点较高，为pI 4～5。在一般生理条件下(pH 7左右)，因pH高于细菌等电点，所以细菌都带负电荷，尤以革兰阳性菌带负电荷更多。细菌的带电现象与细菌的染色反应、凝集反应、抑菌和杀菌作用有密切关系。

2. 比面积　单位体积所具有的表面积称为比面积(即表面积/体积)。随着物体的体积缩小，其比面积随之增大。如葡萄球菌直径为1μm，每cm^3的表面积达$6\times10^4cm^2$，而一般生物体细胞的直径为1cm，每cm^3表面积为$6cm^2$，前者是后者的1万倍。巨大的比面积利于细菌与周围环境进行营养物质的吸收、代谢废物的排泄和环境信息的接受，故代谢旺盛、繁殖迅速。但由于比面积大，故细菌对外界环境因素的影响也十分敏感。

3. 布朗运动　细菌是一个大胶体粒子，在液体中受分散媒介分子的撞击，产生一种在原地不停地摆动，称为布朗运动。这种运动和具有鞭毛的细菌所发生的位移运动(真运动)是完全不同的。

4. 细菌的比重和重量　细菌细胞由水分和固形物组成，其比重在1.07～1.19之间。细菌的比重与菌体所含物质的种类及多少有关。细菌的重量常以单位体积的细菌群体的干重来表示，即将一定体积中的细菌洗净、离心、干燥后称重。测定细菌单位体积干重，可以反映细菌在各种环境下生长与代谢活动的关系。

5. 细菌的光学性质　细菌为半透明体，光线不能全部透过菌体。光束通过细菌悬液，将会被散射或吸收而降低其透过量，所以细菌悬液呈混浊状态。细菌悬液的透光度或光密度可以反映细菌数量的多少。透光度或光密度可借助光电比色计精确地测出来，从而反映出细菌的繁殖浓度，就能推知细菌在单位体积中繁殖数量与代谢活动之间的关系。这种菌体光密度测定法比测重法简便、精确，广泛应用在科研、生产工作中。

6. 细胞膜的半渗透性　细菌细胞膜与所有生物膜一样都有半渗透性，它可以让水和部分小分子物质透过，但对其他物质的透过则具有选择性。细菌营养物的吸收和代谢产物的排出均与细胞膜的半渗透性有关。

（三）细菌的营养与繁殖

1. 细菌的营养物质及其生理功能　细菌从周围环境中吸收的作为代谢活动所必需的有机或无机物，称为细菌的营养物质。获得和利用营养物质的过程称为营养（nutrition）。营养物质是细菌生存的重要物质基础，而营养是细菌维持和延续生命形式的一种生理过程。各种细菌在生长繁殖时所需要的营养物质主要包括水、碳源、氮源、无机盐和生长因子。

（1）水：水是维持细菌细胞结构和生存必不可少的一种重要物质。主要生理功能是：①作为细胞的组成成分，如结合水。②为细胞代谢提供液体介质环境。细菌营养物质的运输、分解及代谢废物的排泄等都是以水为媒介的。③直接以分子态参与代谢。如脂肪酸分解过程中的β-氧化就有加水反应和脱水反应。④调节细菌温度。水的比热高，又是热的良导体，能有效地吸收物质代谢过程中所放出的热量，并将热迅速地扩散到细胞外，使细胞内的温度不致骤然上升，细胞内各种氧化还原反应都能在适宜温度下进行，酶的生理活性得到正常发挥。⑤维持蛋白质、核酸等生物大分子的天然构象稳定，以发挥正常的生物学效应。

（2）碳源（carbon source）：碳源是为细菌生长提供碳素来源的营养物质的统称，是含碳元素的各种化合物。碳源主要用于合成细菌的含碳物质及其细胞骨架，同时也是细菌获得能量的主要来源。

碳源主要包括无机碳源和有机碳源。少数细菌能利用无机碳源，多数细菌则是以有机碳源为主。无机碳源主要有 CO_2 及碳酸盐（CO_3^{2-} 或 HCO_3^-），有机碳源的种类非常丰富，常见的有糖类及其衍生物、脂类、醇类、低级有机酸、氨基酸和烃类等。各种有机碳源中，容易被细菌吸收利用的是糖类物质，其中包括单糖、双糖和多糖。糖类中最简单的是单糖，尤其是葡萄糖，它是细菌利用的主要碳源物质。

大多数细菌能利用有机物作为碳源。病原菌主要从糖类中获得碳。而有些细菌可以 CO_2 为唯一的碳源。常根据细菌利用碳源的类型和能力的差异对其进行分类鉴定。

（3）氮源（nitrogen source）：氮源是为细菌生长提供氮素来源的营养物质的统称，是含氮元素的各种化合物或简单分子。细菌利用各种含氮化合物来合成自身的蛋白质、核酸和其他含氮化合物，一般不用作能量。个别类型的细菌能利用氨基酸、铵盐或硝酸盐同时作为氮源和能源。

氮源从其化学结构上划分可包括无机氮源、有机氮源及氮气分子。常见的无机氮源主要有铵盐、硝酸盐、尿素及氨等；有机氮源主要是动物或植物蛋白质及其不同程度的降解产物，也称为蛋白质类氮源，如鱼粉、黄豆饼粉、牛肉膏、蛋白胨、玉米浆等。由于各类氮源的复杂程度差异较大，细菌对不同氮源的吸收利用能力差异也较大，利用速度也不同。小分子氮源很容易被细菌吸收利用，在短时间内就可满足菌体生长需要，称之为速效氮源；大分子复杂氮源在被细菌吸收利用之前还要经进一步的降解才能被吸收利用，称之为迟效氮源。

病原性微生物主要从氨基酸、蛋白胨等有机氮化合物中获取氮。有些细菌由于缺少某种或几种酶，不具备合成相应氨基酸或碱基的能力，因此必须依靠外界提供有机氮化合物才能生长。

（4）无机盐（inorganic salt）：细菌所需的无机盐有很多种类，包括氯化物、硫酸盐、磷酸盐、碳酸盐以及含有钾、钠、钙、镁、铁等元素的化合物，其中主要是磷和硫。磷在菌体中含量较多，其作用一方面是合成菌体组分，如核酸、磷脂、核蛋白、多种辅酶和辅基等；另一方面是贮存和转运能量，氧化磷酸化作用是能量代谢主要步骤之一，ATP 等高能磷酸键可贮存和转运能量。硫是制造含硫氨基酸及多种含巯基化合物的原料。其他的无机盐还有锰、锌、钴、铜等。它们为细胞生长提供必需的各种微量元素，以满足细菌细胞生理活动的需要。

无机盐对细菌细胞的主要生理功能有：①作为酶或辅酶的组成部分；②作为酶的调节剂，参与调节酶的活性；③调节并维持细菌细胞内的渗透压、氧化还原电位；④可作为一些特殊类型细菌的能源；⑤维持生物大分子和细胞结构的稳定性。

(5)生长因子(growth factor)：是指某些细菌在其生长过程中必需的但细菌细胞本身不能合成或合成量不足、必须借助外源加入的、微量就可满足细菌生长繁殖的营养物质。细菌所需的常见营养因子主要有维生素、各类碱基(嘌呤及嘧啶)及氨基酸等。前两类主要是构成辅酶、辅基和核酸，维生素中主要是 B 族维生素，如硫胺素(维生素 B_1)、核黄素(维生素 B_2)、泛酸、烟酸、生物素、叶酸等，它们多半是辅基或辅酶的成分。而供给少量的氨基酸是因为某些细菌缺乏合成该氨基酸的酶。

2. 细菌的生长繁殖

(1)细菌生长繁殖的条件：细菌生长繁殖除需要营养物质外，尚需适宜的酸碱环境、温度和气体等环境条件。

1)充足的营养物质：包括一定量的水分、碳源、氮源、无机元素和生长因子。当营养物质不足时，菌体一方面降低代谢速度，避免能量的消耗；另一方面通过激活特定运输系统，大量吸收周围环境中的微量营养物质以供菌体生存。在一定范围内，菌体细胞的生长繁殖速度与其营养物质的浓度成正比。

2)合适的酸碱度：大多数病原菌最适 pH 为 7.2～7.6，在此范围内细菌的酶活性强，生长繁殖旺盛。少数细菌如嗜酸乳杆菌的最适 pH 为 5.8～6.6，而霍乱弧菌最适 pH 则为 8.4～9.2。在适宜 pH 条件下，特别在含糖液体培养基中，细菌代谢旺盛，很快分解糖产生有机酸，降低了培养基中的 pH，不利于细菌继续生长和代谢。因此，在配制培养基时，不仅要注意调节其合适的 pH，还应加入适宜的缓冲物质，如磷酸盐、碳酸盐或有机物(如氨基酸)等。

3)适宜的温度：细菌的生长繁殖必须在适宜的温度范围内进行。根据细菌对温度范围要求不同，可分为嗜冷菌、嗜温菌和嗜热菌三类。大多数细菌属于嗜温菌(最适温度为 25～32℃)，多数病原菌的最适温度为 37℃。

4)气体：细菌生长繁殖需要的气体主要是 O_2 和 CO_2。一般细菌在代谢过程中产生的二氧化碳即可满足自身需求。但有些细菌如脑膜炎奈瑟菌等在初次分离培养时，需提供 5%～10%的 CO_2 才能生长。

根据细菌生长与氧气的关系，可将细菌分为 5 种类型(表 2-2)：①需氧菌：在有氧的环境中才能生长繁殖，如结核分枝杆菌、枯草芽孢杆菌；②微需氧菌：能在含有少量分子氧的情况下生长，如空肠弯曲菌、幽门螺杆菌等；③耐氧菌：在生长过程中一般不需要氧气，但氧气的存在对其影响不大，如乳酸菌；④兼性厌氧菌：在有氧或无氧的环境中均能生长，有氧时进行需氧呼吸，无氧时进行厌氧发酵，以有氧下生长较好，如大肠埃希菌等；⑤厌氧菌：在无氧的环境中才能生长繁殖，氧对其生长有毒害作用，如破伤风梭菌。

表 2-2 细菌与氧气的关系

细菌类型	最适生长时 O_2 体积(%)	代表类型
需氧菌	≥20	枯草芽孢杆菌
微需氧菌	2～10	空肠弯曲菌
耐氧菌	≤2	乳酸菌
兼性厌氧菌	有 O_2 或无 O_2	大肠埃希菌
专性厌氧菌	不能有 O_2	破伤风梭菌

(2)细菌的繁殖方式与速度：细菌一般以无性二分裂方式进行繁殖。即细菌生长到一定时期，在细胞中间逐渐形成横膈，由一个母细胞分裂成两个大小基本相等的子细胞。

细菌的繁殖速度极快，大多数细菌 20～30 分钟即可繁殖一代，经过 18～24 小时在固体培养基上即可见到细菌的菌落。少数细菌繁殖较慢，如结核分枝杆菌需 18～20 小时才能分裂一次。

3. 细菌的营养类型　细菌的营养类型实质为细菌利用营养物质的特定方式，在营养物质的利用中涉及能量的来源。因此，常以细菌生长所需的能源和主要营养物质碳源的不同，可将细菌分为光能无机营养型、光能有机营养型、化能无机营养型和化能有机营养型四大类(表 2-3)。

表 2-3 细菌的营养类型

营养类型	能源	碳源	电子供体	代表类型
光能无机营养型 (光能自养型)	光	CO_2	(H_2S、S、H_2 或水)	绿硫细菌、蓝细菌
光能有机营养型 (光能异养菌)	光	有机物	有机物	红螺细菌
化能无机营养型 (化能自养菌)	化学能 (无机物)	CO_2 或碳酸盐	(H_2S、H_2、Fe^{2+}、NH_4^+、NO_2^-)	硝化细菌、铁细菌
化能有机营养型 (化能异养菌)	化学能 (有机物)	有机物	有机物	大多数细菌

(1)光能营养型细菌(phototroph)：以光为唯一或主要能量来源的营养类型。按其所需碳源的不同分为光能无机营养型和光能有机营养型。

1)光能无机营养型：又称为光能自养菌，能以 CO_2 作为主要或唯一的碳源，以无机物作为供氢体并利用光能进行生长。

2)光能有机营养型：又称光能异养菌，不能以 CO_2 或碳酸盐作为主要或唯一的碳源，而是以有机物作为碳源及供氢体并利用光能进行生长。

(2)化能营养型细菌(chemoautotroph)：化能营养型细菌是以无机物或有机物氧化过程中释放的化学能为能量来源的营养类型。在细菌中该类型的种类和数量占优势。根据所需碳源的不同，可再分为化能无机营养型和化能有机营养型。

1)化能无机营养型(chemoautotroph)：又称化能自养菌，以氧化无机物产生的化学能为能源，以 CO_2 或碳酸盐为主要碳源来合成菌体自身的有机物，如硝化细菌。

2）化能有机营养型（chemoheterotroph）：又称化能异养菌，以有机物氧化时所产生的化学能作为能源，并以有机物作为主要碳源。因此，有机物对化能异养菌来说既是碳源又是能源。在化能营养型细菌中，异养型是主要类型，已知所有的病原菌都属于此种类型。

根据利用的有机物性质不同，还可以将化能异养菌分为腐生型和寄生型两类。腐生型（metatrophy）是利用无生命的有机物质作为碳源，如土壤中动植物的尸体和残体；寄生型（paratrophy）是利用有生命的有机物质作为碳源，借助寄生方式生活在活体细胞或组织间隙中，以宿主体内的有机物质为营养。目前工业发酵中使用的菌种及病原性细菌多属此类。

4. 营养物质的吸收　细菌结构简单，营养物质的进入及代谢产物的排出都是借助其细胞壁和细胞膜的选择性透过作用完成。根据营养物质运输的特点，可将营养物质运输方式分为简单扩散、促进扩散、主动运输和基团转移四种类型，其中主动运输是细菌吸收营养的主要方式。

（1）简单扩散（simple diffusion）：又称被动扩散（passive diffusion）或自由扩散，营养物质借助细胞内外溶质的浓度差，无需任何细菌组分的帮助，通过细菌细胞的壁膜屏障结构，从高浓度区向低浓度区扩散。其主要特点是：①不消耗能量；②不需要载体蛋白——渗透酶（permease）参与；③扩散的方向是从高浓度区向低浓度区，并且过程可逆；④扩散的速度随浓度差的降低而减小，当细胞内外浓度相等时达到动态平衡。

通过简单扩散的营养物质种类不多，主要是一些水溶性及脂溶性的小分子，如水、脂肪酸、乙醇、甘油、某些氨基酸及 O_2、CO_2 气体等。扩散是非特异性的，速度较慢。

（2）促进扩散（facilitated diffusion）：又称协助扩散，是借助细胞内外营养物质的浓度差和载体蛋白（carrier protein），使营养物质通过细菌细胞的壁膜屏障结构进入细胞内的过程。其主要特点是：①促进扩散的动力是细菌细胞内外溶质的浓度差值，不需要消耗能量。②促进扩散需要细胞膜上特异性载体蛋白参加。这些载体属于渗透酶类，与相应的被运输物质有亲和力，而且在细胞内外的大小不同，细胞外亲和力大于细胞内，从而使营养物质进入细胞后能与载体分离。③扩散的方向是从高浓度向低浓度，但不是一个可逆过程，只可从胞外进入胞内。促进扩散模式如图 2-17 所示。

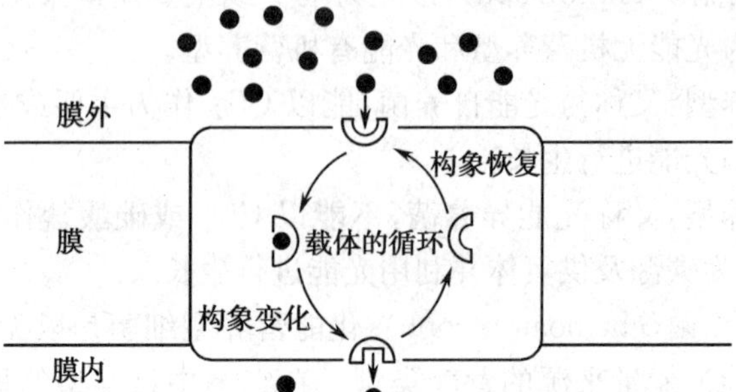

图 2-17　促进扩散模式图

载体蛋白具有高度特异性，一般细菌往往只能借助专一的载体蛋白来运输相应的营养物质，也有些细菌可以利用多种载体来运输同一种营养物质。通过这种方式进入细胞的营养物质主要有氨基酸、某些单糖、维生素及无机盐等。

(3)主动运输(active transport)：是在特异性渗透酶的参与下，逆浓度差运输所需营养物质至细胞内的过程，是细菌吸收营养物质的主要方式。其主要特点是：①消耗能量，能量来自细菌的呼吸能；②需要载体蛋白(渗透酶)参与；③逆浓度梯度运输，即扩散方向是从低浓度向高浓度；④对被运输的物质具有高度的选择性；⑤单方向运输，从细胞外到细胞内，不存在动态平衡点。

在主动运输中，载体蛋白起着非常关键的作用。在膜的外表面载体蛋白对营养物显示了高度亲和力，使得营养物质能与载体蛋白特异性结合；当营养物被运输穿过膜时，载体蛋白的构象发生改变，导致营养物在细胞内释放(图 2-18)。在主动运输中载体蛋白的构型变化需要消耗能量。

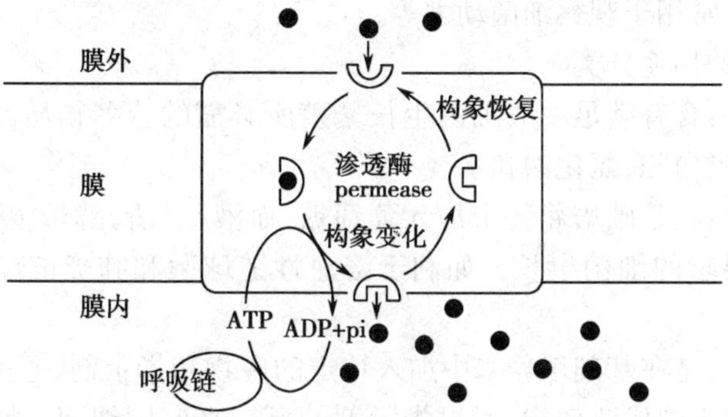

图 2-18　主动运输模式图

主动运输虽然对营养物质有选择性，但由于载体系统多样，故运输的营养物质种类丰富。大多数氨基酸、糖类和一些离子(如 K^+、Na^+、HPO_4^{2-}、HSO_4^-)等都是借助主动运输进入细胞内的。

(4)基团转位(group translocation)：指需要载体蛋白参加，消耗能量的物质运输方式，且被运输物质在运输前后发生了分子结构修饰。如葡萄糖经过基团转位进入胞内后，经过修饰在其分子上增加了一个磷酸基团，成为 6-磷酸葡萄糖。因此，基团转位是一种特殊形式的主动运输，其特点是被运输物质在由胞外向胞内运输的过程中得到了化学修饰。

基团转位主要存在于厌氧型和兼性厌氧型细菌中，主要用于糖的运输，此外还包括对脂肪酸、核苷、碱基等的运输。

(四) 细菌的人工培养

细菌的人工培养是指用人工方法提供细菌生长所需的营养物质及环境条件，使细菌能在短时间内大量繁殖。通过人工培养细菌可以获得大量的菌体及其相应的代谢产物，这不仅能满足感染性疾病的病原学诊断与治疗、流行病学调查和生物制品的制备等，而且对生物制药的生产实践有着重要的指导意义。

1. 培养基(medium)　是人工配制的满足细菌及其他微生物生长繁殖和(或)积累代谢产物的营养基质。培养基必须具备下列条件：含有适当的水分和各种适宜的营养物质；具有合适的pH；适当的物理状态(固体、液体、半固体)；本身必须无菌。

培养基的种类繁多，按照其物理性状和用途等可分为不同的种类。

(1)按物理性状分类：可分为液体、固体和半固体培养基三大类。

1)液体培养基：指呈液体状态的培养基。该培养基有利于细菌增殖，用于发酵工业大规模生产以及实验室进行微生物生理代谢活动研究。此外，可根据培养后的浊度判断微生物的生长程度。

2)固体培养基：指在液体培养基中加入一定量凝固剂而呈固体状态的培养基。琼脂是最常用的凝固剂，它是一种从海藻中提取的多糖类物质，大多不被细菌分解利用，加热至98℃时即可熔化，冷却至45℃时可凝固。一般固体培养基中琼脂添加量为2%～3%。固体培养基可依据使用目的不同而制成平板、斜面、高层斜面等形式，常用于微生物的分离、纯化、保存菌种等。

3)半固体培养基：在液体培养基内加入少量凝固剂(如0.5%左右的琼脂)而呈半固体状态的培养基。常用于观察细菌动力等。

(2)按培养基的用途分类

1)基础培养基：含有满足一般细菌生长繁殖所必需的营养物质，如肉汤培养基，其组成为牛肉浸膏、蛋白胨、氯化钠和水。

2)营养培养基：在基础培养基中加入葡萄糖、血液、血清、酵母浸膏等，专供营养要求较高或有特殊要求的细菌生长。如利于溶血性链球菌和肺炎链球菌生长的血琼脂平板。

3)鉴别培养基：是在基础培养基中加入特定的底物和指示剂，通过细菌生长过程中分解底物所释放的不同代谢产物，通过指示剂的反应来鉴别细菌。如在蛋白胨水中加入某种糖类及指示剂，细菌培养后，可根据产酸产气情况来鉴别细菌分解糖的发酵能力。又如醋酸铅培养基可用于检查细菌能否分解含硫氨基酸产生硫化氢。

4)选择培养基：利用不同细菌对某些化学物质的敏感性不同的特点，可在培养基中加入抑制某些细菌生长的药物，从而在混杂的细菌群体中筛选出目的菌。例如在培养基中加入胆盐，能选择性抑制革兰阳性菌生长，有利于肠道中革兰阴性菌的分离；若在培养基中加入某种抗生素，亦可起到选择作用。

5)厌氧培养基：是专门用于培养专性厌氧菌的培养基。培养厌氧菌必须考虑到两个重要因素：一是细菌生长的环境中不能有氧；二是培养基中营养物质的氧化还原电位(Eh)不能高，Eh值一般是在−150～−420mV之间。常用的厌氧培养基有庖肉培养基(肉汤中加入煮过的肉渣，其中含有具有还原性的不饱和脂肪酸和谷胱甘肽)、巯基乙酸钠培养基等。

此外，按营养物来源不同，培养基可分为合成培养基和非合成培养基。前者是由已知化学成分的化学药品组成；后者又称天然培养基，是用化学成分不甚清楚且不恒定的天然营养物质如马铃薯、牛肉膏和麦芽汁等配制而成的。

2. 细菌的培养方法及其生长现象　将细菌接种在适宜培养基上，于一定条件下培养就能看到细菌的生长。因培养方法不同，其生长现象也不相同。

(1)固体培养法：常用于微生物分离、纯化、保存和计数等。固体培养基分为平板和斜面两种。在固体培养基表面由单个细菌分裂繁殖所形成的一堆肉眼可见的细菌集团称为菌落(colony)。多个菌落融合成片，称为菌苔。理论上一个菌落是由一个细菌繁殖而来，是同种的纯菌，故可用作纯种分离。同理，计数平板上生长的全部菌落数可以计算出标本中单位体积中的活菌总数，常用单位体积中菌落形成单位(colony forming unit，cfu/ml)表示。挑取一个菌落，移种到另一培养基中，生长出来的细菌均为纯种，称为纯培养。细菌种类不同，其菌落大小、形状、黏稠度、湿度、色泽、边缘形状、凸起或扁平、表面光滑或粗糙等都不尽相同。根据菌落的特征可以初步鉴别细菌。

知识链接

细菌分离纯培养技术的发明

德国细菌学家科赫于1881年将含有营养物质的琼脂融化后倒入培养皿中，用烧红的白金丝蘸取少许混合稀释菌液，在凝固的琼脂表面划线，用玻璃罩盖住培养皿，培养几天后，琼脂表面上便长出一个个孤立的菌落。科赫认为相同特征的菌落来自同一个种，挑选某一种菌落进行几次相同的培养后得到了纯种。应用此技术成功地解决了从混合菌液中分离单一细菌的难题，这就是沿用至今的细菌分离纯培养技术。

(2)液体培养法：又分为静置培养、摇瓶培养和发酵罐培养。常用于观察微生物的生长状况、检测生化反应及代谢产物或使细菌大量增殖。

1)静置培养(stationary culture)：是将培养物静置于培养箱中，如试管液体培养。多用于菌种培养、微生物的生理生化试验。细菌在澄清的培养基中，经过一段时间培养后，可出现混浊、沉淀、菌膜等现象。如大肠埃希菌等兼性厌氧菌在液体培养基中生长后，呈现均匀混浊的状态，菌数越多，浊度越大，从而用比浊法可以估计细菌的数值；专性需氧菌如枯草芽孢杆菌多在液体表面生长并形成菌膜；能形成长链的细菌在液体下部呈沉淀生长，如链球菌。

2)摇瓶培养(shaking culture)：即在锥形瓶内装入一定量的液体培养基后，经摇床振荡培养，以提高氧的吸收和利用，促进细菌的生长繁殖，获得更多的菌体和代谢产物。在实验室中常采用摇瓶培养法以获得足够的菌体和代谢产物。

3)发酵罐培养(tank culture)：是进一步放大培养，培养物可达数十立升，适用于放大试验或应用于种子制备，此时还需向深层液体中通入无菌空气，故也称通气培养(aeration)。

(3)半固体培养法：将细菌穿刺接种到半固体培养基中，经培养后，无动力的细菌仅沿穿刺线呈清晰的线形生长，周围培养基仍透明澄清；有动力的细菌沿穿刺线扩散生长，可见沿穿刺线呈羽毛状或云雾状，穿刺线模糊不清，从而可判断细菌是否有动力，即有无鞭毛的存在。半固体培养基用于观察细菌的运动能力，也常用于菌种保存。

(4)厌氧培养法：是专门针对厌氧菌的培养方法。用于厌氧菌的培养方法有多种，主要措施有以惰性气体来置换空气，排除环境中游离氧；加入还原剂降低微环境中的氧化还原电位，如液体培养基中可加入巯基乙酸钠、谷胱甘肽等；将细菌接种在一般培养基上，然后采取隔离空气的措施，如在培养基上面用凡士林或石蜡封住，或将其放入厌氧袋、厌氧罐或厌氧箱中培养。

3. 细菌的生长曲线　细菌在液体培养基中的生长繁殖具有一定的规律性。描述细菌群体在整个培养期间的菌数变化规律的曲线称之为生长曲线(growth curve)。其制作方法是将一定数量的细菌接种在适宜的液体培养基中培养，每隔一定的时间取样计算菌数，以时间(小时)为横坐标，活菌数的对数为纵坐标进行作图即得细菌的生长曲线。

按生长繁殖的速率不同，细菌生长曲线可分为四期，如图 2-19 所示。

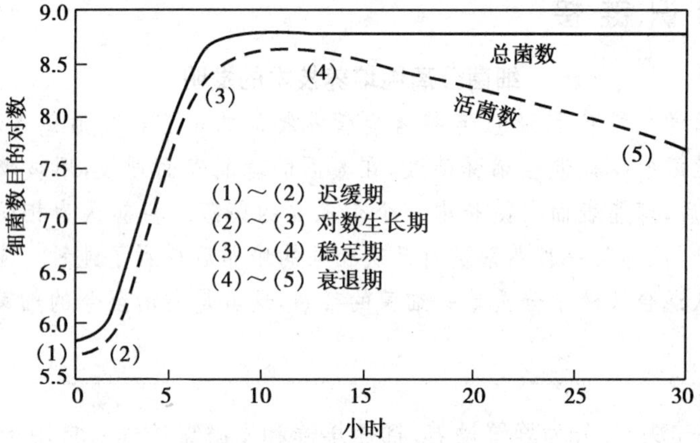

图 2-19　细菌的生长曲线

(1)迟缓期(lag phase)：是细菌进入新环境后的适应时期，此期细菌不分裂，菌数不增加，但细胞体积变大，细胞内合成代谢活跃，胞内核酸、蛋白质的量均增加。迟缓期的出现是由于细菌需要适应新的环境条件，并产生足够量的酶、辅酶以及某些必要的中间代谢产物。当这些物质达到一定浓度时，细菌才开始分裂繁殖。一般细菌的迟缓期为 1～4 小时，迟缓期的长短可以反映细菌的生长繁殖条件是否适宜。影响迟缓期长短的因素有菌种、菌龄、接种量以及接种前后培养基成分的差异等。

(2)对数生长期(logarithmic growth phase)：此期是细菌分裂繁殖最快的时期，活菌数按几何级数增加，即 $2^0 \rightarrow 2^1 \rightarrow 2^2 \rightarrow 2^3 \rightarrow \cdots \rightarrow 2^n$，在生长曲线图上，活菌数目的对数呈直线上升，活菌数与总菌数非常接近。此期细菌的形态、大小、染色性均典型，群体细胞的化学组成及形态、生理特征比较一致，细菌代谢活跃，生长速率快，对外界环境因素的作用比较敏感。因此实验室研究细菌生物学性状和做药敏试验，选用对数生长期的细菌为佳(多数细菌经 8～18 小时的培养)。有些抗菌药物在这一时期作用于细菌的效果较好。

(3)稳定期(stationary phase)：由于营养物质的消耗，有害代谢产物的积累以及其他环境条件如 pH、氧化还原电势的改变，导致对数生长期末期细菌生长速率逐渐下降，死亡率渐增，以至细菌繁殖数与细菌死亡数趋于平衡，活菌数保持相对稳定，故称稳定期。此期细菌形态和生理发生改变，如革兰阳性菌可被染成革兰阴性菌，细菌开始积累贮存物质。细菌的芽孢多在此期形成，某些次级代谢产物如外毒素、抗生素等也在此期开始产生。

(4)衰退期(decline phase)：稳定期后，生长环境越来越不利于细菌生长，细菌繁殖速度减慢或停止，死菌数逐渐上升，活菌数越来越少，死菌数超过活菌数。此期细菌形态发生显著改变，出现多形态的衰退型或菌体自溶。形成芽孢的细菌，此期芽孢成熟。该时期死亡的细菌以对数方式增加，但在衰退期后期，部分细菌对不良环境能产生一定的抗性，在一定程度上使死亡速率降低。

细菌对不同营养物质的利用能力是不同的，有的可以直接被利用，如葡萄糖或 NH_4^+ 等；有的需要过一段时间才能被吸收利用，如乳糖或鱼粉等。当培养基中同时含有这两类碳源或氮源时，细菌在生长过程中会出现二次生长现象。

了解细菌的生长曲线对研究细菌生理学和生产实践都有重要的指导意义。例如为了尽量减少菌数的增加，在无菌制剂和输液的制备中就要把灭菌工序控制在迟缓期，以保证输液质量和减少热原质的污染；在大量培养细菌时，选择适当的菌种、菌龄、培养基及控制培养条件可缩短迟缓期。对数生长期的细菌生长繁殖快，代谢旺盛，利用此期的细菌作为连续发酵的种子，以缩短生产周期。实验室工作中，多采用此期细菌进行细菌形态结构、生理代谢等方面的研究。稳定期是细菌代谢产物增多，并大量积累的时期。发酵工业上，为更多地获得细菌产生的代谢物，如氨基酸、抗生素等，可适当补充营养物，延长稳定期。形成芽孢的细菌，芽孢在衰退期成熟，有利于菌种保藏。

4. 细菌生长量的测定　主要根据细菌的数目、重量及生理指标三个方面对生长量进行测定。

(1)计数法：分为直接计数法、间接计数法和比浊法。直接计数法是利用特定的细菌计数板或血细胞计数板，在显微镜下计数一定容积中细菌的数量，此法的缺点是不能区分死菌与活菌；间接计数法又称活菌计数法，是通过计数在琼脂平板上生长的菌落数来计算出样品中的细菌数目，常用单位体积中菌落形成单位(colony forming unit，cfu/ml)表示；比浊法则是根据细菌悬液的光吸收值能反映出细菌细胞浓度的原理，用浊度计或分光光度计测出细菌悬液的光吸收值，由此计算出细菌的细胞数。

(2)重量法：测定菌体重量的方法称为重量法，分为湿重法和干重法。湿重法是将一定体积的样品通过离心或过滤将菌体分离出来，经洗涤，再离心后直接称重；而干重法则是将样品于105℃烘干至恒重后，再称其重量。

(3)生理指标法：生理指标包括细菌的呼吸强度、耗氧量、酶活性及生物热等。由于细菌在生长过程中这些生理指标会发生变化，因此可以借助一些特定的仪器来测定相应的指标，从而判断细菌的生长量。主要用于科学研究、分析细菌的生理活性等。

(五) 细菌的新陈代谢

细菌的新陈代谢包括分解代谢和合成代谢两个方面。细菌的生长繁殖实际上就是进行物质的分解与合成的新陈代谢过程。分解代谢(catabolism)是由复杂的化合物分解成简单化合物的过程，同时获得能量；合成代谢(anabolism)是指从简单化合物合成复杂的大分子乃至细胞结构物质的过程，同时消耗能量。两种代谢过程中均可产生多种代谢产物，其中有些在细菌的鉴别和医学上具有重要意义。

1. 细菌的酶　酶是生活细胞合成的特殊蛋白质，具有专一的催化活性，是生物催化剂。细菌作为一个独立生活的单细胞生物，具有非常丰富的酶类。按照不同的分类方法可将细菌体内的酶分为多种类型。

(1)按存在部位：可将细菌的酶分为胞外酶和胞内酶。

1)胞外酶：由细菌产生后分泌到细菌外发挥作用的酶。胞外酶多为水解酶，主要与细菌吸收利用某些营养物质有关，如蛋白酶、淀粉酶、纤维素酶等，能水解细胞外的一些复杂大分子物质为简单的小分子化合物，使其易于透过细胞膜被细菌所吸收。某些致病性细菌产生的胞外酶与其毒力有关，如卵磷脂酶、透明质酸酶等。

2）胞内酶：产生并存在于细胞内，催化细胞内进行的各种生化反应。参与细菌代谢的多数酶都属于胞内酶，如氧化还原酶类、裂解酶类、异构酶类和连接酶类等，是细菌呼吸和代谢不可缺少的酶类。

（2）按产生方式：可将细菌的酶分为组成酶和诱导酶。

1）组成酶：是细菌固有产生的，由遗传性决定，不管细菌生活的环境中有无该酶的作用基质，均不影响其产生，细菌的酶多为组成酶。

2）诱导酶：又称适应酶，是细菌为适应环境而产生的酶，如大肠埃希菌分解乳糖的β-半乳糖苷酶、耐青霉素的金黄色葡萄球菌产生的β-内酰胺酶，当环境中含有相应的基质，如乳糖或青霉素存在时，这些酶的含量就迅速增加；当底物或诱导物移走后，酶的产生停止，这类酶的合成一般受多基因调控。

（3）按专属性：可将细菌的酶分为共有酶和特有酶。

1）共有酶：细胞内的酶种类繁多，其中很多酶在不同类型的菌体内都具有，如参与细菌基础代谢的一些酶，这些酶在细胞内催化的生化反应过程相似，称之为共有酶。

2）特有酶：少数酶只存在于某些特殊类型的细菌内，所催化的生化反应往往是该类细菌所特有的，称为特有酶。常利用特有酶对细菌的生物化学反应来鉴别细菌和诊断疾病。

近年来，在遗传工程研究中，发现许多细菌如大肠埃希菌菌体内含有防御作用的限制酶（restriction enzyme）和修饰酶（modification enzyme），称限制与修饰系统（R-M 系统）。该系统能区别自己与非己的 DNA，对外来非己的 DNA 通过限制性核酸内切酶的作用使其降解；对自己的 DNA 由修饰甲基化酶使核苷酸甲基化，使之免受限制性内切酶的作用。这个系统的酶现已被分离和纯化的有近百种，可作为分子生物学研究的工具酶使用。

2. 细菌的呼吸　大多数细菌必须从物质的氧化过程中获得能量，而一个物质的氧化必然伴随着另一物质的还原。所谓呼吸就是产生能量的生物发生氧化还原的过程。细菌生物氧化的方式主要是以脱氢和失去电子方式实现的。一般将以无机物为受氢体的称为呼吸，以有机物为受氢体的则称为发酵。根据在呼吸中最终的氢（或电子）受体不同，将细菌分为三种呼吸类型。

（1）需氧呼吸：需氧呼吸是以分子氧作为最终电子（或氢）受体的氧化作用。需氧菌以及兼性厌氧菌在有氧情况下都进行需氧呼吸以获得能量。需氧呼吸时从代谢产物上脱下的氢和电子，通过呼吸链逐步传递，最终为分子氧所接受而生成水。同时在上述氧化过程中伴有氧化磷酸化作用。以葡萄糖为例，每摩尔葡萄糖彻底氧化，生成 CO_2 和 H_2O 并释放出 3632kJ 自由能，其中约 40%贮存在 ATP 中（38 个 ATP），其余以热的形式散失。

（2）无氧呼吸：无氧呼吸是指以无机氧化物，如 NO^{3-}、SO_4^{2-} 或 CO_2 等代替分子氧作为最终电子（或氢）受体的氧化作用。一些厌氧菌和兼性厌氧菌在无氧条件下可进行无氧呼吸获得能量。在无氧呼吸中，底物脱下的氢和电子，经过细胞色素等一系列中间传递体传递，并伴有氧化磷酸化作用，生成 ATP，但比有氧呼吸产生能量少。

(3)发酵:发酵是指电子(或氢)的供体和受体都是有机物的氧化作用,有时最终电子(或氢)受体就是供体的分解产物。这种氧化作用不彻底,最终形成还原型产物,因此只能放出部分自由能,其中一部分自由能贮存在 ATP 中,其余以热的形式散失。

3. 细菌的代谢过程　作为原核型单细胞微生物,细菌的代谢方式同其他生物甚至高等生物既有相似之处,也有其自身的特点。

(1)分解代谢:细菌的类型不同,能利用的营养物质种类亦不同。对某些分子量较大、结构复杂的营养物质如多糖、蛋白质及脂类等一般难以直接利用,通过相应的胞外酶将其降解为小分子物质后再吸收利用;而一些结构简单的有机化合物如葡萄糖、氨基酸等则很容易被细菌分解利用。分解代谢主要为细菌生长繁殖提供能量,并产生合成生物大分子所需的前体物质。

1)糖的分解:糖是多数细菌良好的碳源和能源。营养物质中的多糖先经细菌分泌的胞外酶水解分解为单糖(一般为葡萄糖),进而转化为丙酮酸。多糖→单糖→丙酮酸这一基本过程对所有细菌而言是一致的,但丙酮酸的利用各类细菌则不尽相同。需氧菌将丙酮酸经三羧酸循环彻底分解成 CO_2 和水,在此过程中产生各种代谢产物。厌氧菌则发酵丙酮酸,产生各种酸类(如甲酸、醋酸、丙酸、乳酸、琥珀酸等)、醛类(如乙醛)、醇类(如乙醇、乙酸甲基甲醇、丁醇等)、酮类(如丙酮)。在无氧条件下,不同厌氧菌对丙酮酸发酵途径不同,其代谢产物也不同。

2)蛋白质分解:蛋白质在细菌胞外酶的作用下首先分解为蛋白胨,再进一步分解为短肽后,吸收进入菌体,在菌体内经肽酶水解成游离的氨基酸,再进行下一步的代谢。

能分解蛋白质的细菌不多,而蛋白酶又有较强的专一性,故可根据分解蛋白质的能力差异对一些细菌的特性进行鉴定。如明胶液化、牛乳胨化等都是细菌分解利用蛋白质的现象。能分解氨基酸的细菌比能分解蛋白质的细菌多,其分解能力也不相同。细菌既可直接利用吸收的氨基酸来合成蛋白质,也可将氨基酸进一步分解利用。氨基酸分解的方式有脱氨作用、脱羧作用、转氨作用。①脱氨作用:是分解氨基酸的主要方式。细菌类型、氨基酸种类以及环境条件的不同,脱氨方式也不同。脱氨作用主要有氧化、还原、水解等方式,生成各种有机酸和氨。②脱羧作用:许多细菌细胞内含有氨基酸脱羧酶,可以催化氨基酸脱羧产生有机胺和二氧化碳。③转氨作用:氨基酸上的 α-氨基通过相应的转氨酶催化转移到 α-酮酸的酮基位置上,分别生成新的 α-酮酸和 α-氨基酸。该过程是可逆的。

3)细菌对其他物质的分解:细菌除能分解糖和蛋白质外,对一些有机物和无机物也可分解利用。各种细菌产生的酶不同,其代谢的基质不同,代谢的产物也不一样,故可用来鉴别细菌。①对其他有机物的分解:如变形杆菌具有尿素酶,可以水解尿素,产生氨。肖氏沙门菌和变形杆菌都有脱巯基作用,使含硫氨基酸(胱氨酸)分解成氨和硫化氢。②对其他无机物的分解:产气肠杆菌分解枸橼酸盐生成碳酸盐,并分解培养基中的铵盐生成氨。细菌还原硝酸盐为亚硝酸盐、氮或氨气的作用,称为硝酸盐还原作用。如大肠埃希菌可使硝酸盐还原为亚硝酸盐,沙雷菌属可使硝酸盐或亚硝酸盐还原为氮。

(2)合成代谢:细菌的合成代谢是利用分解代谢产生的能量、中间产物以及从外界吸收的小分子营养物为原料,通过生物合成为菌体的各种复杂组成成分的过程。与分解代谢相比,合成代谢是一个消耗能量的过程,合成代谢的三要素是 ATP、还原力和小分子前体物质。细菌进行的最重要的合成代谢是细胞内蛋白质、多糖、脂类、核酸等物质的合成。

4. 细菌的代谢产物　伴随着代谢的进行，细菌产生大量的代谢产物，其中有些是细菌生长所必需的，有些产物虽然并非细菌必需，但可用于鉴别细菌，还有些与细菌致病性有关。

(1)分解代谢产物和相关的生化反应：细菌在分解代谢过程中，因其具备的酶各不相同，故其分解代谢产物随菌种不同而有差异，可以通过检测各种代谢产物借以鉴别细菌，尤其用以鉴别肠道杆菌。这种方法称为生化试验，通常也称为细菌的生化反应。

1)糖发酵试验(carbohydrate fermentation test)：细菌能分解发酵多种单糖，产生能量和酸、醛、醇、酮、气体(如 CO_2、H_2)等代谢产物。不同细菌对糖的分解能力可不同，借以能鉴别细菌。如大肠埃希菌能分解葡萄糖和乳糖产酸、产气，而伤寒沙门菌只能分解葡萄糖产酸、不产气。

2)甲基红试验(methy red test，M)：细菌分解葡萄糖产生丙酮酸，丙酮酸进一步分解成甲酸、醋酸、乳酸等混合酸，使培养基的 pH 下降至 4.4 以下，加入甲基红指示剂变为红色，为甲基红试验阳性。产气肠杆菌可使丙酮酸脱羧生成中性的乙酰甲基甲醇，故生成的酸类较少，培养液最终 pH 高于 5.4，以甲基红为指示剂呈橘黄色，为甲基红试验阴性。

3)VP 试验(Voges-Proskauer test，Vi)：产气肠杆菌在含有葡萄糖的培养基中能分解葡萄糖产生丙酮酸，进一步脱羧形成中性的乙酰甲基甲醇，在碱性溶液中氧化成二乙酰，二乙酰可与含胍基的化合物发生反应，生成红色化合物，称 VP 试验阳性；大肠埃希菌不能生成乙酰甲基甲醇，最终培养液的颜色不能变红，为 VP 试验阴性。

4)吲哚试验(indole test，I)：吲哚试验又称靛基质试验。某些细菌如大肠埃希菌、普通变形杆菌、霍乱弧菌等含有色氨酸酶，能分解培养基中的色氨酸生成无色吲哚。当培养液中加入对二甲基氨基苯甲醛(吲哚试剂)时，可生成红色的玫瑰吲哚，为吲哚试验阳性；产气肠杆菌、伤寒沙门菌无色氨酸酶，不能形成吲哚，故吲哚试验为阴性。

5)枸橼酸盐利用试验(citrate utilization test，C)：某些细菌如产气肠杆菌可利用枸橼酸盐为碳源，在仅含枸橼酸盐作为唯一碳源的培养基中能生长，分解枸橼酸盐产生 CO_2，再转变为碳酸盐，并分解培养基中的铵盐生产氨，使培养基中 pH 由中性变为碱性，导致含有溴麝香草酚蓝(BTB)指示剂的培养基由绿色变为深蓝色，此为枸橼酸盐利用试验阳性；而大肠埃希菌不能利用枸橼酸盐作为碳源，故在该类培养基中不能生长，培养基中指示剂不变色，为枸橼酸盐利用试验阴性。

6)硫化氢试验(hydrogen sulfide test)：变形杆菌、肖氏沙门菌等细菌能分解胱氨酸、半胱氨酸等含硫氨基酸产生硫化氢，在培养基中加入铅或铁化合物，硫化氢可与之反应形成黑色的硫化铅或硫化亚铁，为硫化氢试验阳性。

7)尿素酶试验：变形杆菌具有尿素酶，能迅速分解尿素产生氨，使培养基碱性增加，使酚红指示剂呈红色，此为尿素酶试验阳性；沙门菌无尿素酶，培养基颜色不改变，则为尿素酶试验阴性。

细菌的生化反应是鉴别细菌的重要方法之一，尤其对形态、革兰染色反应和菌落形态相同或相似的细菌更为重要。其中吲哚试验(I)、甲基红试验(M)、VP 试验(Vi)和枸橼酸盐利用试验(C)简称为 IMViC 试验，常用于肠道杆菌鉴定。典型的大肠埃希菌的 IMViC 试验结果是“＋＋－－”，而产气肠杆菌是“－－＋＋”。

(2)合成代谢产物:细菌在合成代谢过程中,除了合成蛋白质等细胞结构物质外,同时还合成一些在医学上及制药工作中具有重要意义的代谢产物。

1)热原质(pyrogen):是细菌合成的一种注入人或动物体内能引起发热反应的物质。产生热原质的细菌大多为 G^- 菌,热原质即其细胞壁中的脂多糖。热原质耐高温,高压蒸汽灭菌(121.3℃ 20 分钟)亦不被破坏,需用 250℃高温干烤或 180℃ 4 小时才能破坏热原质。药液、器皿等如被细菌污染,即可有热原质,输入机体后可引起严重发热反应甚至导致死亡。因此注射液、生物制品、抗生素以及输液用的蒸馏水均不能含有热原质。

在制药工业中,对液体中可能存在热原质可用吸附剂吸附、超滤膜过滤或通过蒸馏法除去,其中蒸馏法效果较好。在制备和使用注射液、生物制品等过程中,应严格无菌操作,防止被易产生热原质的细菌污染。

知识链接

热原质的检查

《中国药典》(2010 年版)规定热原检测采用家兔试验法,细菌内毒素检测采用鲎试验法。

热原检查法系将一定剂量的供试品静脉注入家兔体内,在规定时间内,观察家兔体温升高的情况,以判定供试品中所含热原的限度是否符合规定。细菌内毒素检测是利用鲎试剂来检测微量细菌内毒素,以判断供试品中细菌内毒素限量是否符合规定的方法。

2)毒素(toxin):许多细菌特别是致病菌能合成对人体和动物有毒害作用的物质,包括内毒素和外毒素。内毒素(endotoxin)大多为革兰阴性菌细胞壁的结构物质如脂多糖中的类脂 A,该毒素不能向胞外分泌,只有在细菌死亡或崩解后才能释放出来,故称为内毒素。内毒素毒性较弱。外毒素(exotoxin)主要是革兰阳性菌产生的蛋白质,产生后可以分泌到胞外,毒性强且具高度的选择性,如白喉外毒素、破伤风外毒素及肉毒毒素等。

3)酶类:多种致病菌能合成侵袭性酶类,该酶能促使细菌入侵或利于细菌扩散,如链球菌产生的透明质酸酶、产气荚膜梭菌产生的卵磷脂酶等。侵袭性酶类以及毒素在细菌致病性中甚为重要。

4)抗生素(antibiotics):是由某些微生物在代谢过程中产生的能抑制或杀死其他微生物和肿瘤细胞的物质。抗生素大多由放线菌和真菌产生,细菌产生的较少,只有多黏菌素、杆菌肽等少数几种。

5)细菌素(bacteriocin):是某些细菌合成的一类具有杀菌作用的蛋白质。它与抗生素有些相似,但其抗菌作用范围窄,仅对与产生菌株亲缘关系较近的细菌有杀伤作用。由于敏感菌表面有相应的受体,可吸附细菌素,进而导致菌体死亡。

细菌素通常由质粒编码,常按其产生菌来命名,如大肠埃希菌产生的大肠菌素、铜绿假单胞菌产生的绿脓菌素等。细菌素一般不用于抗菌治疗,但由于其作用的特异性,可用于细菌的分型和流行病学调查。

6)维生素(vitamin):多数细菌都能利用周围环境中的氮源或碳源合成自身生长所需的维生素,其中某些类型的细菌还能将合成的维生素分泌到菌体外。如人和动物肠道中的大肠埃希菌能合成B族维生素及维生素K等,可被人体吸收利用,对维持肠道的生理环境起着重要的作用。还有某些微生物在医药生产上用于维生素的生产。

7)色素(pigment):许多细菌在一定条件下(氧气充足、温度适宜、营养丰富等)能产生不同颜色的色素,可用于细菌的鉴别。细菌产生的色素有两类:一类为脂溶性色素,不溶于水,只存在于菌体中,可使菌落着色而培养基不显色,如金黄色葡萄球菌产生的金黄色色素,使其菌落呈金黄色;另一类为水溶性色素,可弥散至菌落周围的培养基中,使培养基呈现颜色,如铜绿假单胞菌产生的水溶性绿色色素,可使培养基或感染部位的脓汁呈绿色。

三、细菌的分布与控制

细菌广泛分布于自然界与正常人体,与外界环境及宿主一起构成相对平衡的生态体系。多数细菌对人类是无害的或是人类生存必不可少的组成成分,是可开发的生物资源。少数细菌及其他微生物能够引起人类疾病、生物制剂或药品变质或造成环境污染等。细菌的控制就是采取不利于细菌生长繁殖甚至导致死亡的方法,来抑制或杀死细菌。因此,学习细菌的分布与控制的基本知识,对建立无菌观念、严格无菌操作、正确消毒灭菌、制备合格的生物药品具有十分重要的意义。

(一)细菌的分布

1. 细菌在自然界的分布　细菌在自然界分布广泛,江河、湖泊、海洋、土壤、空气中都有数量不等、种类不一的细菌存在。这些细菌大多数对人类和动植物无害甚至是必需的,但也有一些是危害人类和动植物的病原菌。

(1)土壤中的微生物:土壤具备细菌生长繁殖所需要的营养、水分、空气、酸碱度、渗透压和温度等条件,有天然培养基的美称。土壤中细菌种类和数量最多,土壤是人类最丰富的“菌种资源库”。土壤中的微生物主要分布于距地表10～20cm深的土层中,表层土壤由于阳光照射和干燥,微生物数量较少。

土壤中的细菌大多为非致病菌,它们在自然界的物质循环中起重要作用。如固氮菌能固定大气中游离氮气。但其中也有来自正常人、动物及传染病患者的排泄物和动植物尸体进入土壤的病原菌,多数病原菌在土壤中很容易死亡,但是有芽孢的细菌如炭疽芽孢杆菌、破伤风芽孢梭菌、肉毒芽孢梭菌等可在土壤中存活几年甚至几十年。据有关资料统计,产气荚膜梭菌的芽孢在土壤中的检出率可达100%,破伤风梭菌芽孢的检出率为27%。这些细菌可直接或间接地进入人体引起肠道、呼吸道的传染病和创伤感染。

由于带有土壤中的细菌和其他微生物,植物药材尤其是根茎类药材,采集后若未及时晒干和妥善处理,常可因微生物的繁殖、发酵而引起药材的霉变,丧失药用价值。

(2)水中的微生物:水中含有不同数量的有机物和无机物,具备细菌繁殖的基本条件。因此,自然水域成为细菌栖息的第二天然场所。水中细菌的种类与数量因水源不同而异,一般说来地面水多于地下水,静止水多于流动水,沿岸水多于中流水。

水中有天然生存的细菌群,也有来自土壤、垃圾、污染物、人畜排泄物等的细菌。伤寒沙门菌、痢疾志贺菌、霍乱弧菌等肠道致病菌常通过人和动物粪便及其他排泄物进入水中，从而引起消化道传染病。因此，水源的检查和管理在卫生学上十分重要。直接检查水中的病原菌比较困难，其原因是病原菌在水中数量少、分散、易死亡，故不易检出，一般采用测定细菌总数和检查大肠菌群数，作为水被粪便污染的指标，从而间接推测其他病原菌的存在概率。大肠菌群是指一群在37℃、24小时能发酵乳糖，产酸、产气、需氧或兼性厌氧的革兰阴性菌。该菌群主要来源于人畜粪便，大肠菌群数愈多，表示粪便污染程度愈严重，间接表明可能有肠道致病菌污染。我国卫生标准是每毫升饮水中细菌总数不可超过100个，每1000ml饮水中大肠菌群数不能超过3个。

由于水中含有细菌，故注射制剂用水必须是新鲜的蒸馏水，以免污染细菌而产生热原质。制备口服制剂用水也至少应用新鲜的冷却开水，以减少菌数。

(3)空气中的细菌：空气中缺乏细菌所必需的营养物质和水分，又受阳光直射，不是细菌生长繁殖的适宜场所。空气中细菌数量较少，主要来自土壤尘埃或自人和动物的呼吸道及口腔排出的飞沫。

空气中细菌的数量决定于环境的活动情况和被搅动的尘土的量。相对而言，近地面的大气比高空中多，室内空气比室外空气中多，人口密集的公共场所中空气的含菌量就更多。空气中常见的细菌种类主要为需氧性芽孢杆菌、产色素细菌及某些球菌等，是培养基、医药制剂、生物制品以及手术室等污染的主要来源。此外，空气中也可能有一些抵抗力较强的病原菌，如结核分枝杆菌、金黄色葡萄球菌、溶血性链球菌、脑膜炎奈瑟菌等，可引起伤口感染和呼吸道传染病。甲型链球菌常作为空气污染的指标。

进行微生物学接种、生物制品生产、药物制剂的制备以及外科手术等工作，均必须将室内空气消毒或净化，以免物品或药品的污染、变质和手术感染。

(4)极端环境中的微生物：极端环境是指高温或低温、高压、高盐、高酸、高碱等特殊环境。在各种极端环境中，都有细菌及其他微生物分布。根据细菌生长的极端环境，可将其分为嗜热或嗜冷菌、嗜压菌、嗜盐菌、嗜酸菌、嗜碱菌等。如嗜热脂肪芽孢杆菌能在75℃条件下生长，嗜冷菌能在－18℃的冰箱中生长等。

学习和了解极端环境条件下的细菌，不仅为生物进化、细菌分类等提供线索，更重要的是可以利用极端环境条件下的细菌为人类服务。如嗜冷菌细胞产生的低温蛋白酶及嗜碱菌细胞产生的碱性淀粉酶、蛋白酶和脂肪酶等被大量用于新型洗涤剂的开发；嗜酸菌被广泛用于细菌冶金、生物脱硫；嗜热菌细胞内的DNA聚合酶已被广泛用于PCR技术，还被应用于高温发酵、污水处理等方面。

(5)其他环境中的细菌

1)原料和包装物中的细菌：天然来源的未经处理的原料常含有各种各样的细菌，如动物来源的明胶、胰脏，植物来源的阿拉伯胶、琼脂和中药材等。事先或制药过程中加以消毒处理，如加热煎煮、过滤、照射、有机溶媒提取、加防腐剂等可得到减少细菌的满意结果。另外，制成糖浆剂造成高渗环境也可防止细菌生长；酊剂、浸膏制剂中加入乙醇也能减少细菌的污染。原料要贮藏在干燥环境中，以降低药材湿度、阻滞细菌的繁殖。

包装材料包括包装用的容器、包装纸、运输纸箱等，应按不同要求考虑是否需要消毒和如何处理封装，原则是尽量减少细菌的污染。

2)厂房建筑物和制药设备中的细菌：空气、人体、污水中的细菌都可能附着在厂房建筑物和制药设备中，给药物生产带来危害。因此，药物生产部门所有房屋，包括厂房、车间、库房、实验室都必须清洁和整齐。建筑物的结构和表面应是不透水，表面平坦均匀，没有裂缝，便于清洗的；设备、管道均应易于拆卸，便于清洁和消毒。

2. 细菌在人体的分布

(1)正常菌群：自然界中广泛地存在着各种微生物，人体与自然界联系密切。因此，在正常条件下，人体的体表及与外界相通的腔道中存在着不同种类和一定数量的细菌及其他微生物。这些菌群通常对人体无害甚至有益，故称正常菌群(normal flora of bacteria 或 normal flora)或正常微生物群。寄居人体各部位的正常菌群见表 2-4。正常人体的体液、内脏、肌肉、骨骼及密闭腔道等部位是无菌的。

表 2-4 寄居人体各部位的正常菌群

部位	主要菌群
皮肤	葡萄球菌、类白喉棒状杆菌、铜绿假单胞菌、痤疮丙酸杆菌、白假丝酵母菌等
口腔	甲型链球菌、丙型链球菌、葡萄球菌、卡他莫拉菌、乳酸杆菌、梭杆菌、拟杆菌、白假丝酵母菌、螺旋体、支原体、放线菌等
鼻咽腔	甲型链球菌、丙型链球菌、葡萄球菌、奈瑟菌、类白喉棒状杆菌、肺炎链球菌、拟杆菌、嗜血杆菌、不动杆菌等
肠道	拟杆菌、双歧杆菌、乳酸杆菌、大肠埃希菌、肺炎克雷伯菌、变形杆菌、铜绿假单胞菌、葡萄球菌、粪肠球菌、消化链球菌、韦荣球菌、八叠球菌、产气荚膜梭菌、破伤风梭菌、白假丝酵母菌、腺病毒、ECHC 病毒等
前尿道	葡萄球菌、类白喉棒状杆菌、非致病性分枝杆菌、白假丝酵母菌、乳酸杆菌、大肠埃希菌、拟杆菌、不动杆菌、奈瑟菌、支原体等
阴道	乳杆菌、大肠埃希菌、类白喉棒状杆菌、白假丝酵母菌等
外耳道	表皮葡萄球菌、类白喉棒状杆菌、铜绿假单胞菌等
眼结膜	葡萄球菌、结膜干燥棒状杆菌、不动杆菌、奈瑟菌等

一般情况下，正常菌群与人体以及菌群中各种微生物之间是相互制约、相互依存的，这种主要通过微生物之间的相互作用所建立的平衡称为“微生态平衡(eubiosis)”，并已成为一门新兴学科——微生态学(microecology)。微生态学除主要研究微生物与微生物、微生物与宿主，以及微生物和宿主与外界环境的相互依存和相互制约的关系外，还研究微观生态平衡(eubiosis)、生态失调(dysbiosis)和生态调整(ecological adjustment)。

(2)正常菌群的生理功能：正常菌群对保持人体生态平衡和内环境的稳定有重要作用。

1)营养和代谢作用：正常菌群参与物质代谢、营养转化和合成，以及胆汁、胆固醇代谢及激素转化等。有的菌群如肠道中大肠埃希菌能合成维生素 B 复合物和维生素 K，经肠壁吸收后供机体利用。

2)免疫作用：正常菌群可刺激宿主免疫系统的发育成熟，并能促进免疫细胞的分裂，产生抗体和佐剂作用，从而限制了正常菌群本身对宿主的危害性。

3)生物屏障与拮抗：正常菌群能构成一个防止外来细菌入侵的生物屏障。拮抗的机制是夺取营养、产生脂肪酸和细菌素等而使病原菌不能定居与致病。

4)抗衰老与抑癌作用:研究表明,肠道正常菌群中的双歧杆菌有抗衰老作用。此外,双歧杆菌和乳杆菌有抑制肿瘤发生的作用,它们抑癌作用的机制可能与其能降解亚硝酸铵,并能激活巨噬细胞、提高其吞噬能力有关。

(3)菌群失调及菌群失调症:正常菌群与宿主间的生态平衡是相对的,在特定条件下,这种平衡可被打破而造成菌群失调(dysbiosis),使原来不致病的正常菌成为条件致病菌而引起疾病。生态失调是宿主、正常菌群与外环境共同适应过程中的一种反常状态,在正常菌群表现为种类、数量和定位的改变,在宿主表现为患病或病理变化。严重菌群失调可使宿主发生一系列临床症状,称为菌群失调症(dysbacteriosis)。

1)菌群失调的诱因:凡能影响正常菌群的生态平衡者都可能成为菌群失调的诱因,通常由下列情况引起:①患者免疫功能下降:由于皮肤大面积烧伤、黏膜受损、受凉、过度疲劳、慢性病长期消耗以及接受大量激素、抗肿瘤药物、放射性治疗等原因,使机体免疫力下降;②不适当的抗菌药物治疗:长期大量使用抗生素,抗菌药物不仅能抑制致病菌,也能作用于正常菌群,使条件致病菌或耐药菌增殖,如金黄色葡萄球菌、革兰阴性杆菌及假丝酵母菌等,其大量繁殖进一步促使菌群失调;③医疗措施影响及外来菌的侵袭:由于寄居部位改变,如手术、创伤等引起正常菌群移位,大肠埃希菌进入腹腔或泌尿道,可引起腹膜炎、泌尿道感染等。

2)菌群失调的表现:根据其失调程度可分为:一度失调(可逆性失调):菌群失调中最轻的一种,临床没有表现或只有轻微的反应。除去诱因后,不需治疗即可自行恢复。二度失调(菌种数量比例失调):是菌群失调中较重的一种,除去诱因后,失调状态仍然存在。在临床上多有慢性病的表现,如慢性肠炎等。三度失调(菌群交替症):是菌群失调中危害最大的一种,表现为原来的菌群(敏感菌)大部分被抑制,只有少数菌种(耐药菌)大量繁殖,或外来菌成为优势菌而引起新的感染。多发生在长期使用抗生素、免疫抑制剂、激素、大型手术及严重的糖尿病、恶性肿瘤等中。其中严重者可引起二重感染(superinfection),即抗菌药物治疗原感染性疾病过程中产生的一种新感染。二重感染的治疗难度大,应避免发生。若发生二重感染,需停止使用原来的药物,重新选择合适的药物进行治疗,同时可以使用有关的微生态制剂,协助调整菌群的类型和数量,加快恢复原有的生态平衡。

3)菌群失调的常见菌类:①球菌:金黄色葡萄球菌、粪肠球菌;②杆菌:以革兰阴性杆菌为主,如铜绿假单胞菌、大肠埃希菌、变形杆菌、产气肠杆菌、阴沟肠杆菌、流感嗜血杆菌等;③厌氧菌:产气荚膜梭菌、类杆菌等;④真菌:白色念珠菌、曲霉菌、毛霉菌等。

(二)细菌的控制

细菌为单细胞生物,极易受外界各种因素的影响。适宜的环境能促进细菌的生长繁殖,若环境不适宜或发生剧烈变化,细菌生长繁殖可受到抑制或细菌发生变异甚至死亡。影响细菌生长繁殖的因素大致可分为物理、化学、生物等三个方面,其中生物因素主要包括细菌素、噬菌体和抗生素等,一般不作为消毒灭菌的手段。本节主要介绍各种物理、化学因素对细菌生长的影响,以及它们在实践中的应用。常用的术语有以下几个。

1. 消毒(disinfection) 是指杀死物体或环境中病原微生物的方法。消毒后的物体或环境中可能还含有一定种类和数量的微生物,如一些非病原微生物和芽孢。用于消毒的化学药物称为消毒剂(disinfectant)。

2. 灭菌(sterilization) 是指杀灭物体上所有微生物的方法。灭菌后的物品中不含任何活菌，包括细菌的芽孢。

3. 防腐(antisepsis) 是指防止或抑制微生物生长繁殖的方法。在该状态下，细菌一般不死亡，但不生长，故可防止食品或生物制品腐败。用于防腐的化学药物称为防腐剂。同一种化学药物高浓度时为消毒剂，低浓度时为防腐剂。

4. 无菌(asepsis) 指不含任何活菌。只有经灭菌处理才能达到无菌状态。

5. 无菌操作(aseptic technique) 防止微生物进入机体或物体的操作技术称无菌操作。进行外科手术、微生物实验及制备无菌制剂时，必须严格无菌操作，防止污染和感染。

消毒灭菌的技术方法很多，在实际工作中应根据消毒灭菌的对象和目的要求，选择合适的方法。

1. 物理学控制法 是指利用物理因素杀灭或控制微生物生长繁殖的方法。包括温度、辐射、干燥、超声波、渗透压和过滤等。其中最重要的因素是温度。

(1)热力消毒灭菌法：热力灭菌是利用高温来杀死细菌的方法。高温可使细菌的蛋白质(包括酶类)变性凝固、DNA 断裂、核蛋白解体和膜结构破坏，从而导致细菌死亡。热力灭菌法简便、经济、有效，因此应用非常广泛。常用的热力灭菌方法有干热灭菌和湿热灭菌两大类。

1)干热灭菌法：是在无水状态下进行的。干热灭菌通过脱水、干燥和大分子变性导致细菌死亡。

常用的方法有：①焚烧法：直接点燃或在焚烧炉内焚烧，适用于废弃物品或动物尸体等的处理；②烧灼法：直接用火焰灭菌，适用于接种环(针)、试管口、瓶口等的灭菌；③干烤法：主要在密闭的干烤箱中利用热空气进行灭菌，160～170℃持续 2 小时便可达到灭菌。适用于玻璃器皿、瓷器、金属工具以及不能遇水的油脂、凡士林等的灭菌。干烤灭菌时，温度不超过 170℃，否则包装纸与棉塞等纤维物品易被烤焦；玻璃器皿等必须洗净烘干，不能沾有油脂等有机物。

2)湿热消毒灭菌法：湿热灭菌是在流通蒸汽、饱和蒸汽或水中进行的。在同一温度下，湿热灭菌比干热灭菌效果好。其原因是湿热中菌体蛋白质更易变性凝固；湿热的穿透力比干热大；湿热的蒸汽含有潜热，水由气态变成液态时放出的潜热可迅速提高被灭菌物体温度。

湿热消毒灭菌法有：①巴氏消毒法(pasteurization)：是一种较低温度消毒法，因巴斯德首创而得名。具体方法有两种，一种是低温维持法(low temperature holding method, LTH)，即 62℃下维持 30 分钟；另一类是高温瞬时法(high temperature short time, HTST)，即 72℃下维持 15～30 秒。主要适用于酒类、乳制品等不耐高温物品的消毒。②煮沸法：在 100℃沸水中煮沸 5 分钟，可杀死细菌的繁殖体。若保持 1～2 小时可杀死芽孢。如水中加入 1% $NaHCO_3$，沸点可达 105℃，可增强杀菌作用，同时又可防止金属器械生锈。此法适用于饮水、食具等的消毒。③流通蒸汽消毒法(fee-flowing steam)：利用阿诺灭菌器或一般蒸笼进行，利用 100℃的水蒸气进行消毒。细菌的繁殖体经 15～30 分钟可被杀死，但不能全部杀灭芽孢。④间歇灭菌法(fractional sterilization)：间歇采用流通蒸汽加热以达到灭菌的目的。将物品置于流通蒸汽灭菌器中，100℃ 15～30 分钟，每日一次，连续 3 天。第一次加热，杀死其中的繁殖体，但尚存有芽孢。将物品置于 37℃培养箱过夜，使其中的芽孢发育成繁殖体，次日再通过流通蒸汽加热以杀死新发育的繁殖体。如此连续 3 次后，可将所有繁殖体和芽孢杀死，但又不破坏被灭菌物品的成分。此法适用于某些不耐高温如含有血清、卵黄等培养基的灭菌。⑤高压蒸汽灭菌法(autoclaving)：是实验室和生产中最常采用的灭菌方法，通常在高压蒸汽灭菌器中进行。在密闭的蒸锅内，蒸汽不外溢，随着压力增加，则容器内的温度随之升高。通常在 103.4kPa(1.05kg/cm^3)蒸汽压下，温度达 121.3℃，维持 15～30 分钟，可杀死包括芽孢在内的所有微生物。常用于医用敷料、手术器械、生理盐水和普通培养基等的灭菌。需要指出的是高压蒸汽灭菌的条件并不是固定的，实际操作中应根据灭菌材料的性质、耐高温性能等进行选择。如含糖或其他特殊营养成分的培养基或注射液可选择 55.21kPa，113℃ 20～30 分钟灭菌，目的是不破坏其营养成分。

(2)低温抑菌法：多数细菌能耐受低温。在低温状态下，细菌代谢活动减慢，最后处于停滞状态，但仍有生命力。低温主要用于防止由于微生物生长引起的物品腐败，也被广泛用来保存菌种。

一般细菌在 4～10℃冰箱内可生存数月，在－70～－20℃下能长期生存。但冷冻也能使部分细菌死亡，因为在此过程中，细菌原生质的水分形成结晶，机械地损伤细胞，并破坏原生质的胶体状态，故可造成部分细菌死亡。冷冻和融化交替进行，对细菌细胞的破坏更大。但迅速冷冻能使细胞内原生质体的水分形成一片均匀的玻璃样结晶，可减少对细菌的损害。故用冷冻法保藏菌种时，要尽可能地快速降温。为避免解冻时对细菌的损伤，宜先将细菌悬于少量保护剂(如脱脂牛乳、甘油及二甲亚砜等)中再在低温下保存。也可低温真空下抽干去除水分，此即冷冻真空干燥法(lyophilization)，用该法保藏菌种，即使在室温下，菌种的生命力也可保持数年甚至数十年之久，是目前保存菌种的最好方法。少数病原菌如脑膜炎奈瑟菌、流感嗜血杆菌对低温敏感，采集标本时应注意保温并迅速送检。

(3)辐射杀菌法：辐射是能量通过空间传递的一种物理现象。按其能否使被辐射物质发生电离，可分为非电离辐射和电离辐射两种。

1)非电离辐射：包括可见光、日光、紫外线、微波等。①日光与紫外线：日光是一种天然杀菌因素，其杀菌作用主要是通过日光中的紫外线实现的。波长在 240～280nm 的紫外线具有杀菌作用，其中 265～266nm 波长的紫外线杀菌力最强。细菌被紫外线照射时，细胞中 DNA 吸收了紫外线，使 DNA 同一条链或两条链上相邻近的胸腺嘧啶形成二聚体，改变了 DNA 的分子构型，从而干扰 DNA 的复制，导致细菌变异或死亡。此外，紫外线可使分子氧变成臭氧，也具有杀菌能力。紫外线杀菌力强，但穿透力弱，不能透过普通玻璃、水蒸气、纸张、尘埃等，故只能用于物品表面和空气消毒。人工紫外灯是将汞置于石英玻璃灯管中，通电后汞化为气体，放出杀菌波长紫外线。一般无菌室内装一支 30W 的紫外灯管，照射 30 分钟即可杀死空气中的微生物。如果紫外线不足致死剂量，可引起核酸结构部分改变，使微生物发生变异。因此，紫外线也是一种诱变剂。使用紫外线消毒时，要注意防护，因其对皮肤、眼结膜都有损伤作用。②微波：微波是一种波长在 1mm～1m 的电磁波，它主要是通过产热使被照射物品的温度升高，导致杀菌作用。微波的穿透力要强于紫外线，它可透过玻璃、塑料薄膜及陶瓷等介质，但不能穿透金属。常用于对非金属器械的消毒，如实验室用品、食用器具等。

2)电离辐射灭菌法：使用放射性核素 γ 源或 β 射线加速器发射的高能量电子束，破坏细胞核酸、酶和蛋白质的结构或活性杀死细菌。目前常用^{60}Co照射装置进行一次性使用的医疗卫生用品的消毒和灭菌。由于电离射线的辐射能量极大，对人体同样具有强损害效应，故在使用时要注意安全。

(4)干燥抑菌法：干燥可引起细胞脱水和胞内盐类浓度增高，导致细菌死亡。药材、食品、粮食等物品经干燥后，水分降至低点(3%左右)，可以抑制细菌生长。

(5)超声波杀菌：频率高于20 000Hz者为超声波。超声波可引起细胞破裂，内含物外溢，导致细胞死亡。主要用于粉碎细胞，以提取细胞组分或制备抗原。因超声波处理会产生热能使溶液温度升高，故在处理过程中一般用冰盐溶液降温，以保持细胞破碎液中蛋白质的活性。

(6)渗透压：过高或过低的渗透压均可引起细菌死亡。将细菌置于高渗溶液(如20% NaCl)中，会造成细胞脱水而引起质壁分离，使细胞不能生长甚至死亡。相反，若将微生物置于低渗溶液(如0.01% NaCl)或水中，则水将从溶液进入细胞内引起细胞膨胀，以至破裂。因此，培养微生物或稀释培养物应在等渗透压环境。用浓盐液或糖浆处理药物或食品，使细菌细胞内水分逸出，也是久存食品和药品的方法之一。

(7)滤过除菌法(filtration)：使用物理阻留的方法除去液体或空气中的细菌的方法。利用具有微细小孔的滤菌器(filter)的筛滤和吸附作用，使带菌液体或空气通过滤菌器后成为无菌液体或空气。此法只适用于空气及不耐高温的血清、毒素、抗生素等液体的除菌。

滤菌器种类很多，目前常用的有：①薄膜滤菌器(membrane filter)：由硝基纤维素膜制成，依孔径大小分为多种规格，用于除菌的滤膜孔径在0.45μm以下，最小为0.1μm。微孔滤膜操作简单，广泛用于医药生产及医药制品的无菌检查，已纳入许多国家药典。②蔡氏滤菌器(Seitz filter)：是用金属制成的，中间夹石棉滤板，按石棉板滤孔的大小分为K、EK、EK-S三种，常用EK号除菌。③玻璃滤器(sintered glass filter)：是用玻璃细砂加热压成小碟，嵌于玻璃漏斗中，一般为G1、G2、G3、G4、G5和G6六种，G5、G6可阻止细菌通过。

药品生产质量管理规范(GMP)所要求的无菌车间的空气消毒是通过初效、中效和高效滤膜过滤后的净化空气，实验室常用的超净工作台、生物安全柜内的净化空气也来源于此。

知识链接

空气的滤过除菌

空气除菌采用生物洁净技术，即通过三级过滤除掉空气中直径小于0.3μm的微粒、尘埃，选用合理的气流方式来达到空气洁净的目的。初级过滤采用塑料泡沫海绵，过滤率在50%以下；中效过滤使用无纺布，过滤率在50%～90%之间；高效或亚高效过滤用超细玻璃滤纸，过滤率为99.95%～99.99%。这种经高度净化的空气形成一种细薄的气流，以均匀的速度按设定的同一方向输送，空气持续向外流动，从而保持无菌的环境。

此外，通过无菌棉花加活性炭过滤可得无菌空气。由于棉花纤维错综交织，能截住空气中的灰尘和细菌。如微生物试验用的试管、烧瓶的棉塞以及发酵工业中充满棉花或细玻璃纤维的空气过滤器等，既能滤除空气中的杂菌获得无菌空气，又能保持良好的通气状态，有利于需氧微生物的培养。

2. 化学控制法 是用化学药品来杀死细菌或抑制细菌生长繁殖的方法。用于杀灭病原微生物的化学药品称为消毒剂(disinfectant)，用于防止或抑制微生物生长繁殖的化学药品称为防腐剂(antiseptic)。消毒剂和防腐剂之间无严格的界限，在高浓度下是消毒剂，在低浓度下就是防腐剂，一般统称为消毒防腐剂。消毒防腐剂不仅能杀死病原菌，同时对人体细胞也有损害作用，故只能外用，主要用于物体表面、体表(皮肤、黏膜、浅表伤口等)、排泄物和周围环境的消毒。

(1)常用消毒剂的种类和应用

1)重金属盐类：所有的重金属(汞、银、砷)盐类对细菌都有毒性。重金属离子易和带负电荷的菌体蛋白结合，使之变性、凝固。汞、银等与酶的巯基(—SH)结合，使一些以巯基为必要基团的酶类，如丙酮酸氧化酶、转氨酶等失去活性。常用的这类消毒剂有红汞和硫柳汞、硝酸银等。①2%红汞：用于皮肤、黏膜和小创伤消毒；②1%硝酸银：用于新生儿滴眼，预防淋球菌感染。

2)氧化剂：氧化剂可以使菌体酶中的—SH 氧化为—S—S—，从而使酶失去活性。①高锰酸钾：是一种强氧化剂，性质稳定。0.1%的高锰酸钾可用于皮肤、口腔、蔬菜及水果的消毒。②过氧化氢：是通过分解成新生态氧和自由羟基而发挥杀菌作用，其稳定性差。3%的过氧化氢常用于伤口和口腔黏膜消毒。③过氧乙酸(CH_3COOOH)：为无色透明液体，易溶于水，其氧化作用很强，对金属有腐蚀性。市售品为20%水溶液，用前稀释为0.2%～0.5%。过氧乙酸能迅速杀灭细菌及其芽孢、真菌和病毒，适用于皮肤、塑料、玻璃、纤维制品的消毒。

3)酚类：主要是作用于细菌的细胞壁和细胞膜，使菌体内含物逸出，同时也可使菌体蛋白变性。对细菌繁殖体作用强烈，但对芽孢作用不大。一般用苯酚作为标准来比较其他消毒剂的杀菌力。①苯酚(石炭酸)：2%～5%，用于器械、排泄物消毒；②甲酚皂(来苏儿)：3%～5%，用于器械、排泄物、家具、地面消毒；1%～2%用于手、皮肤消毒。

4)醇类：①乙醇：高浓度及无水乙醇可使菌体表面蛋白质很快凝固，妨碍乙醇向深部渗入，影响杀菌能力。70%～75%的乙醇与细胞膜的极性接近，能迅速通过细胞膜，溶解膜中脂类，同时使细菌蛋白质变性、凝固，从而杀死菌体。主要用于皮肤、手、体表等的消毒。②苯氧乙醇(phenoxy ethanol)：为无色黏稠液体，溶于水。其2%的溶液可用于治疗铜绿假单胞菌感染的表面创伤、灼伤和脓疡。

丙醇、丁醇、戊醇也有强杀菌作用，但不易溶于水，且价格昂贵。甲醇对组织有毒性。因而这些醇类很少用于消毒。

5)醛类：醛类杀菌作用大于醇类，其中以甲醛和戊二醛作用最强。醛基能与细菌蛋白质的氨基结合，使蛋白质变性，因此有强大的杀菌作用。①甲醛：甲醛是气体，溶于水为甲醛溶液。市售的甲醛溶液为37%～40%，亦称福尔马林，可用作防腐剂，保存解剖组织标本。3%～8%的甲醛液可杀死细菌及其芽孢、病毒和真菌。但甲醛液有腐蚀性，刺激性强，不适于体表用。1%的甲醛液可用于熏蒸厂房和无菌室、手术室等，但不适于药品、食品存放场所的空气消毒，当室内温度为22℃左右、湿度保持在60%～80%时，消毒效果较好。②戊二醛(glutaraldehyde):戊二醛比甲醛刺激性小,杀菌力大。碱性(pH 7.8～8.5)的2%戊二醛水溶液可杀死细菌及其芽孢、病毒和真菌。对金属无腐蚀性,对橡胶、塑料也无损伤,故可用于消毒不耐热的物品和精密仪器。

6)烷化剂:烷化剂是指能够作用于菌体蛋白或核酸中的—NH_2、—COOH、—OH和—SH等,使之发生烷基化反应,导致其结构改变、生物学活性丧失的化学物质。由于烷化剂具有诱变效应,故是一类常用的化学诱变剂。

作为消毒剂使用的烷化剂主要是环氧乙烷(ethylene oxide),是一种小分子气体消毒剂。沸点为10.9℃,常温下呈气态。环氧乙烷对细菌及芽孢、病毒、真菌都有较强的杀菌作用,而且穿透力强,广泛应用于纸张、皮革、木材、金属、塑料、化纤制品等灭菌。但环氧乙烷易燃易爆,当空气混入达3.0%(V/V)时即爆炸。故在实际应用时,必须有耐压的密闭容器,将容器内的空气置换成环氧乙烷与CO_2混合的惰性气体,连续作用4小时,即可将其中物品彻底灭菌。此外,环氧乙烷对人体有一定毒性,严禁直接接触,且严禁接触明火。

7)卤素类:氟、氯、溴、碘制剂均有显著的杀菌效果,但以氯和碘常用。①氯:氯的杀菌效应是由于氯与水结合产生次氯酸,次氯酸分解产生具有杀菌能力的新生态氧。氯对许多微生物有杀灭作用,包括细菌、真菌、病毒、立克次体和原虫,但不能杀死芽孢。0.2～0.5mg/L的氯气常用于自来水或游泳池的消毒。漂白粉的主要成分为次氯酸钙。次氯酸钙在水中分解为次氯酸,由此产生强烈的杀菌作用。10%～20%的漂白粉液用于消毒地面、厕所、排泄物等,既能杀菌又能除臭。氯胺类(chloramine)是含氯的有机化合物,常用的有氯胺B和氯胺T。氯胺类溶于水,无臭,放氯迅速,比漂白粉杀菌力弱,但刺激性及腐蚀性小。0.2%～0.5%的溶液可用于消毒手、家具、空气和排泄物。②碘:碘的杀菌作用强,能杀死各种微生物及一些芽孢,其作用机制是使蛋白质及酶的—SH氧化,使蛋白质变性,酶失活。碘在碘化钾的存在下易溶于水。2.5%的碘酊常用于小范围的皮肤、伤口消毒。

8)酸碱类:微生物生长需要适宜的pH,过酸或过碱都会导致微生物代谢障碍甚至死亡。但由于强酸强碱具有腐蚀性,使它们的应用受到限制。

酸性消毒剂有硼酸,可用作洗眼剂;苯甲酸和水杨酸可抑制真菌;乳酸和醋酸加热蒸发,可用于手术室、无菌室的空气消毒。

碱类消毒剂常用的是生石灰。生石灰加水使其成为具有杀菌作用的氢氧化钙,用于消毒地面、厕所排泄物等。

9)表面活性剂:又称去污剂。是能够浓缩在界面的化合物,能降低液体的表面张力,它们同时含有亲水基和疏水基。按亲水基的电离作用分为阳离子、阴离子和非离子型三种表面活性剂。因细菌常带阴电,故阳离子型杀菌力较强。

阳离子型表面活性剂多是季铵盐类化合物。其阳离子亲水基与细菌细胞膜磷脂中磷酸结合,而疏水基则伸到膜内的疏水区,引起细胞膜损伤,使细胞内容物漏出,呈现杀菌作用。阳离子型表面活性剂杀菌范围较广,能杀死多种革兰阳性菌和阴性菌,但对铜绿假单胞菌和芽孢作用弱。属于这类的药物有苯扎溴铵(新洁尔灭)、度米芬(杜灭芬)和氯己定(洗必泰)等。以其0.05%～0.1%溶液消毒手、皮肤和手术器械。由于表面活性剂能降低液体的表面张力,使物体表面的油脂乳化,因而同时兼有除垢去污作用。

阴离子型表面活性剂杀菌作用较弱,主要对革兰阳性菌起作用,如十二烷基硫酸钠;而肥皂是长链脂肪酸钠盐,杀菌作用不强,常用作去垢剂。

非离子型表面活性剂一般无杀菌作用，有些还能通过分散菌体细胞，促进细菌生长，如吐温 80。

10)染料：染料分为碱性染料和酸性染料。碱性染料的杀菌作用比酸性染料强。因为细菌一般情况下带阴电，因此碱性染料的阳离子易与细菌蛋白质羧基结合，呈现杀菌或抑菌作用，对革兰阳性菌的效果优于革兰阴性菌。常用的碱性染料包括孔雀绿、煌绿、结晶紫等。

(2)影响消毒剂作用的因素

1)消毒剂的性质、浓度和作用时间：不同消毒剂其理化性质不同，对细菌的作用效果也有所差异。如表面活性剂对革兰阳性菌的杀菌效果强于革兰阴性菌。同一种消毒剂浓度不同，消毒效果也不同。一般是浓度越大，杀菌效果越强，但乙醇例外，以 70%～75%的乙醇比 95%的消毒效果好(原因可能是更高浓度的乙醇使菌体蛋白迅速脱水而凝固，影响乙醇继续向菌体内渗入，故杀菌效果差)。消毒剂在一定浓度下，作用时间越长，消毒效果越好。

2)细菌的种类和数量：不同种类的细菌对消毒剂敏感性不同，即细菌对消毒剂的敏感性有种的差异性。如结核分枝杆菌对酸碱、染料的抵抗力比其他细菌强；同种细菌其芽孢比繁殖体抵抗力强，老龄菌比幼龄菌抵抗力强。此外，消毒物品中细菌的数量越大，所需消毒时间越长。

3)环境因素：被消毒物体的温度、pH、环境中的有机物等都对杀菌效果有重要影响。一般来说，温度升高有助于提高杀菌效果；介质的 pH 降低或升高也可使消毒剂对某种微生物的杀灭效果提高；环境中有机物的存在使细菌表面形成保护层妨碍消毒剂与细菌的接触，或延迟消毒剂的作用，可减弱消毒剂的杀菌效力。所以在对皮肤或医疗器械消毒时，应先洗净进行消毒；对痰、排泄物的消毒，应选用受有机物影响小的消毒剂。此外化学消毒剂还存在其他拮抗物质的影响，如季铵盐类消毒剂的作用可被肥皂或阴离子洗涤剂所中和，次氯酸盐、过氧乙酸的作用可被硫代硫酸钠中和。这些现象在消毒处理中都应避免发生。

有些消毒剂的毒性大，在杀菌的同时，对人或动物都会带来一定危害，还有些消毒剂本身就是强致癌物。因此，在选择和使用消毒剂时一定要根据消毒的目的、想要达到的效果及可能对周围环境带来的影响等综合来考虑。

案例分析

案例

某药厂最近生产的一批生理盐水，患者在使用过程中出现发热反应。请分析出现发热的原因，应如何控制？

分析

出现发热反应的主要原因是生理盐水中存在热原质。说明在制备生理盐水过程中污染了细菌，应从原料、环境、操作人员、仪器设备等多方面分析、查找原因，严格无菌操作，采用正确的方法对各环节消毒灭菌加以控制。去除热原质可用吸附、过滤和蒸馏法。采用家兔试验和鲎试验测定热原质量，检测合格后方可应用。

四、细菌的遗传和变异

遗传与变异是所有生物共同的生命特征，细菌也不例外。遗传(heredity)使细菌的性状保持相对稳定，且代代相传，使其种属得以保存。另外在一定条件下，若子代与亲代之间以及子代与子代之间的生物学性状出现差异则称为变异(variation)。变异可使细菌产生新变种，变种的新特性也靠遗传得以巩固，并使物种得以发展与进化。

细菌的变异分为遗传性与非遗传性变异，前者是细菌的基因结构发生了改变，如基因突变或基因转移与重组等，故又称基因型变异；后者是细菌在一定的环境条件影响下产生的变异，其基因结构未改变，称为表型变异。

由于细菌个体微小，遗传物质较为简单，繁殖速度快且易于培养，因而成为研究遗传和变异较为理想的实验材料，大大促进了分子遗传学的发展，同时也为微生物育种工作提供了坚实的理论基础，促进育种工作从自发向自觉、从随机到定向、从低效到高效、从近缘杂交到远缘杂交等方向发展。

(一) 细菌的变异现象

1. 形态与结构的变异　细菌的形态、结构常因外界环境条件的改变而发生变异。如鼠疫耶尔森菌在陈旧的培养物或含 30g/L NaCl 的培养基上，可从典型的椭圆形的小杆菌变为球形、酵母样形、哑铃形等多形态；许多细菌在青霉素、免疫血清、补体和溶菌酶等因素影响下，细胞壁合成受阻，可成为细胞壁缺陷型细菌(细菌 L 型变异)。L 型变异后，细菌失去原有形状，可呈现多种不规则的形态。

细菌的一些特殊结构，如荚膜、芽孢、鞭毛等也可发生变异。致病性肺炎链球菌具有荚膜，在体内多次传代培养荚膜会逐渐消失，致病力随之减弱；有芽孢的炭疽芽孢杆菌在 42℃培养 10～20 天后，可失去形成芽孢的能力，同时毒力也会相应减弱；有鞭毛的普通变形杆菌点种在琼脂平板上，由于鞭毛的动力使细菌在平板上弥散生长，称迁徙现象，菌落形似薄膜(德语 hauch 意为薄膜)，故称 H 菌落。若将此菌点种在含 1%苯酚的培养基上，细菌失去鞭毛，只能在点种处形成不向外扩展的单个菌落，称为 O 菌落(德语 ohne hauch 意为无薄膜)。通常将失去鞭毛的变异称为 H-O 变异，此变异是可逆的。

2. 毒力变异　细菌的毒力变异包括毒力的增强和减弱。无毒的白喉棒状杆菌当它被 β-棒状杆菌噬菌体感染后，则获得产生白喉毒素的能力，变成有毒株，引起白喉。有毒菌株长期在人工培养基上传代培养，可使细菌的毒力减弱或消失。如卡-介(Calmette-Guerin)二氏将有毒的牛型结核分枝杆菌在含有胆汁的甘油、马铃薯培养基上经 13 年传 230 代，获得一株毒力减弱但仍保持免疫原性的变异株，即卡介苗(BCG)，用于结核病的预防。

3. 耐药性变异　细菌对某种抗菌药物由敏感变成耐药的变异称耐药性变异。从抗生素广泛应用以来，耐药菌株不断增加，如金黄色葡萄球菌耐青霉素的菌株已从 1946 年的 14%上升至目前的 80%以上，耐甲氧西林的金黄色葡萄球菌(methicillin resistant *Staphylococcus aureus*，MRSA)也逐年上升。有些细菌还表现为同时耐受多种抗菌药物，即多重耐药性(multiple resistance)，甚至有的细菌从耐药菌株变异成赖药菌株，如痢疾志贺菌依赖链霉素株，离开链霉素则不能生长。细菌的耐药性变异给临床治疗带来很大的麻烦，并成为当今医学上的重要问题。为了减少耐药菌株的出现，用药前应尽量先做药敏试验，并根据药敏试验的结果选择敏感药物，避免盲目使用抗生素。

知识链接

“超级细菌”NDM-1

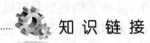

“超级细菌”泛指临床上出现的多种耐药菌。NDM-1 细菌又名新德里金属-β-内酰胺酶-1，简称 NDM-1，对几乎所有抗生素都具有抗药性，人被感染后很难治愈，甚至死亡。科学家发现，NDM-1 本身并不是细菌，而是存在于细菌中的一种基因。这种基因被发现位于细菌质粒上，可在不同细菌间转移和传递，其编码产生一种新的耐药酶，称为 NDM-1 金属 β-内酰胺酶，能水解几乎所有的 β-内酰胺类抗菌药物，从而使细菌产生广泛的耐药性。

4. 菌落变异　细菌的菌落主要有光滑(smooth，S)型和粗糙(rough，R)型两种。一般从人体内新分离的细菌菌落表面光滑、湿润、边缘整齐(即 S 型)；经人工培养多次传代后，菌落表面变为粗糙、干燥而有皱纹、边缘不整齐(即 R 型)，这种变异称为 S-R 变异。S-R 变异时常伴理化性状、抗原性、代谢酶活性及毒力等的改变。

一般而言，S 型菌的致病性强。但有少数细菌是 R 型菌的致病性强，如结核分枝杆菌、炭疽芽孢杆菌和鼠疫耶尔森菌等。这对从标本中如何挑选菌落分离致病菌具有实际意义。

(二) 细菌遗传变异的物质基础

细菌的遗传物质是 DNA，DNA 靠其构成的特定基因来传递遗传信息。细菌的基因组是指细菌染色体和染色体以外的遗传物质所携带基因的总称。染色体外的遗传物质是指质粒和转位因子等。

1. 细菌染色体　细菌染色体是一条环状双螺旋 DNA 长链，不含组蛋白，高度缠绕成较致密的丝团状，裸露在胞质中，无核膜包围。

2. 质粒　质粒(plasmid)是存在于细菌细胞质中的染色体以外的遗传物质，是环状、闭合的双链 DNA 分子。质粒有大小两类，大质粒可含几百个基因，为染色体的 1%～10%；小质粒仅含 20～30 个基因，约为染色体的 0.5%。质粒基因可编码很多重要的生物学性状，如①致育质粒或称 F 质粒(fertility plasmid)：编码性菌毛，介导细菌之间结合，带有 F 质粒的细菌能长出性菌毛，称为雄性菌或 F^+，反之则称为雌性菌或 F^-；②耐药性质粒：编码细菌对抗菌药物的耐药性，可以通过细菌间的接合进行传递，称接合性耐药质粒，又称 R 质粒(resistance plasmid)；③毒力质粒即 Vi 质粒(virulence plasmid)：编码与该菌致病性有关的毒力因子；④细菌素质粒：编码各种细菌产生细菌素，如 Col 质粒编码大肠埃希菌产生大肠菌素；⑤代谢质粒：编码产生相关的代谢酶，如沙门菌发酵乳糖的能力通常是由该类质粒决定的，另又发现了编码产生脲酶及枸橼酸盐利用酶的若干种质粒。

质粒具有一些共同的特征：①具有独立自我复制的功能；②质粒 DNA 所编码的基因产物赋予细菌某些性状特征，如致育性、耐药性、致病性、某些生化特性等；③可自行丢失或消除：质粒并非细菌生命活动不可缺少的遗传物质，可自行丢失或经紫外线等理化因素处理后消除，随着质粒的丢失与消除，质粒所赋予细菌的性状亦随之消失，但细菌仍然可以正常存活；④具有转移性：质粒可通过接合、转化或转导等方式在细菌细胞间进行转移；⑤分为相容性与不相容性两种：在极少数情况下，几种不同的质粒可以同时共存于一个细菌细胞内的现象，称相容性(compatibility)，但大多数质粒则是不能相容的，即一种细菌细胞中只能允许一种质粒存在。

3. 转位因子(transposable element)　是细菌基因组中能改变自身位置的独特DNA片段。转位因子通过位置移动可以改变遗传物质的核苷酸序列，产生插入突变、基因重排或插入点附近基因表达的改变，可作为遗传学和基因工程的重要工具。

(三) 细菌的变异机制

非遗传性变异是细菌在环境因素等影响下出现的变化，并非基因结构的改变。如大肠埃希菌在有乳糖的培养基中，乳糖操纵子通过基因表达的调节来适应营养环境的变化而产生乳糖酶，则属于这种情况。而遗传性变异是由基因结构发生改变所致，其机制包括基因突变以及基因的转移与重组。

1. 基因突变　基因突变简称突变(mutation)，是指生物遗传物质结构发生突然而稳定的改变，导致其生物学性状发生遗传性变异的现象。若细菌DNA上核苷酸序列的改变仅为一或几个碱基的置换、插入或丢失，出现的突变引起较少的性状变异，称小突变或点突变(point mutation)；若涉及大片段的DNA发生改变，则称为大突变或染色体畸变(chromosome aberration)。发生突变的菌株称突变型(mutant)，原来未发生突变的菌株称野生型(wild type)

基因突变的共同特性：①自发性：生物中编码各种性状的基因的突变，可以在没有人为的诱变因素影响下自发地发生；②随机性：细菌DNA上的基因每时每刻都可能发生突变，即突变随时都可能发生，突变不仅对某一细胞是随机的，且对某一基因也是随机的；③稀有性：自发突变虽可随时发生，但突变率是较低和稳定的，一般在10^{-9}～10^{-6}之间；④可逆性：由原始的野生型基因变异为突变型基因的过程，称为正向突变(forward mutation)，相反的过程则称为回复突变或回变(back mutation或reverse mutation)；⑤诱变性：基因突变既能够自发产生，也可以通过人工诱导来进行。通过诱变剂的作用，可提高自发突变的频率，一般可提高10^1～10^5倍；⑥稳定性：由于突变的根源是遗传物质结构上发生了稳定的变化，所以产生的新性状也是相对稳定的、可遗传的；⑦独立性：每个基因突变的发生一般都是独立的，即在某一群体中，既可发生抗青霉素的突变型，也可发生抗链霉素或任何其他抗菌药物的抗药性突变型，而且还可发生其他不属抗药性的任何突变；⑧不对应性：这也是基因突变的一个重要特点，即突变的性状与引起突变的原因间无直接的对应关系。

根据发生的原因，基因突变可分为两种类型：①自发突变：指细菌在无人工干预下自然发生的低频率突变，可随时发生，一般在10^{-9}～10^{-6}之间；②诱发突变：指人工应用各种诱变剂引起的基因突变，其概率比自发突变要高10～100 000倍。诱变剂系指能显著提高突变频率的各种理化因素，如高温、紫外线、辐射、各种碱基类似物、烷化剂等。

2. 基因的转移与重组　外源性的遗传物质由供体菌转入某受体菌细胞内的过程称为基因转移(gene transfer)。供体菌的基因与受体菌的DNA整合在一起的过程，称为重组(recombination)。外源性遗传物质包括供体菌染色体DNA片段、质粒DNA及噬菌体基因等。细菌的基因转移和重组通常可通过转化、接合、转导和细胞融合等方式来完成。

(1)转化(transformation):受体菌直接摄取供体菌游离的 DNA 片段并将其整合到自己的基因组中,从而获得新的遗传性状的过程。

1928 年 Griffith 以肺炎链球菌进行试验。将有荚膜因而毒力强、菌落呈光滑型(S)的Ⅲ型肺炎链球菌注射至小鼠体内,小鼠死亡,从死鼠心血中分离出活的Ⅲ型光滑型肺炎链球菌;将无荚膜、毒力减弱、菌落呈粗糙型(R)的Ⅱ型肺炎链球菌或经加热杀死的Ⅲ型光滑型肺炎链球菌分别注射小鼠,小鼠不死。但若将经加热杀死的Ⅲ型光滑型肺炎链球菌(有荚膜)和活的Ⅱ型粗糙型肺炎链球菌(无荚膜)混合注射至小鼠体内,结果小鼠死于败血症,并从小鼠血液中分离到活的Ⅲ型光滑型肺炎链球菌。这表明活的Ⅱ型粗糙型肺炎链球菌从死的Ⅲ型光滑型肺炎链球菌中获得了产生Ⅲ型光滑型肺炎链球菌荚膜的遗传物质。最后确定,引起Ⅱ型粗糙型肺炎链球菌转化的物质是Ⅲ型光滑型肺炎链球菌的 DNA(图 2-20 所示)。

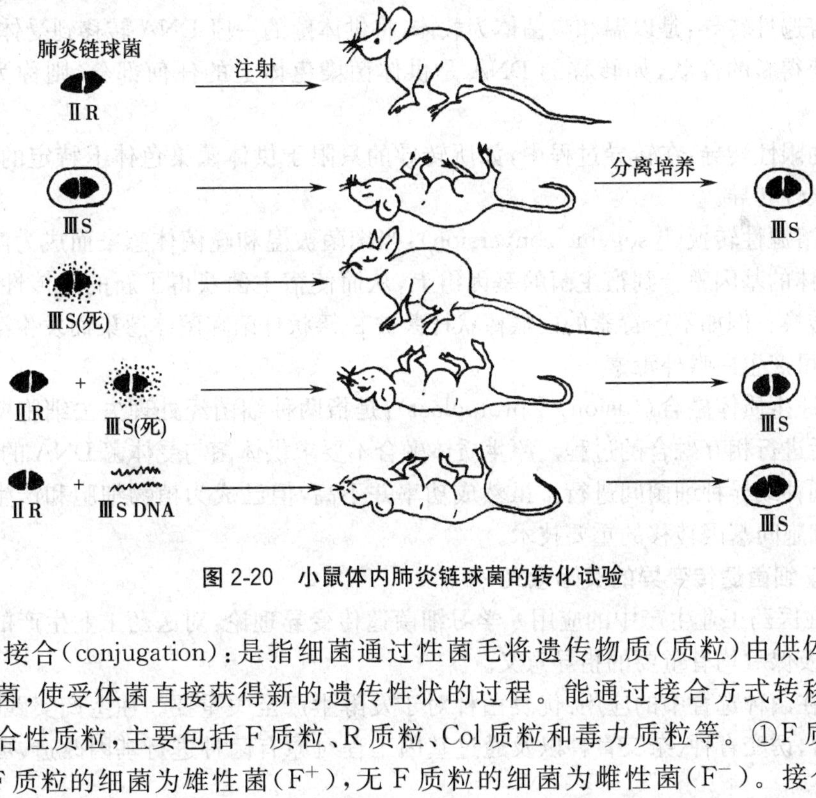

图 2-20 小鼠体内肺炎链球菌的转化试验

(2)接合(conjugation):是指细菌通过性菌毛将遗传物质(质粒)由供体菌转移给受体菌,使受体菌直接获得新的遗传性状的过程。能通过接合方式转移的质粒称为接合性质粒,主要包括 F 质粒、R 质粒、Col 质粒和毒力质粒等。①F 质粒的接合:有 F 质粒的细菌为雄性菌(F^+),无 F 质粒的细菌为雌性菌(F^-)。接合时,F^+ 菌的性菌毛末端可与 F^- 菌表面受体接合,性菌毛逐渐收缩使两菌之间靠近并形成通道,F^+ 菌的质粒 DNA 中的一条链断开并通过性菌毛通道进入 F^- 菌内,继而两菌细胞内的单股 DNA 链以滚环式进行复制,各自形成完整的 F 质粒。受体菌获得了 F 质粒后成为 F^+ 菌(图 2-21)。②R 质粒的接合:R 质粒由耐药传递因子(resistance transfer factor,RTF)和耐药决定因子(resistance determinant,r-det)两部分组成。RTF 的功能与 F 质粒相似,可编码性菌毛,决定质粒的复制、结合和转移;r-det 则决定细菌的耐药性。目前,耐药菌株日益增多,除与耐药性突变有关外,主要是由于R质粒在细菌间转移，造成耐药性的广泛传播，给疾病的防治带来很大的困难。因此R质粒又称传染性耐药因子。

(3)转导(transduction)：是以噬菌体为载体，将供体菌的一段DNA转移重组到受体菌内，使受体菌获得新性状的过程。根据转移基因片段的范围，可分为普遍性转导和局限性转导。

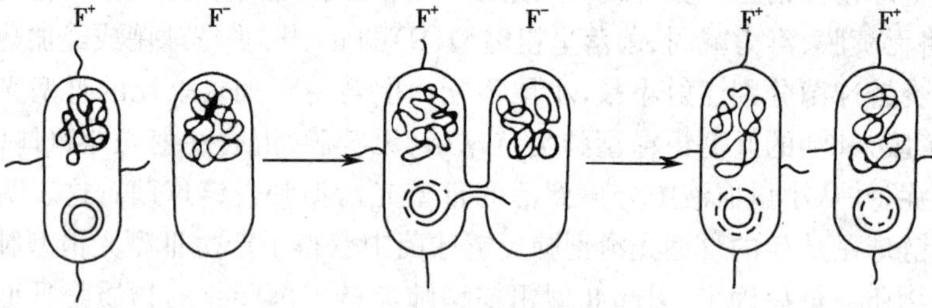

图2-21 细菌的接合及F质粒的转移和复制

1)普遍性转导：是以温和噬菌体为载体，将供体菌的一段DNA转移到受体菌内，使受体菌获得新的性状，如转移的DNA是供体菌染色体上的任何部分，则称为普遍性转导。

2)局限性转导：在转导过程中，如所转导的只限于供体菌染色体上特定的基因，则称为局限性转导。

(4)溶源性转换(lysogenic conversion)：当细菌被温和噬菌体感染而成为溶原状态时，噬菌体的基因整合到宿主菌的基因组上，从而使宿主菌获得了新的遗传性状，称为溶源性转换。例如不产毒素的白喉棒状杆菌被β-棒状杆菌噬菌体感染而发生溶源性转化时，便可产生白喉外毒素。

(5)原生质体融合(fusion of protoplast)：是指两种细菌经处理失去细胞壁成为原生质体后进行相互融合的过程。原生质体融合不要求供体菌与受体菌DNA的同源性，可以在同种或异种细菌间进行。虽然成功率并不高，但已成为植物细胞和产生抗生素的真菌细胞间基因转移的重要技术。

(四)细菌遗传变异的实际意义

1. 在医药工业生产中的应用　学习细菌遗传变异理论，对医药工业生产的菌种选育、复壮及保藏均有重要的指导意义。

(1)在菌种选育中的应用：优良菌种对于发酵生产至关重要。在生产实践中，通过自然选育、诱变育种、杂交育种以及通过基因工程对原有菌种进行基因改造，可获得优良菌种。

(2)在菌种复壮中的应用：菌种衰退是一种潜在的危险。只有掌握菌种衰退的某些规律，采取相应的措施，才能尽量减少菌种的衰退或使已衰退的菌种得以复壮。

1)菌种衰退及其预防：菌种衰退是指菌种在进行传代或保藏后，某些生物学性状发生改变或生理特性逐渐减退甚至完全丧失的现象。菌种衰退是发生在群体细胞中的一个从量变到质变逐步演变的过程。导致这一现象的原因除基因突变外，连续传代是加速菌种衰退的重要原因，传代次数越多，发生基因突变的概率越高，群体中个别衰退细胞的数量增加并占优势，致使群体表型出现衰退。此外，不适宜的培养和保藏条件也能诱发并促进衰退细胞的繁殖，造成菌种衰退。预防菌种衰退的措施主要有：①控制传代次数；②创造良好的培养条件，避免使用陈旧的培养基，减少有害物质所导致的菌种衰退；③利用不易衰退的细胞传代；④采用更有效的菌种保藏方法。

2)菌种复壮：狭义的菌种复壮仅是一种消极的措施，指的是菌种已发生衰退后，再通过纯种分离和性能测定等方法，从衰退的群体中找出少数尚未衰退的个体，以达到恢复该菌种原有典型性状的一种措施；而广义的菌种复壮则应是一项积极的措施，即在菌种的生产性能尚未衰退前，经常有意识地进行纯种分离和有关性能的测定工作，以使菌种的生产性能逐步有所提高。这也是目前工业生产中应积极提倡的措施。其方法包括：①纯种分离法：可把退化菌种的细胞群体中一部分仍保持原有典型性状的单细胞分离出来，经过扩大培养，可恢复原菌株的典型性状；②宿主体内复壮法：对于寄生性微生物的衰退菌株，可通过接种至相应昆虫或动植物宿主体内，以提高菌株的毒力；③淘汰法：将衰退的菌种进行一定的处理（如高温、低温、药物等），可起到淘汰已衰退个体而达到复壮的目的。

(3)在菌种保藏中的应用：菌种是极其重要的生物资源，菌种的妥善保藏是一项重要工作。许多国家设有菌种保藏机构，任务是广泛收集并妥善保藏生产和实验室的菌种、菌株，以便于研究、交流和使用。

菌种保藏是依据菌种的生理、生化特性，人工创造条件使菌体的代谢活动处于休眠状态。保藏时一般利用菌种的休眠体（孢子、芽孢等），创造最有利于休眠状态的环境条件，如干燥、低温、缺氧、避光、缺乏营养等，以降低菌种的代谢活动，减少菌种变异，达到长期保存的目的。一个好的菌种保藏方法应能保持原种的优良性状和较高的存活率，同时还须考虑方法本身的经济、简便。

常用的菌种保藏方法有：①传代培养保藏法：包括斜面培养、穿刺培养、庖肉培养基培养等（后者作保藏厌氧细菌用），培养后于4～6℃冰箱内保存，保藏期1～3个月；②液状石蜡覆盖保藏法：是传代培养的变相方法，能够适当延长保藏时间。它是在斜面培养物和穿刺培养物上面覆盖灭菌的液状石蜡，一方面可防止因培养基水分蒸发而引起菌种死亡，另一方面可阻止氧气进入，以减弱代谢作用，保藏期1～2年；③载体保藏法：是将微生物吸附在适当的载体，如土壤、沙子、硅胶、滤纸上，而后进行干燥的保藏法，例如沙土管保藏法和滤纸保藏法的应用就相当广泛，保藏期1～2年；④冷冻真空干燥保藏法：是先使微生物在极低温度（－70℃左右）下快速冷冻以保持细胞结构的完整，然后在减压下利用升华现象除去水分（真空干燥）的保藏方法，保藏期5～10年；⑤液氮超低温保藏法：液氮的温度可达到－196℃，远低于微生物新陈代谢的最低温度（－130℃），所以此时菌种的代谢活动已停止，故可长期保藏菌种，保藏期15年以上。

在国际上最具代表性的美国菌种保藏中心（American Type Culture Collection，ATCC）近年来仅选择两种最有效的方法保藏所有菌种，即冷冻真空干燥保藏法和液氮超低温保藏法，两者结合可最大限度地减少不必要的传代次数，又不影响随时分发给全球用户，效果甚佳。我国使用的标准质控菌株即来源于此。

知识链接

国内外重要的菌种保藏机构

1. 国外　美国菌种保藏中心(ATCC)；英国国家菌种保藏所(NCTC)；前苏联的全苏微生物保藏所(UCM)；荷兰的真菌中心保藏所(CBS)等。

2. 国内　中国微生物菌种保藏委员会(CCCCM)；中国典型培养物保藏中心(CCTCC)；普通微生物菌种保藏管理中心(CGMCC)；工业微生物菌种保藏管理中心(CICC)；医学微生物菌种保藏管理中心(CMCC)等。

2. 在疾病的诊断、治疗和预防中的应用　研究细菌的遗传变异，对疾病的诊断和防治具有重要意义。

(1)在疾病诊断中的应用：在感染性疾病的检验过程中，一些变异菌株在形态结构、培养特性、生化特性、抗原性及毒力等方面常表现出不典型性，给细菌鉴定工作带来困难。如某些使用过青霉素等抗生素的患者，体内细菌可出现L型变异，用常规方法分离培养为阴性，必须采用含血清的高渗培养基才能培养出L型细菌；从患者体内新分离的伤寒沙门菌中，10%的菌株不产生鞭毛、检查时无动力等。故在临床细菌学检查中不仅要熟悉细菌的典型特性，还要掌握各种病原菌的变异现象和规律，才能对细菌性感染疾病作出正确诊断。

(2)在疾病治疗中的应用：随着抗菌药物的广泛应用，耐药菌株日益增多，细菌的耐药性变异已成为临床治疗感染性疾病面临的重要问题。为提高抗菌药物的疗效，防止耐药菌株的扩散，在使用抗生素治疗感染性疾病时，应依据药物敏感试验有针对性地选择药物；对需长期用药的慢性疾病如结核，应合理地联合用药，因细菌对两种药物同时产生抗药性突变的概率比单一药物小得多。此外，对已有的耐药菌株，可用遗传变异的理论阐明其耐药机制，从而有助于新型抗耐药菌药物的研发。

(3)在疾病预防中的应用：利用细菌毒力变异的原理，制备以减弱毒力保留原有免疫原性的减毒或无毒疫苗，已成功地用于某些传染病的预防，如卡介苗、炭疽菌苗等均是用相应病原菌的减毒变异株制备而成的。

3. 在基因工程中的应用　基因工程是根据遗传变异中细菌基因可通过转移和重组等方式而获得新性状的原理，从供体细胞DNA上剪切所需要的目的基因，将其结合到载体(质粒或噬菌体)上，并将此重组的DNA基因转移至受体菌内表达的一种生物工程技术。将这种经基因工程改造后的“工程菌”进行发酵，可获得大量目的菌基因的产物。目前通过基因工程已能使工程菌大量生产胰岛素、干扰素、生长激素、白细胞介素等细胞因子和人重组乙肝疫苗等生物制品，为生物制药开辟了一条新的途径。

4. 在测定致癌物质中的应用　一般认为肿瘤的发生是由于细胞内遗传物质发生改变所致，因此凡能诱导细菌发生突变的物质都可能是致癌物质。Ames试验就是根据能导致细菌基因突变的物质均为可疑致癌物的原理设计的。

五、细菌对药物的敏感性

不同细菌对药物的敏感性不同，同一细菌的不同菌株，对各种抗菌药物的敏感性也有差别。在应用抗菌药物治疗过程中，细菌对药物的敏感性也会发生变化。近年来，随着抗菌药物的广泛应用，更因广谱和超广谱抗菌药物的滥用，造成耐药菌株迅速增加，给临床治疗带来困难。因此必须进行细菌对抗菌药物的实验室检测，即细菌对药物的敏感性试验，从而及时准确地监测细菌对药物的敏感性和耐药性改变。

课堂互动

某男，45 岁，平日身体稍有不适就服用抗生素类药物。近期咳嗽、发热，口服阿莫西林 2 天，未见好转。到社区医院就诊后，医生用环丙沙星给予治疗，静脉滴注 3 天后仍未见效，随后又去三甲医院就医，经细菌检验后，发现该患者体内的病菌能够抵抗多种抗生素，选用敏感药物有效治疗后，康复出院。请问：

(1)为什么该患者体内的病菌能够抵抗多种抗生素？

(2)治疗感染性疾病应怎样选用有效抗生素？选择的依据是什么？

(3)滥用抗生素现象在我国比较普遍，你知道其危害吗？

(一) 概念

抗菌药物敏感试验简称药敏试验，是指在体外测定药物抑制或杀死细菌能力的试验，即检测细菌对抗菌药物的敏感性。

1. 敏感(susceptible，S)　表示被检菌可被常规剂量在体内达到的浓度所抑制或杀灭。

2. 耐药(resistant，R)　表示被检菌不能被常规剂量待测药物在体内达到的浓度所抑制。

3. 中介(intermediate，I)　是指抗菌药物在生理浓集的部位具有临床效果，意味着被检菌可被待测药物大剂量给药而达到的浓度所抑制。中介只能表示抑菌环直径介于敏感和耐药之间的“缓冲域”，是为防止由微小技术因素失控所导致结果解释错误而设置，意义不明确，如果没有其他可替代的药物，应重复做药敏试验，或以稀释法测定最小抑菌浓度(MIC)。

4. 最低抑菌浓度(minimal inhibitory concentration，MIC)　抗菌药物能抑制被检菌生长的最低浓度。对同一菌株而言，药物的 MIC 值越小，其抗菌力就越强，细菌对这种药物就越敏感。

5. 最低杀菌浓度(minimal bactericidal concentration，MBC)　抗菌药物完全杀灭细菌所需用的最低浓度。

(二) 药敏试验的意义

1. 筛选药物　对抗菌药物的临床效果进行预测，指导临床抗菌药物的应用，避免抗菌药物使用不当造成许多不良后果。

2. 耐药监控　药敏试验为耐药菌株的监测、控制耐药性的发生发展等提供了实验依据。

3. 评价新药　根据药敏试验的不同方法和结果，可用于评估新抗菌药物的抗菌谱

(指能抑制细菌种类的范围)及抗菌活性,指导药品的研制和生产。

4. 鉴定细菌　利用细菌耐药谱的分析进行某些菌种的鉴定。

(三) 抗菌药物的选择原则

目前临床实验室多根据临床实验室标准化研究所(Clinical and Laboratory Standards Institute,CLSI)提出的抗菌药物分组建议,对待测菌进行药敏试验的药物选择,一般分A、B、C和U组。A组药物为首选试验和报告的药物,是针对不同种类病原菌的最佳选择;B组药物为首选试验选择性报告的药物,多在被检菌对A组同类药物过敏、耐药或无效的病例或多部位、多细菌感染的情况下使用;C组是替代或补充试验,多在A、B组的药物过敏或耐药时选用;U组药物只用于泌尿系统感染抗菌药物。表2-5列举了一些常见细菌常规药敏试验时首选的药物。

表2-5　常见细菌常规药敏试验的药物选择(CLSI)

分组	肠杆菌科	铜绿假单胞菌	葡萄球菌属	肠球菌属
A组	氨苄西林、头孢唑林、头孢噻吩、庆大霉素、妥布霉素	头孢他啶、庆大霉素、美洛西林或替卡西林、哌拉西林	苯唑西林(头孢西丁纸片)、青霉素	青霉素、氨苄西林
B组	阿米卡星、阿莫西林/克拉维酸或氨苄西林/舒巴坦、哌拉西林/他唑巴坦、替卡西林/克拉维酸、头孢呋辛、头孢吡肟、头孢替坦、头孢西丁、头孢噻肟或头孢曲松、环丙沙星、左氧氟沙星、亚胺培南或美罗培南、哌拉西林、甲氧苄啶/磺胺异噁唑	阿米卡星、氨曲南、头孢吡肟、环丙沙星、左氧氟沙星、亚胺培南或美罗培南、哌拉西林/他唑巴坦、替卡西林	达托霉素、利奈唑胺、泰利霉素、多西环素、万古霉素、利福平	达托霉素、利奈唑胺、奎奴普汀/达福普汀万古霉素
C组	氨曲南、头孢他啶、氯霉素、四环素		氯霉素、环丙沙星或左氧氟沙星或氧氟沙星、莫西沙星、庆大霉素、利福平、四环素、奎奴普汀/达福普汀	庆大霉素(只用于筛选高水平耐药株)、链霉素(只用于筛选高水平耐药株)、利福平
U组	洛美沙星或氧氟沙星、诺氟沙星、呋喃妥因、甲氧苄啶/磺胺异噁唑	洛美沙星或氧氟沙星、诺氟沙星	洛美沙星、诺氟沙星、呋喃妥因、磺胺异噁唑、甲氧苄啶	环丙沙星、左氧氟沙星、诺氟沙星、呋喃妥因、四环素

(四)药物的体外抑菌试验

体外抑菌试验是最常用的抗菌试验,常用方法有琼脂扩散法和连续稀释法。

1. 琼脂扩散法　是利用药物可以在琼脂培养基中扩散的特点,在药物有效浓度的范围内形成抑菌环,以抑菌环的直径大小来评价药物抗菌作用的强弱,或了解细菌对药物的敏感程度。主要方法有纸片法、挖沟法和管碟法等。

(1)纸片法:由 Bauer 和 Kirby 所创建,故又称 K-B 法,目前应用最广。该法是将含有定量抗菌药物的纸片(药敏纸片)贴在已接种测试菌的琼脂平板上,抗菌药物通过纸片吸收水分在琼脂内向四周呈递减浓度梯度扩散,纸片周围一定距离范围内测试菌的生长受到抑制,形成无菌生长的抑菌环。抑菌环的大小反映测试菌对测定药物的敏感程度,并与该药对测试菌的最低抑菌浓度(MIC)呈负相关关系,即抑菌环越大,MIC 越小。测量抑菌环的直径,根据临床和实验室标准机构(CLSI)提供的 MIC 解释标准(表 2-6),判定该菌对被测药物的敏感程度(图 2-22)。如金黄色葡萄球菌,苯唑西林对其抑菌环的直径为 15mm,经查表 2-6 得知,金黄色葡萄球菌对该药为敏感。

表 2-6　部分药物纸片扩散法及稀释法结果解释标准(CLSI)

药物及菌名	纸片含量(μg/片)	抑菌圈直径(mm)			相应的 MIC(μg/ml)		
		耐药	中介	敏感	耐药	中介	敏感
(1)β-内酰胺类							
阿莫西林/克拉维酸							
不产青霉素酶葡萄球菌	20/10	≤29		≥20	≥8/4		≤4/2
其他细菌	20/10	≤13	14～17	≥18	≥32/16	16/8	≤8/4
氨苄西林/舒巴坦	10/10	≤11	12～14	≥15	≥32/16	16/8	≤8/4
替卡西林/克拉维酸							
假单胞菌属	75/10	≤14		≥15	≥128/2		≤64/2
其他革兰阴性杆菌	75/10	≤14	15～19	≥20	≥128/2	64/2～32/2	≤16/2
葡萄球菌	75/10	≤22		≥23	≥16/2		≤8/2
(2)青霉素类							
氨苄西林							
肠杆菌科	10	≤13	14～16	≥17	≥32	16	≤8
不产青霉素酶葡萄球菌	10	≤28		≥29	≥0.5		≤0.25
羧苄西林							
肠杆菌科	100	≤19	20～22	≥23	≥64	32	≤16
假单胞菌属	100	≤13	14～16	≥17	≥512	256	≤128
美洛西林							

续表

药物及菌名	纸片含量(μg/片)	抑菌圈直径(mm)			相应的 MIC(μg/ml)		
		耐药	中介	敏感	耐药	中介	敏感
肠杆菌科	75	≤17	18～20	≥21	≥128	32～64	≤16
假单胞菌属	75	≤15		≥16	≥128		≤64
甲氧西林	5	≤9	10～13	≥14	≥16		≤8
苯唑西林							
金黄色葡萄球菌/里昂葡萄球菌	1	≤10	11～12	≥13	≥4		≤2
凝固酶阴性葡萄球菌	1	≤17		≥18	≥0.5		≤0.25
哌拉西林							
肠杆菌科	100	≤17	18～20	≥21	≥128	32～64	≤16
假单胞菌属	100	≤17		≥18	≥128		≤64
替卡西林							
肠杆菌科	75	≤14	15～19	≥20	≥128	64～32	≤16
假单胞菌属	75	≤14		≥15	≥128		≤64
(3)头孢菌素类							
头孢噻吩	30	≤14	15～17	≥18	≥32	16	≤8
头孢唑林	30	≤14	15～17	≥18	≥32	16	≤8
头孢吡肟	30	≤14	15～17	≥18	≥32	16	≤8
头孢美唑	30	≤12	13～15	≥16	≥64	32	≤16
头孢呋肟	30	≤14	15～17	≥18	≥32	16	≤8
头孢替坦	30	≤12	13～15	≥16	≥64	32	≤16
头孢西丁	30	≤14	15～17	≥18	≥32	16	≤8
头孢他啶	30	≤14	15～17	≥18	≥32	16	≤8
头孢曲松	30	≤13	14～20	≥21	≥64	32～16	≤8
头孢哌酮	75	≤15	16～20	≥21	≥64	32	≤16
头孢噻肟	30	≤14	15～22	≥23	≥64	32～16	≤8
(4)氨基糖苷类							
庆大霉素							
肠杆菌科	10	≤12	13～14	≥15	≥16	8	≤4
妥布霉素	10	≤12	13～14	≥15	≥16	8	≤4
丁胺卡那霉素	30	≤14	15～16	≥17	≥64	32	≤16
卡那霉素	30	≤13	14～17	≥18	≥25		≤6
阿米卡星	30	≤14	15～16	≥17	≥64	32	≤16

续表

药物及菌名	纸片含量(μg/片)	抑菌圈直径(mm)			相应的MIC(μg/ml)		
		耐药	中介	敏感	耐药	中介	敏感
(5)喹诺酮类							
诺氟沙星	10	≤12	13~16	≥17	≥16	8	≤4
氧氟沙星	5	≤12	13~15	≥16	≥8	4	≤2
环丙沙星	5	≤15	16~20	≥21	≥4	2	≤1
洛美沙星	10	≤18	19~21	≥22	≥8	4	≤2
司帕沙星	5	≤15	16~18	≥19	≥2	1	≤0.5
(6)糖肽类							
万古霉素							
金黄色葡萄球菌	30	若≤14 需测MIC		≥15	≥16	8~4	≤2
(7)大环内酯类							
红霉素	15	≤13	14~22	≥23	≥8	1~4	≤0.5
阿奇霉素	15	≤13	14~17	≥18	≥8	4	≤2
克拉霉素	15	≤13	14~17	≥18	≥8	4	≤2
(8)四环素类							
四环素	30	≤14	15~18	≥19	≥16	8	≤4
多西环素	30	≤12	13~15	≥16	≥16	8	≤4
(9)其他抗菌药物							
氯霉素	30	≤12	13~17	≥18	≥32	16	≤8
利福平	5	≤16	17~19	≥20	≥4	2	≤1
克林霉素	2	14	15~20	≥21	≥4	1~2	≤0.5
磺胺类	250	≤12	13~16	≥17	≥512		≤256
复方磺胺甲噁唑(TMP/SMZ)	1.25/23.75	≤10	11~15	≥16	≥4/76		≤2/38
TMP(甲氧嘧啶)	5	≤10	11~15	≥16	≥16		≤8
萘啶酸	30	≤13	14~18	≥19	≥32		≤8
噁噌酸	100	≤14	15~18	≥19	≥64		≤16
呋喃妥因	300	≤14	15~16	≥17	≥128	64	≤32

(2)挖沟法:先制备琼脂平板,在平板上挖沟,沟两边垂直划线接种各种试验菌,再在沟内加入药液。培养后,根据沟两边所生长的试验菌离沟的抑菌距离来判断药物对这些菌的抗菌效力(图2-23)。此法适用于在一个平板上试验一种药物对几种试验菌的抗菌作用。

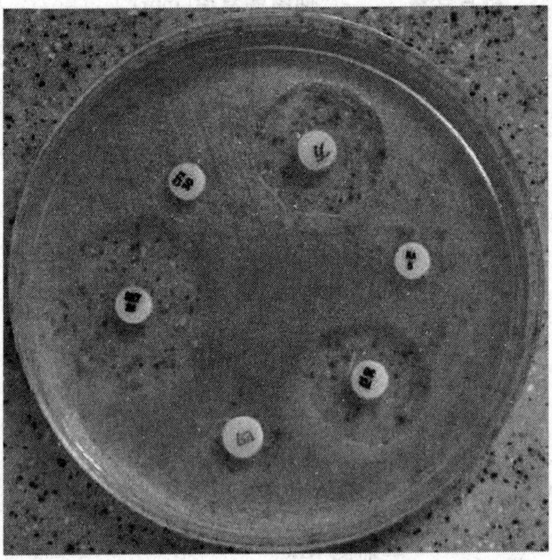

图 2-22　纸片法

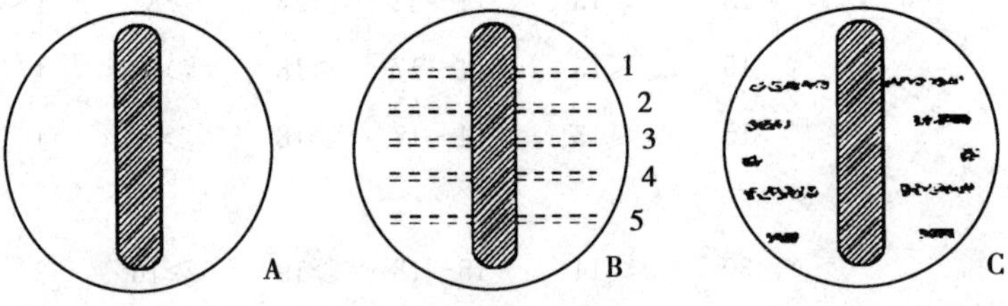

图 2-23　挖沟法示意图

（3）管碟法：将管状小杯放置平皿菌层上，加入一定量药液（药液与杯面平为准）。置 37℃温箱中培养 18～24 小时后，测定抑菌环直径的大小，计算细菌对药物的敏感程度。管碟法可用于定量测定，如抗生素效价的测定。

2. 稀释法　即用肉汤或琼脂培养基做稀释剂，倍比稀释抗菌药物，定量加入被检菌株。经培养后测定抗菌药物的最小抑菌浓度（MIC）和最小杀菌浓度（MBC）。该法属定量试验，用于测定抗菌药物的活性，其优点是可直接定量地检测抗菌药物在体外对病原菌的抑制或杀伤浓度，有利于临床根据 MIC、药物代谢等拟定合理的治疗方案，也是目前厌氧菌等的最佳测定方法。

（1）试管稀释法：在一系列试管中，用液体培养对抗菌药物做倍比稀释，获得药物浓度递减的系列试管，然后在每一管中加入定量的试验菌，经培养一定时间后，肉眼观察试管的混浊情况，记录能抑制试验菌生长的最低抑菌浓度（图 2-24）。此法由于细菌与药液接触，比其他方法更为敏感，可作为筛选抗生素、无深色中草药制剂抗菌作用的研究。

（2）平板稀释法：先按连续稀释法配制药物，将不同系列浓度、定量的药物分别混入琼脂培养基，制成一批药物浓度呈系列递减的平板，然后将含有一定细胞数的试验菌液（通常为 10^4 左右），以点种法接种于平板上，可以逐个点种；同时设无药空白平板对照。

培养后测定各菌对该药的 MIC。平板法可同时测定大批试验菌株对同一药物的 MIC，且不受药物颜色及浑浊度的影响，适于中药制剂药效学试验。此法还易于发现污染或耐药突变株，也是开发新药体外药敏试验时常用的经典参照标准。缺点是操作比较烦琐，不便于基层实验室开展。

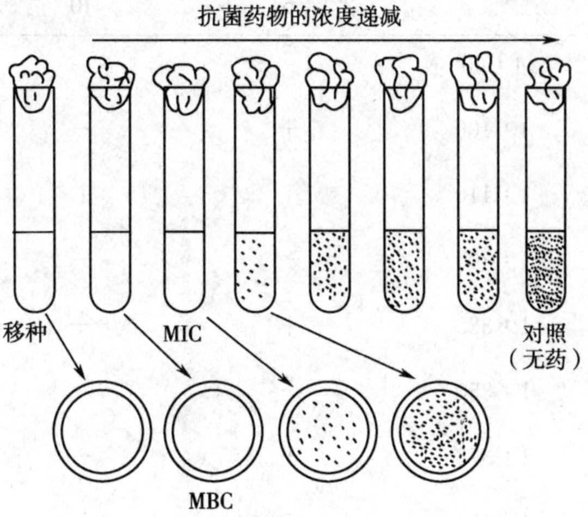

图 2-24　试管稀释法示意图

(五) 药物的体外杀菌试验

体外杀菌试验用以评价药物对微生物的致死活性。

1. 最低杀菌浓度(或最低致死浓度)的测定　最低杀菌浓度(MBC)是指该药物能杀死细菌的最低浓度。从微生物广义而言，也可称之为最低致死浓度(minimal lethal concentration，MLC)。一般是将待检药物先以合适的液体培养基在试管内进行连续稀释，每管内再加入一定量的试验菌液，培养后可得该药物的 MIC，取 MIC 终点以上未长菌的各管培养液，分别移种于另一无菌平板上，培养后凡平板上无菌生长的药物最低浓度即为该药物的 MBC(或 MLC)。

2. 活菌计数法(viable counting method)　是在一定浓度的定量药物内加入定量的试验菌，作用一定时间后，取样进行活菌计数，从存活的微生物数计算出药物对微生物的致死率。活菌计数的方法一般是将定量的药物与试验菌作用后的混合稀释后，混入琼脂培养基，制成平板，培养后计数平板上形成的菌落数，由于一个菌落是由一个细菌繁殖而来的，所以可用菌落数或菌落形成单位(colony forming unit，CFU)乘以稀释倍数计算出混合液中存活的细菌数。

3. 苯酚系数测定法　苯酚系数(phenol coefficient)又称酚系数，是以苯酚为标准，将待测的化学消毒剂与酚的杀菌效力相比较所得杀菌效力的比值。苯酚系数是了解消毒剂杀菌效力的一种方法。苯酚系数＝消毒剂的杀菌稀释度/苯酚的杀菌稀释度，苯酚系数≥2 为合格。

具体的测定方法举例说明如下：先将苯酚准确稀释成 1∶90、1∶100、1∶110…；被测化学消毒剂稀释成 1∶300、1∶325、1∶350…。分别取上述稀释液各 5ml 加入试管中，再加入经 24 小时培养后的菌悬液各 0.5ml，混匀后放入 20℃的水浴中，再第 5、10 和 15 分钟时分别从各管中取以接种环混合液移种到另 1 支 5ml 的肉汤培养基中，37℃

培养 24 小时记录生长情况(表 2-7)。其中"+"为细菌生长,"—"为无细菌生长。

表 2-7 苯酚系数测定结果

稀释度		作用时间(分钟) 5	10	15
苯酚	1∶90	—	—	—
	1∶100	+	—	—
	1∶110	+	+	—
被测消毒剂	1∶300	—	—	—
	1∶325	+	—	—
	1∶350	+	—	—
	1∶375	+	+	—
	1∶400	+	+	+

以 5 分钟不能杀菌,10 分钟能杀菌的最大稀释度为标准来计算苯酚系数。从表中得苯酚为 1∶90,待检消毒剂为 1∶350,则待检消毒剂的酚系数为 350/90=3.89,表明在相同条件下被检消毒剂的杀菌效力是苯酚的 3.89 倍。酚系数愈大,被检消毒剂的杀菌效力越高。

但是苯酚系数测定法的应用有一定的局限性,主要有以下几点:①有机物存在时消毒剂失去活性;②消毒剂可能对组织有毒性;③温度变化而影响测定结果;④只适用于同类消毒剂的杀菌效力测定,对非酚类、季铵盐及不稳定的次氯酸盐等均不能给予正确评价。

(六) 药敏试验的影响因素

1. 试验菌 一般应包括标准菌株和临床分离菌株。标准菌株来自专门机构,我国是卫生部药品生物制品检定所菌种保藏中心供应。临床分离菌株须经形态、生化及血清学等方面鉴定。试验用菌株应注意菌株纯度,不得有杂菌污染。不宜用传代多次的菌种,最好从保藏的菌种中重新活化。试验菌必须生长旺盛,应控制适当的培养时间。试验菌接种量的多少应选用适当方法进行计数。

2. 培养基 应按各试验菌的营养需要进行配制,严格控制各种原料、成分的质量及培养基的配制过程。要注意当有些药物具有抗代谢作用时,培养基内应不能存在该代谢物,否则抑菌作用将被消除。培养基内含有血清等蛋白质时,可与某些抗菌药物失去作用,应避免含此类营养物。

3. 供试药物 药物的浓度和总量直接影响抗菌试验的结果,需要精确配制。固体药物应配制成溶液使用;有些不溶于水的药物需用少量有机溶剂或碱先行溶解,再稀释成合适浓度,如氯霉素及红霉素需先用少量乙醇溶解后,再用稀释剂稀释到所需浓度;液体样品浓度若太稀,需先浓缩;药液的 pH 应尽量接近中性,能保持药物的稳定性而又不致影响试验菌生长;要注意中药制剂内往往含有鞣质,且具有特殊色泽，可能影响结果的判断；含菌样品需先除菌再试验，尽量采用薄膜过滤法除菌；在进行杀菌效力测定时，取样移种前应终止抑菌效应，可采用稀释法或加中和剂法。

4. 对照试验　为准确判断结果，试验中必须有各种对照试验与抗菌试验同时进行。①试验菌对照：在无药情况下，应能在培养基内正常生长；②已知药物对照：已知抗菌药对标准的敏感菌株应出现预期的抗菌效应，对已知的抗药菌不出现抗菌效应；③溶剂及稀释剂对照：抗菌药物配制时所用的溶剂及稀释剂应无抗菌作用。

六、细菌的致病性

细菌能引起疾病的性能称为细菌的致病性(pathogenicity)。病原菌的致病作用与其毒力、侵入机体的数量以及途径密切相关。

课堂活动

细菌侵入机体后一定能引起疾病吗？在前面所学的细菌的结构成分和代谢产物中具有致病作用的有哪些？

(一) 细菌的毒力

细菌致病力的强弱程度称为细菌的毒力(virulence)，毒力的大小常用半数致死量(median lethal dose，LD_{50})或半数感染量(median infective dose，ID_{50})表示。即在一定时间内，通过一定接种途径，能使一定体重或年龄的某种动物半数死亡或感染所需要的最少细菌数或毒素量。细菌毒力包括侵袭力和毒素。

1. 侵袭力(invasiveness)　指病原菌突破宿主的防御功能，在体内定居、繁殖、扩散的能力。细菌菌体表面结构和侵袭性酶类可发挥侵袭力作用。

(1)菌体表面结构：①荚膜：荚膜及荚膜类物质具有抵抗宿主吞噬细胞的吞噬和体液中杀菌物质对细菌的损伤作用，利于病原菌入侵机体并在体内生长繁殖，引起疾病。如有荚膜的炭疽芽孢杆菌、肺炎链球菌等，不易被吞噬细胞吞噬杀灭，其致病性明显增强，当其失去荚膜后，则能被吞噬细胞迅速吞噬、杀灭。某些细菌表面有类似荚膜的物质，如链球菌的微荚膜、伤寒沙门菌和丙型副伤寒沙门菌表面的 Vi 抗原，以及某些大肠埃希菌的 K 抗原等也具有抵抗吞噬作用及抵御抗体和补体的作用。②黏附素(adhesin)：是病原菌借以黏到宿主靶细胞表面的蛋白质物质。细菌的黏附素可以分为两种：一种是菌毛黏附素，另一种是由细菌细胞的表面结构组成，如 A 族链球菌的膜磷壁酸等。细菌通过其黏附素与宿主细胞相应受体结合，黏附于宿主细胞表面，以抵御纤毛运动、肠蠕动、尿液冲洗的清除作用，继而定居、繁殖引起感染。

(2)侵袭性酶类：是细菌在代谢过程中合成的一些胞外酶，其本身无毒性，但能协助病原菌在体内定植、繁殖及扩散。如金黄色葡萄球菌产生的血浆凝固酶(coagulase)，能使血浆中的液态纤维蛋白原变成固态的纤维蛋白包绕在细菌表面，有利于抵抗宿主吞噬细胞的吞噬作用。A 群链球菌产生的透明质酸酶(hyaluronidase)又称扩散因子，可溶解结缔组织中的透明质酸，使结缔组织疏松，通透性增强，有利于细菌及毒素扩散。

2. 毒素(toxin) 细菌的毒素是细菌致病性的关键因素。按其来源、性质和毒性作用的不同,可分为外毒素和内毒素两大类。

(1)外毒素:是多数革兰阳性菌及少数革兰阴性菌合成并分泌的毒性蛋白质。大多数外毒素是在细菌细胞内合成后分泌到菌体外,但也有外毒素存在于菌体内,当细胞破裂后才释放出来,如志贺菌的外毒素。

多数外毒素的化学成分为蛋白质,不耐热、不稳定,一般加热60~80℃ 30分钟即可被破坏。如破伤风毒素加热60℃ 20分钟即被破坏,但葡萄球菌肠毒素能耐100℃ 30分钟,并能抵抗胰蛋白酶的破坏作用。

外毒素一般具有很强的免疫原性,可刺激机体产生抗毒素抗体,其能中和游离外毒素的毒性作用。如果用0.3%~0.4%的甲醛作用外毒素后,就会成为失去毒性而仍保留免疫原性的类毒素。用类毒素免疫动物可以制备抗毒素,因此,类毒素在某些传染病的防治上具有重要的意义。

外毒素的分子结构一般由A、B两个亚单位组成。A亚单位为外毒素活性部分,决定其毒性效应;B亚单位无毒性,但能与宿主细胞膜上的特异性受体结合,介导A亚单位进入细胞。两个亚单位中的任何一个单独存在时,均对机体无毒害作用。由于B亚单位无毒性且抗原性强,可以将其提纯制成亚单位疫苗,预防相关的外毒素性疾病。

外毒素的毒性极强,尤其是肉毒毒素,其毒性比氰化钾强1万倍,1mg肉毒梭菌的外毒素纯品可杀死2亿只小鼠。不同细菌产生的外毒素,对机体组织器官的毒性作用具有选择性,能引起特定的病变和症状。例如肉毒毒素主要作用于胆碱能神经轴突终末,阻断胆碱能神经末梢释放乙酰胆碱,使眼和咽肌等麻痹,引起眼睑下垂、复视、斜视、吞咽困难等,严重者可因呼吸麻痹而死亡。而白喉外毒素对外周神经末梢和心肌细胞等有亲和力,通过抑制靶细胞蛋白质的合成引起外周神经麻痹和心肌炎等。

(2)内毒素:是革兰阴性菌细胞壁中的脂多糖(LPS)成分,只有当菌体死亡、自溶或用人工方法裂解后才释放出来。

内毒素主要化学成分为脂多糖,性质稳定,耐热,100℃加热1小时不被破坏,必须加热160℃经2~4小时,或用强酸、强碱、强氧化剂加热煮沸30分钟才能被灭活。各种革兰阴性菌具有相同的LPS基本骨架,即由O-特异多糖、非特异核心多糖和类脂A三部分组成。类脂A在脂多糖的内层,是一种特殊的糖磷脂,是内毒素的主要毒性成分。

内毒素免疫原性弱。用甲醛处理不能使其脱毒成为类毒素。

内毒素的毒性较弱,作用时无组织细胞选择性。各种革兰阴性菌内毒素的化学成分和结构相似,故不同的革兰阴性菌感染时,由内毒素引起的病理改变和临床症状大致相同。主要引起发热、糖代谢紊乱、白细胞增多及微循环障碍等症状。严重时,大量的内毒素还能引发内毒素血症、中毒性休克及弥散性血管内凝血等疾病,死亡率高。

内毒素检测一般用于两种情况:①确定所制备的注射用液和生物制品是否有内毒素污染;②在临床上确定患者是否发生革兰阴性菌引起的内毒素血症,以方便及时治疗,减少休克的发生和死亡。内毒素检测方法常有家兔发热法和鲎试验法两种,前者操作烦琐,影响因素不易控制,后者可用于快速检测。鲎是栖生海边的大型节肢动物,其血液中的有核变形细胞内含有凝固酶原和可凝固蛋白(称为凝固蛋白原)。对这些变形细胞进行冻融并裂解,制成含有鲎变形细胞溶解物(LAL)的试剂。当LAL与内毒素相遇时,内毒素能激活其中的凝固酶原,使其成为具有活性的凝固酶,从而使凝固蛋白原转变成肉眼可见的凝胶状态的凝固蛋白。该法灵敏度高，可检测出 0.01～1.00ng/ml 的微量内毒素，但其不能区别测出的内毒素由何种革兰阴性菌产生，而且试验所用的玻璃器皿、溶液等均必须绝对无致热原。

细菌内、外毒素的区别见表 2-8。

表 2-8　外毒素与内毒素的比较

区别要点	外毒素	内毒素
来源	革兰阳性菌和部分革兰阴性菌产生	革兰阴性菌产生
存在部位	胞质内合成分泌至胞外	菌体细胞壁成分，细菌裂解后释放
化学组成	蛋白质	脂多糖
稳定性	不稳定，60～80℃ 30 分钟被破坏	较稳定，160℃ 2～4 小时被破坏
毒性作用	强，对机体组织器官有选择性毒害作用，引起特殊的临床症状	较弱，毒性作用大致相同，可引起发热、白细胞变化、微循环障碍、休克、DIC 等
免疫原性	强，可刺激机体产生抗毒素。甲醛处理后可脱毒成类毒素	弱，甲醛处理不形成类毒素

难点释疑

内毒素与热原质均能引起发热反应，但两者并非同一物质，易混淆。

热原质是由多数革兰阴性菌和少数革兰阳性菌产生的。革兰阴性菌的热原质就是细胞壁的脂多糖，即内毒素；而革兰阳性菌不含内毒素，其发热反应是由菌体成分或产生的外毒素引起的。故内毒素是热原质，但热原质不全是内毒素。

(二) 细菌侵入的数量

病原菌引起感染，除需要一定的毒力外，还必须有足够的数量。一般情况下，细菌毒力愈强，引起感染所需的菌量愈少；反之则愈大。如毒性较强的鼠疫耶尔森菌，在无特异性免疫力的机体中，只要有数个细菌侵入就可导致感染；而毒力较弱的细菌，如沙门菌，则需摄入上亿个细菌才能引起感染。

(三) 细菌侵入的适当部位

宿主的不同部位、不同组织器官对病原菌的敏感性不同，因此病原菌的侵入部位也是构成感染的重要环节之一。如霍乱弧菌必须经口进入肠道后才能引起感染；破伤风梭菌及其芽孢只有经缺氧状态的深部伤口感染才能引起破伤风；肺炎链球菌则必须借助呼吸道才能引起感染。但也有一些病原菌可经多种渠道感染，如结核分枝杆菌可经呼吸道、消化道、皮肤伤口等多种途径侵入机体，引起结核病。

细菌感染的传播途径有：①呼吸道感染：患者或带菌者通过咳嗽、喷嚏等将含有病原体的呼吸道分泌物随飞沫排至空气，健康人通过吸入病原体污染的空气而引起感染，如肺结核、白喉等；②消化道感染：通过食入病原体污染的食品，或饮用水而引起感染，如伤寒、痢疾和霍乱等；③接触感染：通过人与人或人与带菌动物密切接触引起感染，如淋病、梅毒等；④创伤感染：通过皮肤、黏膜破损或创伤引起感染，如葡萄球菌、链球菌引起的化脓性感染等；⑤虫媒传播：以节肢动物为媒介，通过叮咬引起感染，如鼠疫、乙型脑炎等。

七、常见病原性细菌

（一）金黄色葡萄球菌

金黄色葡萄球菌（*S. aureus*）是葡萄球菌属中致病力最强的一种，因其能产生金黄色色素而得名。广泛存在于自然界，而且人体的皮肤、毛囊及鼻咽部也有存在，常污染药物和食品。药典规定，外用药品和一般眼科制剂均不得检出金黄色葡萄球菌。

1. 生物学性状

(1)形态与染色：革兰阳性球菌，葡萄串状排列（图 2-25）。

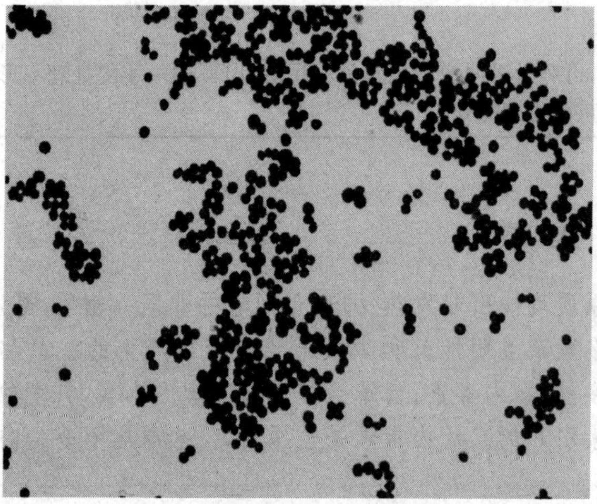

图 2-25　葡萄球菌（革兰染色阳性）

(2)特性培养：需氧或兼性厌氧，对营养要求不高，在普通培养基上生长良好，最适生长温度为 37℃，最适 pH 为 7.4。耐盐性强，在含 10%～15% NaCl 的培养基中能生长。在普通琼脂平板上形成圆形、凸起，表面光滑湿润，边缘整齐，不透明的金黄色菌落；在血琼脂平板上可形成完全透明溶血环（β 溶血）；在高盐甘露醇平板上呈淡橙黄色菌落；高盐卵黄平板上其菌落周围形成白色沉淀环。

(3)生化反应：能分解甘露醇产酸产气，血浆凝固酶试验阳性。

(4)抵抗力：在无芽孢细菌中抵抗力最强，易发生耐药性变异。据统计，近年来金黄色葡萄球菌对青霉素的抗药菌株已高达 90% 以上，尤其是耐甲氧西林的葡萄球菌（MRSA）已成为医院感染的最常见细菌，给临床治疗带来一定困难。

2. 致病性

(1)主要致病物质：金黄色葡萄球菌产生多种毒素与侵袭性酶，故毒力强。

1)侵袭性酶：主要是血浆凝固酶，它是一种能使含有枸橼酸钠或肝素抗凝剂的人或兔血浆发生凝固的酶类物质，多数致病菌株能产生此酶，常作为鉴别葡萄球菌有无致病性的重要指标。凝固酶能使血液或血浆中的纤维蛋白原变成纤维蛋白沉积于菌体表面，阻碍体内吞噬细胞对葡萄球菌的吞噬，亦能保护病菌免受血清中杀菌物质的作用，有利于病原菌在机体内繁殖。

2）毒素：①肠毒素（enterotoxin）：某些菌株可产生引起急性胃肠炎的肠毒素，是一种可溶性蛋白质，耐热，经 100℃煮沸 30 分钟仍保存部分活性，也不受胰蛋白酶的影响，故误食肠毒素污染的食物后，其到达中枢神经系统，能刺激呕吐中枢，引起以呕吐为主要症状的食物中毒；②溶血素（staphyolysin）：对人有致病作用的主要是 α 溶血素，该毒素对白细胞、血小板等均有损伤作用，能使局部小血管收缩，导致局部缺血坏死，并能引起平滑肌痉挛。α 溶血素具有良好的抗原性，经甲醛处理可制成类毒素；③杀白细胞素（leukocidin）：此毒素可攻击中性粒细胞和巨噬细胞，抵抗宿主细胞的吞噬作用。

（2）所致疾病：侵袭性疾病，主要引起化脓性炎症。

1）侵袭性疾病：葡萄球菌可通过多种途径侵袭机体，导致皮肤或器官的多种化脓性感染，甚至败血症。皮肤软组织化脓性感染主要有疖、痈、毛囊炎、脓痤疮、睑腺炎、蜂窝织炎、伤口化脓等；内脏器官感染如气管炎、肺炎、脓胸、中耳炎等；全身化脓性感染如败血症、脓毒血症等。

2）毒素性疾病：①食物中毒：进食含肠毒素的食物后 1～6 小时即可出现食物中毒症状，如恶心、呕吐、腹痛、腹泻等，体温一般不升高，大多数患者于数小时至 1 日内恢复，预后良好；②假膜性肠炎：是一种菌群失调性肠炎。人群中约有少量金黄色葡萄球菌寄居于肠道，当肠道中正常菌群如脆弱类杆菌、大肠埃希菌等优势菌因抗菌药物的应用而被抑制或杀灭后，耐药的金黄色葡萄球菌就乘机繁殖而产生肠毒素，引起以腹泻为主的临床症状。

（二）大肠埃希菌

大肠埃希菌（*E. coli*）俗称大肠杆菌，为人和动物肠道内的正常菌群，随粪便排出体外。该菌可直接或间接污染药品及药品生产的各个环节，因此被列为重要的卫生指标菌，是口服药品的常规必检项目之一。药品中若检出大肠埃希菌，表明该样品已受到粪便污染。《中国药典》规定，口服药品不得检出大肠埃希菌。此外，大肠埃希菌还是分子生物学研究中最常用的实验材料。

1. 生物学性状

（1）形态与染色：大肠埃希菌为中等大小的革兰阴性杆菌，无芽孢，有周鞭毛（图 2-26）。

（2）培养特性：在肠道选择性培养基上，大肠埃希菌因分解乳糖形成有色菌落。如在伊红亚甲蓝（EMB）平板上，菌落呈紫黑色并具有金属光泽；在麦康凯（MAC）平板上，菌落呈粉红色。

（3）生化反应：生化反应活跃，发酵乳糖产酸、产气。IMViC 试验为＋＋－－。

（4）抵抗力：该菌对热的抵抗力较其他肠道杆菌强，在自然界水中可存活数周至数月。胆盐、煌绿等对大肠埃希菌有选择性抑制作用。

2. 致病性

（1）主要致病物质：包括黏附结构（如普通菌毛）及肠毒素。肠毒素有不耐热肠毒素

(LT)和耐热肠毒素(ST)两种,均可使肠道细胞中 cAMP 水平升高,引起肠液大量分泌而导致腹泻。

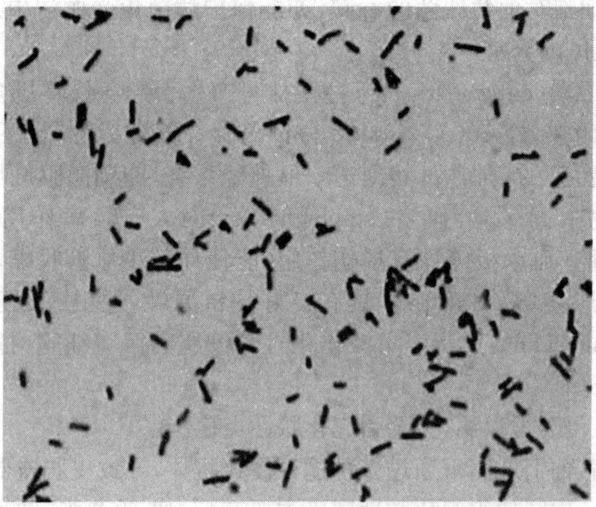

图 2-26 大肠埃希菌(革兰染色阴性)

(2)所致疾病:①肠道外感染:多为内源性感染,主要因寄居部位发生改变,细菌从肠道内转移到肠道外的组织或器官而引起的化脓性感染。以泌尿系感染最多见,也可引起烧伤感染、胆囊炎、菌血症等。②肠道感染:大肠埃希菌的某些血清型菌株具有致病性,称致病性大肠埃希菌,能引起肠道感染。如轻微腹泻或霍乱样严重腹泻,个别菌株可引起致死性并发症。致病性大肠埃希菌包括 5 种:肠侵袭型大肠埃希菌(EIEC)、肠致病型大肠埃希菌(EPEC)、肠出血型大肠埃希菌(EHEC)、肠产毒型大肠埃希菌(ETEC)和肠集聚型大肠埃希菌(EAggEC)。

3. 卫生细菌学检查 大肠埃希菌不断随粪便排出体外,污染周围环境、水源和饮食等。如取样检查时,样品中大肠埃希菌数量越多,表明样品被粪便污染的程度越严重,也表明样品中存在肠道致病菌的可能性越大。故应对饮水、食品、药品等进行卫生细菌学检查。大肠埃希菌已被许多国家药典列为规定控制菌之一。

卫生细菌学检查常用细菌总数和大肠菌群数两项指标。细菌总数是检测每毫升或每克样品中所含的细菌数,采用倾注培养计算。我国规定的卫生标准是每毫升饮用水中细菌总数不得超过 100 个。大肠菌群数又称大肠菌群指数,是指每 1000ml 水中大肠菌群的数目,采用乳糖发酵法检测。我国的卫生标准是每 1000ml 饮用水中不得超过 3 个大肠菌群;瓶装汽水、果汁等每 100ml 大肠菌群数不得超过 5 个。

(三) 沙门菌属

沙门菌属(*Salmonella*)是一大群寄生于人和动物肠道内的革兰阴性杆菌,其型别繁多,对人致病的有伤寒沙门菌和甲型、肖氏沙门菌,以及希氏沙门菌等,常引起伤寒、副伤寒和食物中毒。沙门菌可通过人、畜、禽的粪便直接或间接污染药品生产的各个环节,特别是以动物脏器为原料的药品,污染概率较高。受到污染的药品可直接影响服用者的安全与健康,还可能通过药品的流通而造成病原菌的传播和疾病的流行。我国药典规定，口服药品不得检出沙门菌。

1. 生物学性状

(1)形态与染色：革兰阴性短杆菌，无芽孢，多数有周鞭毛。

(2)培养特性：普通培养基生长良好。在SS平板上，因不分解乳糖形成无色透明菌落，产 H_2S 的菌株菌落中心呈黑色，易与大肠埃希菌菌落区别。

(3)生化反应：分解葡萄糖产酸产气(伤寒沙门菌只产酸不产气)，不分解乳糖和蔗糖。IMViC试验为－＋－＋，赖氨酸和鸟氨酸脱酸酶阳性，不分解尿素，多数细菌 H_2S 试验阳性。

(4)抗原构造：有菌体抗原和鞭毛抗原，少数细菌具有毒力抗原。凡含有相同菌体抗原沙门菌归为一组，共分42组，与人类疾病有关的沙门菌大多在A～F组。

(5)抵抗力：对理化因素抵抗力不强，但对胆盐、煌绿等的耐受性较其他肠道菌强，故可用其制备肠道杆菌选择性培养基。

2. 致病性

(1)主要致病物质：沙门菌感染必须经口进入足够量的细菌，并定位于小肠才能导致疾病。

1)侵袭力：沙门菌借菌毛黏附于小肠黏膜上皮细胞表面并侵入上皮细胞下的组织。细菌虽被吞噬细胞吞噬，但不被杀灭，并在其中继续生长繁殖。这可能与Vi抗原的保护作用有关。

2)内毒素：沙门菌产生较强的内毒素，可引起机体发热、白细胞减少，大剂量时可导致中毒症状和休克。此外，内毒素可激活补体系统释放趋化因子，吸引吞噬细胞，引起肠道局部炎症反应。

3)肠毒素：有些沙门菌株，如鼠伤寒沙门菌可产生类似肠产毒性大肠埃希菌的肠毒素，导致水样腹泻。

(2)所致疾病

1)伤寒与副伤寒：又称肠热症，是由伤寒沙门菌和肖氏沙门菌、希氏沙门菌所引起。细菌随污染的食物或饮水进入人体，通过淋巴液到达肠系膜淋巴结大量繁殖后，进入血流引起第一次菌血症，随后细菌随血流进入肝、脾、肾、胆囊等器官并在其中繁殖，再次入血造成第二次菌血症，患者持续高热，出现相对缓脉，肝脾大，全身中毒症状显著，皮肤出现玫瑰疹，外周血白细胞明显下降。胆囊中菌通过胆汁进入肠道，一部分随粪便排出体外，另一部分再次侵入肠壁淋巴组织，使已致敏的组织发生超敏反应，导致局部坏死和溃疡，严重的有出血或肠穿孔并发症。肾脏中的病菌可随尿排出。典型病例病程为3～4周。少数患者可成为慢性带菌者。副伤寒症状与伤寒相似，但一般病情较轻，病程较短。

2)急性胃肠炎(食物中毒)：为最常见的沙门菌感染，由鼠伤寒沙门菌、猪霍乱沙门菌、肠炎沙门菌等污染引起。主要症状为轻型或暴发型腹泻，伴发热、恶心、呕吐，一般沙门菌胃肠炎多在2～3天自愈。

3)败血症：多见于儿童和免疫力低下的成人。多由猪霍乱沙门菌、希氏沙门菌、鼠伤寒沙门菌和肠炎沙门菌等引起。表现为高热、寒战、畏食和贫血等，常伴发骨髓炎、胆囊炎等局部感染。

（四）铜绿假单胞菌

铜绿假单胞菌（*Pseudomonas aeruginosa*）俗称绿脓杆菌，因在生长过程中产生水溶性绿色色素，使感染后脓液出现绿色而得名。本菌广泛分布于自然界，空气、土壤、水，以及人和动物的皮肤、肠道和呼吸道均有存在，是一种常见的条件致病菌，故可通过生产的各个环节污染药品。因此规定，眼科用制剂和外用药品不得检出铜绿假单胞菌。

1. 生物学性状

(1)形态与染色：革兰阴性短杆菌，菌体一端有1～3根鞭毛，运动活泼。

(2)培养特性：专性需氧菌，最适生长温度为35℃，在4℃不生长，而在42℃能生长是本菌的特点。普通培养基上生长良好，菌落大小形态不一，边缘不整齐，扁平湿润，常相互融合，产生带荧光的水溶性绿色色素使培养基呈亮绿色，培养物有特殊的生姜气味。SS平板上因不分解乳糖形成无色透明的小菌落。在十六烷三甲基溴化铵（或明胶十六烷三甲基溴化铵）琼脂平板上，典型的铜绿假单胞菌形成绿色或淡绿色带荧光的菌落。

(3)生化反应：氧化酶试验阳性，分解葡萄糖产酸不产气，不分解乳糖、蔗糖及甘露醇，能液化明胶、还原硝酸盐、分解尿素，可利用枸橼酸盐，不形成吲哚。

(4)抵抗力：较其他细菌强。铜绿假单胞菌有天然抗药菌之称，对青霉素、氯霉素、链霉素、四环素等多种抗生素均有抗药性，给临床治疗造成困难。

2. 致病性

(1)主要致病物质：本菌可产生内毒素、外毒素及胞外酶等致病物质。

(2)所致疾病：铜绿假单胞菌为条件致病菌，正常人体表面、肠道及上呼吸道均有此菌存在，通常不致病。但在一定条件下如机体抵抗力低下、严重感染、患恶性或慢性消耗性疾病时，可引起继发性感染或混合感染。铜绿假单胞菌可通过污染医疗器具及药品而导致医源性感染，应引起人们的重视。若细菌侵入血流可引起败血症，病死率高。此外，铜绿假单胞菌还能产生胶原酶，故一旦眼睛受伤后感染此菌，则使角膜形成溃疡、穿孔而导致患者失明。

（五）破伤风梭菌

破伤风梭菌（*Clostridium tetani*）是破伤风的病原菌，大量存在于土壤及人和动物肠道内，由粪便污染土壤，通过伤口感染引起疾病。本菌的芽孢对热的抵抗力很强，湿热100℃ 1小时、干热150℃ 1小时均能存活，在土壤中可存活数年至数十年。以根茎类植物为原料的药品常可受到本菌的污染，外用药特别是用于深部组织的药品若被破伤风梭菌污染，可导致患者发生破伤风。因此，在药品卫生检验中，创伤用药及敷料一律不得检出破伤风梭菌。

1. 生物学性状

(1)形态与染色：破伤风梭菌是革兰阳性细长、较大的杆菌，周身鞭毛，芽孢正圆，直径比菌体大，位于菌体顶端，使细菌如鼓槌状，这是本菌的典型特征（图2-27）。

(2)培养特性：本菌为专性厌氧菌。在庖肉培养基中，细菌在肉汤中生长使肉汤变浑浊，肉渣部分被消化，微变黑，产生甲基硫醇、硫化氢等气体，并伴有腐败臭味。在血平板上培养可形成中心紧密、四周松散似羽毛状的灰白色不规则菌落，菌落周边有明显的溶血环。

(3)生化反应：一般不发酵糖类，能液化明胶，产生硫化氢，形成吲哚，不能还原硝酸盐为亚硝酸盐，对蛋白质有微弱消化作用。

(4)抵抗力:本菌繁殖体抵抗力与其他细菌相似,但其芽孢抵抗力强大。在土壤中可存活数十年,能耐煮沸1小时,在5%苯酚中可存活10~15小时。

2. 致病性

(1)主要致病物质:破伤风痉挛毒素。该毒素是一种神经毒素,化学成分为蛋白质,不稳定,不耐热,易被肠道蛋白酶所破坏,故口服不致病。破伤风痉挛毒素对中枢神经细胞和脊髓前角运动神经细胞有高度的亲和力,毒素由末梢神经沿轴索从神经纤维的间隙逆行致脊髓前角,并可上行至脑干,也可通过淋巴液和血液到达中枢神经系统。破伤风痉挛毒素作用于神经细胞,封闭抑制性突触,阻断抑制性传导介质的释放,使肌肉活动的兴奋与抑制功能失调,导致屈肌和伸肌同时发生强烈收缩,骨骼肌呈强直痉挛。

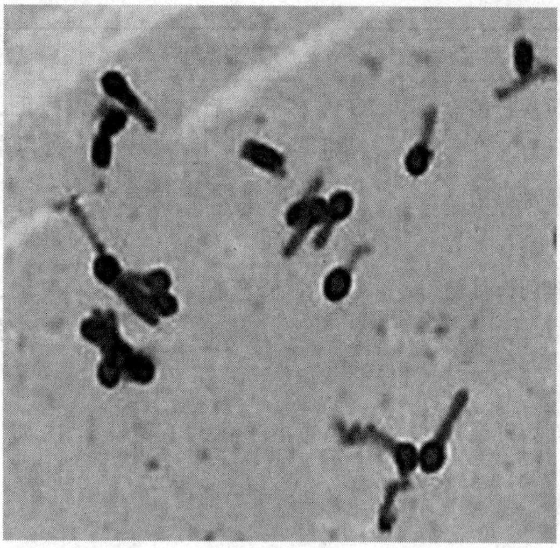

图 2-27　破伤风梭菌(芽孢染色)

(2)致病条件:伤口的厌氧环境是破伤风梭菌感染的重要条件。窄而深的伤口,伴有泥土、铁锈等异物污染;或大面积烧伤、坏死组织多;局部组织缺血缺氧或同时有需氧菌或兼性厌氧菌混合感染,均易造成厌氧环境,有利于破伤风梭菌生长繁殖,分泌外毒素而致病。

(3)所致疾病:破伤风梭菌感染伤口后,其芽孢发芽成繁殖体,产生破伤风痉挛毒素引起破伤风。该病潜伏期可从几天到几周,潜伏期的长短与感染部位至中枢神经系统的距离有关。典型的体征是咀嚼肌痉挛所造成的牙关紧闭、苦笑面容,颈项强直、躯干和四肢肌肉痉挛导致角弓反张,最终可因呼吸肌痉挛窒息而死。

其他常见的病原性细菌见表2-9。

表 2-9　其他常见的病原性细菌

菌名	形态染色	致病物质	传播途径	所致疾病
乙型溶血性链球菌	G^+,链状排列	致热外毒素、透明质酸酶、溶血毒素等	呼吸道	
肺炎链球菌	G^+,成双排列,菌体呈矛头状,钝端相对,可有荚膜	荚膜	呼吸道	大叶性肺炎
脑膜炎奈瑟菌	G^-,成双排列,菌体呈肾形,凹面相对,有荚膜	菌毛、荚膜、内毒素	呼吸道	流行性脑脊髓膜炎(流脑)
淋病奈瑟菌	G^-,成双排列,菌体呈肾形,凹面相对,有荚膜	菌毛、荚膜、内毒素	主要通过性接触	淋病

续表

菌名	形态染色	致病物质	传播途径	所致疾病
痢疾杆菌	G^-，杆菌，无鞭毛，有菌毛	菌毛、内毒素、外毒素	消化道	细菌性痢疾
霍乱弧菌	G^-，菌体呈弧形或逗点状，单鞭毛	菌毛、霍乱肠毒素	消化道	霍乱
幽门螺杆菌	G^-，细长弯曲，呈螺旋状、S形，有鞭毛	鞭毛、黏附素、内毒素等	消化道	慢性胃炎、消化性溃疡、胃癌
布氏杆菌	G^-，短小杆菌，可有荚膜	内毒素、侵袭性酶	接触病兽或食用被该菌污染的食物	布氏杆菌病
百日咳杆菌	G^-，卵圆形，短小杆菌，有荚膜	荚膜、菌毛、外毒素	呼吸道	百日咳
炭疽芽孢杆菌	G^+，大杆菌，两端平切，链状排列，有芽孢、荚膜	荚膜、炭疽毒素	呼吸道、皮肤、消化道	皮肤炭疽、肺炭疽、肠炭疽
产气荚膜梭菌	G^+，粗大杆菌，有芽孢、荚膜	多种外毒素及侵袭性酶、荚膜	创伤感染、食入含肠毒素食物	气性坏疽、食物中毒
肉毒梭菌	G^+，大杆菌，周鞭毛，有芽孢	肉毒外毒素	消化道（食入带肉毒毒素的食物）	食物中毒
结核分枝杆菌	抗酸杆菌，细长略弯曲	菌体特殊成分	呼吸道、消化道、皮肤黏膜破损多种途径	结核病

点滴积累

1. 细菌为单细胞原核微生物，其基本形态有球形、杆形和螺形。细菌的结构包括基本结构和特殊结构，各结构均有不同的功能。用革兰染色法可将细菌分成 G^+ 菌和 G^- 菌，两类细菌细胞壁化学组成既有相同的肽聚糖又有特有的磷壁酸和外膜成分，故在染色性、抗原性、毒性和对药物的敏感性等方面均有差异。

2. 充足的营养、适宜的酸碱度、合适的温度和必要的气体是细菌生长繁殖的基本条件。其繁殖方式为无性二分裂，多数细菌繁殖一代需 20 分钟。细菌生长曲线分为四个时期，各有不同特点及意义。细菌的合成代谢产物其医学意义不同，其中热原质可引发输液反应，可用蒸馏、吸附或过滤法去除。

3. 细菌广泛存在于在自然界及正常人体，常用理化方法控制细菌以达到消毒、灭菌及无菌操作。根据目的不同采用不同控制方法。高压蒸汽灭菌法是最彻底的灭菌方法。

4. 细菌遗传变异的物质基础是DNA，主要存在于染色体和质粒上。质粒是基因工程中重要的载体。利用基因的变异的理论，可用于菌种的选育、保藏、复壮及防止菌种退化。

5. 药典规定，在外用或口服药品中不得检出金黄色葡萄球菌、大肠埃希菌、铜绿假单胞菌及破伤风梭菌。

第二节　放　线　菌

放线菌(actinomyces)是一类菌落呈放射状的原核细胞型微生物，由分支状的菌丝体和孢子组成。因其菌落呈放射状，故得名放线菌。放线菌具有菌丝和孢子结构，革兰染色呈阳性。放线菌广泛分布于自然界，主要存在于土壤中，泥土特有的"土腥味"主要是由于大多数种类的放线菌可产生土腥味素(geosmins)所致。

放线菌对营养要求不高，分解淀粉能力强，在分解有机物质、改变土壤结构以及自然界物质转化中起一定作用。大多数放线菌是需氧性腐生菌，只有少数为寄生菌，可使人和动物致病。

放线菌是抗生素的主要产生菌，据统计，迄今报道的8000多种抗生素中，约80%是由放线菌产生的，而其中90%又是由链霉菌属产生的。常用的抗生素除了青霉素和头孢霉素外，绝大多数是放线菌的产物。放线菌还可用于制造抗肿瘤药物、维生素、酶制剂(蛋白酶、淀粉酶、纤维素酶等)及有机酸，在医药工业上有重要意义。

一、放线菌的生物学特性

(一) 放线菌的形态与结构

放线菌是介于细菌和真菌之间又接近于细菌的单细胞分支微生物，基本结构与细菌相似，细胞壁由肽聚糖组成，并含有二氨基庚二酸(DAP)，不含有真菌细胞壁所具有的纤维素或几丁质。目前在进化上已经把放线菌列入广义的细菌。

放线菌由菌丝和孢子组成。

1. 菌丝　菌丝是由放线菌孢子在适宜环境下吸收水分，萌发出芽，芽管伸长呈放射状、分支状的丝状物。放线菌的菌丝基本为无隔的多核菌丝，直径细小，大量菌丝交织成团，形成菌丝体(mycelium)。

菌丝按着生部位及功能不同，可分为基内菌丝、气生菌丝和孢子丝三种(图2-28)。

(1)基内菌丝：伸入培养基质表面或伸向基质内部，像植物的根一样，具有吸收水分和营养的功能，又称营养菌丝或一级菌丝。基内菌丝无隔，直径较细，通常为0.2～1.2μm。有的无色，有的产生色素，呈现不同的颜色。色素分为脂溶性和水溶性两类，后者可向培养基内扩散，使之呈现一定的颜色。

(2)气生菌丝：基内菌丝不断向空中生长，分化出直径比基内菌丝粗、颜色较深的分支菌丝，称为气生菌丝或二级菌丝。

(3)孢子丝：气生菌丝发育到一定阶段，顶端可分化形成孢子(spore)，这种形成孢子的菌丝称为孢子丝。孢子丝的形状、着生方式，螺旋的方向、数目、疏密程度以及形态特征是鉴定放线菌的重要依据(图2-29)。

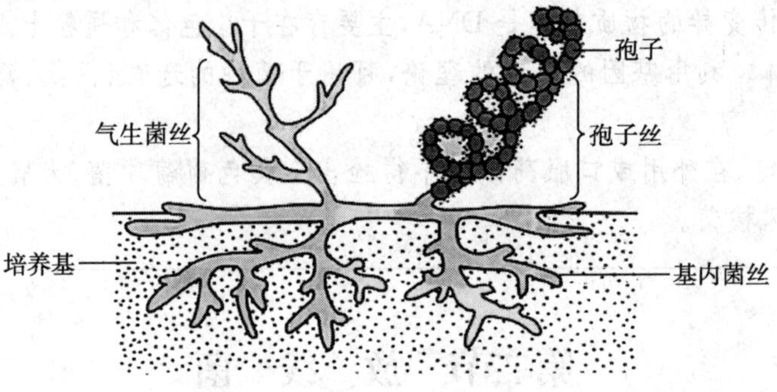

图 2-28　放线菌的形态结构示意图

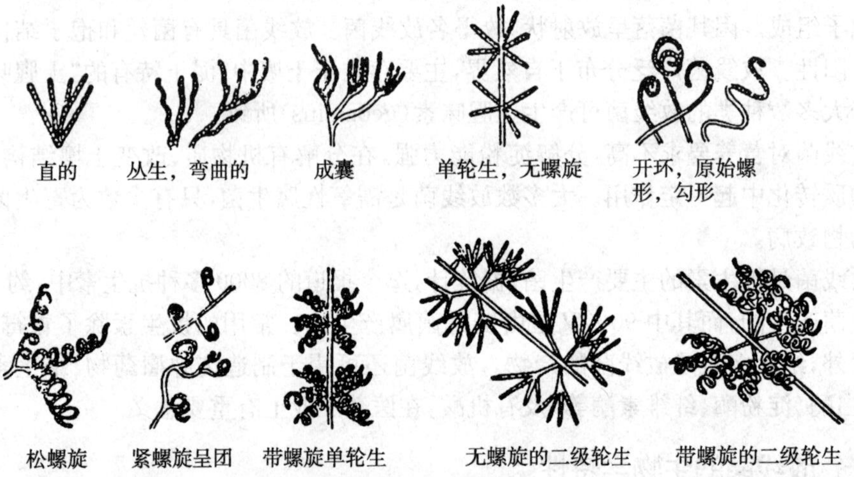

图 2-29　部分放线菌孢子丝的类型模式图

2. 孢子　气生菌丝发育到一定阶段即分化形成孢子。孢子成熟后，可从孢子丝中逸出飞散。放线菌的孢子属无性孢子，是放线菌的繁殖器官。孢子的形状不一，有球形、椭圆形、杆形或柱状。排列方式不同，有单个、双个、短链或长链状。在电镜下可见孢子表面结构不同，有的表面光滑，有的为疣状、鳞片状、刺状或毛发状。孢子颜色多样，呈白、灰、黄、橙黄、淡黄、红、蓝等色。孢子的形态、排列方式和表面结构以及色素特征是鉴定放线菌的重要依据。

难点释疑

放线菌与真菌的区别

放线菌和真菌在外形上极其相似，都有菌丝、孢子，极易将两者混淆，但两者在分类上是两个不同的种类。放线菌是一种接近于细菌的单细胞分支状微生物，是细菌中的一种特殊类型，属于原核细胞型微生物，没有核膜和核仁，所以没有真正的细胞核。真菌属于真核细胞型微生物，有核膜和核仁，具有完整的细胞结构，分为单细胞型和多细胞型。

（二）放线菌的培养特性

1. 培养条件　绝大多数放线菌为异养菌，营养要求不高，能在简单培养基上生长。多数放线菌分解淀粉的能力较强，故培养基中大多含有一定量的淀粉。放线菌对无机盐的要求较高，培养基中常加入多种元素如钾、钠、硫、磷、镁、铁、锰等。

对放线菌的培养主要采用液体培养和固体培养两种方式。固体培养可以积累大量的孢子；液体培养则可获得大量的菌丝体及代谢产物。在抗生素生产中，一般采用液体培养，除致病类型外，放线菌大多为需氧菌，所以需进行通气搅拌培养，以增加发酵液中的溶氧量。

放线菌最适生长温度为28～30℃，对酸敏感，最适pH为中性偏碱，在pH 7.2～7.6环境中生长良好。

放线菌生长缓慢，培养3～7天才能长成典型菌落。

2. 菌落特征　放线菌菌落通常为圆形，类似或略大于细菌的菌落，比真菌菌落小。菌落表面干燥，有皱褶，致密而坚实。当孢子丝成熟时，形成大量孢子堆，铺于菌落表面，使菌落呈现颗粒状、粉状、石灰状或绒毛状，并带有不同的颜色。由于大量基内菌丝伸入培养基内，故菌落与培养基结合紧密，不易被接种针挑起。放线菌在固体平板培养基上培养后形成的菌落特征，可作为菌种鉴别的依据。

3. 繁殖方式及生活周期　放线菌主要通过无性孢子的方式进行繁殖。在液体培养基中，也可通过菌丝断裂的片段形成新的菌丝体而大量繁殖，工业发酵生产抗生素时常采用搅拌培养即是依此原理进行的。

放线菌主要通过横膈分裂方式形成孢子。

现以链霉菌的生活史（图2-30）为例说明放线菌的生活周期：①孢子萌发，长出芽管；②芽管延长，生出分支，形成基内菌丝；③基内菌丝向培养基外空间生长形成气生菌丝；④气生菌丝顶部分化形成孢子丝；⑤孢子丝发育形成孢子，如此循环反复。孢子是繁殖器官，一个孢子可长成许多菌丝，然后再分化形成许多孢子。

4. 保藏方法　放线菌是一类在生产上具有重要意义的微生物，因此在保藏中要避免菌种分类学上鉴别特征的改变，及工业上要保持抗生素、酶、维生素与其他生理活性物质的产生能力和发酵特性发生变化。常用的几种保藏方法为：①定期移植：常用高氏一号琼脂斜面，每隔3～6个月移植一次；②琼脂水法保藏：即在蒸馏水中加入0.125%优质琼脂，经103.4kPa 30分钟灭菌后，取5～6ml灭菌琼脂水加入待保藏菌的斜面，制成孢子悬液，将此悬液移入带塞小瓶中密封、低温保藏，可保藏2～3年；③液状石蜡冷冻：在－70～－20℃超冷冰箱中保藏，工业生产用的放线菌如大观霉素产生菌、吉他霉素产生菌，可简便有效地保藏其存活率及生产能力；④砂土

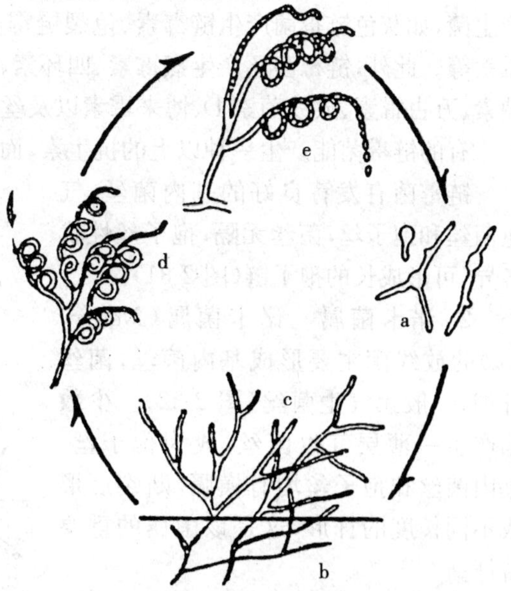

图2-30　链霉菌生活史示意图

a. 孢子萌发；b. 基内菌丝（培养基内部）；c. 气生菌丝；d. 孢子丝；e. 孢子丝分化为孢子

保藏:红霉素、土霉素等产生菌保藏 40 年后活性没有变化;⑤冷冻干燥、液氮等均可用来保藏放线菌。

放线菌保藏时应注意,在传代培养时,一定要选择好培养基,放线菌形态多种多样,其最适培养基也多种多样,但一定要采用能形成孢子的培养基,若无孢子就容易死亡。嗜热菌的培养,适温为 40～50℃。应特别注意,某些放线菌如创新霉素产生菌、孢囊链霉菌就不适于存放 4℃冰箱,应存放 10℃冰箱。嗜胨高温放线菌要求高营养培养基。目前较常用的方法为冷冻保藏法、冷冻干燥保藏法及液氮保藏法。要选择好保护剂及保护剂的浓度。如二甲亚砜对某些细胞有毒性,应选择合适的浓度,一般在 5%～10%之间。病原性放线菌在传代或复苏过程中要注意感染,操作要特别小心。

二、放线菌的主要用途与危害

放线菌在医药上主要用于生产抗生素。此外,放线菌也应用于维生素和酶类的生产、皮革脱毛、污水处理、石油脱蜡、甾体转化等方面。少数寄生性的放线菌对人和动植物有致病性。

(一) 产生抗生素的放线菌

放线菌是抗生素的主要产生菌,除产生抗生素最多的链霉菌属外,其他各属中产生抗生素较多的依次为小单孢菌属、游动放线菌属、诺卡菌属、链孢囊菌属和马杜拉放线菌属。由于抗生素在医疗上的应用,许多传染性疾病已得到很好的治疗和控制。

1. 链霉菌属　链霉菌属(*Streptomyces*)是放线菌中最大的一个属,该属产生的抗生素种类最多。现有的抗生素 80%由放线菌产生,而其中 90%又是由链霉菌属产生的。根据该菌属不同菌的形态和培养特征,特别是根据气生菌丝、孢子堆和基内菌丝的颜色及孢子丝的形态,可把链霉菌属分为 14 个类群,其中有很多种类是重要抗生素的产生菌,如灰色链霉菌产生链霉素、龟裂链霉菌产生土霉素、卡那霉素链霉菌产生卡那霉素等。此外,链霉菌还产生氯霉素、四环素、金霉素、新霉素、红霉素、两性霉素 B、制霉菌素、万古霉素、放线菌素 D、博来霉素以及丝裂霉素等。

有的链霉菌能产生一种以上的抗生素,而不同种的链霉菌也可能产生同种抗生素。

链霉菌有发育良好的基内菌丝、气生菌丝和孢子丝,菌丝无隔,孢子丝性状各异,可形成长的孢子链(图 2-31)。

2. 诺卡菌属　诺卡菌属(*Nocardia*)的放线菌主要形成基内菌丝,菌丝纤细,一般无气生菌丝(图 2-32)。少数菌产生一薄层气生菌丝,成为孢子丝。基内菌丝和孢子丝均有横膈,断裂后形成不同长度的杆形,这是该菌属的重要特征。

本属菌落表面多皱、致密、干燥或湿润,呈黄、黄绿、橙红等色。用接种环一触即碎。

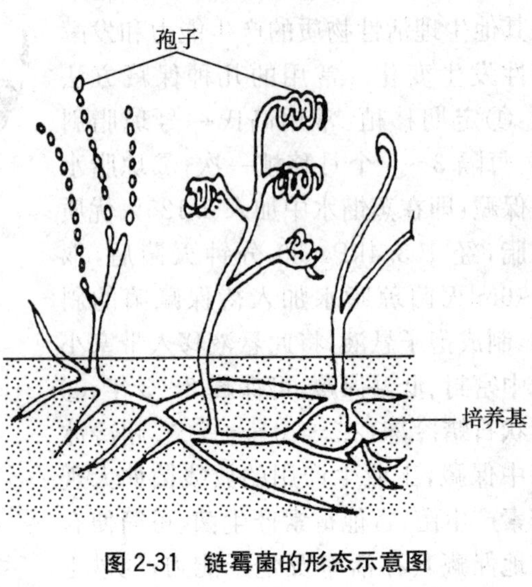

图 2-31　链霉菌的形态示意图

诺卡菌属产生 30 多种抗生素，如治疗结核和麻风的利福霉素，对引起植物白叶病的细菌和原虫、病毒有作用的间型霉素，以及对 G^+ 有作用的瑞斯托菌素等。此外，该菌属还可用于石油脱蜡、烃类发酵及污水处理。

3. 小单孢菌属　小单孢菌属（*Micromonospora*）放线菌的基内菌丝纤细，无横膈，不断裂，亦不形成气生菌丝，只在基内菌丝上长出孢子梗，顶端只生成一个球形或椭圆形的孢子，其表面为棘状或疣状（图 2-33）。

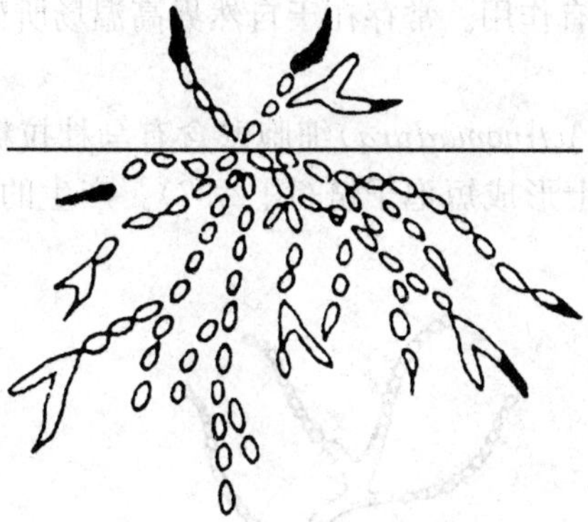

图 2-32　诺卡菌形态示意图

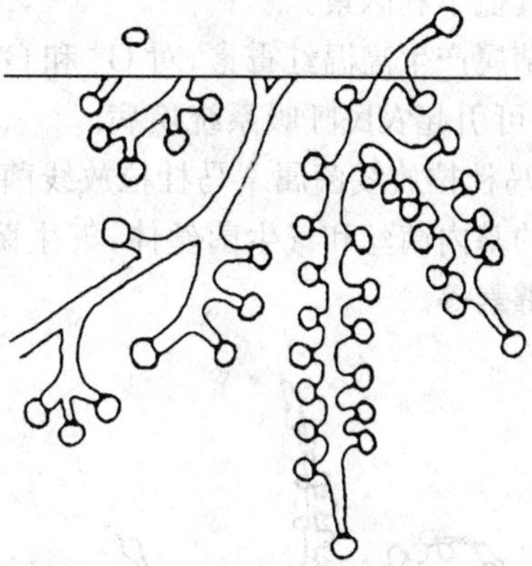

图 2-33　小单孢菌形态示意图

本属菌落凸起，多皱或光滑，常呈橙黄、红、深褐或黑色。

本属约 40 多种，喜居于土壤、湿泥和盐地中，能分解自然界的纤维素、几丁质、木素等，同时也是产生抗生素较多的属，可产生庆大霉素、创新霉素、卤霉素等 50 多种抗生素。

4. 链孢囊菌属　链孢囊菌属（*Streptosporangium*）的特点是孢囊由气生菌丝上的孢子丝盘卷而成（图 2-34）。孢囊孢子无鞭毛，不能运动。有氧环境中生长发育良好。菌落与链霉菌属的相似。能产生对 G^+、G^-、病毒和肿瘤有作用的抗生素，如多霉素。

5. 游动放线菌属　游动放线菌属（*Actinoplanes*）的放线菌一般不形成气生菌丝，基内菌丝有分支并形成各种形态的球形孢囊，这是该菌属的重要特征（图 2-35）。囊内有孢子囊孢子，孢子有鞭毛，可运动。

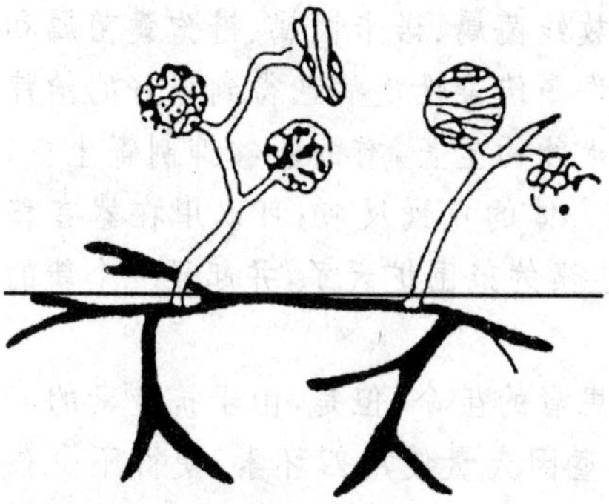

图 2-34　链孢囊菌的形态示意图

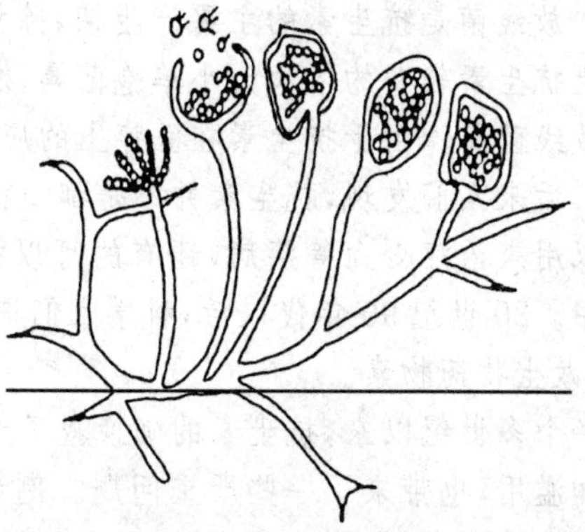

图 2-35　游动放线菌的形态示意图

本属放线菌生长缓慢，2～3周才形成菌落，菌落湿润发亮。

本属菌至今已报道14种，产生的抗生素有创新霉素、萘醌类的绛红霉素等，后者对肿瘤、细菌、真菌均有一定作用。

6. 高温放线菌属 高温放线菌属（*Thermoactinomycetes*）的基内菌丝和气生菌丝发育良好，单个孢子侧生在基内菌丝和气生菌丝上（图2-36）。孢子是内生的，结构和性质与细菌芽孢类似，孢子外面有多层外壁，内含吡啶二羧酸，能抵抗高温、化学药物和环境中的其他不利因素。

该菌属产生高温红霉素，对 G^+ 和 G^- 均有作用。常存在于自然界高温场所如堆肥、牧草中，可引起农民呼吸系统疾病。

7. 马杜拉放线菌属 马杜拉放线菌属（*Actinomadura*）细胞壁含有马杜拉糖，有发育良好的基内菌丝和气生菌丝体，气生菌丝上形成短孢子链（图2-37）。产生的抗生素如洋红霉素等。

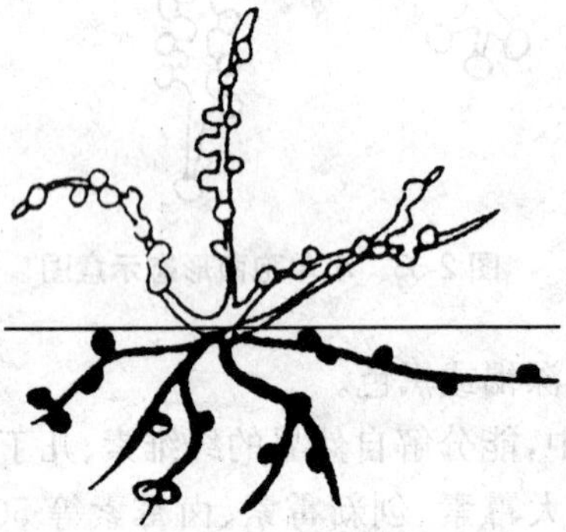

图2-36 高温放线菌的形态示意图

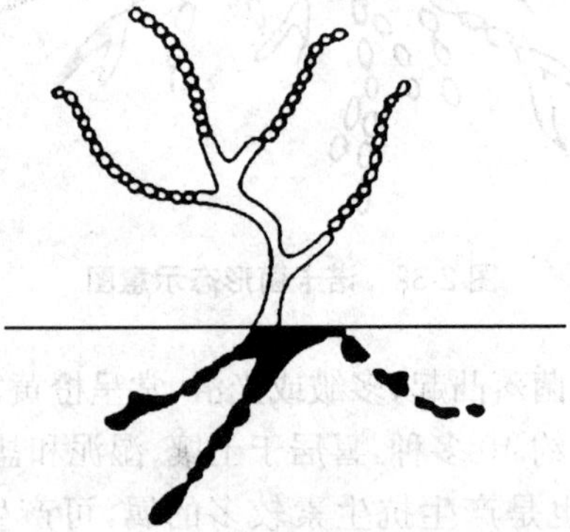

图2-37 马杜拉放线菌的形态示意图

知识链接

放线菌与抗生素

1947年，美国微生物学家瓦克曼在放线菌中发现并且制成了近万种抗生素。不过它们之中的绝大多数毒性太大，适合作为治疗人类或牲畜传染病的药品还不到百种。放线菌是抗生素的主要产生菌，除产生抗生素最多的链霉菌属外，其他各属中产生抗生素较多的依次为小单孢菌属、游动放线菌属、诺卡菌属、链孢囊菌属和马杜拉放线菌属。由于抗生素在医疗上的应用，许多传染性疾病已得到很好的治疗和控制。后来人们发现，抗生素并不是都能抑制生物的生长，有的能够抑制寄生虫，有的可以用来治疗心血管疾病，还有的可以抑制人体的免疫反应，可以用在器官移植手术中。20世纪90年代以后，科学家们把抗生素的范围扩大了，并起了一个新的名字，叫做生物药物素。

半个多世纪以来，抗生素的确挽救了无数患者的生命，但是，由于抗生素的广泛使用和滥用，也带来了一些严重问题。例如儿童因大量使用四环素，使得不少孩子的牙齿发黄且发育不好，称为“四环素牙”；有的患者因为长期使用链霉素而丧失了听力，变成了聋子；还有的患者因为长期使用抗生素，抗生素在杀死有害细菌的同时，把人体中有益的细菌也消灭了，于是患者对疾病的抵抗力越来越弱。更为严重的是微生物对抗生素的抵抗力也随着抗生素的频繁使用越来越强，使得许多抗生素对微生物感染已经无能为力了。所以，临床医生现在开处方时，对是否要使用抗生素是越来越谨慎了。

产生抗菌药物的放线菌：放线菌产生的有使用价值的药物中，抗菌药物较多，其次为抗肿瘤药物。抗菌药物中化学类别多，如β-内酰胺类（β-lactam）、氨基糖苷类（aminoglycosides，又称氨基环醇类）、大环内酯类（macrolide）等。常见的抗生素产生菌及其主要药物类别如下。

（1）产生β-内酰胺类抗生素的放线菌：放线菌产生的β-内酰胺类药物主要是抗细菌抗生素（antibacterial antibiotics），有抗革兰阳性细菌和抗革兰阴性细菌活性。它们主要的抗菌作用机制是抑制细菌细胞壁合成中黏肽的生物合成，如表2-10。

表2-10 产生β-内酰胺类抗生素的放线菌

抗菌药物	产生的放线菌
头霉素C（cephamycin C）	耐内酰胺链霉菌（*Streptomyces lactamdurans*）
	带小棒链霉菌（*Str. clavuligerus*）
诺卡菌素A（nocardicin A）	均匀诺卡菌（*Nocardia uniformis*）
硫霉素（thienamycin）	卡特利链霉菌（*Str. cattleya*）
棒酸（clavulanic acid）	带小棒链霉菌（*Str. clavuligerus*）
橄榄酸（olivanic acid）	橄榄链霉菌（*Str. olivaceus*）

（2）产氨基糖苷类抗生素的放线菌：氨基糖苷类抗生素（amino-glycoside antibiotics）是临床应用较多的抗生素，它们大多数抗菌谱广，主要作用是抑制细菌的蛋白质合成，与核糖体的50S亚基或核糖体的30S亚基结合，或与两者结合。还有的抗生素（如链霉素）可引起密码误读。产生此类抗生素的放线菌主要集中在链霉菌属和小单孢菌属。

（3）产生四环素类抗生素的菌均为链霉菌：四环素类抗生素（tetracycline antibiotics）具有广谱的抗细菌活性，作用于细菌的蛋白质合成，与核糖体30S亚基结合，抑制氨酰基-tRNA与核糖体A位置的结合，阻止肽链的延长。产生此类抗生素的放线菌主要集中在链霉菌属。

（4）大环内酯类抗生素：大环内酯类抗生素（macrolide antibiotics）的产生菌均为链霉菌。抗生素主要抗革兰阳性细菌，对军团菌（legionella）、支原体（mycoplasma）和衣原体（chlamydia）也有抗菌作用。它们作用于核糖体50S亚基的L16蛋白质和23S rRNA，抑制肽转移反应，阻断蛋白质的合成。产生此类抗生素的放线菌主要也是链霉菌属及其亚种，见表2-11。

表 2-11 产生大环内酯类抗生素的放线菌

抗菌药物	产生的放线菌
红霉素(erythromycin)	红霉素链霉菌 ER598 和 2135(*Streptomyces erythreus*)
	灰平链霉菌(*Str. griseoplanus*)
竹桃霉素(oleandomycin)	抗生链霉菌 ATCC11891(*Str. antibioticus*)
	橄榄产色链霉菌 69895(*Str. oliuochromogenes*)
吉他霉素(leucomycin)	北里链霉菌(*Str. kitasatoensis*)
交沙霉素(josamycin)	那波链霉菌交沙霉素亚种(*Str. narbonensis* subsp. *josamyceticus*)
麦迪加霉素(midecamycin)	生米卡链霉菌(*Str. mycarofaciens*)
螺旋霉素(spiramycin)	产二素链霉菌(*Str. ambofaciens*)

(5)产生紫霉素类抗生素的放线菌:紫霉素类抗生素由链霉菌属和链轮丝菌属菌产生,其化学结构为"环状-直线"多肽,有抗革兰阳性和阴性细菌活性,主要用于抗结核杆菌。它们作用于细菌核糖体 30S 亚基和 50S 亚基,抑制蛋白质合成的起始反应和肽链延长中肽基-tRNA 转位于核糖体 A 位置的反应,见表 2-12。

表 2-12 产生紫霉素类抗生素的放线菌

抗菌药物	产生的放线菌
紫霉素(viomycin)	石榴链霉菌 1314-5(*Streptomyces puniceus*)
	佛罗里达链霉菌 A5014(*Str. floridae*)
	加州链霉菌(*Str. californicus*)
	酒红链霉菌(*Str. uinaceus*)
	灰色链霉菌绛红变种(*Str. griseus var. purpurus*)
结核放线菌素(tuberactinomycin)	灰轮丝链轮丝菌结核放线菌素变种 B-386 (*Str. eptouerticillium griseouerticillatum* var. *tuberoacticum*)
缠霉素(capreomycin)	缠绕链霉菌 NRRL 2773(*Str. capreolus*)

(6)产生糖肽类抗生素的放线菌:糖肽类抗生素(glycopeptide antibiotics),有抗革兰阳性细菌的活性,对耐甲氧西林金黄色葡萄球菌(methicillin resistance of *Staphylococcus aureus*,MRSA)和肠球菌(enterococcus)有较强的抗菌作用,它们的主要作用是抑制细菌细胞壁黏肽的合成,见表 2-13。

表 2-13 产生糖肽类抗生素的放线菌

抗菌药物	产生的放线菌
万古霉素(vancomycin)	东方拟无枝酸菌 M43-05865(*Amycolatopsis orientalis*)
去甲万古霉素(norvancomycin)	东方拟无枝菌酸菌万-23(*Amycolatopsis orientalis*)
替考拉宁(teicoplanin)	泰古霉素游动放线菌(*Actinoplanes teichomyceticus*)
瑞斯托菌素(ristocetin)	苍黄诺卡菌 NRRL2430(*Nocardia lurida*)

(7)产生其他抗细菌抗生素的放线菌:其他抗细菌抗生素还有利福霉素(rifamycin)、氯霉素(chloramphenicol)、新生霉素(novobiocin)等,其产生菌主要有地中海拟无枝酸菌 ME/83(*Amycolatopsis mediterranei*)、委内瑞拉链霉菌(*Streptomyces venezuelae*)、大宫链霉菌102(*Str. omiyaensis*)等。

(二) 病原性放线菌

病原性放线菌主要是厌氧放线菌属和需氧诺卡菌属中的少数放线菌。厌氧放线菌属的基内菌丝有横膈,断裂为 V、Y、T 型,不形成气生菌丝和孢子。对人致病的主要有衣氏放线菌(*A. israelii*)(图 2-38)、牛放线菌(*A. bovis*)、内氏放线菌(*A. naeslundii*)、黏液放线菌(*A. viscous*)和龋齿放线菌(*A. odontolyticus*)等,主要引起内源性感染,不在人与人或人与动物间传播。其中对人致病性较强的主要为衣氏放线菌,主要存在于正常人和动物口腔、齿龈、扁桃体、咽部、胃肠道和泌尿生殖道,为条件致病菌。近年来临床大量使用广谱抗生素、皮质激素、免疫抑制剂或进行大剂量放疗,造成机体菌群失调,使放线菌、条件致病菌引起的二重感染发病率急剧上升,或因机体抵抗力减弱或拔牙、口腔黏膜损伤而引起内源性感染,导致软组织的慢性化脓性炎症,疾病多发于面颈部、胸、腹部。病变部位常形成许多瘘管。在排出的脓汁中,可查见硫磺样颗粒,肉眼可见,可疑颗粒压片、镜检后可见放射状排列的菌丝,它是放线菌在组织中形成的菌落。

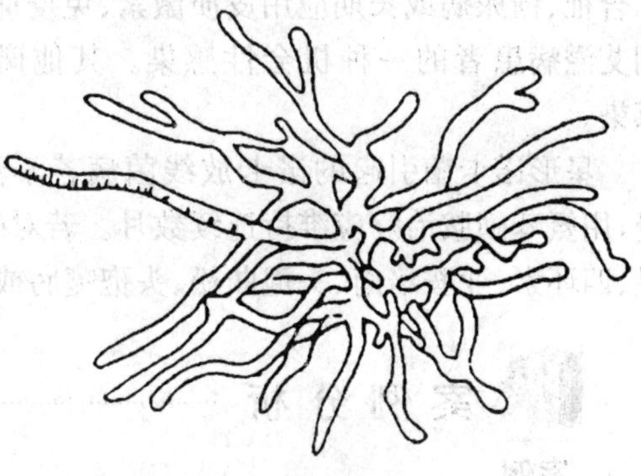

图 2-38 衣氏放线菌的形态示意图

牛型放线菌首先自母牛体内分离出,对人无致病能力,可引起牛的颚肿病。

大剂量、长疗程的青霉素治疗对大多数病例有效,亦可选用四环素、红霉素、林可霉素及头孢菌素类抗生素;同时还需外科引流脓肿及手术切除瘘管。此病无传染性。注意口腔卫生可预防本病。

需氧诺卡菌属革兰阳性杆菌,有细长的菌丝,菌丝末端不膨大,在普通培养基或沙氏琼脂培养基中可缓慢生长,需 5～7 天可见菌落大小不等,表面有皱褶,颗粒状;不同种类可产生不同色素,如橙红、粉红、黄、黄绿、紫以及其他颜色。多数为腐物寄生性的非病原菌,不属于人体正常菌群,故不呈内源性感染。分为星形诺卡菌、短链诺卡菌、鼻疽诺卡菌、肉色诺卡菌、巴西诺卡菌、越橘诺卡菌、豚鼠耳炎诺卡菌、南非诺卡菌和苦味诺卡菌等 9 种。对人致病的主要有 3 种:星形诺卡菌(*N. asteroides*)、豚鼠诺卡菌(*N. caviae*)和巴西诺卡菌(*N. brasiliensis*)。引起人类疾病主要为星形诺卡菌和巴西诺卡菌。在我国最常见的为星形诺卡菌。

诺卡菌病多为外源性感染,可因吸入肺部或侵入创口引起化脓感染。如星形诺卡菌主要通过呼吸道进入人体引起人的原发性、化脓性肺部感染,可出现肺结核的症状如咳嗽、发热、寒战、胸痛、衰弱、纳差和体重减轻,但这些症状都是非特异性的,并且与肺结核或化脓性肺炎相似。约 1/3 的病例可发生转移性脑脓肿,通常可有严重头痛和局灶性神经系统异常。肺部病灶可转移到皮下组织,形成脓肿、溃疡和多发性瘘管,也可扩散到其他器官，如引起脑脓肿、腹膜炎等。表现为化脓性肉芽肿样改变，在感染的组织内及脓汁内也有类似"硫磺样颗粒"，呈淡黄色、红色或黑色，称色素颗粒。巴西诺卡菌可因侵入皮下组织，引起慢性化脓性肉芽肿，表现为肿胀、脓肿及多发性瘘管，好发于腿部，称为足分枝菌病。

诺卡菌感染常可发生在一些进行性疾病或免疫障碍性疾病患者的晚期尤其是库欣综合征、糖尿病或长期应用皮质激素、免疫抑制及广谱抗生素患者。本病已被认为是晚期艾滋病患者的一种机会性感染。其他诺卡菌有时也可引起局部或偶尔全身性的感染。

星形诺卡菌引起的诺卡放线菌病若不治疗常致死。因大多数病例对治疗反应缓慢，用氨苯磺胺治疗应维持连续数月。若对磺胺类过敏或出现难治性感染，可用阿米卡星、四环素、亚胺培南、头孢曲松、头孢噻肟或环丝氨酸治疗。

案例分析

案例

患者，女，41岁。因咳嗽2年，加重伴咳黄色结节1年，收入院。患者1年前开始间断干咳，出现剧烈刺激性咳嗽并咳出黄色颗粒状物，米粒大小，质韧，有臭味，伴气短及胸闷。当地医院摄胸片示：双下肺纹理厚。胸部CT示：双侧胸膜高密度小结节影。予头孢唑林抗感染无效。行胸腔镜胸膜活检术，术中见壁层胸膜、膈肌及心包多处散在白色结节，大小不等，最大的2cm×1cm×1cm，取活检病理为"渐进性坏死性结节"。体检：双肺呼吸音粗，余无阳性体征。实验室检查：痰培养有肺炎克氏菌及厌氧菌；颗粒咳出物涂片查到硫磺颗粒，可见大量菌丝及孢子。

分析

患者以咳颗粒状物及胸膜多发结节为特征，咳出物涂片找到典型的硫磺颗粒，故可确诊肺放线菌病。放线菌病是由放线菌属中的伊氏放线菌等引起的一种慢性化脓性肉芽肿性疾病，有瘘管形成并流出带硫磺颗粒的脓液。该病从临床表现可分为面颈部型、胸部型和腹部型。胸部型可累及肺、胸膜、纵隔或胸壁，形成脓肿或咳出带有硫磺颗粒的脓痰，伴发热、胸痛和胸闷。胸片及CT所见无特异性，可类似肺炎、肺脓肿或肿瘤。确诊要依靠真菌检查，发现硫磺颗粒才有意义。治疗首选青霉素，磺胺、红霉素等也有效。

点滴积累

1. 放线菌是一类菌落呈放射状的原核细胞型微生物，由分支状的菌丝体和孢子组成。菌丝和孢子形态多种多样。

2. 放线菌对营养要求不高，易培养，主要通过无性孢子的方式繁殖。放线菌是抗生素的主要产生菌。

3. 少数放线菌对人和动植物有一定的致病性。

第三节 其他原核微生物简介

原核细胞型微生物除了细菌和放线菌外，还有古菌、蓝细菌、螺旋体、支原体、衣原体和立克次体。

蓝细菌(cyanobacteria)旧名蓝藻(blue algae)或蓝绿藻(blue-green algae)，是一类进化历史悠久、革兰染色阴性、无鞭毛、含叶绿素 a(但不形成叶绿体)、能进行产氧性光合作用的大型原核生物。蓝细菌广泛分布于淡水、海洋和土壤中，富营养的湖泊或水库中的水华(water bloom)常常就是蓝细菌形成的。蓝细菌抗逆性很强，在岩石表面和其他恶劣环境(高温、低温、盐湖、荒漠和冰原等)中都可找到它们的踪迹，因此有“先锋生物”之美称。

古菌(archaebacteria)亦称古细菌，是对一类栖息环境类似于早期(原古)的地球环境(如过热、过酸、过盐、过碱、过冷等)的生物的统称。古菌具有一些独特的性状，不同于其他的原核生物，如不具有一般细菌细胞壁所含有的肽聚糖；16S rRNA 序列既不同于一般细菌又不同于真核生物；蛋白质合成起始氨基酸是蛋氨酸；有数个 RNA 聚合酶及核糖体又类似于真核生物等。现在人们认为古菌和细菌大约是在 40 亿年以前从它们最近的共同祖先分叉进化产生的，而现代的真核生物又从古菌分叉进化而来，这使古菌成为一种引人注目的生命形式，生物工程的学者们希望能获得古菌特殊的抗热、抗冷、抗酸、抗碱、抗盐等酶类。

一、螺旋体

螺旋体(spirochete)是一类细长、柔软、弯曲呈螺旋状、运动活泼的原核细胞型微生物。它具有与细菌相似的细胞壁，内含脂多糖及胞壁酸；有不定型的细胞核，以二分裂方式进行繁殖；对抗生素敏感。螺旋体无鞭毛，借助富有弹性的轴丝屈曲与伸展，使菌体作弯曲、旋转和前后位移等运动。轴丝位于细胞壁和细胞膜之间，插入细胞两端的质膜中，化学成分与细菌的鞭毛蛋白相似。

螺旋体种类很多，广泛存在于自然界及动物体内。根据螺旋体的大小、螺旋数目、规则程度及螺旋间距等，可将其分为五个属，分别是疏螺旋体属(*Borrelia*)、密螺旋体属(*Treponema*)、钩端螺旋体属(*Leptospira*)、脊螺旋体属(*Cristispira*)和螺旋体属(*Spirochete*)，其中前三属中有引起人患回归热、梅毒、钩端螺旋体病的致病菌，后两属不致病。

(一) 钩端螺旋体

钩端螺旋体简称钩体，分寄生性(致病性)和腐生性(非致病性)两大类。致病性钩端螺旋体可使人畜等患钩端螺旋体病(钩体病)。钩体病在世界各地均有流行，是严重威胁人们生命健康的传染病。

1. 生物学性状

(1)形态与染色：钩体菌体纤细，螺旋细密而规则，菌体一端或两端弯曲如钩状，呈现“C”或“S”形。在暗视野显微镜下可见钩体像一串发亮的微细珠粒，运动活泼(图 2-39)。钩体革兰染色阴性，但较难着色，常用镀银染色法，可染成棕褐色。

(2)培养特性：钩体是唯一能人工培养的致病性螺旋体，营养要求较高，常用柯索夫(Korthof)培养基培养(含10%兔血清、磷酸缓冲液、蛋白胨)，需氧，28～30℃、pH为7.2～7.6生长良好。

钩端螺旋体在人工培养基中生长缓慢。在液体培养基中，分裂一次需6～8小时；28℃孵育1～2周，液体培养基呈半透明云雾状生长。在固体培养基上，经28℃孵育1～3周，可形成透明、不规则、直径小于2mm的扁平细小菌落。实验动物以幼龄豚鼠及金地鼠最易感。

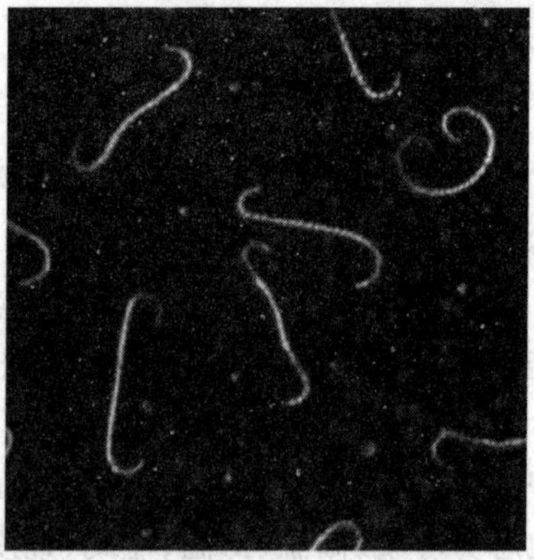

图2-39　钩端螺旋体的形态(光镜)

(3)抵抗力：钩体对理化因素的抵抗力较其他致病螺旋体为强，但钩体在水或湿土中可生存数周至数月，对钩体病的传播有重要意义。钩体耐冷不耐热，对热抵抗力较差，60℃ 10秒即可被杀死；对低温抵抗力较强，置于-30℃可保存6个月，其毒力、动力等均不改变。钩体对化学消毒剂敏感，如0.15%的各种酚类作用10～15分钟即死，1%苯酚溶液作用10～30分钟可杀死钩体。钩体对青霉素、金霉素等抗生素敏感。

(4)抗原与分型：钩体有表面抗原和内部抗原，前者为蛋白质多糖复合物，具有型特异性，是钩体分型的依据；后者为脂多糖复合物，具有群特异性，是钩体分群的依据。根据钩体抗原组成不同，可用血清学试验将其分群与分型。目前世界上已发现19个钩体血清群，180多个血清型。我国至少已发现有16个血清群，49个血清型，其中常见的有黄疸出血型、流感伤寒型、秋季热型和七日热型等。

2. 致病性　钩体病是一种相当严重的人畜共患的自然疫源性疾病，世界各地均有流行。主要有在多雨、鼠类等动物活动频繁的春、夏季节流行，这时节环境被钩体污染严重，加上农忙，人们与疫水接触机会多，病势急剧，尤其是肺弥散性出血型常可致死。以农民、饲养员及农村青少年发病率较高。

钩体在自然界可感染动物和家畜，并在其肾小管中生长繁殖，随尿排出，带菌动物的尿污染周围的环境，如水源、稻田沟渠等，人接触了被污染的水和泥土就有被感染的可能。在我国鼠类和猪是钩体病的主要传染源和储存宿主。鼠类带菌率高，繁殖力强，野外田间活动觅食频繁；猪的带菌率也高，且排菌量大，排菌期长，污染环境严重，它们在钩体病的传播上具有重要作用。

钩体可通过微小的伤口、鼻眼黏膜、胃肠道黏膜、生殖道等侵入人体内，迅速穿过血管壁进入血流，临床症状可分为三期：①早期：钩体在血液中生长、繁殖并不断死亡，造成菌血症和毒血症，患者出现典型的全身感染中毒症状，如发热、头痛、乏力、眼结膜充血、淋巴结肿大等急性感染症状；②中期：即器官损伤期，此期钩体侵犯肝、肾、心、肺、脑等脏器，临床上显示肺出血型、肺弥散性出血型、休克型、黄疸出血型、肾衰竭型或脑膜炎型等症状；③恢复期或后发病期：经过败血症后，多数患者恢复健康，不留后遗症，称为恢复期，少数患者出现眼和神经系统后发症。

患者病后可获得对同型钩体牢固的免疫力，以体液免疫为主。

3. 防治原则　钩端螺旋体的主要宿主为啮齿类动物(尤其是鼠)和家畜，因而预防钩体病的主要措施是防鼠、灭鼠，做好家畜的粪便管理(特别是猪，分布广、带菌高，是广大农村引起洪水型钩体病暴发和流行的主要传染源)，保护好水源。人工自动免疫可用菌苗接种，如外膜菌苗、基因工程口服疫苗等。治疗上可首选青霉素，庆大霉素、氨苄西林等其他药物也有效。

(二) 梅毒螺旋体

梅毒螺旋体(*Treponema pallidum*，TP)分类上属苍白密螺旋体苍白亚种，是梅毒的病原体，梅毒是一种危害严重的性传播性疾病。

1. 生物学性状

(1)形态与染色：梅毒螺旋体是小而柔软、纤细的螺旋状微生物，菌体长 5～12μm，宽 0.5μm 左右，螺旋弯曲规则，平均 8～14 个，两端尖直，运动活泼(图 2-40)。一般细菌染料难以着色，用吉姆萨染色法将其染成桃红色，或用镀银染色法染成棕褐色。

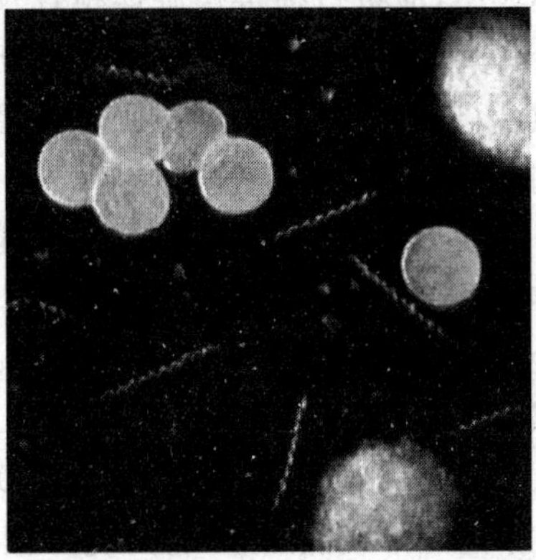

图 2-40 梅毒螺旋体的形态(光镜)

(2)培养特性：梅毒螺旋体是厌氧菌，可在体内长期生存繁殖，只要条件适宜，便以横断裂方式一分为二进行繁殖，但体外人工培养较为困难。

(3)抵抗力：梅毒螺旋体对冷、热、干燥均十分敏感，离体 1～2 小时即死亡。对化学消毒剂敏感，1%～2%的苯酚作用数分钟即死亡，苯扎溴铵、甲酚皂水、乙醇、高锰酸钾溶液等都很容易将其杀死。在血液中 4℃经 3 日可死亡，故在血库冷藏 3 日后的血液就无传染性了。梅毒螺旋体对青霉素、四环素、砷剂等敏感。

(4)抗原构造：①螺旋体类属抗原：能刺激机体产生特异性凝集抗体及螺旋体制动抗体或溶解抗体，与非病原性螺旋体有交叉反应；②螺旋体与宿主组织磷脂形成的复合抗原：当螺旋体侵入组织后，组织中的磷脂可黏附在螺旋体上，形成复合抗原，此种复合抗原可刺激机体产生抗磷脂的自身免疫抗体，称为反应素(aegagin)，可与牛心肌或其他正常动物心肌提取的类脂质抗原起沉淀反应(康氏试验)或补体结合反应(华氏试验)。

2. 致病性　在自然情况下，人是梅毒的唯一传染源。由于传染方式不同可分为先天性梅毒和获得性梅毒。

(1)先天性梅毒：又称胎传梅毒，由患梅毒的孕妇经胎盘传染给胎儿。梅毒螺旋体在胎儿内脏(肝、肺、脾等)及组织中大量繁殖，造成流产或死胎。如胎儿不死则称为梅毒儿，会出现皮肤梅毒瘤、马鞍鼻、骨膜炎、锯齿形牙、先天性耳聋等症状。

(2)获得性梅毒：主要由两性直接接触传染，梅毒患者是传染源。在患者的皮肤、黏膜中含梅毒螺旋体，可通过皮肤或黏膜的极小破损处侵入。临床表现复杂，依其传染过程可分为三期：

1)一期梅毒：梅毒螺旋体侵入皮肤 3 周左右，在入侵部位出现无痛性硬结及溃疡，称作硬性下疳，多发于外生殖器，局部组织镜检可见淋巴细胞及巨噬细胞浸润。其溃疡渗出物中含有大量梅毒螺旋体，传染性极强。主要症状：硬性下疳性质坚硬，不痛，呈圆形或椭圆形，境界清楚，边缘整齐，呈堤状隆起，周围绕有暗红色浸润，有特征软骨样硬度，基底平坦，无脓液，如稍挤捏，可有少量浆液性渗出物。硬下疳大多单发，亦可见有2～3个者。硬下疳损害多发生在外阴部及性接触部位，男性多在龟头、冠状沟及系带附近，常合并包皮水肿。有的患者可在阴茎背部出现淋巴管炎，呈较硬的线状损害。女性硬下疳多见于大小阴唇、阴蒂、尿道口、阴阜，尤多见于宫颈，易于漏诊。除阴部外硬下疳多见于口唇、舌、扁桃体、手指(医护人员亦可被传染发生手指下疳)、乳房、眼睑、外耳。近年来肛门及直肠部硬下疳亦不少见。此种硬下疳常伴有剧烈疼痛，排便困难，易出血。发生于直肠者易误诊为直肠癌。发于阴外部硬下疳常不典型，应进行梅毒螺旋体检查及基因诊断检测。硬下疳有下列特点：①损伤常为单个；②软骨样硬度；③不痛；④损伤表面清洁。如不治疗，硬下疳在1个月左右能自然愈合，进入血液的梅毒螺旋体则潜伏在体内，经2～3个月无症状的潜伏期后进入二期梅毒。

2)二期梅毒：此期的主要表现为全身皮肤、黏膜出现梅毒疹，发疹前可有流感样综合征(头痛、低热、四肢酸困)，这些前驱症状持续3～5日，皮疹出后即消退。全身淋巴结肿大，有时可累及骨、关节、眼及其他器官，在梅毒疹及淋巴结中有大量螺旋体。

梅毒疹多见，占二期梅毒的70%～80%。为淡红色，大小不等，直径为0.5～1.0cm大小的圆形或椭圆形红斑，境界较清晰。压之褪色，各个独立，不相融合，对称发生，多先发于躯干，渐次延及四肢，可在数日内布满全身(一般颈、面发生者少)。自觉症状不明显，因此常忽略。经数日或2～3周，皮疹颜色由淡红逐渐变为褐色、褐黄，最后消退。愈后可遗留色素沉着。复发性斑疹通常发生于感染后2～4个月，亦有迟于6个月或1～2年者。皮损较早发型大，约如指甲盖或各种钱币大小，数目较少，呈局限性聚集排列，境界明显，多发于肢端如下肢、肩胛、前臂及肛周等处。如不治疗，症状可在3周～3个月后自然消退。部分病例经隐伏3～12个月后可再发作。二期梅毒因治疗不当，经过5年或更久的反复发作，可出现三期梅毒。

3)三期梅毒：发生于感染2年以后，也有长达10～15年的。主要表现为皮肤黏膜的溃疡性损害或内脏器官的肉芽肿样病症，如眼、鼻损害，心血管梅毒、神经梅毒等，甚至死亡。此期病灶中的螺旋体很少，不易检出。

一期、二期梅毒又称早期梅毒，此期传染性大而破坏性小；三期梅毒又称晚期梅毒，该期传染性小、病程长而破坏性大。

梅毒的免疫是有菌免疫，以细胞免疫为主，体液免疫只有一定的辅助防御作用。当螺旋体从体内清除后仍可再感染梅毒，出现相应症状。此病的周期性潜伏与再发的原因可能与体内产生的免疫力有关，如机体免疫力强，梅毒螺旋体变成颗粒形或球形，在体内一定部位潜伏起来，一旦免疫力下降，梅毒螺旋体又侵犯某些部位而复发。

3. 防治原则　梅毒是一种性病，预防的主要措施是加强性健康教育，加强卫生宣传教育，目前无疫苗预防。对确诊的梅毒患者应及早治疗。青霉素治疗梅毒效果较好，但剂量要足，疗程要够，治疗要彻底，一般治疗3个月～1年，以血清中抗体转阴为治愈指标。

知识链接

梅毒螺旋体的致病性

梅毒螺旋体所致疾病为梅毒，可分为先天性梅毒和获得性梅毒，传播途径为性接触和母婴垂直传播。获得性梅毒临床分为3期，一期和二期传染性极强、损伤性较小，第三期(晚期梅毒)侵犯内脏器官或组织(肉芽肿样病变)。

近些年来，我国梅毒流行形势日益严峻。统计显示，1999年全国报告8万余例梅毒病例，2009年上升到近33万例。2009年，梅毒报告病例数在我国甲乙类传染病报告中居第三位。

梅毒感染后只要及早发现并进行规范治疗是可以治愈的。梅毒与艾滋病有着相似的传播途径，感染梅毒会促进艾滋病的传播。为此，《中国预防与控制梅毒规划(2010—2020年)》明确，将梅毒控制工作纳入艾滋病防治管理机制中，将梅毒监测检测信息纳入全国艾滋病综合防治信息系统管理，推动两者的联合防控。

(三) 回归热螺旋体

回归热是一种以节肢动物为传播媒介，发病症状以发热期与间歇期反复交替出现为特征的急性传染病。病原体有两种：回归热螺旋体，以虱为传播媒介，引起虱型或流行性回归热；杜通螺旋体，以蜱为传播媒介，引起蜱型或地方性回归热。

1. 生物学性状　两种引起回归热的螺旋体同属疏螺旋体，形态相同，螺旋稀疏有不规则弯曲，呈波浪形(图2-41)，运动活泼。易被常用染料着色，革兰染色阴性，吉姆萨染色呈紫红色。人工培养困难，一般用动物接种或鸡胚接种进行培养。对砷剂、青霉素、四环素敏感。

2. 致病性　螺旋体侵入人体，先在内脏中繁殖，然后进入血流，引起败血症。患者出现高热、肝脾大、黄疸等症状。发热持续1周左右骤退，血中螺旋体同时消失。间歇1～2周后，可再次发热，血中又出现螺旋体。如此反复发作可达数次，直至痊愈，故称回归热。体液免疫在抗感染中起重要作用。

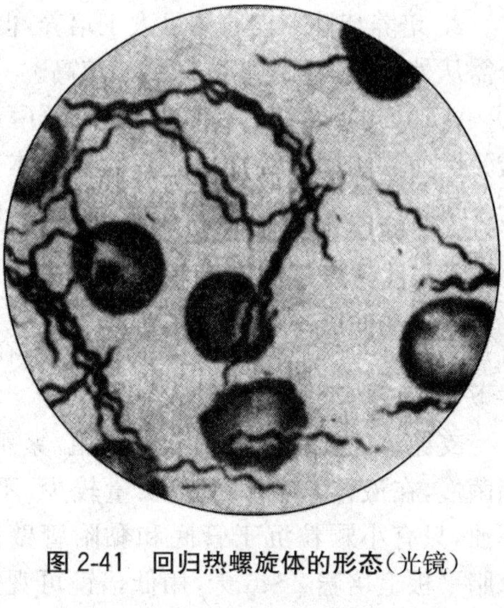

图2-41　回归热螺旋体的形态(光镜)

虱传型回归热螺旋体在虱体腔内繁殖，当人被虱叮咬而抓痒时，虱体中的螺旋体就通过损伤的皮肤侵入人体。潜伏期2～14天，平均7～8天，起病大多急骤，始为畏寒、寒战和剧烈头痛，继之高热，体温1～2天内达40℃以上。头痛剧烈，四肢关节和全身肌肉酸痛。部分患者有恶心、呕吐、腹痛、腹泻等症状，也可有眼痛、畏光、咳嗽、鼻出血等症状。面部及眼结膜充血，四肢及躯干可见点状出血性皮疹，腓肠肌压痛明显。半数以上病例肝脾大，重者可出现黄疸。高热期可有精神、神经症状如神志不清、谵妄、抽搐及脑膜刺激征。持续6～7日后，体温骤降，伴以大汗，甚至可发生虚脱。以后患者自觉虚弱无力，而其他症状、肝脾大及黄疸均消失或消退，此为间歇期。经7～9日后，又复发高热，症状重现。回归发作多数症状较轻，热程较短，经过数天后又退热进入第二个间歇期。1个周期平均2周左右。以后再发作的发热期渐短，而间歇期渐长，最后趋于自愈。

蜱传型回归热杜通螺旋体在蜱唾液腺内进行繁殖，能经卵传代，蜱叮咬时随唾液侵入人体。潜伏期4～9天，临床表现与虱传型相似，但较轻，热型不规则，复发次数较多，可达5～6次。蜱咬部位多呈紫红色隆起的炎症反应，局部淋巴结肿大。肝脾大、黄疸、神经症状均较虱传型为少，但皮疹较多。

3. 防治原则　预防回归热主要在于加强个人卫生，消灭传播媒介。治疗可用四环素、青霉素、金霉素等抗生素。

二、支原体

支原体(mycoplasma)是一类无细胞壁，呈多种形态，能在无生命培养基中独立生长繁殖的最小的原核细胞型微生物。由于它们能形成有分支的长丝，故称之为支原体。

支原体广泛分布于自然界，种类较多。与人类感染有关的支原体属(*Mycoplasma*)有70余种，其中14个种对人致病；另一为脲原体属(*Ureaplasma*)，只有1个种。对人致病的主要是肺炎支原体和解脲脲原体。

（一）生物学性状

1. 形态与染色　支原体体积微小，能通过一般细菌滤器。因其无细胞壁，故形态不定，可呈球形、丝状、杆状、分支状等多种形态。它的最外层为细胞膜，是由蛋白质和脂质组成的三层结构，内外两层主要是蛋白质，中层为磷脂和胆固醇。由于中层胆固醇含量较多，故支原体对作用于胆固醇的抗菌物质较敏感，如两性霉素B、皂素、洋地黄苷等均能破坏支原体的细胞膜而使其死亡。常用吉姆萨染色将支原体染成淡紫色。

2. 培养特性　支原体可人工培养，但由于生物合成及代谢能力有限，细胞中主要成分需从外界摄取，因此营养要求较高。一般采用的培养基是以牛心浸液为基础，添加10%～20%的动物血清和10%的新鲜酵母浸液，以提供支原体生长所需的脂肪酸、氨基酸、维生素、胆固醇等物质。多数支原体在pH 7.0～8.0之间生长良好，最适培养温度为37℃，多数需氧或兼性厌氧。支原体不耐干燥，固体培养时相对湿度在80%～90%的大气环境中生长良好。解脲支原体因生长需要尿素而得名，分解尿素为其代谢特征，产生氨氮，使培养基pH上升，菌落微小，直径仅有15～25μm，须在低倍显微镜下观察，在合适条件下可转成典型的荷包蛋样菌落。

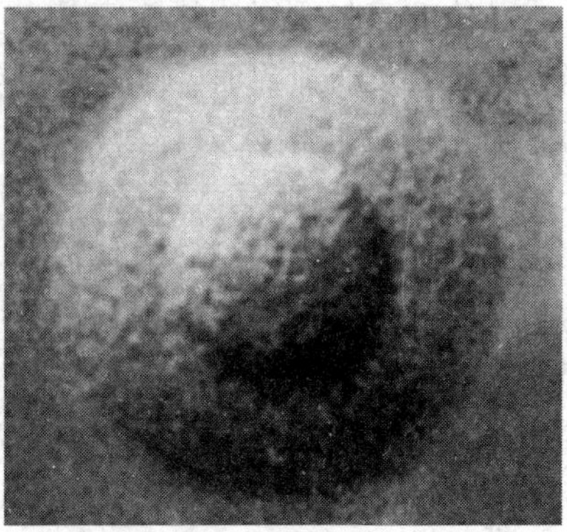

图2-42　支原体菌落形态("油煎蛋"样)

支原体主要以二分裂方式繁殖，繁殖速度较细菌慢，在液体培养基中生长量较少，不易见到浑浊，只有小颗粒沉于管底和黏附管壁；在固体琼脂平板上培养2～6天，用低倍镜可观察到"油煎蛋"样微小菌落，菌落呈圆形，边缘整齐、透明、光滑，中心部分较厚，边缘较薄(图2-42)。

3. 抵抗力　支原体抵抗力不强，45℃ 15分钟即被杀死。对一般化学消毒剂敏感，但因缺乏细胞壁，故对青霉素不敏感，对醋酸铊、结晶紫的抵抗力也比细菌强。支原体对红霉素、四环素、卡那霉素等敏感，故可用这些抗生素进行治疗。

(二) 致病性

支原体在细胞外寄生，很少侵入血液及组织内，多数支原体对宿主无致病性。对人致病的主要有呼吸道感染的肺炎支原体和泌尿生殖道感染的解脲脲原体。肺炎支原体是人类原发性非典型性肺炎的病原体，此病占非细菌性肺炎的1/3。一般经呼吸道感染，多发于青少年。隐性感染和轻型感染者较多，也可导致严重肺炎。经过2～3周的潜伏期，继而出现临床表现。它起病缓慢，发病初期有咽痛、头痛、发热、乏力、肌肉酸痛、食欲减退、恶心、呕吐等症状。发热一般为中等热度，2～3天后出现明显的呼吸道症状，突出表现为阵发性刺激性咳嗽，以夜间为重，咳少量黏痰或黏液脓性痰，有时痰中带血，也可有呼吸困难、胸痛。发热可持续2～3周，体温正常后仍可遗有咳嗽。支原体肺炎可伴发多系统、多器官损害。皮肤损害可表现为斑丘疹、结节性红斑、水疱疹等。胃肠道系统可见呕吐、腹泻和肝功能损害。血液系统损害较常见溶血性贫血。中枢神经系统损害可见多发性神经根炎、脑膜脑炎及小脑损伤等。心血管系统病变偶有心肌炎及心包炎。

解脲脲原体通过性行为传播，潜伏期为1～3周，可引起泌尿生殖道感染，如非淋球菌性尿道炎、阴道炎、盆腔炎、输卵管炎等。典型的急性期症状表现为尿道刺痛，不同程度的尿急及尿频、排尿刺痛，特别是当尿液较为浓缩的时候明显，患者小便往往带有臊腥味。女性患者多见以子宫颈为中心扩散的生殖系炎症，可通过胎盘感染胎儿，引起早产、死胎和新生儿呼吸道感染，并且与不孕症有关。

(三) 支原体与L型细菌的区别

支原体与L型细菌均无细胞壁，因而在多形态性和菌落特征方面较相似，如对作用于细胞壁的抗生素不敏感、"油煎蛋"样菌落等，但两者之间仍有较大的区别(表2-14)。

表2-14　支原体与L型细菌的区别

生物性状	支原体	L型细菌
存在	广泛分布于自然界	多见于实验条件下诱导产生
培养条件	营养要求高，在培养基中稳定，一般需加胆固醇	营养要求高，需高渗培养生长，一般不需加胆固醇
固体培养基上生长	"油煎蛋"样菌落较小，直径大多为0.1～0.3mm	"油煎蛋"样菌落较大，直径大多为0.5～1mm
液体培养基上生长	液体培养基浑浊度较低	液体培养基有一定混浊度，可黏附于管底或管壁
致病性	对动物、人致病	大多无致病性
其他	遗传上与细菌无关，天然无细胞壁	可回复为有细胞壁的细菌

(四) 防治原则

要严防支原体污染实验动物和细胞培养(特别是传代细胞)，保证实验用动物血清、生物培养基、传代细胞培养等的质量。治疗上可选用庆大霉素、红霉素、四环素，能迅速减轻临床症状，疗效好。但部分患者在症状消退后，较长一段时间内仍可在感染部位分离出支原体。支原体死疫苗和减毒活疫苗经试用有一定预防效果，以减毒活疫苗鼻内接种效果较好。

三、衣原体

衣原体(chlamydia)是一类能通过细菌滤器，进行严格的细胞内寄生，并有独特发育周期的原核细胞型微生物。由于它个体微小，只能在活细胞内寄生，曾一度被认为是大型病毒。直至1956年，我国著名微生物学家汤飞凡等自沙眼中首次分离到衣原体后，才逐步证实它是一类独特的原核生物。衣原体含有DNA和RNA两种类型的核酸，有细胞壁，以二分裂方式繁殖，具有核糖体及较复杂的酶系统，进行一定的代谢活动，多种抗生素能抑制其生长繁殖，这些特性均不同于病毒。

(一) 生物学性状

1. 形态和生活周期　衣原体在宿主细胞内生长繁殖，有其特殊的生活周期。在不同时期中，可见到衣原体两种形态与结构不同的颗粒：原体和始体。

(1)原体：呈圆形，直径约0.3μm，外有坚韧的细胞壁，内有致密的类核结构。吉姆萨染色呈紫色。原体存在于宿主细胞外，具有高度感染性。它先吸附于易感细胞表面，经吞饮而入细胞，被宿主细胞膜包裹形成空泡，空泡内的原体逐渐增大、演化为始体。

(2)始体：较原体大，直径为0.6～1μm，呈球形，内无致密的核质，染色质分散呈纤细的网状结构，故始体又称网状体。吉姆萨染色呈蓝色。始体在空泡中以二分裂方式繁殖，形成众多的子代原体。它们在宿主细胞内可构成各种形态的包涵体，如散在型、帽型、桑葚型、填塞型等，有助于衣原体的鉴定。始体是衣原体在生活周期中的繁殖型，无感染性。形成的子代原体从感染的细胞内释放出来，又可感染新的细胞，开始新的生活周期。

衣原体的生活周期见图2-43。

2. 培养特性　衣原体的培养类似于病毒的培养，需提供易感的活细胞。如沙眼衣原体是由我国微生物学家汤飞凡及其助手于1956年用鸡胚卵黄囊接种法分离出来的，对全球人民防盲的贡献巨大，并解决了新生儿结膜炎、男性非淋球菌性尿道炎等疾病的病原学问题。近年采用细胞培养法，较为经济、快速，且敏感性高。鹦鹉热衣原体可接种于小白鼠腹腔、脑内而使之感染。

3. 抵抗力　衣原体耐低温，在－60～－20℃条件下可保存数年，但对热敏感，在56～60℃环境中仅能存活5～10分钟。常用化学消毒剂可灭活衣原体。利福平、四环素、红霉素、氯霉素、青霉素均可抑制衣原体繁殖，故常用于治疗。

(二) 致病性

衣原体的致病物质主要是类似革兰阴性菌内毒素样的物质，存在于衣原体细胞壁中，不易与衣原体分离，加热能破坏其毒性。衣原体侵入机体后，在上皮细胞中增殖，也能进入单核巨噬细胞内，直接破坏所寄生的细胞。衣原体抗原可诱发Ⅳ型变态反应。

对人类致病的衣原体主要有沙眼衣原体和鹦鹉热衣原体，它们可引起多种疾病。

1. 沙眼　据统计，全球每年有5亿人患沙眼，其中有700万～900万人失明，是人类致盲的第一病因。由衣原体沙眼生物变种A、B、Ba、C血清型引起，可通过眼-眼、眼-手-眼等途径直接或间接感染。病原体侵入眼结膜上皮细胞后，在其中大量增殖并在细胞质内形成包涵体，导致局部炎症。患者早期表现为流泪，并伴有黏液状脓性分泌物，眼结膜充血，随着病变的深入，血管翳和瘢痕形成，眼睑板内翻、倒睫，严重的导致角膜损害，影响视力，最终可致失明。

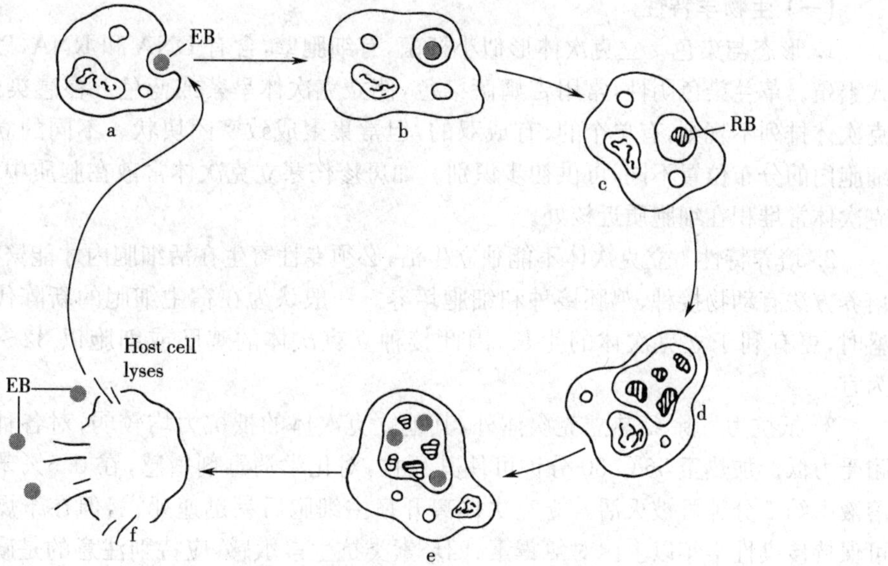

图 2-43 衣原体的生活周期

a. 吸附和摄入；b. 原体被吞入细胞质中；c. 原体发育成始体；d. 始体增殖；e. 始体分化为原体，形成包涵体；f. 细胞破裂，释放原体

2. 包涵体结膜炎　由沙眼生物变种 D～K 血清型引起，包括婴儿及成人两种。前者系婴儿经产道感染，引起急性化脓性结膜炎，不侵犯角膜，能自愈。成人感染可因两性接触感染，引起滤泡性结膜炎，又称游泳池结膜炎。

3. 泌尿生殖道感染　经性接触传播，由沙眼生物变种 D～K 血清型引起。对男性可引起尿道炎，对女性可引起宫颈炎、输卵管炎以及盆腔炎。

4. 性病淋巴肉芽肿　由沙眼衣原体 LGV 生物变种引起，主要通过两性接触传播，是一种性病。可侵犯男性腹股沟淋巴结，引起化脓性淋巴结炎和慢性淋巴肉芽肿。对女性，衣原体可侵犯会阴、肛门、直肠，引起病变而导致该处组织狭窄。

5. 上呼吸道感染　由肺炎衣原体及鹦鹉热衣原体引起。如鹦鹉热即为吸入病鸟的感染性分泌物而引起的肺炎，肺炎衣原体则引起青少年急性呼吸道感染，以肺炎多见。

（三）防治原则

预防上应加强卫生宣传教育，注意个人卫生，在公共浴室不洗浴盆塘，尽量不使用公共厕所的坐便器，不借穿他人内裤、泳装，上厕所前洗手，提倡健康性行为，加强疫鸟的管理。治疗上可用四环素类抗生素、红霉素、利福平等药物。

四、立克次体

立克次体(rickettsia)是一类由节肢动物传播、专性细胞内寄生的原核细胞型微生物。1909 年，美国医师 Taylor Ricketts 首次发现落基山斑疹伤寒的病原体，并于 1910 年不幸感染而献身，为了纪念他，将此类微生物命名为立克次体。

迄今已知对人类致病的立克次体约20种，它们大多在嗜血节肢动物和自然界哺乳动物之间保持循环传染。人类感染立克次体可因生产劳动、资源开发、战争等原因进入自然疫源地区，经嗜血节肢动物叮咬而感染。

（一）生物学特性

1. 形态与染色　立克次体形似小杆菌，有细胞壁，含有DNA和RNA，以二分裂方式繁殖。革兰染色阴性，常用吉姆萨染色，使立克次体呈紫或蓝色。在感染细胞内，立克次体排列不规则，有单个的、有成双的，但常集聚成致密团块状。不同的立克次体在细胞内的分布位置不同，可供初步识别。如斑疹伤寒立克次体常散在胞质中，恙虫病立克次体常堆积在细胞质近核处。

2. 培养特性　立克次体不能独立生活，必须专性寄生在活细胞内才能繁殖，常用的培养方法有动物接种、鸡胚接种和细胞培养。一般认为在宿主细胞的新陈代谢不太旺盛时，更有利于立克次体的生长，因此接种立克次体的鸡胚或细胞以32～35℃培养为宜。

3. 抵抗力　除Q热立克次体外，其他立克次体的抵抗力均较弱，对各种理化因素耐受力低。加热至56℃ 30分钟可使其死亡，对化学消毒剂敏感，在0.5%苯酚或皂酚溶液中约5分钟可被灭活。立克次体离开宿主细胞后易迅速死亡，但在干燥的虱粪中可保持传染性半年以上。对氯霉素、四环素类抗生素敏感，应特别注意的是磺胺类药物不仅不能抑制反而能刺激其生长。

（二）致病性

立克次体通过虱、蚤、蜱等节肢动物叮咬或粪便污染伤口侵入机体，在血管内皮细胞及单核吞噬细胞系统中繁殖。因立克次体能产生内毒素和磷脂A等致病物质，引起细胞肿胀、坏死、微循环障碍、DIC及血栓的形成，患者出现皮疹和肝、脾、肾、脑等实质性脏器的病变，其毒性物质随血液遍及全身可使患者出现严重的毒血症。

我国主要的立克次体病有斑疹伤寒、恙虫病和Q热。

1. 斑疹伤寒　斑疹伤寒可分为流行性斑疹伤寒和地方性斑疹伤寒。

（1）流行性斑疹伤寒：由普氏立克次体引起，主要通过人虱为媒介在人群中传播，又称虱型斑疹伤寒，常流行于冬、春季。虱叮咬患者后，立克次体在虱肠管上皮细胞内繁殖，当携带病原体的虱叮咬人体时，由于抓痒使虱粪中的立克次体从抓破的皮肤破损处侵入而感染，经14天左右的潜伏期后发病。主要症状表现为高热、头痛，4～5天出现皮疹，有的伴有神经系统、心血管系统以及其他实质器官的损害。

（2）地方性斑疹伤寒：由莫氏立克次体引起，鼠是其天然储存寄主，通过鼠虱或鼠蚤在鼠群间传播，鼠虱又可将立克次体传染给人，又称鼠型斑疹伤寒。若感染人群中有人虱寄生，则又通过人虱在人群中传播，此时传播方式与流行性斑疹伤寒相同，但病原体不同。

地方性斑疹伤寒与流行性斑疹伤寒相比，发病缓慢，病情较轻，病程短。两者病后有牢固免疫力，并可相互交叉免疫。

2. 恙虫病　由恙虫病立克次体引起。病原体在自然界中寄居于恙螨体内，并可经卵传代。恙螨生活在丛林边缘和河流沿岸杂草丛生的地方，通过叮咬，病原体可在鼠群中传播，牛、羊等家畜，野鸟、猴等也可被感染。人进入流行区后，病原体自恙螨叮咬处侵入，患者出现高热，被叮咬处溃疡，形成黑色焦痂，是恙虫病的特征之一。此外，还有神经系统中毒症状，如头痛、头晕、昏迷等；循环系统中毒症状以及其他如肝、肺、脾损害的症状。

3. Q热　由Q热立克次体引起。Q热立克次体寄居在蜱体内，通过蜱叮咬野生啮齿动物和家畜使之感染，可随受感染动物的粪便、尿液等排泄物排出体外。人类通过接触带有病原体的排泄物或饮用含有病原体的乳制品而感染，也可经呼吸道吸入病原体感染。因此，Q热立克次体是立克次体中唯一可不借助节肢动物而可经其他途径使人发生感染的病原体，多以发热、头痛、肌肉酸痛为主要症状，常伴有肺炎、肝炎等。

（三）防治原则

预防重点是保持环境卫生，注意个人卫生，控制和消灭立克次体的传播媒介和储存寄主，采取灭鼠、灭虱、灭蚤等措施。特异性预防可接种灭活疫苗和减毒活疫苗，治疗可使用四环素类抗生素、氯霉素等。

点滴积累

1. 螺旋体、支原体、衣原体和立克次体是常见的原核微生物。
2. 梅毒螺旋体是导致人类梅毒疾病的病原体。梅毒是一种危害严重的性传播疾病，及早发现、及早治疗，治疗效果较好。
3. 支原体中危害较重的是解脲支原体，可导致泌尿生殖道感染，严重者可导致不孕不育症。
4. 衣原体主要是导致人的眼部和肺部疾患。

目标检测

一、选择题

（一）单项选择题

1. 细菌细胞壁的基本成分是（　　）
   A. 肽聚糖　B. 脂多糖　C. 磷壁酸　D. 脂蛋白
2. 维持细菌固有形态的结构是（　　）
   A. 细胞壁　B. 细胞膜　C. 荚膜　D. 芽孢
3. 对外界抵抗力最强的细菌结构是（　　）
   A. 荚膜　B. 芽孢　C. 核质　D. 细胞壁
4. 关于革兰阴性菌细胞壁的叙述，下列正确的是（　　）
   A. 有磷壁酸　B. 缺乏五肽交联桥
   C. 肽聚糖含量多　D. 肽聚糖为三维立体结构
5. 细菌的特殊结构不包括（　　）
   A. 荚膜　B. 异染颗粒　C. 菌毛　D. 鞭毛
6. 细菌生长繁殖的条件不包括（　　）
   A. 营养物质　B. 酸碱度　C. 温度　D. 阳光
7. 大多数病原菌生长最适宜的酸碱度是（　　）

A. pH 4.5～4.8　B. pH 6.5～6.8　C. pH 7.2～7.6　D. pH 8.0～9.0

8. 细菌的繁殖方式是(　　)

A. 有丝分裂　B. 出芽　C. 复制　D. 无性二分裂

9. 将下列物质注入人体，可引起发热反应的是(　　)

A. 抗生素　B. 侵袭性酶　C. 细菌素　D. 热原质

10. 获取细菌代谢产物的最佳时期是(　　)

A. 迟缓期　B. 对数生长期　C. 稳定期　D. 衰亡期

11. 长期使用大量广谱抗生素易引起(　　)

A. 免疫力下降　B. 菌群失调症　C. 自身免疫病　D. 药物中毒

12. 杀灭物体上所有的微生物的方法称(　　)

A. 消毒　B. 灭菌　C. 防腐　D. 无菌

13. 高压蒸汽灭菌须达到的温度和维持时间是(　　)

A. 160℃ 2小时　B. 180℃ 2小时

C. 121.3℃ 15～20分钟　D. 100℃ 30分钟

14. 紫外线杀菌机制是(　　)

A. 破坏细胞壁　B. 破坏细胞膜

C. 干扰蛋白质合成　D. 干扰DNA复制

15. 手术器械和手术敷料最好的灭菌方法是(　　)

A. 干烤法　B. 煮沸法

C. 高压蒸汽灭菌法　D. 巴氏消毒法

16. 下列物品(或空气)消毒灭菌法错误的是(　　)

A. 接种环-烧灼　B. 普通培养基-高压蒸汽灭菌法

C. 皮肤-95%乙醇　D. 手术室空气-滤过除菌

17. 有关质粒的叙述不正确的是(　　)

A. 是核质以外的遗传物质　B. 是细菌生命活动所必需的结构

C. 是双股环状DNA　D. 某些细菌的耐药性与质粒有关

18. 关于外毒素的叙述正确的是(　　)

A. 多由革兰阴性菌产生　B. 化学成分是脂多糖

C. 经甲醛处理可制备成类毒素　D. 毒性弱，对机体无选择性毒害作用

19. 紫外线杀菌力最强的波长是(　　)

A. 180～200nm　B. 210～250nm

C. 265～266nm　D. 270～280nm

20. 冷冻真空干燥保藏法的保藏期是(　　)

A. 1～6个月　B. 6～12个月　C. 1～2年　D. >5～15年

21. 下述微生物中哪种不是原核细胞型(　　)

A. 钩端螺旋体　B. 沙眼衣原体　C. 衣氏放线菌　D. 白色念珠菌

22. 放线菌生长时，对气体的要求是(　　)

A. 专性需氧　B. 专性厌氧　C. 需加30%的CO_2　D. 微需氧或厌氧

23. 下列对放线菌的描述正确的是(　　)

A. 多数可致人类疾病　B. 多以裂殖方式繁殖、有菌丝

C. 形成菌丝及孢子的真核生物　　D. 必须在活的细胞中才能生长繁殖

24. 关于放线菌的描述错误的是(　　)

A. 有细长菌丝　　B. 革兰染色阴性

C. 大多数不致病　　D. 属厌氧菌或微需氧菌

25. 能在无生命培养基上生长繁殖最小的原核细胞型微生物是(　　)

A. 细菌　B. 衣原体　C. 支原体　D. 立克次体

26. 支原体与细菌的不同点是(　　)

A. 无细胞壁　　B. 含有两种核酸

C. 含有核糖体　　D. 细胞核无核膜及核仁,仅有核质

27. 支原体与L型细菌的最主要共同特性是(　　)

A. 呈多形性　　B. 具有DNA和RNA两种核酸

C. 可通过细菌滤器　　D. 缺乏细胞壁

28. 引起人类原发性非典型肺炎的病原体是(　　)

A. 肺炎球菌　B. 肺炎支原体　C. 嗜肺军团菌　D. 流感病毒

29. 立克次体与细菌的主要区别是(　　)

A. 有细胞壁和核糖体　　B. 含有DNA和RNA

C. 以二分裂方式繁殖　　D. 严格细胞内寄生

30. 感染宿主细胞能形成包涵体的原核细胞型微生物是(　　)

A. 支原体　B. 立克次体　C. 衣原体　D. 螺旋体

31. 衣原体可引起(　　)

A. 腹泻　B. 食物中毒　C. 肺炎　D. 沙眼

32. 具有特殊发育周期的微生物是(　　)

A. 支原体　B. 衣原体　C. 立克次体　D. 螺旋体

33. 钩端螺旋体最主要的感染途径是(　　)

A. 接触患者或病兽　　B. 接触疫水或疫土

C. 经呼吸道感染　　D. 经消化道感染

34. 引起人类梅毒的病原体是(　　)

A. 钩端螺旋体　　B. 苍白密螺旋体

C. 伯氏疏螺旋体　　D. 雅司螺旋体

35. 用于治疗人类梅毒病效果较好的抗生素是(　　)

A. 磺胺类　B. 青霉素　C. 氯霉素　D. 金霉素

(二)多项选择题

1. 细菌发生变异的主要机制有(　　　)

A. 基因突变　B. 转化　C. 转导　D. 接合　E. 溶原性转换

2. 细菌在液体培养基中的生长现象有(　　　)

A. 菌落　B. 菌膜　C. 菌苔　D. 混浊　E. 沉淀

3. 我国药典规定,口服药品不得检出哪些致病菌(　　　)

A. 金黄色葡萄球菌　B. 大肠埃希菌　C. 铜绿假单胞菌

D. 沙门菌　E. 破伤风梭菌

二、简答题

1. G^+菌与G^-菌细胞壁有何不同？为什么青霉素和溶菌酶对G^+菌有效而对G^-菌却效果不佳？

2. 典型的细菌生长曲线有何特点？对发酵生产有何指导意义？

3. 发酵工业中使用的菌种为什么会发生衰退？表现在哪些方面？防止菌种衰退的措施有哪些？

4. 简述梅毒螺旋体的致病性与免疫性特点。

三、实例分析

某患儿，女，5岁，因急性上呼吸道感染，在某医院门诊给予滴注头孢哌酮钠、炎琥宁、维生素C。5分钟后，患儿寒战、高热(39.5℃)，并有烦躁不安。你认为此患儿出现上述情况的可能原因是什么？应怎样处理？

（赵秀梅　丁海峰　凌庆枝）

第三章　真核微生物

真菌(fungus)是一类具有细胞壁的真核细胞型微生物。分类上真菌不属于低等植物,而是独成体系,为真菌界。真菌与原核微生物、低等植物相比较,具有以下一些特征:具有真正的细胞核和完整的细胞器;菌体有单细胞和多细胞两类;大多数真菌有无性繁殖和有性繁殖两个阶段;真菌不含叶绿素,营化能异养生活。

真菌在自然界中分布广泛,种类繁多,其中绝大多数对人类有益无害,有的可用于发酵、酿酒、生产抗生素以及酶类药物等,有的真菌本身就可以直接入药治疗疾病。只有少数真菌能引起动植物或人类的病害。

第一节　真菌概述

一、真菌的基本特性

(一) 真菌的形态结构

真菌比细菌大几倍到几十倍,结构较细菌复杂。细胞壁不含肽聚糖,主要由多糖与蛋白质组成。多糖主要为几丁质和纤维素,因缺乏细胞壁,故不受青霉素或头孢菌素的作用。真菌按其形态结构分单细胞和多细胞真菌两大类。

1. 单细胞真菌　单细胞真菌呈圆形或卵圆形,如酵母菌、白色念珠菌、新型隐球菌等。酵母菌是真菌中的代表种类,其形状因种而异,常见的有球形、卵形、圆筒形等,某些酵母还具有高度特异性的细胞形状,如柠檬形、三角形等。

单细胞真菌比细菌大,如酵母菌长 5～30μm,宽 1～5μm,约为细菌大小的 10 倍。如白色念珠菌细胞直径相当于人体红细胞,为 7～8μm,而形成的假菌丝单细胞可有十几个红细胞直径的长度。

酵母菌具有典型的真核细胞结构,其中细胞壁含大量的酵母多糖(葡聚糖、甘露聚糖)、蛋白质和少量类脂,但无肽聚糖,故真菌对青霉素或头孢菌素等药物的抑制作用不敏感。

2. 多细胞真菌　多细胞真菌包括菌丝和孢子两部分,菌丝可交织成团,故称丝状菌或霉菌。其中菌丝是多细胞真菌的基本结构单位,孢子则是其繁殖结构。不同的多细胞真菌其菌丝和孢子的形态不一,是分类和鉴别的依据。

(1)菌丝(hypha):孢子在适宜条件下长出芽管并逐渐延长呈丝状,此即菌丝。菌丝继续生长、分支、交织成团,形成菌丝体。菌丝一般呈管状,直径为 2～10μm。菌丝有多种形态,如螺旋体状、球拍状、结节状、鹿角状和梳状等(图 3-1),不同种类的丝状菌其菌丝形态不同。

菌丝按其着生部位和功能不同分为三类：长入培养基质内吸收营养物质的营养菌丝、伸出培养基外的气生菌丝、气生菌丝上产生孢子的生殖菌丝；另外，可按菌丝中是否有横膈形成分为无隔菌丝和有隔菌丝（图 3-1）。其中一条无隔菌丝就是一个单细胞，内含有多个细胞核，又称多核菌丝，常见于低等真菌；有隔菌丝中通过菌丝中的隔膜分段，一段菌丝即为一个细胞，每个细胞内可有一个或多个细胞核。隔膜上有孔，利于有隔菌丝中细胞间营养物质的交换。有隔菌丝常见于高等的真菌。

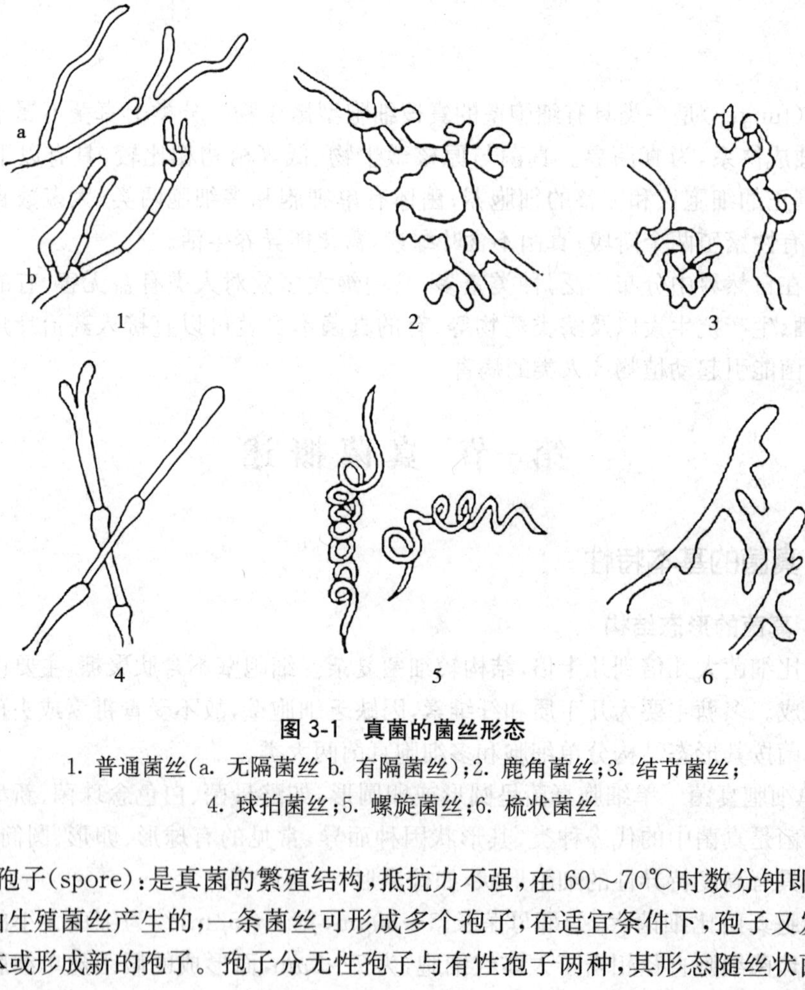

图 3-1　真菌的菌丝形态

1. 普通菌丝（a. 无隔菌丝 b. 有隔菌丝）；2. 鹿角菌丝；3. 结节菌丝；
4. 球拍菌丝；5. 螺旋菌丝；6. 梳状菌丝

（2）孢子（spore）：是真菌的繁殖结构，抵抗力不强，在 60～70℃时数分钟即可死亡。孢子是由生殖菌丝产生的，一条菌丝可形成多个孢子，在适宜条件下，孢子又发芽发育成菌丝体或形成新的孢子。孢子分无性孢子与有性孢子两种，其形态随丝状菌种类不同而异。

1）无性孢子：是由菌丝上的细胞直接分化或出芽生成。病原性真菌多形成无性孢子。根据形态可将其分为 5 种（图 3-2）：①芽生孢子：由菌丝细胞出芽形成；②厚膜孢子：菌丝生长到一定阶段，在菌丝中间或顶端发生细胞质浓缩变圆、细胞壁加厚而形成的孢子；③关节孢子：菌丝生长到一定阶段时出现横膈膜，自横膈膜处断裂而形成的短柱状孢子；④分生孢子：在生殖菌丝顶端或已分化的分生孢子梗上形成，是最常见的无性孢子，有单生、成串或成簇等排列方式。包括大分生孢子和小分生孢子两种：大分生孢子体积较大，由多个细胞组成；小分生孢子较小，一个孢子即为一个细胞；⑤孢子囊孢子：这类孢子在孢子囊内形成。孢子囊由菌丝顶端细胞膨大而成，膨大细胞内的原生质分化成许多小块，每小块可发育成一个孢子，孢子成熟后破囊而出。

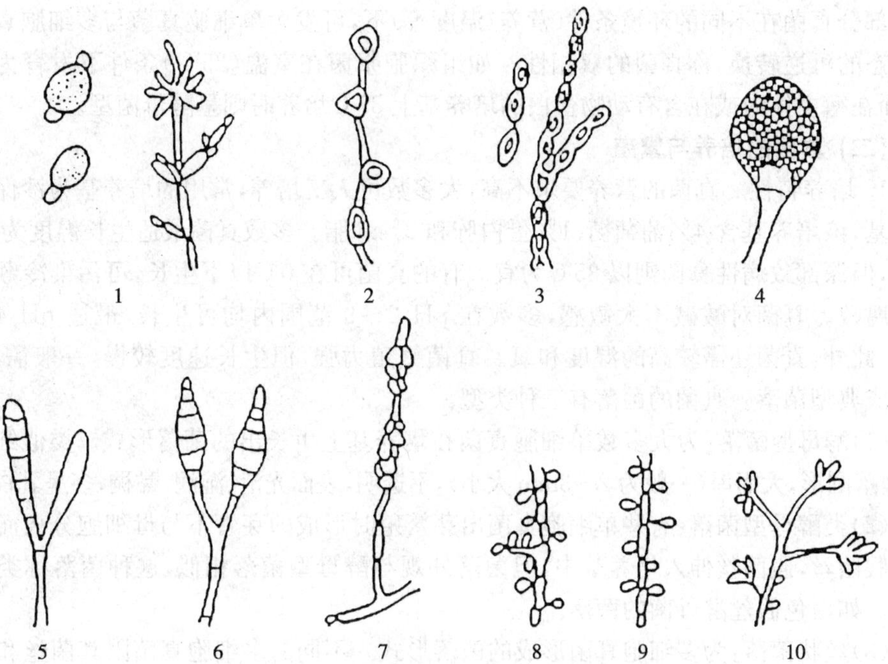

图 3-2　真菌各种类型的无性孢子

1. 芽生孢子；2. 厚膜孢子；3. 关节孢子；4. 孢子囊孢子；
5～7. 大分生孢子；8～10. 小分生孢子

2)有性孢子：是由同一菌体或不同菌体上的两个细胞融合，经减数分裂而形成的，它有 3 种形式：①接合孢子：是由菌丝生成的形态相似的两配子囊接合形成的近圆形、壁厚、色深的大孢子；②子囊孢子：两个细胞结合成子囊，每个子囊内包含 4～6 个子囊孢子，孢子的形态因种而异；③担孢子：是一种外生孢子，它着生在由两性细胞核配合后形成的双核菌丝的顶细胞上。一个顶细胞上一般着生 4 个担孢子(图 3-3)。

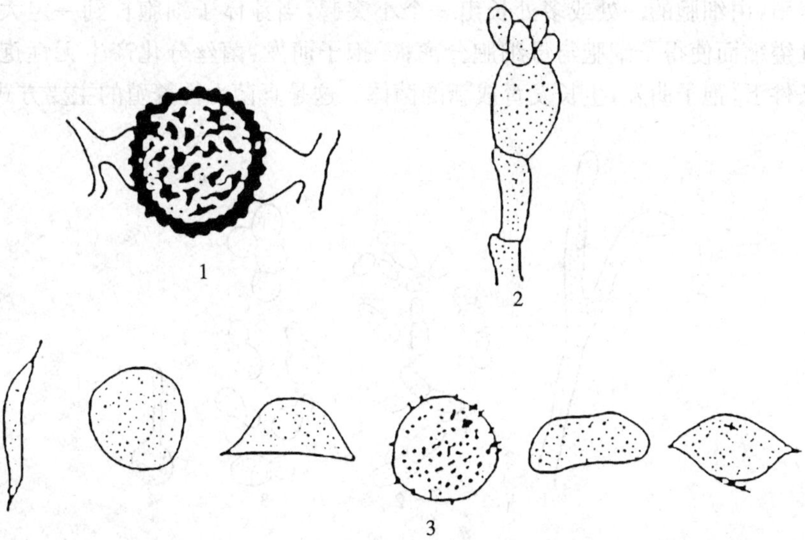

图 3-3　真菌各种类型的有性孢子

1. 接合孢子；2. 担孢子；3. 子囊孢子

部分真菌在不同的环境条件(营养、温度等)下,可发生单细胞真菌与多细胞真菌两种形态的可逆转换,称真菌的双相性。如组织胞浆菌在室温(25℃)条件下发育为丝状菌;而在宿主体内或在含有动物蛋白的培养基上 37℃培养时则呈酵母菌型。

(二)真菌的培养与繁殖

1. 培养特性　真菌的营养要求不高,大多数可人工培养,常用的培养基为沙保琼脂培养基,该培养基含 4%葡萄糖、1%蛋白胨和 2%琼脂。多数真菌最适生长温度为 22～28℃,但深部致病性真菌则以 35℃为宜。有的真菌可在 0℃以下生长,可污染冷藏物品导致腐败。真菌对酸碱不太敏感,多数在 pH 2～9 范围内均可生长,最适 pH 4.0～6.0。此外,真菌还需较高的湿度和氧。真菌繁殖力强,但生长速度较慢,一般需 1～2 周长成典型菌落。真菌的菌落有三种类型:

(1)酵母型菌落:为大多数单细胞真菌在培养基上生长出的菌落形式。类似细菌菌落,菌落圆形,大而厚(一般为 2～3mm 大小),不透明,表面光滑、湿润、黏稠,多呈乳白色。

(2)类酵母型菌落:有些单细胞真菌出芽繁殖时形成的芽管不与母细胞分离而延长形成假菌丝,假菌丝伸入培养基中,但菌落外观与酵母型菌落相似,这种菌落称类酵母菌落。如白色假丝酵母菌的菌落。

(3)丝状菌落:为多细胞真菌形成的菌落形式。不同的多细胞真菌因其菌丝和孢子的差异可形成大小不一、形态多样的丝状菌落,如绒毛状、棉絮状等,菌落的中心与边缘、表层与底层可呈现不同颜色。丝状菌落的形态和颜色可作为鉴别真菌的依据。

2. 繁殖方式　真菌繁殖能力强,繁殖方式多种多样,但其主要的繁殖方式是通过孢子进行无性繁殖和有性繁殖。

(1)无性繁殖:是指不经过两性细胞的结合,只是通过细胞分裂或菌丝的分化就产生新个体的繁殖方式。无性繁殖是真菌繁殖的主要方式,具有简单、快速、产生个体多的特点。主要有四种形式(图 3-4):①菌丝断裂:菌丝断裂成许多小片段,在适宜的环境条件下,每一片段发育成一个新的菌体;②裂殖:母细胞直接一分为二形成两个子细胞;③出芽繁殖:由细胞的一处或多处长出一个小突起,当芽体子细胞长到一定大小时,通过出芽处缢缩而使得子细胞与母细胞分离;④孢子萌发:菌丝分化产生无性孢子,在适宜环境条件下,孢子萌发,生长发育成新的菌体。这是真菌无性繁殖的主要方式。

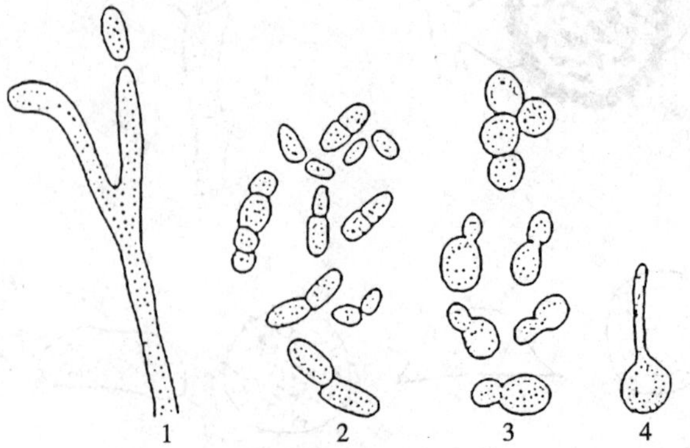

图 3-4　真菌的无性繁殖方式

1. 菌丝断裂;2. 细胞裂殖;3. 芽殖;4. 孢子萌发

(2)有性繁殖:是指通过两个不同性别细胞结合后产生新个体的繁殖过程。一般包括三个阶段:第一阶段是质配,即两个性细胞通过一定的结合方式将两者细胞质融合在一起的过程,两个性细胞的细胞核未融合而共存于同一细胞中,此阶段细胞为双核细胞。第二阶段是核配,质配后,被带入同一细胞内的两性核融合,产生二倍体核。不同的真菌核配发生时间有差异,一般低等真菌质配后立即发生核配,而高等真菌质配后需间隔较长时间才发生核配。第三阶段是减数分裂,核配产生的双倍体细胞核进行减数分裂,使染色体数目减少一半,产生单倍体有性孢子。最终,在适宜的环境条件下,有性孢子萌发、生长发育成新的菌体。真菌的有性繁殖过程如图 3-5。

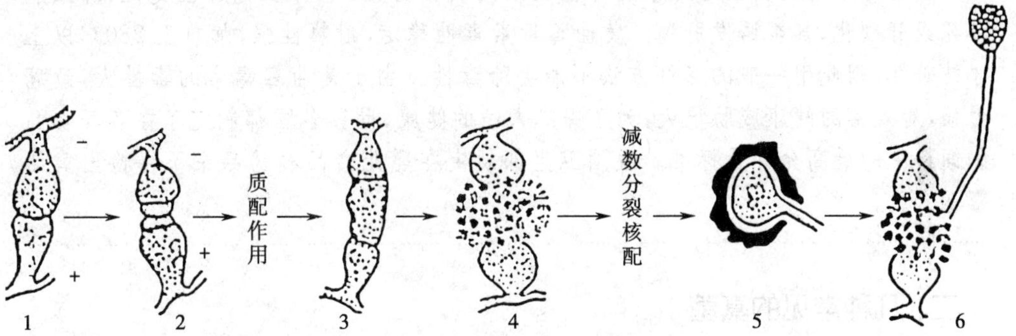

图 3-5 真菌的有性繁殖过程

1. 原孢子囊;2. 孢子囊;3. 幼接合孢子;4. 成熟接合孢子;
5. 接合孢子萌发;6. 芽生子囊

多数真菌通过无性世代和有性世代交替进行完成其繁殖过程。菌丝细胞产生无性孢子,无性孢子萌发形成新的菌丝体,菌丝又产生新的无性孢子,如此循环往复构成真菌的无性世代。在一定条件下,无性世代的菌丝分化出不同性别的菌体细胞,通过有性繁殖产生有性孢子,有性孢子萌发形成新的菌丝体,这一繁殖过程构成真菌的有性世代。但有的真菌(如曲霉、青霉等)在其繁殖过程中只有无性世代。

(三) 抵抗力

真菌对干燥、日光、紫外线及一般消毒剂有较强的抵抗力,但对热的抵抗力差,60℃ 1 小时可杀死菌丝和孢子。对 1%～2%苯酚、2.5%碘酒、0.1%氯化汞(升汞)及 10%甲醛等敏感。对常用抗生素不敏感,两性霉素 B、制霉菌素、酮康唑、伊曲康唑等对多种真菌有抑制作用。

(四) 致病性

不同种类真菌的致病形式不同,真菌性疾病主要有以下几种:

1. 致病性真菌感染　属于外源性感染,由致病性真菌侵入机体而致病。根据感染部位分为浅部真菌感染和深部真菌感染。

2. 条件致病性真菌感染　主要为内源性感染,多由寄居在人体内的属于正常菌群的真菌在机体免疫力降低或发生菌群失调时致病。近年来,随着抗菌药物使用导致菌群失调,免疫抑制剂、抗肿瘤药物导致机体免疫力低下等因素的影响,临床上条件致病性真菌感染逐渐增加。

3. 真菌超敏反应性疾病　有些真菌如青霉菌、镰刀菌等对机体无致病作用,但其孢子或代谢产物可成为变应原引起超敏反应,导致过敏性鼻炎、过敏性哮喘、荨麻疹等超敏反应性疾病。

4. 真菌性中毒 有些真菌如黄曲霉菌、镰刀菌等污染粮食或饲料后，在其生长繁殖过程中可产生毒素，人或动物食后可致急性或慢性中毒。有些真菌本身具有毒性，如有毒蘑菇，人及动物误食后可发生急性中毒。

知识链接

黄曲霉毒素

黄曲霉产生的黄曲霉毒素是毒性最强的真菌毒素，它可引起肝脏变性、肝细胞坏死或肝硬化，甚至诱发肝癌。黄曲霉毒素毒性稳定，耐热性强，加热至280℃以上才被破坏，因此用一般的烹饪方法不能去除毒性。由于黄曲霉毒素的毒性大，致癌力强，对人畜的健康威胁很大，为了保障人民的健康，世界各国都制定了在各类食品和饲料中的最高允许量标准。我国卫生部规定在婴儿食品和药品中不得检出黄曲霉毒素。

二、几种常见的真菌

真菌有高度分解和合成有机物质的能力，因此，人们已将其广泛应用于医药工业生产以及酿造、食品、化工、皮革等方面。医药工业生产上，已利用真菌的代谢物质来生产如青霉素、头孢霉素、灰黄霉素等抗生素以及维生素、酶制剂、枸橼酸等药物；同时腐生真菌几乎能分解自然界一切有机化合物，可引起药物原料、制剂、工农业原料及产品、食品、药品等腐败变质，具有很大的破坏性；有的真菌还是动植物和人类的病原菌。不同的真菌作用不一，在这里仅介绍与人类关系密切的几种真菌。

（一）生产用真菌

1. 酵母菌(yeast) 酵母菌是一类单细胞真菌，代表菌为啤酒酵母，形态呈圆形、卵圆形，长5～30μm，宽1～5μm。酵母菌的繁殖方式有无性繁殖和有性繁殖两种。出芽繁殖是酵母菌无性繁殖的主要方式。当酵母细胞长到一定大小时，在细胞的一端或两端向外伸出小突起，称为小芽，母细胞的细胞核分裂，一个子核留在母细胞内，另一个子核随同母细胞的胞质进入小芽内。当芽细胞长大到接近母细胞大小时，两者接触处细胞壁收缩，使芽细胞从母细胞脱离。若此时为酵母生长旺盛期，芽细胞尚未脱离母细胞前，则又长出新芽，如此连续出芽，各芽细胞可互相连接而形成细胞群；少数酵母菌（如裂殖酵母菌）可发生裂殖，类似于细菌的二分裂繁殖，即细胞延长，核分裂为二，细胞中间出现横膈分隔成两个子细胞。酵母菌的有性繁殖是产生子囊孢子，两个性别不同的单倍体细胞接近，各伸出一管状突起而相互接触融合，并经质配、核配形成一个二倍体细胞。在一定条件下，二倍体细胞进行减数分裂，产生4或8个子核，一个子核形成一个子囊孢子。子囊破裂后孢子散出，进行出芽繁殖，生成许多单倍体酵母菌。

酵母菌具有强的发酵作用，人类将其广泛应用于食品发酵、啤酒酿造和乙醇制造等工业中。此外，酵母是一种不可多得的营养品，酵母菌不但含有丰富的蛋白质和B族维生素，而且还具有人体所必需的氨基酸以及脂肪、矿物质等营养成分，可直接作为食用、药用（酵母片）及饲料添加剂。酵母菌也是产生单细胞蛋白、提取制备核苷酸、辅酶A、

细胞色素 C 及多种氨基酸等的理想原料。目前,酵母菌在医药工业中的应用主要有:

(1)从酵母细胞中提取凝血质、麦角固醇和卵磷脂:凝血质是一种促凝血药物,它作为凝血酶原激酶剂,可活化凝血酶原为凝血酶而发挥凝血的作用,临床上广泛应用于内外科手术、妇产科、胃、痔、鼻出血等的止血。酵母菌是生产凝血用品的一种理想资源,酵母细胞中含有大量的凝血质,可直接提取,工艺简便。麦角固醇是维生素 D 的前体物质,经紫外线照射可形成维生素 D_3 和 D_2,用于小儿软骨病和矿工维生素 D_2 缺乏症的治疗。目前工业生产麦角固醇主要是从酵母细胞中提取,尤其是从面包酵母中提取,面包酵母生长繁殖快,麦角固醇含量高,可以达到 5%以上。在提取凝血质和麦角固醇的同时,还可以提取酵母卵磷脂、酵母海藻糖和多种氨基酸等多种成分。

(2)从酵母细胞中提取辅酶 A 和细胞色素 C:辅酶 A 是调节蛋白质、脂肪及糖代谢的重要因子,特别是在促进乙酰胆碱的合成、降低血液中的胆固醇、增加肝糖原的积存、促进甾体物质的合成等方面具有重要作用。酵母细胞中含有辅酶 A,辅酶 A 可用于治疗动脉硬化、白细胞减少、慢性动脉炎、血小板减少、紫癜症等心血管系统及急性无尿、肾炎、各种肝炎、初生儿缺氧和酸中毒、糖尿病等疾病。酵母细胞中还含有细胞色素 C,细胞色素 C 用于治疗因组织缺氧而引起的一系列症状。

(3)酵母是微量元素的理想载体:酵母在其繁殖的过程中能够大量地吸收和同化微量矿物质元素,并转化成有机形态,成为容易被人体所利用的微量矿物质元素。根据酵母的这一生理特点,可将酵母作为载体,在其发酵的过程中加入微量矿物质溶液,处于繁殖期的酵母细胞能大量同化吸收这些矿物质并载入细胞内,在细胞内再转化成有机态。目前已生产出的有富硒酵母、富碘酵母、富铁酵母、富锌酵母等以酵母为载体的微量元素药物。

2. 毛霉(mucor)　又叫黑霉、长毛霉。菌丝呈管状,无隔、多核、分支状,在基物内外能广泛蔓延,无假根或匍匐菌丝。菌丝体上直接生出单生、总状分支或假轴状分支的孢囊梗。各分支顶端着生球形孢子囊,内有形状各异的囊轴,但无囊托。囊内产生大量球形、椭圆形、壁薄、光滑的子囊孢子,孢子成熟后孢子囊即破裂并释放孢子,在适宜环境条件下,孢子萌发成新的菌丝。孢囊孢子的无性繁殖是毛霉的主要繁殖方式(图 3-6)。有性生殖借异宗配合或同宗配合,形成一个接合孢子。某些种产生厚垣孢子。毛霉菌丝初期白色,后灰白色至黑色,这说明孢子囊大量成熟。

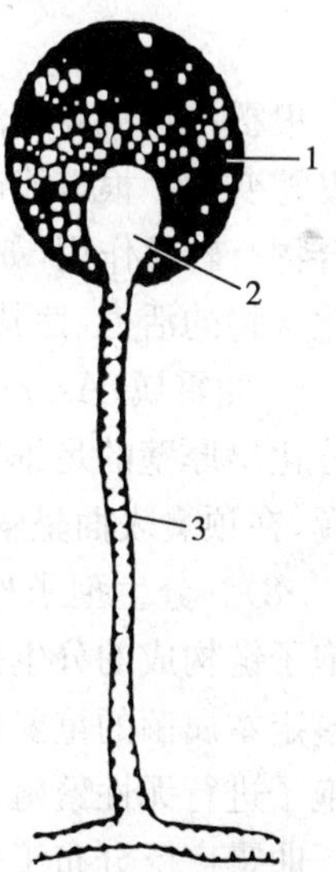

图 3-6　毛霉

1. 孢子囊;2. 囊轴;3. 孢囊梗

毛霉广泛存在于自然界中,空气、土壤、药材、蔬菜、果品及富含淀粉的食品等均可存在毛霉孢子,因其菌丝发达、生长迅速,是引起食品、蔬菜、果品、药品、药材霉变的常见污染菌。毛霉能分解复杂的有机物,工业上常用来生成淀粉酶、枸橼酸、蛋白酶等。有的毛霉菌株因分解蛋白质能力较强,且可产生鲜味和芳香物质,常用于豆豉、豆腐乳的酿造。有的菌株有较强的糖化能力,可用于淀粉类原料的糖化。

3. 根霉(rhizopus)　与毛霉同属于毛霉目,其形态与毛霉相似,菌丝不分隔,无性孢子为子囊孢子,有性孢子为接合孢子。但与毛霉不同的是,根霉在培养基上生长时,菌丝伸入培养基内成为有分支的假根，从假根的相反方向伸出数根孢囊梗，顶端膨大成球形的孢子囊。假根之间有弧形气生菌丝相连，它是由营养菌丝分化而成，贴靠培养基表面匍匐生长，故称匍匐菌丝（图 3-7）。假根和匍匐菌丝是根霉的特征性结构。

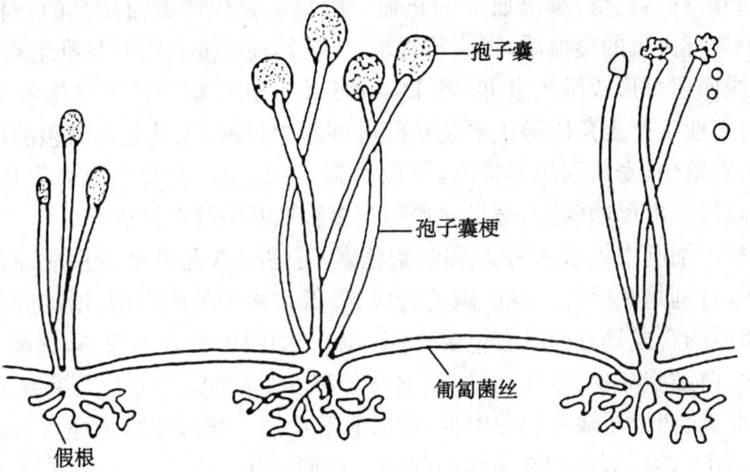

图 3-7 根霉

根霉在自然界广泛分布，也是一类重要的污染菌，常污染药品、淀粉类食物等，导致其发霉变质。根霉能产生高活性淀粉酶，是工业上有名的发酵菌种。有的菌株对甾体化合物有转化作用，如黑色根霉菌可将黄体酮转化为 11α-羟基黄体酮，增加了皮质激素类化合物的活力，使其具有高度抑制炎症效应。

4. 曲霉属(*Aspergillus*) 曲霉为多细胞真菌。菌丝有横膈，接触培养基的营养菌丝分化出厚壁的足细胞，并由此向上长出分生孢子梗，孢子梗顶端膨大成球形或椭圆形顶囊，在顶囊表面呈辐射状生长一层或两层小梗，在小梗外端着生一串圆形的分生孢子（图 3-8）。分生孢子梗的顶囊、小梗，以及分生孢子链构成的分生孢子穗，其形状、颜色等是鉴定本属菌的重要依据。曲霉仅以产生分生孢子进行无性繁殖，孢子颜色多样。

曲霉广泛分布于空气、土壤、谷物和各种有机物上，易引起实验室污染和物品霉变，如黑根霉有“实验室杂草”之称。部分曲霉菌可造成动物和人的疾病，如黄曲霉菌中个别菌株产生的黄曲霉毒素可导致动物和人的肝病。然而曲霉又有着强大的酶活力，是发酵工业和酿造工业的重要菌种，常用于酿酒、制酱、发酵食品等，目前已被利用的有近 60 种。医药工业上利用曲霉可生产枸橼酸、葡萄糖酸等有机酸和一些酶制剂（如淀粉酶、蛋白酶、果胶酶等）以及抗生素等。本属代表菌有黑曲霉、米曲霉、黄曲霉等。

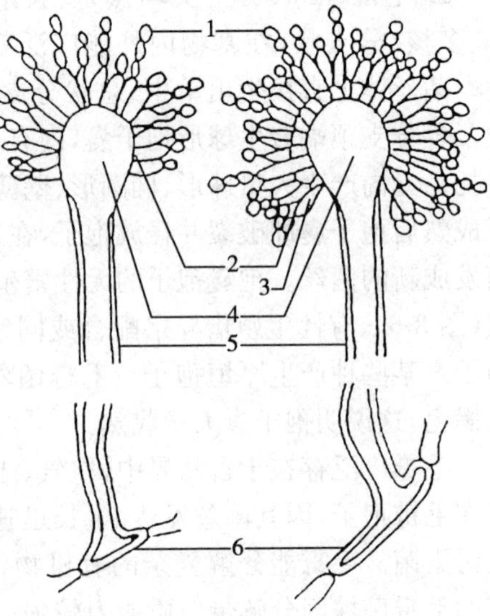

图 3-8 曲霉

1. 分生孢子；2. 小梗；3. 梗基；4. 顶囊；5. 分生孢子梗；6. 足细胞

5. 青霉属(*Penicillium*)　青霉也是菌丝有隔的多细胞真菌，和曲霉有许多相似之处，但无足细胞和顶囊。孢子囊结构与曲霉不同，分生孢子梗可出自于任何菌丝细胞，顶端不膨大而有数次分支，在最后分支的小梗上长出成串的分生孢子，形如扫帚状(图 3-9)。扫帚状分支及分生孢子颜色是其分类鉴定的依据。青霉的菌落为蓝绿色圆形大菌落，表面似天鹅绒状。

青霉分布极广，种类繁多，几乎能在一切潮湿的物品上生长。青霉是引起工农业产品、生物制剂、药品等霉变的常见真菌，也是微生物实验室的常见污染菌。有些菌株则是动植物和人类的致病菌。

由于青霉分解有机物能力很强，故是重要的生产菌种，在工业中有很高的经济价值，目前已被广泛应用于食品加工和抗生素生产。例如娄地青霉用于生产乳酪；产黄青霉是工业生产青霉素的重要产生菌；灰黄青霉产生灰黄霉素，可治疗皮肤癣病；有的菌株还用于枸橼酸、草酸、葡萄糖酸等有机酸的生产。

6. 头孢霉属　本属菌菌落特征不一，有的缺乏气生菌丝，菌落湿润如细菌菌落。有的有发达的气生菌丝，呈典型真菌菌落。本属的重要菌株是顶头孢霉，可产生头孢菌素C，其菌丝有隔，分支，常结成绳束状。分生孢子梗直立，不分支，基部较粗而向末端逐渐变细。分生孢子从梗顶端生出后，靠黏液把它们黏成假头状，遇水即散开(图 3-10)。

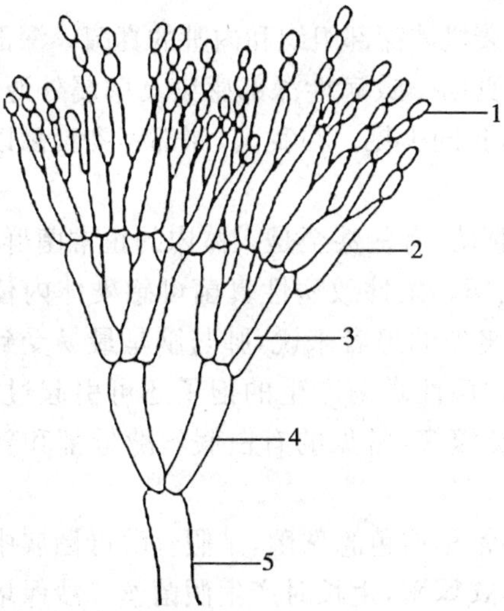

图 3-9　青霉

1. 分生孢子；2. 小梗；3. 梗基；4. 副支；5. 分生孢子梗

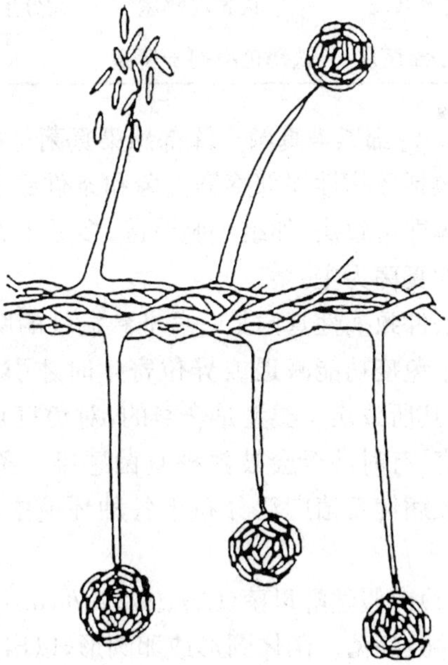

图 3-10　顶头孢霉

头孢霉属广泛分布在自然界的各种基质中，少数是动物和人的致病菌。有的菌株可产生抗癌物质及重要抗生素，通过头孢菌素 C 的母核 7-ACA(7-氨基头孢霉烷酸)合成了许多新的头孢菌素。它们具有抗菌谱广、抗酸抗酶、长效低毒、过敏反应较小等特点，是临床上常用的一类 β-内酰胺类抗生素。新头孢菌素 E-0702 对铜绿假单胞菌有效，更引起了人们的重视。有些头孢霉可产生较强的脂肪酶、淀粉酶、抗癌抗生素，也可用于甾体化合物的转化。

（二）致病性真菌

1. 浅部感染真菌　浅部感染真菌是指一群生物学性状相近的，侵犯表层皮肤及毛发、指甲，不侵袭深层组织的致病性真菌，又名皮肤癣菌。这些真菌具有嗜角质蛋白的特性，侵犯表皮、毛发和指甲等角质化组织，导致皮肤癣症。皮肤癣菌仅生成菌丝和关节孢子，但在沙保培养基上，于20℃培养时则可形成特殊的菌落和分生孢子，可用来作为菌种的分类。根据培养基上的菌落特征以及玻片培养法所观察到的分生孢子形态，可将皮肤癣菌分为三个菌属，即毛癣菌属、表皮癣菌属和小孢子癣菌属，三者的鉴别特征如表3-1。

皮肤癣菌感染属外源性感染，通过接触癣病患者或患病动物而被传染。一种癣菌可引起机体不同部位的感染，而同一部位的病变可由不同癣菌引起。

表3-1　皮肤癣菌的比较

菌属	代表菌种	形态特征	侵犯部位		
			皮肤	甲	毛发
毛癣菌属	红色毛癣菌	大分生孢子少，小分生孢子多，厚膜孢子少	+	+	+
表皮癣菌属	絮状表皮癣菌	大分生孢子多，小分生孢无，厚膜孢子多	+	+	−
小孢子癣菌属	铁锈色小孢子癣菌	大小分生孢子均少，厚膜孢子多	+	−	+

2. 深部感染真菌　深部感染真菌是指侵袭机体深部组织和内脏的真菌。深部感染真菌包括致病性深部感染真菌和条件致病性真菌。致病性深部感染真菌属外源性，侵入机体即可致病，如组织胞浆菌，多见于美洲，我国少见。在我国，深部感染真菌以条件致病性真菌为主。

条件致病性真菌是一些非致病性的腐生真菌，有些甚至是人体内的正常菌群，只有当宿主免疫功能减退或异位寄生时才引起疾病。条件致病性真菌可感染体内任一器官，故其所致疾病类型是全身的，对免疫功能丧失的患者来说，肺与脑是最易受到侵犯的器官，有时甚至会被数种真菌感染。条件致病性真菌产生的孢子还可引起过敏症。条件致病性真菌广泛分布于各种环境中，种类繁多，常见的有白假丝酵母菌和新型隐球菌。

(1)白假丝酵母菌(*Candida albicans*)：通常称白色念珠菌，是假丝酵母菌属中主要的条件致病菌。菌体圆形或卵圆形，以出芽方式繁殖，生长时产生假菌丝。沙保培养基37℃培养1～3天形成类酵母样菌落；在玉米粉培养基上可长出厚膜孢子。假菌丝和厚膜孢子是其鉴别特征与诊断依据。

白假丝酵母菌通常存在于正常人体的口腔、上呼吸道、阴道和肠道内，属于正常菌群。当机体免疫功能低下或菌群失调时可引起疾病。白色念珠菌可侵犯人体许多部位，所致疾病主要有：①皮肤感染：好发于皮肤的潮湿、皱褶部位，引起湿疹样皮肤念珠菌病；②黏膜感染：鹅口疮、口角糜烂、真菌性阴道炎；③内脏感染：肺炎、支气管炎、肠炎、膀胱炎、肾盂肾炎、败血症；④中枢神经系统感染：脑膜炎、脑膜脑炎、脑脓肿等。

(2) 新生隐球菌：属于隐球菌属，为酵母菌。新生隐球菌主要分布于鸽粪、人的体表、口腔、粪便中。此菌的最大特征是无论在组织内或37℃培养时均为一卵圆形的芽生真菌,不具菌丝体,菌体周围包围有厚荚膜是其鉴别特征。在沙保培养基上形成小、发亮、黏湿、奶油色的酵母型菌落。新生隐球菌不发酵糖类,具有尿素酶,这些特性可区别于假丝酵母菌。

新生隐球菌感染大多是外源性的,主要传染源是鸽子,孢子随鸽粪飘散空中传播,人经呼吸道吸入孢子而感染。正常人体感染后一般无症状,当机体免疫力低下时可引起机会性感染。感染时首先表现为肺部感染,引起原发性肺炎。然后从肺部经血液播散,最易播散至脑膜,引起慢性脑膜炎。也可播散至皮肤、黏膜、骨和内脏器官等部位,引起炎症和肉芽肿。

(3)常见的其他深部感染真菌:还有一些常见的深部感染真菌,见表 3-2。

表 3-2 常见的其他深部感染真菌

菌属名	主要生物学特点	侵害部位	主要疾病
荚膜组织胞浆菌	双相型真菌,25℃为菌丝体,37℃为酵母型,镜检见卵圆形,芽生孢子,有荚膜	单核吞噬细胞细胞、肺为主,少数严重者可侵犯全身各器官	组织胞浆菌病
烟曲霉	分生孢子头呈圆柱形,分生孢子梗无色或绿色无闭囊壳,37℃生长,菌落呈蓝绿色或烟绿色	条件致病菌,可侵犯肺、肾、其他器官	肺曲霉病
卡氏肺孢菌	有包囊(感染型)和滋养体(繁殖型)两种形态,吉姆萨染色胞质呈蓝色	肺(肺间质上皮细胞)	卡氏肺孢菌肺炎(多见于艾滋病患者)

点 滴 积 累

1. 真菌是具有细胞壁、细胞核和完整细胞器的真核细胞型微生物,不含叶绿素,依赖于环境中的营养物质营化能异养生活。多数为多细胞真菌,少数为单细胞。

2. 真菌在培养上具有"三高三低"的特性,"三高"是指需要高糖、高湿度和高氧气环境,"三低"是指温度较低、pH 较低和生长较慢。常用沙保培养基培养,单细胞真菌呈酵母型或类酵母型菌落生长,多细胞真菌呈丝状菌落生长。

3. 真菌的抵抗力较强,但对热敏感,对常用抗生素不敏感,故真菌性疾病不能用抗生素治疗。

4. 真菌对人类既有益又有害。有益的是利用真菌分解有机物的能力及其代谢产物的作用,广泛应用于食品生产、发酵工业和医药生产中。目前常用的生产真菌主要有酵母菌、根霉、毛霉、曲霉、青霉和顶头孢菌属等。目前在医药生产中可利用真菌生产抗生素、维生素、酶制剂和枸橼酸等药物;药用真菌可直接作为药物。但真菌污染原料、食品、药品等导致的霉败变质也给人类带来巨大的损失。少数致病性真菌能引起人类疾病,如皮肤癣菌等;条件致病性真菌在宿主免疫功能减退或异位寄生时可引起疾病,常见的有白假丝酵母菌和新生隐球菌。

第二节　药用真菌

真菌直接作为药材是我国利用真菌的一个发现，并有着悠久的历史。早在2550年前，我们的祖先就已用“神曲”（主要为根霉菌）治疗饮食停滞，用豆腐上生长的真菌治疗疮痛等。近年来药用真菌更是日益受到重视，它的医疗和保健作用得到人们一致的肯定与重视。大力开展药用真菌的科学研究，对我国的药品生产和新药的开发具有重要与迫切的意义。

一、药用真菌概述

药用真菌，又称菌类药，是指能治疗疾病，具有药用价值的一种真菌。即在其菌丝体、子实体、菌核或孢子中能产生氨基酸、蛋白质、维生素、多糖、苷类、生物碱、固醇类、蒽醌类、黄酮类以及抗生素等多种物质，对人体有保健功能或对疾病有预防治疗作用的真菌。

（一）药用真菌的应用

1. 药用真菌在传统医药中的应用　药用真菌作为中药的一个重要的组成部分，在传统医药中起着重要的作用。自然界现存的真菌有20万～25万种，在我国约有10万种，其中传统药用及经试验具有药效的真菌多达400余种，但目前大量用于临床的仅有几十种。常见的主要有灵芝、猴头、银耳、茯苓、猪苓、麦角菌、亮菌、蜜环菌、竹红菌、雷丸、马勃、冬虫夏草等。药用真菌产生多糖、多肽、生物碱、萜类化合物、酶、核酸、氨基酸、维生素以及植物激素等多种生理活性物质，对预防和治疗心血管、肝脏、神经、消化等系统多种疾病具有较好的作用。

2. 药用真菌在保健品中的应用　药用真菌菌体中含有的高蛋白、低脂肪、高维生素、高纤维等营养成分，使其成为人类的保健食品。而且药用真菌还有较强的提高人体免疫功能、抗衰老等保健功能。目前，已生产出以灵芝、冬虫夏草、香菇、茯苓、银耳、羊肚菌、猴头、蜜环菌等药用真菌及其多糖等提取物制成的保健品。

3. 药用真菌在制药工业中的应用　随着科学技术的发展和测定、分离、精制手段的提高，药用真菌含有的或分泌的种类繁多的生理活性物质都可逐步地得到检测和分离精制。研究分析这些物质的化学结构、相对分子质量、功能基团以及生理、药理功能，可为开发相关的药用真菌制剂奠定良好的基础。另外，可以药用真菌制剂为基础，复配以其他中草药成分，开发生产新的生物制剂产品。

4. 药用真菌的药理及其在临床上的应用

(1)抗肿瘤作用：多数药用真菌具有抗肿瘤活性。这类真菌产生以多糖或蛋白质为主的代谢产物，增强机体免疫功能，具有明显抗肿瘤效果，且无毒副作用。例如香菇的香菇多糖、灵芝菌丝体中的蛋白多糖——灵芝素、茯苓的茯苓多糖等具有抗肿瘤功效。

(2)免疫调节作用：药用真菌可调节机体的多种免疫功能，如增强单核巨噬细胞功能、增强细胞免疫功能、促进细胞因子的产生和增强体液免疫反应等，发挥免疫调节作用。

(3)对心血管系统的作用：药用真菌的醇提取物（如生物碱类）、热水提取物等对心血管系统有治疗和保护作用。动物实验证实，灵芝酊剂对戊巴比妥钠中毒的离体蟾蜍心脏具有明显的强心作用。在一定剂量范围内，强心作用随剂量加大而增强。同时，灵芝对心肌缺血有一定的保护作用，它可以扩张冠状动脉，增强冠状动脉流量，增加心肌和脑的供血；另外，灵芝糖浆、银耳多糖等可降低血液中的胆固醇含量，银耳多糖、银耳芽孢多糖具有延长实验动物的凝血时间、减少血小板数量和降低血小板黏附率及血栓黏度等功效，产生抗血栓形成的作用等。

(4)对肝脏的作用：真菌多糖可以通过活化细胞免疫和巨噬细胞的吞噬功能以及促进肝细胞内 RNA、蛋白质的合成，增加肝细胞内糖原的含量和能量贮存，提高肝细胞的再生能力；真菌多糖还可减轻各种化学药物对肝脏的损伤，加强肝脏代谢药物的功能，从而起到解毒保肝的作用。如香菇多糖对慢性病毒性肝炎有一定的治疗效果。云芝、槐栓菌、亮菌、树舌、猪苓等在治疗肝炎方面都有一定作用。

(5)抗菌、抗病毒作用：某些药用真菌对革兰阳性细菌具有良好的抗菌作用，且部分对霉菌、革兰阴性细菌、分枝杆菌、噬菌体和丝状真菌也有一定作用。体外实验证明，一些药用真菌的提取液还可以抑制病毒的增生。例如，由鲑贝云芝培养液和菌体分离的鲑贝云芝素能抑制革兰阳性菌的生长；隐杯伞的隐杯伞素 M 和 S 对真菌有抑制作用；水粉杯伞产生的水粉蕈素对分枝杆菌和噬菌体起拮抗作用；由假蜜环菌菌丝体的提取物制备的蜜环菌甲素和乙素对胆囊炎与传染性肝炎有一定疗效；由长根菇的培养液提取的长根菇酮有抑制真菌的作用。

(6)其他药理及应用：药用真菌的功效多样，除以上几种外，还有其他方面的作用：一些药用真菌的提取物具有镇咳、祛痰和治疗慢性气管炎的作用；一些药用真菌有滋补、抗衰老的作用；还有一些有调节内分泌和代谢作用以及对神经系统调节起协同作用等。

(二)药用真菌的药理活性成分

药用真菌可产生具有药理作用的多种生物活性成分，主要有：

1. 真菌多糖　真菌多糖是指那些由 7 个以上醛糖、酮糖缩合而成的多聚糖，常与蛋白质或多肽类结合为复合物，故又称其为糖蛋白或糖肽。其化学结构特征是含有 $\beta(1\rightarrow3)$、$\beta(1\rightarrow4)$糖苷键或者是含有 $\beta(1\rightarrow3)$、$\beta(1\rightarrow6)$糖苷键。真菌多糖作为一类具有重要生物活性的物质，具有降血压、血脂、健胃保肝、抗氧化、延缓衰老、抗感染、抗辐射、促进核酸和蛋白质的生物合成、修复损伤的组织细胞等多种功效。动物实验和临床实践发现，真菌多糖具有良好的抗肿瘤作用，其对宿主的毒性小，对肿瘤的作用强，部分真菌多糖对肿瘤的体外抑制率可高达 100%。在癌症患者手术治疗、化学药物及放射线治疗后使用，可以减少化疗、放疗的副作用，提高治疗效果。目前，已从大型真菌中筛选出了 260 余种具有抗癌活性的多糖。真菌多糖存在于真菌子实体、菌核和菌丝体中，通过液体发酵可获得。

2. 生物碱　真菌生物碱是真菌的一类重要代谢产物，分为吲哚、嘌呤和吡咯三类。吲哚类主要有麦角碱、麦角胺新碱、麦角胺、麦角异胺、麦角生碱、麦角异生碱等六对旋光异构体，具有药理活性的是麦角碱。子囊菌的麦角菌和担子菌类的杯菌属中的部分种类含有麦角碱。①麦角碱及其衍生物：对治疗偏头痛、心血管疾病均有明显效果，对眼角膜炎患者、内耳平衡功能及甲状腺分泌功能失调等症也有一定疗效。麦角新碱还具有促子宫肌肉收缩、减少产后流血、催产等药理作用。②嘌呤类生物碱：常见的有具有降低血脂作用的蜜环菌腺苷及嘌呤、降低胆固醇的香菇嘌呤和有杀菌作用的虫草素等。③吡咯类：如从灵芝中分离出来的灵芝碱甲、灵芝碱乙等均属吡咯类，具有抗炎作用。

3. 萜类化合物 萜类化合物是指松节油和许多挥发油中含有的一些不饱和烃类化合物。根据其组成的差异而分成单萜、倍半萜、二萜、二倍半萜、三萜、四萜、五萜及多萜等种类。从菌物中分离出来的萜类多数是属于倍半萜、二萜和三萜类，其主要作用是具有抗癌和抗菌活性。

4. 色素类化合物 从菌物中可分离出多种色素，根据其结构可分为双聚色酮、苝醌。双聚色酮类是一类由两个分子的色酮聚合而成的化合物。麦角菌中含有一种双聚色酮及两种异构体，它们与麦角及其提取物的颜色有关，但其药理活性尚待研究；从竹黄菌中分离出来的竹红菌素 A 是一种苝醌类化合物，它具有消炎、镇痛及抗癌作用。此外，从菌物中分离出来的色素类还有双聚蒽醌类、双聚萘骈吡喃酮类、1，2-吡喃酮类等化合物。

5. 固醇类 固醇类化合物是一种重要的原维生素 D，接受紫外线照射转化为维生素 D_2。麦角菌、酵母菌、猪苓、冬虫夏草、金针菇、赤芝等真菌中均含有固醇类化合物。固醇类化合物可用于防治软骨病。

6. 蛋白质 多数药用真菌中含有氨基酸，种类丰富，含量高。

7. 其他物质 真菌中还含有核酸、酶、有机酸、多元醇、呋喃衍生物类和微量元素。

（三）药用真菌的开发技术

近年来，药用真菌的研究与开发是一个热点领域，目前药用真菌的开发利用主要有以下几个方面。

1. 直接利用子实体或菌丝 这种方法主要是通过直接采集野生品种或进行人工培育获取子实体、菌丝，通过生物技术直接加工成相关的产品。

人工培育多采用天然木质基质或人工配制的复合培养基，将真菌接种在固体培养基上，真菌从培养基中吸取营养物质进行生长繁殖，以获得真菌的子实体或菌丝体，如灵芝、香菇等的生产。菌丝体或子实体可直接药用，也可以提取其有效成分制成制剂，或用于中药复方配伍。这种开发存在的问题是部分药用真菌品种的野生资源稀缺，而人工栽培又困难，且人工栽培影响其产品质量时，这种开发与生产将无法持续下去。

2. 固体发酵开发利用真菌 药用真菌的固体发酵是指将真菌菌种接种在固体发酵培养基上，在一定条件下，真菌分解发酵基质获得各种营养成分促进其生长，同时产生各种次生代谢物质，如多糖、生物碱、有机酸、酶等。这些代谢产物有的存在菌丝细胞内，有的分泌到细胞外，通过菌种的发酵作用，发酵培养基最终成为含大量菌丝体与各种次生代谢物质的“大本营”，利用相应的分离、纯化技术，即可获得所需要的各种有效成分。

对那些仅适宜固体发酵的真菌及其产物来说，这种方法是有效的，但这种方法也存在难以实现规模化大生产的瓶颈问题。

3. 液体发酵开发利用真菌 药用真菌的液体发酵是现代重要而成功的生物技术。它是依据药用真菌的生长特性，将其接种在人工配制的液体培养基中，并提供适宜其生长的氧气和营养条件，在生物反应器（发酵罐）内进行菌丝大量培养繁殖的过程。在液体发酵终止后，利用相应的分离、纯化技术，对发酵液和菌丝进行提取、分离等处理，从而获得所需要的各种目的产物。

已有不少药用真菌液体发酵成功并应用于生产，如灵芝、香菇、云芝、灰树花、樟芝等。在实现工业化大规模生产方面，液体发酵技术比固体发酵技术具有明显的优势。

二、常用的药用真菌

据不完全记载，我国的药用真菌有 270～300 种，这里主要介绍其中比较重要而常见的品种。

（一）竹黄（*Shiraia bambusicola*）

竹黄是真菌类子囊菌纲肉座科竹黄属竹黄菌的子座。主要分布在我国江苏、浙江、四川、贵州、安徽等地。全年可采，以清明前后为最佳。

1. 形态　子座呈不规则瘤状，早期白色，后变成粉红色，初期表面平滑，后期有龟裂，肉质，渐变为木栓质，长 1.5～4cm，宽 1～2.5cm。子囊壳近球形，埋生于子座内，直径 480～580μm。子囊长圆柱状，(280～340)μm×(22～35)μm；子囊孢子单行排列，长方形至梭形，两端大多尖锐，有纵隔膜，(42～92)μm×(13～35)μm，无色或近无色，成堆时柿黄色（图 3-11,1）。

2. 药性成分　竹黄的主要药性成分是竹红菌素和竹黄色素，位于子座中。另外，其菌丝发酵液中可分离出多糖、蛋白酶、淀粉酶、D-甘露醇、硬脂酸和多种氨基酸。

3. 培养技术　竹黄的获取可采集野生竹黄菌，也可人工培养。目前主要采用液体发酵生产竹黄。

4. 临床应用　竹黄具有祛风除湿、舒筋活血、止咳的功效，可用于风湿痹痛、四肢麻木、小儿百日咳的治疗。近年研究发现，竹黄还有镇痛、抗炎、抗菌、抗癌、抗病毒的作用。动物实验显示竹黄能减弱心肌收缩力、使心率变慢、扩张血管、使灌流量增加，尤其是血管处于挛缩状态时作用更明显。

（二）麦角（*Claviceps purpurea*）

麦角是麦角菌科麦角菌属的麦角菌在寄主植物上所形成的菌核。

1. 麦角的形成　麦角菌的主要寄主是黑麦。当黑麦处于开花期时，麦角菌线状，单细胞的子囊孢子借风力传播到寄主的穗花上，立刻萌发出芽管，由雌蕊的柱头侵入子房。菌丝滋长蔓延，发育成白色、棉絮状的菌丝体并充满子房。毁坏子房内部组织后逐渐突破子房壁，生出成对短小的分生孢子梗，其顶端产生大量白色、卵形、透明的分生孢子。当黑麦接近成熟时，受害子房内不再产生分生孢子，子房内部的菌丝体逐渐收缩成一团，进而变成黑色坚硬的菌核即麦角。麦角近圆柱形，两端角状，长 1～2cm，内部白色（图 3-11,2）。

2. 麦角的药性成分　麦角的主要药性成分是吲哚类生物碱，其含量约为 9.4%，按其结构可分三类：第一类为麦角毒系生物碱，都是麦角酸的酰胺类衍生物，其中有麦角柯宁碱、麦角克碱、麦角隐亭碱、麦角胺、麦角生碱、麦角新碱及麦角西碱；第二类为相应的麦角异毒系生物碱，都是异麦角酸的酰胺类衍生物，其中有麦角异柯宁碱、麦角异克碱、麦角隐宁碱、麦角异胺、麦角异生碱、麦角异新碱、麦角异西碱；第三类为棒麦角碱系生物碱，其中有喷尼棒麦角碱、肋麦角碱、裸麦角碱、田麦角碱、野麦碱等。

此外麦角中还含脂肪油 33%～35%、麦角固醇 0.1%、维生素 D_2、酪胺、组胺、胍基丁胺、三甲胺、甲胺、己胺-1 甜菜碱、麦角硫因、乙酰胆碱、尿嘧啶、鸟苷、氨基酸和麦角色素等多种活性成分。

3. 培育技术　获得麦角的技术主要有两种：一是在寄主植物上接种栽培麦角菌，直接获得麦角（菌核），但该接种栽培方法费工、产量低；二是采用固体发酵培养菌丝体，得到类似菌核物及其有效成分。目前多采用工厂化深层培养发酵生产技术，简介如下：

（1）菌种分离：麦角纯菌种由自然采集的野生菌核中分离获得。目前发酵培养的优良菌株多采用由拂子茅上分离的拂子茅麦角菌 Ce3-3 菌株。

（2）工艺流程　菌种→试管斜面孢子培养→种子培养→发酵培养→过滤，分离提取出麦角新碱。

1）试管斜面孢子培养：将菌种接种到孢子斜面培养基中，24～26℃培养 15～20 天。孢子培养基成分为蔗糖 10%，天冬素 0.1%，$MgSO_4 \cdot 7H_2O$ 0.03%，KH_2PO_4 0.1%，琼脂 2%，蒸馏水，pH 6.0～6.2。

2）种子培养：将孢子培养物接入种子培养基中，24～26℃，旋转式摇床上培养 72 小时。种子培养基为蔗糖 6%，谷氨酸 1%，$MgSO_4 \cdot 7H_2O$ 0.03%，KH_2PO_4 0.1%，pH 5.2。

3）发酵培养：按接种量 5%将种子培养物接入发酵培养基中，24～26℃，旋转培养 9 天。发酵培养基成分为蔗糖 10%，谷氨酸 1.2%，$MgSO_4 \cdot 7H_2O$ 0.03%，KH_2PO_4 0.1%，豆油 0.5%，pH 7.5。

4. 临床应用　麦角碱类对子宫有选择性兴奋作用，大剂量时可引起子宫强直性收缩。常用作治疗产后出血的止血剂和促进子宫复原的收敛剂。

（三）冬虫夏草（*Cordyceps sinensis*）

冬虫夏草是麦角菌科真菌冬虫夏草寄生在蝙蝠蛾科昆虫幼虫上的子座及幼虫尸体的复合体，入药部位为菌核和子座的复合体，是一种传统的名贵滋补中药材。

1. 形态特征　冬虫夏草菌的子座出自寄主幼虫的头部，单生，细长呈棒球棍状，长 4～14cm，不育顶部长 3～8cm，直径 1.5～4cm。上部为子座头部，稍膨大，呈窄椭圆形，长 1.5～4cm，褐色，除先端小部外，密生多数子囊壳，顶部不育部长 1.5～5.5mm。子囊壳近表面生基部大部分陷入子座中，先端凸出于子座外，卵形或椭圆形，长 250～500μm，直径 80～200μm，每一个子囊内有 8 具有隔膜的子囊孢子。虫体表面深棕色，断面白色，有 20～30 环节，腹面有足 8 对，形略如蚕（图 3-11,3）。

2. 药性成分　冬虫夏草的主要药性成分为虫草酸、虫草多糖、虫草素等。虫草素具有抗肿瘤作用；虫草酸有调节心脑血管的作用，促进人体的新陈代谢，改善人体的微循环，降血脂、降血压等功效；虫草多糖具有抗肿瘤、抗传染病的功效，对老年人慢性支气管炎、肺源性心脏病有显著的功效。另外，虫草内还含丰富的蛋白质、维生素 B_{12} 和多种不饱和脂肪酸，具有很高的营养价值。

3. 培养技术　冬虫夏草主要为野生采集，其分布在我国四川、云南、西藏、贵州和甘肃等地。目前我国已开展了无性型冬虫夏草的人工培养。

4. 临床应用　虫草作为名贵药材，具有益肺肾、补精髓、滋补强壮、止咳喘、镇静的作用，广泛应用于临床各种疾病特别是肿瘤的辅助治疗中。

（四）茯苓（*Poria cocos*）

1. 形态特征　茯苓俗称云苓、松苓、茯灵，为寄生在松树根上的菌类植物。形状像甘薯，外皮黑褐色，里面白色或粉红色。

2. 药性成分　茯苓中的主要药物成分为茯苓聚糖，含量很高，可达 75%。另外还含有三萜类化合物、组氨酸、腺嘌呤、胆碱、β-茯苓聚糖酶、蛋白酶、辛酸、月桂酸、棕榈酸、脂肪、卵磷脂、麦角固醇、磷脂酰胆碱和磷脂酰乙醇胺等。

3. 培养技术　茯苓既可野生采集也可人工栽培。其生长发育可分为两个阶段，即菌丝（白色丝状物）阶段和菌核阶段。菌丝生长阶段主要是菌丝从木材表面吸收水分和营养，同时分泌酶来分解和转化木材中的有机质（纤维素），使菌丝蔓延在木材中旺盛生长。第二阶段是菌丝聚结成团，逐渐形成菌核。菌核大小与菌种的优劣、营养条件和温度、湿度等环境因子有密切关系。茯苓一般在接种后 8～10 个月内成熟。

4. 临床应用　茯苓具有利尿、镇静作用，使心肌收缩力加强、心率增快，有抗肿瘤、抗癌以及增强免疫作用。

（五）灵芝（*Lucid ganoderma*）

灵芝品种繁多，约 200 种，具有药用作用的主要是赤芝或紫芝。

1. 形态结构　菌盖肾形、半圆形或近圆形，大小为：直径 10～18cm，厚 1～2cm，呈红色、红褐色、暗紫色、黑色等，有漆样光泽。菌柄圆柱形或侧生或无柄，颜色同菌盖。担孢子卵圆形或顶端平截（图 3-11，4）。

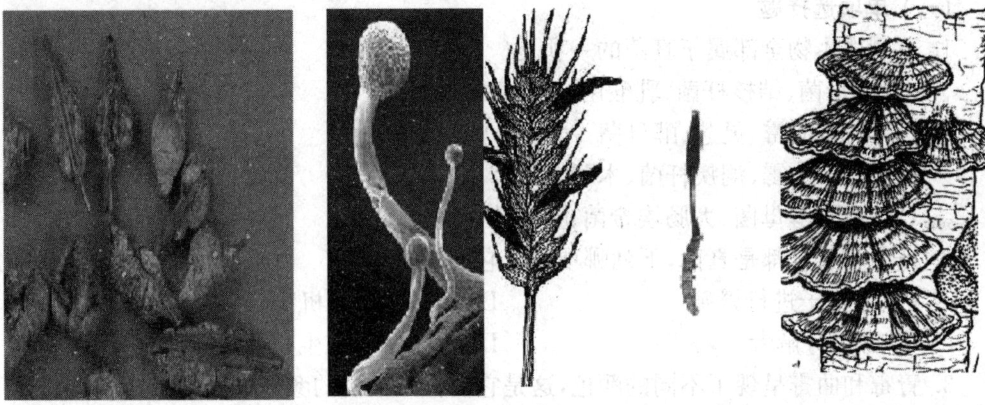

A　B

1. 竹黄　2. A麦角菌；B麦角　3. 冬虫夏草　4. 灵芝

图 3-11　几种常见的药用真菌

2. 药性成分　灵芝含有多种药性成分，主要有灵芝多糖和三萜类物质，另外还有核苷类、呋喃类衍生物、固醇类、生物碱类、蛋白质、多肽、氨基酸等多种活性成分。这些物质在其子实体、菌丝体和孢子中均含有。

3. 培养　目前灵芝的人工栽培技术主要有固体培养和液体培养两种。

4. 临床应用　灵芝具有滋补、强壮、保肝、镇静、镇咳、祛痰、平喘、降血脂、健胃、健脑、消炎、利尿等药理效应。对慢性支气管炎、冠心病、心绞痛、高胆固醇血症等具有明显疗效。对高血压、肝病、神经衰弱等也有一定效果。

点 滴 积 累

1. 药用真菌又称菌类药，是指可以作为药物用以治疗疾病的大型真菌，属于中药。

2. 药用真菌除是中药的重要组成部分外，还是人们生活中常用的保健品。对药用真菌的研究还可开发新的医药工业产业产品，生产出西药级药用真菌及复合制剂。药用真菌具有增强免疫、抗肿瘤、抗菌、抗病毒等多种药理作用。

3. 药用真菌含有具有药理作用的多种生物活性物质，主要有真菌多糖、生物碱、萜类化合物、色素类化合物、固醇类化合物等。

4. 药用真菌的生产主要有三种技术：一是直接采集野生或人工培养药用真菌，获取其子实体或菌核直接作为药物，或是从子实体或菌核中分离提取药性成分；二是固体发酵生产技术，获取含有菌丝体和次生代谢物的菌质；三是液体发酵技术，获取含有菌丝体和次生代谢物的发酵液。目前，竹黄、灵芝和冬虫夏草可利用液体发酵技术生产，麦角常用固体发酵生产，茯苓可人工固体培养。

目标检测

一、选择题

（一）单项选择题

1. 下列微生物全部属于真菌的一项是（　　）
   A. 酵母菌、结核杆菌、乳酸菌、牛肝菌
   B. 青霉、曲霉、灵芝、酵母菌
   C. 青霉、曲霉、痢疾杆菌、木耳
   D. 青霉、酵母菌、大肠埃希菌、金针菇
2. 霉菌和蘑菇都是真菌，下列哪项不是它们的共同点（　　）
   A. 靠孢子进行繁殖　　B. 都是能把无机物合成有机物的生物
   C. 都是分解者　　D. 都是多细胞生物
3. 青霉和曲霉呈现了不同的颜色，这是它们什么结构的颜色（　　）
   A. 孢子　　B. 菌丝　　C. 菌盖　　D. 菌柄
4. 真菌的无性繁殖不包括（　　）
   A. 菌丝断裂　　B. 孢子萌发　　C. 接合孢子　　D. 芽生
5. 丝状真菌的基本形态是（　　）
   A. 球状　　B. 螺旋状　　C. 线状　　D. 分支丝状体
6. 可致人癣病的病原体是（　　）
   A. 葡萄球菌　　B. 皮肤丝状菌　　C. 放线菌　　D. 白色念珠菌
7. 下列属于霉菌的有性孢子是（　　）
   A. 孢子囊孢子　　B. 担孢子　　C. 大分生孢子　　D. 节孢子
8. 在制作馒头时，使馒头膨大松软是下列哪种菌作用的结果（　　）
   A. 乳酸菌　　B. 青霉菌　　C. 葡萄球菌　　D. 酵母菌
9. 显微镜下看到某霉菌的直立菌丝的顶端呈扫帚状结构，且每一分支上有成串的孢子，这种霉菌是（　　）
   A. 青霉　　B. 酵母菌　　C. 曲霉　　D. 毛霉
10. 区别青霉与曲霉的可靠方法是观察其（　　）
   A. 营养方式　　B. 孢子的颜色

C. 菌丝形态　　D. 孢子着生的结构

(二)多项选择题

1. 在以下各项中对真菌描述正确的是(　　)

A. 都是单细胞结构　　B. 有单细胞和多细胞

C. 体内没有叶绿体,不能进行光合作用　　D. 多数种类由菌丝集合而成

E. 细胞壁主要由肽聚糖组成

2. 下列无有性繁殖的真菌是(　　)

A. 酵母菌　　B. 根霉　　C. 曲霉

D. 青霉　　E. 毛霉

3. 下列关于真菌培养说法正确的是(　　)

A. 常用富含葡萄糖的沙保培养基培养　　B. 湿度高的环境生长良好

C. 培养时需较高的氧　　D. 最适生长温度均为 22～26℃

E. 营养要求高

4. 青霉和曲霉相同的是(　　)

A. 营养方式　　B. 生殖方式　　C. 孢子排列的形态

D. 细胞结构　　E. 以上均对

5. 下列属于无性孢子的是(　　)

A. 关节孢子　　B. 厚膜孢子　　C. 分生孢子

D. 芽生孢子　　E. 担孢子

二、简答题

1. 药用真菌所含的药物活性成分主要有哪些?有何药理作用?
2. 真菌引起的人类疾病有哪些?

(吴正吉　凌庆枝)

第四章　病　　毒

自19世纪末发现烟草花叶病毒(tobacco mosaic virus,TMV)以来,病毒学的研究得到飞速的发展,新的病毒不断地被发现。在微生物所致的疾病中,约有75%是由病毒引起的,远远超过其他微生物所引起的疾病。病毒性疾病不仅传染性强、传播快、流行广泛,而且病死率高;某些病毒感染还与肿瘤、免疫缺陷、自身免疫性疾病和先天性畸形的发生密切相关。目前病毒性疾病尚缺乏特效的治疗药物,严重影响人类的健康。

第一节　病毒概述

病毒(virus)是一类体积微小、结构简单,仅含一种类型核酸(DNA或RNA),必须在活的易感细胞内以复制方式进行增殖的非细胞型微生物。

病毒的主要特征有:①个体微小,能通过除菌滤器,必须用电子显微镜放大才能看见;②结构简单,无完整的细胞结构,一种病毒只含一种类型核酸(DNA或RNA);③严格的寄生性,必须在易感的活细胞内进行增殖;④对抗生素类药物不敏感。

一、病毒的基本特性

(一)病毒的大小和形态

1. 病毒的大小　完整成熟的病毒颗粒称为病毒体(virion),是病毒在细胞外的存在形式,具有典型形态结构和感染性。病毒体大小的测量单位为纳米(nm)。各种病毒体大小不一,大病毒,如痘类病毒为200～300nm;中等大小的病毒为80～150nm,如流行性感冒病毒;小病毒为20～30nm,如甲型肝炎病毒。大多数病毒体小于150nm,需用电子显微镜放大数千倍甚至数万倍才能看到。病毒体与其他微生物大小的比较见图4-1。

2. 病毒的形态　病毒的形态多样,对人和动物致病的病毒多呈球形或近似球形,少数呈杆状、丝状、弹状、砖块状和蝌蚪状(图4-2)。

(二)病毒的结构和化学组成

病毒结构简单,无完整的细胞结构。其基本结构由核心和衣壳构成,称为核衣壳(nucleocapsid)。有些病毒的核衣壳外尚有包膜等辅助结构。没有包膜只有核衣壳的病毒体称为裸病毒,而有包膜的病毒则称为包膜病毒(图4-3)。

1. 病毒的基本结构　核衣壳是病毒的基本结构,由核心和衣壳构成。

(1)核心(core):是病毒体的中心结构,主要由单一类型核酸DNA或RNA组成,此外还含有少量的非结构、功能性蛋白质参与,如核酸多聚酶、转录酶、反转录酶等。病毒核酸是病毒的遗传物质,携带着病毒的全部遗传信息,决定病毒的感染、增殖、遗传和变异。核酸可分双股和单股,又有正链和负链之分,有的病毒核酸分节段。用化学方法除去病毒衣壳后，如果裸露核酸仍能感染宿主细胞并复制病毒，则称其为感染性核酸。

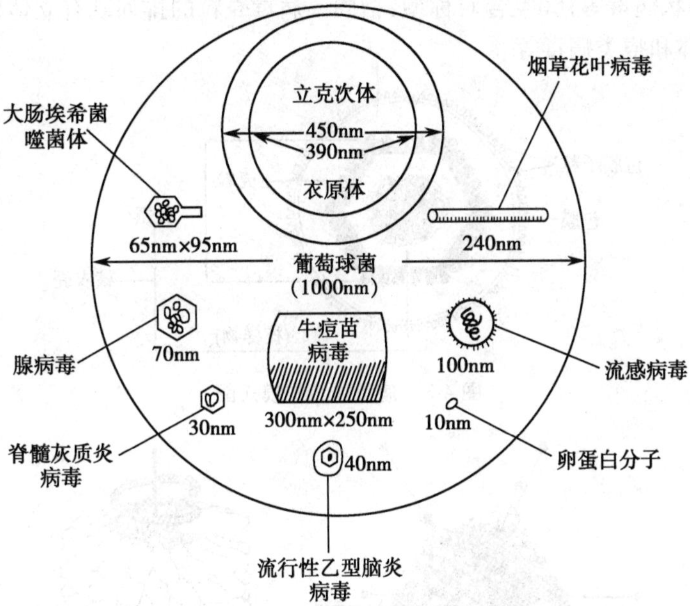

图 4-1 微生物大小比较示意图

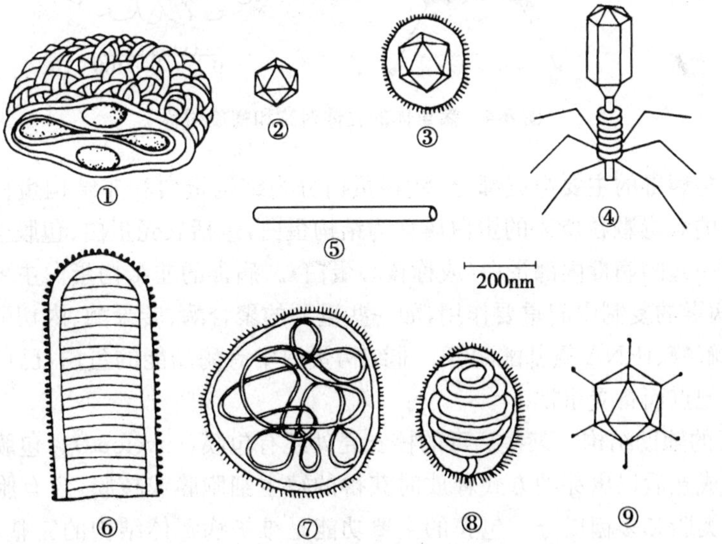

图 4-2 病毒的形态与结构模式图

(2)衣壳(capsid)：病毒的衣壳是包围在病毒核酸外面的一层蛋白质，由一定数量的形态学亚单位壳粒(capsomere)聚合而成。衣壳具有保护核酸的作用，使其免受酶或其他理化因素的破坏，并能介导病毒进入宿主细胞参与病毒的感染过程，衣壳还具有良好的免疫原性，可诱发机体发生免疫应答。根据衣壳上所含壳粒的数目和排列方式不同，病毒衣壳有 3 种对称型(图 4-4)，可作为病毒分类和鉴别的依据。①20 面体立体对称型：病毒体衣壳上的壳粒立体对称排列，呈有规则的多面体形。通常由 12 个顶、30 条棱边形成有 20 个等边三角形的正 20 面体，如腺病毒及脊髓灰质炎病毒；②螺旋对称型：

病毒核酸呈螺旋状，壳粒沿核酸走向排列成螺旋状，通过中心轴旋转对称，如正黏病毒、副黏病毒及弹状病毒等；③复合对称型：指同一病毒壳粒的排列既有立体对称又有螺旋对称，如噬菌体和痘类病毒等。

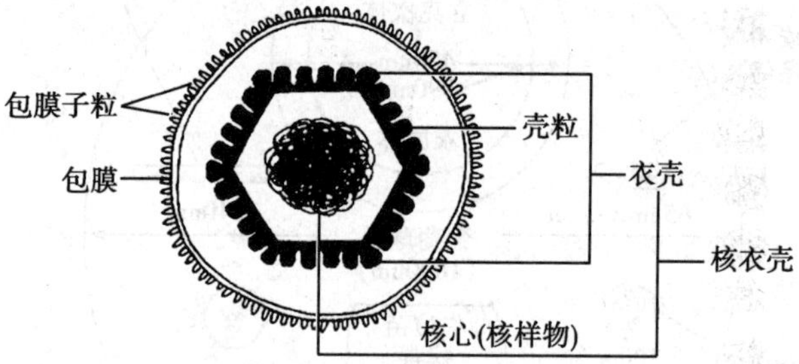

图 4-3 病毒体结构模式图

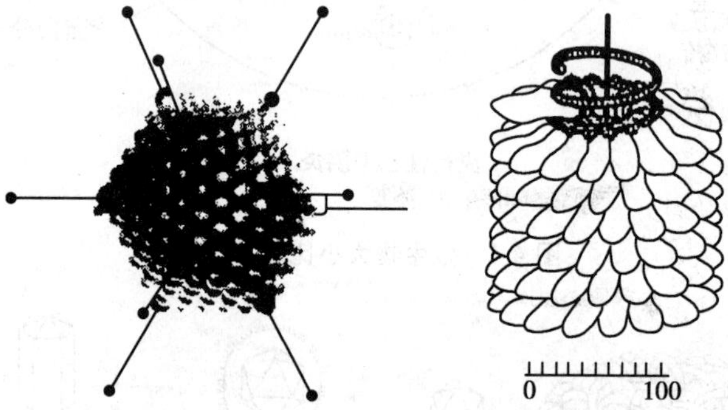

图 4-4 病毒体的立体对称和螺旋对称

蛋白质是病毒的主要组成部分，病毒蛋白分为结构蛋白和非结构蛋白。构成成熟的有感染性的病毒颗粒所需的蛋白质称为结构蛋白，包括衣壳蛋白、包膜蛋白和与核酸紧密结合在一起的病毒内部蛋白(或称核心蛋白)。病毒的非结构蛋白主要指病毒的酶类蛋白，在病毒的复制中起重要作用，如一些重要的聚合酶、转录酶、内切酶、外切酶、核苷酸磷酸水解酶、tRNA 氨基酰酶等。非结构蛋白中有酶功能的蛋白，已广泛用作抗病毒药物作用靶点而备受重视。

2. 病毒的辅助结构　某些病毒的核衣壳外还有包膜(envelope)。包膜是由病毒在宿主细胞内成熟后以出芽的方式释放时获得的宿主细胞膜或核膜，含有胞膜蛋白及宿主细胞膜的类脂和多糖成分。包膜的主要功能是维护病毒体结构的完整，构成病毒体的表面抗原，与病毒的致病性和免疫性密切相关。

有些病毒包膜表面具有不同形状的由病毒基因编码产生的糖蛋白突起，称为包膜子粒(peplomeres)或刺突(spike)。如流感病毒包膜上有两种突起：一种呈棒状的称为血凝素，另一种呈哑铃状的称为神经氨酸酶。刺突可通过与宿主细胞膜上的受体分子结合而促使病毒进入细胞，并具有抗原性。

(三) 理化因素对病毒的影响

理化因素对病毒的影响在分离病毒、制备疫苗和预防病毒感染等方面具有重要意义。病毒受理化因素作用后失去感染性，称为灭活(inactivation)。灭活的病毒仍能保留某些特性，如免疫原性、吸附红细胞等。不同种类的病毒对理化因素的敏感性也不相同。

1. 物理因素对病毒的影响

(1)温度:大多数病毒耐冷不耐热。如在室温数小时或加热60℃ 30分钟、100℃几秒种即被灭活,也有的病毒如乙型肝炎病毒需100℃ 10分钟才能灭活。病毒在-20℃可保存数月,-70℃或液氮温度(-196℃)条件下其感染性可保持数月至数年。故保存病毒的标本应尽快低温冷冻,但反复冻融也可使病毒失活。

(2)射线:X射线、γ射线、紫外线等均可使病毒灭活。X射线与γ射线能引起核苷酸链发生致死性断裂,而紫外线照射可使核苷酸形成胸腺嘧啶二聚体,抑制病毒核酸的复制。但有些病毒(如脊髓灰质炎病毒)经紫外线灭活后,在可见光照射下可发生复活。因此,不宜用紫外线制备灭活疫苗。

2. 化学因素对病毒的影响

(1)脂溶剂:乙醚、三氯甲烷、丙酮、去氧胆酸盐、阴离子去污剂等脂溶剂能使包膜病毒的包膜破坏溶解,病毒失去吸附能力而灭活。脂溶剂对无包膜病毒几乎无作用,故常用乙醚灭活试验鉴别病毒有无包膜。

(2)酸碱度:多数病毒在pH 5~9范围内较稳定,强酸、强碱条件下可被灭活。但也因病毒种类不同而异,肠道病毒对酸的抵抗力较强,在pH 3~5的环境下稳定,而鼻病毒则迅速被灭活。披膜病毒在pH 8.0以上的碱性环境中保持稳定。

(3)化学消毒剂:病毒对各种氧化剂、酚类、醛类、卤类等消毒剂敏感,常用的有次氯酸盐、过氧乙酸、戊二醛、甲醛、苯酚等。肝炎病毒对过氧乙酸和次氯酸盐较敏感。甲醛可破坏病毒感染性,但对病毒的免疫原性影响不大,因此甲醛常用于制备灭活疫苗。

大多数病毒对甘油的抵抗力比细菌强,故常用含50%甘油的盐水保存和运送病毒标本。

(4)抗生素和中草药:现有抗生素和磺胺类药物对病毒无抑制作用。而中草药如板蓝根、大青叶、贯众和七叶一枝花等对某些病毒有一定的抑制作用。

二、病毒的增殖

病毒本身缺乏增殖所需的酶系统,只能在活的易感细胞内以核酸复制的方式进行增殖,即以病毒基因组为模板进行复制,复制出的基因组经过转录、翻译过程,合成病毒结构蛋白,再经过装配,最终释放出子代病毒。

(一)病毒的复制周期

病毒从吸附宿主细胞开始,经过基因组复制,到最后释放出子代病毒,称为一个复制周期(replication cycle)。人和动物病毒的复制周期依次包括吸附、穿入、脱壳、生物合成及组装、成熟和释放等步骤(图4-5)。

1. 吸附(adsorption) 吸附即病毒体的表面结构与易感细胞膜上特定的病毒受体结合,并黏附于细胞膜表面的过程。吸附的特异性决定了病毒感染的特异性。如脊髓灰质炎病毒的衣壳蛋白,可与灵长类动物细胞表面脂蛋白受体结合,但不吸附家兔和小鼠的细胞;HIV选择性地侵犯$CD4^+$ T淋巴细胞,是因为细胞表面的CD4分子是HIV的病毒吸附蛋白gp120的主要受体。因此,可利用消除细胞表面的病毒受体或利用受体类似的物质,阻止病毒与受体结合,以开发抗病毒药物。

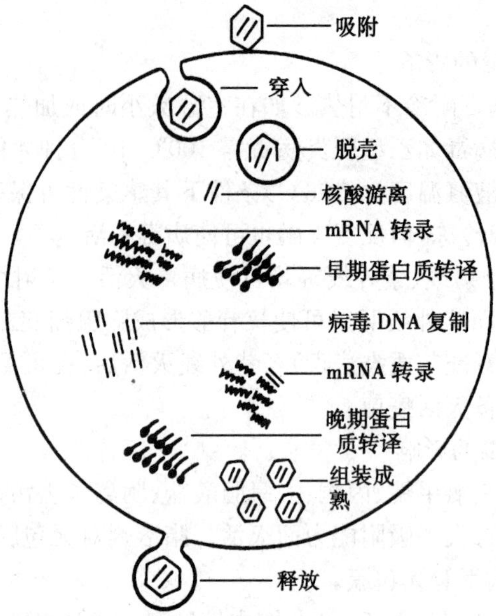

图 4-5 DNA 病毒复制周期示意图

2. 穿入(penetration) 吸附在易感细胞上的病毒穿过细胞膜进入细胞内的过程称为穿入。穿入方式主要有三种:①吞饮(endocytosis):无包膜的病毒多以吞饮形式进入易感细胞,即细胞膜内陷将病毒包裹其中,形成吞饮泡,使病毒进入胞质内;②融合(fusion):有包膜的病毒通过包膜与细胞膜融合,使核衣壳进入细胞质内;③直接穿入:少数无包膜病毒其衣壳蛋白与宿主细胞的病毒受体相互作用,直接进入宿主细胞内。

3. 脱壳(uncoating) 穿入胞质中的核衣壳脱去蛋白质衣壳,使基因组核酸裸露的过程称为脱壳。裸露的核酸才能发挥作用,故脱壳是病毒能否复制的关键。不同的病毒脱壳方式不一样,多数病毒如流感病毒在被吞饮后,吞饮体在细胞溶酶体酶的作用下,将衣壳裂解而释放出病毒基因组。少数病毒如痘类病毒进入宿主细胞后,先经溶酶体酶脱去外层衣壳,再通过脱壳酶脱去内层衣壳才能释放出病毒核酸。

4. 生物合成(biosynthesis) 病毒基因经脱壳释放,就能利用宿主细胞提供的低分子物质和能量合成大量的病毒核酸和蛋白质,此过程称为生物合成。在生物合成阶段,不能从细胞内检出完整病毒体,故又称隐蔽期(eclipse)。病毒在细胞内的生物合成的部位因病毒种类而异。多数 DNA 病毒在细胞核内合成 DNA,在细胞质内合成蛋白质;大多数 RNA 病毒其全部组分均在胞质内合成。

病毒的生物合成包括转录和翻译两个步骤。①早期转录:发生在病毒核酸复制之前,翻译出的蛋白质称为早期蛋白。早期蛋白是功能性蛋白质,主要是病毒复制所需要的酶和抑制宿主细胞正常代谢的调节蛋白。②晚期转录:在病毒核酸复制后,以子代病毒核酸为模板所进行的转录,翻译出的蛋白质称为晚期蛋白。晚期蛋白是结构蛋白,主要构成病毒的衣壳。病毒生物合成方式因核酸类型不同而异。

(1)DNA 病毒:DNA 病毒的生物合成过程遵循遗传中心法则进行,即 DNA→RNA→蛋白质。首先以 DNA 为模板,在宿主细胞提供的依赖 DNA 的 RNA 聚合酶作用下，转录出早期 mRNA，在胞质的核糖体上翻译出早期蛋白，即依赖 DNA 的 DNA 聚合酶等。在此酶作用下，以亲代 DNA 为模板复制出子代 DNA，最后以子代 DNA 分子为模板转录晚期 mRNA，在胞质的核糖体上翻译出病毒晚期蛋白，即子代病毒的衣壳蛋白和包膜表面的结构蛋白等。

(2)RNA 病毒：RNA 病毒的核酸类型大多数为单股 RNA(ssRNA)。单股正链 RNA 病毒的核酸本身具有 mRNA 功能，可以转译出早期蛋白(主要是依赖 RNA 的 RNA 聚合酶)，然后以病毒 RNA 为模板，依靠早期蛋白复制出子代病毒核酸；单股负链 RNA 病毒不具有 mRNA 功能，这些病毒含有 RNA 聚合酶，依靠这些酶首先复制出互补的正链 RNA 作为 mRNA，再转译出早期蛋白，继而复制子代病毒核酸。

(3)反转录病毒：反转录病毒是带有反转录酶(依赖 RNA 的 DNA 聚合酶)的 RNA 病毒。在反转录酶作用下，利用病毒亲代 RNA 为模板合成互补的 DNA 链，形成 RNA：DNA 杂交中间体，然后以 DNA 链为模板，经细胞的 DNA 聚合酶作用，合成互补的另一条 DNA 链，组成双股 DNA 分子，并整合于宿主细胞的 DNA 中，再由其转录出子代 RNA 和 mRNA，mRNA 在胞质核糖体上翻译除子代病毒的蛋白质。如人类嗜 T 细胞病毒、人类免疫缺陷病毒。

5. 组装和释放(assembly and release)　病毒子代核酸和结构蛋白合成后，在宿主细胞内的一定部位组装为成熟的病毒颗粒，这一过程称为组装(assembly)，也可称为成熟(maturation)。大多数 DNA 病毒是在细胞核内装配，RNA 病毒则在胞质内装配。包膜病毒的装配在核衣壳形成后在核膜或胞质膜上完成。如疱疹病毒在胞核内组装成核衣壳后，通过核膜进入胞质时形成内包膜，由胞质向胞外释放时再形成外包膜。

子代病毒体从宿主细胞游离出来的过程称为释放(release)。成熟病毒从宿主细胞释放的方式依病毒种类不同而异。有的病毒以出芽方式不断从细胞膜释放，如流感病毒、疱疹病毒等；有的使宿主细胞破坏而释放出来，如腺病毒、脊髓灰质炎病毒；也有的通过细胞间桥或细胞融合在细胞间传播，如巨细胞病毒；有些肿瘤病毒的基因则整合到宿主细胞基因上，随宿主细胞分裂而传代。

病毒复制周期长短与病毒种类有关，如小 RNA 病毒一般为 6～8 小时，正黏病毒为 15～30 小时。每个细胞产生的病毒的数量也因病毒和宿主细胞不同而异，多数可产生 10 万个病毒。

(二) 异常增殖与干扰现象

1. 病毒的异常增殖　病毒在宿主细胞内复制时，并非所有的病毒成分都能组装成完整的病毒体，可因病毒本身基因组的不完整或发生改变、病毒感染非易感细胞缺乏复制所需条件而常有异常增殖。

(1)顿挫感染(abortive infection)：病毒进入宿主细胞后，如细胞不能为病毒增殖提供所需要的酶、能量及必要的成分，则病毒就不能合成本身的成分，或者虽合成部分或合成全部病毒成分，但不能组装和释放出有感染性的病毒颗粒，称为顿挫感染。

(2)缺陷病毒(defective virus)：是指因病毒基因组不完整或者因某一基因位点改变，不能进行正常增殖，不能复制出完整的有感染性的病毒颗粒，此病毒称为缺陷病毒。

但当与另一种病毒共同培养时，若后者能为前者提供所缺乏的物质，就能使缺陷病毒完成正常的增殖，则这种有辅助作用的病毒被称为辅助病毒。

2. 干扰现象(interference) 两种病毒感染同时或先后感染同一宿主细胞时，可发生一种病毒抑制另一种病毒增殖的现象，称为干扰现象。干扰现象可发生在不同病毒之间，也可在同种、同型甚至同株病毒间发生。干扰现象无特异性，干扰与被干扰的关系也非固定，通常是先进入细胞的病毒干扰后进入的病毒、死病毒干扰活病毒、缺陷病毒干扰完整病毒。病毒发生干扰现象的原因有多种，可能是因为病毒诱导宿主细胞产生了干扰素；也可能是病毒的吸附受到竞争干扰或改变了宿主细胞的代谢途径。

干扰现象构成机体非特异性免疫的一部分，能使病毒感染终止或阻止发病。了解干扰现象对预防接种具有重要的指导意义：在病毒性疾病的防治中，可使用病毒减毒活疫苗来阻止毒力较强的病毒感染；在预防接种时，应避免同时使用有干扰作用的两种疫苗，以免降低免疫效果；病毒疫苗也可被宿主体内存在的病毒所干扰，故患病毒性疾病者应暂停接种。

三、病毒的遗传与变异

病毒与其他微生物一样，有遗传性与变异性。由于病毒体结构简单，基因组单一，基因数仅3～10个，增殖速度极快，故在自然条件下容易发生变异，是较早用于遗传学研究的材料。

病毒的遗传是指病毒在复制过程中，其子代与亲代病毒性状的相对稳定性。病毒的变异是指病毒在复制过程中出现有些性状的改变。病毒变异分为遗传型与非遗传型变异，遗传型变异是由于其遗传物质——核酸发生改变而引起的性状改变，变异后的性状可遗传给子代病毒；非遗传性性变异至病毒基因并未发生改变，变异后的性状不能遗传。病毒的变异包括多个方面，如抗原性、毒力、耐药性、温度敏感性变异等。病毒遗传型变异的机制有基因突变和基因重组。

(一) 基因突变

由于病毒基因组中碱基序列改变(置换、缺失或插入)而发生的变异称为基因突变。基因突变可自发也可诱导发生，各种物理、化学诱变剂可提高突变率，如温度、射线、氟尿嘧啶、亚硝酸盐等的作用均可诱发突变。其中诱发突变包括致死性突变、宿主适应性突变、耐药性突变与蚀斑性突变。突变株与原先的野生型病毒特性不同，表现为病毒毒力、抗原组成、温度和宿主范围等方面的改变。例如温度敏感突变株(temperature-sensitive mutants, ts)在28～35℃条件下能增殖，在37～40℃时则不能增殖，而野毒株在两种温度下均能增殖。ts株通常是减毒株，可用来制备疫苗。

(二) 基因重组

两种具有不同生物学性状且有亲缘关系的病毒在感染同一细胞时，病毒之间发生基因的交换而形成子代的过程称为基因重组(recombination)，如轮状病毒等。其子代称为重组体(recombinant)，可含有来自两个亲代病毒的核苷酸序列，具有两个亲代病毒所有的特性。基因重组可发生于活病毒间、灭活病毒间、活病毒与灭活病毒之间。核酸分节段的病毒(如流感病毒)发生基因重组的频率明显高于其他病毒。

病毒除在病毒间发生基因重组外，某些病毒还能与宿主细胞的基因组之间发生基因重组。现已证明，许多DNA病毒如疱疹病毒、腺病毒和多瘤病毒的DNA都能整合到细胞基因组中去。

病毒的遗传与变异对病毒的致病机制、流行病学调查、获得有价值的病毒突变株、用于预防人类病毒性疾病具有重要的医学意义。至今对病毒感染尚无有效的治疗药剂，特异性的防治工作更为重要。应用人工诱变的方法可使其毒力下降获得减毒株，制备出保留免疫原性减毒活疫苗可用于疾病的预防，如用脊髓灰质炎减毒活疫苗来预防脊髓灰质炎这样的严重传染病。目前为预防艾滋病和近年来出现的严重急性呼吸综合征(SARS)，正积极地研制和筛选有效的疫苗。在病毒的基因组研究中，目前已发现的病毒基本上都完成了基因测序，这有助于从基因水平了解其致病机制，寻找能用于开发疫苗、诊断工具的基因产物和治疗药物。

四、病毒的分类

(一) 病毒的分类方法

病毒的分类方法有多种。按其寄生宿主的不同，可分为动物病毒、植物病毒、细菌病毒和昆虫病毒等。与人类疾病相关的是脊椎动物病毒，对脊椎动物病毒的分类目前常用以下两种方法。

1. 根据生物学性状分类　国际病毒分类委员会(ICTV)根据病毒生物学性状和理化特性进行分类，建立了由目、科、属、种构成的病毒分类系统。由于病毒只含一种核酸，1995年国际病毒分类委员会第一次将病毒分为三大类，即DNA病毒、RNA病毒、DNA和RNA反转录病毒。然后根据病毒的其他特性如核酸结构、分子量、衣壳的对称性等，进一步分为不同的科、属。2005年7月国际病毒分类委员会发表的病毒分类的第八次报告，将目前承认的5450多个病毒归属为3个目、73个科、11个亚科、289个属、1950多个种(表4-1)。生物学性状分类方法能较准确地将病毒定位，但在临床工作中使用不方便。

表4-1　与人类相关的主要病毒分类

核酸类型	基因类型	病毒科名	主要病毒
DNA病毒	单链DNA，无包膜	小DNA病毒科	细小病毒R19
	双链DNA，无包膜	乳多空病毒科	人乳头瘤病毒
		腺病毒科	人腺病毒
	双链DNA，无包膜	疱疹病毒科	单纯疱疹病毒、巨细胞病毒、水痘带状疱疹病毒、EB病毒
		痘病毒科	天花病毒、痘苗病毒、传染性软疣病毒
	双链DNA，不分节*	嗜肝病毒科	乙型肝炎病毒

续表

核酸类型	基因类型	病毒科名	主要病毒
	单正链 RNA,不分节,无包膜	小 RNA 病毒科	肠道病毒
		杯状病毒科	戊型肝炎病毒
	单正链 RNA,不分节,有包膜	黄病毒科	乙脑病毒、登革热病毒
		披膜病毒科	风疹病毒
		冠状病毒科	冠状病毒
RNA 病毒	双链 RNA,分节,无包膜	呼肠病毒科	轮状病毒
	单负链 RNA,分节,有包膜	正黏病毒科	流感病毒
		布尼雅病毒科	出血热病毒
		沙粒病毒科	拉沙病毒
	单负链 RNA,不分节,有包膜	副黏病毒科	麻疹病毒
		弹状病毒科	狂犬病病毒
反转录病毒	单链 RNA,不分节,有包膜	反转录病毒科	人类免疫缺陷病毒

2. 临床分类法　根据病毒入侵的部位、传播途径以及所致疾病分为：

(1)呼吸道病毒：经呼吸道传播、引起呼吸道感染或全身多组织感染的病毒，如流感病毒、麻疹病毒、风疹病毒等。

(2)肠道病毒：经粪-口传播、在消化道初步增殖进而侵犯神经组织等其他器官，如脊髓灰质炎病毒、柯萨奇病毒等。

(3)肝炎病毒：为嗜肝病毒，引起人类各种类型的肝炎，如甲、乙、丙、丁、戊型肝炎病毒。

(4)出血热病毒：以节肢动物或啮齿类动物为传播媒介，可引起出血和发热等症状的病毒，如汉坦病毒、新疆出血热病毒。

(5)皮肤黏膜感染病毒：经直接或间接接触传播的病毒。包括性传播病毒，如人类免疫缺陷病毒、疱疹病毒、人乳头瘤病毒。

(6)虫媒病毒：以昆虫为媒介传播的病毒，多为嗜神经病毒，如乙型脑炎病毒和森林脑炎病毒。

(7)肿瘤病毒：病毒感染后引起良性或恶性肿瘤的病毒，如人类 T 细胞白血病病毒已被公认为 T 细胞白血病及淋巴瘤的病原体。此外与肿瘤密切相关的病毒还有乙型肝炎病毒、人乳头瘤病毒、EB 病毒、疱疹病毒等。

(二) 亚病毒

病毒性质比较明确的，称为典型病毒或寻常病毒。此外，还有一些病毒或因子，其本质及在病毒学中的位置尚不明确或比较特殊，称为非典型病毒或亚病毒(subvirus)。亚病毒是比病毒更小、结构更简单的传染因子。属于亚病毒的有：

1. 类病毒　1971 年 Diener 等在研究马铃薯纺锤形块茎病时发现了比病毒更小的传染因子，仅由 250～400 个核苷酸构成单股共价闭合环状 RNA 分子，没有蛋白质，故称类病毒。类病毒主要引起植物致病。

2. 卫星病毒　是在研究类病毒时发现的又一种亚病毒，多是引起植物病变。卫星病毒分两大类：一类能自己编码衣壳蛋白，另一类是RNA分子（单股闭合环状的RNA），曾被称为拟病毒，需辅助病毒为其提供衣壳蛋白。

3. 朊粒 由Prusiner在研究羊瘙痒病的病因时发现，为传染性海绵状脑病的病原体，曾被称为朊病毒。其主要成分是蛋白酶抗性蛋白，对理化因素的抵抗力强。可引起中枢神经系统慢性感染，引起如人的库鲁病、克雅症、动物的疯牛病、羊瘙痒病等。

五、病毒的感染与防治

病毒侵入机体并在易感宿主细胞内复制增殖，与机体发生相互作用的过程称为病毒感染（viral infection）。病毒感染可诱发机体免疫应答，表现为免疫保护作用，也可造成机体的免疫病理损伤。

（一）病毒感染的传播方式

病毒感染的传播方式有水平传播和垂直传播。

1. 水平传播（horizontal transmission） 是指病毒在人群中不同个体之间的传播，也包括从动物到人的传播。水平传播途径有呼吸道、消化道或皮肤（机械性损伤、昆虫叮咬或动物咬伤）、黏膜（眼结膜、泌尿生殖道黏膜）、血液等途径。

2. 垂直传播（vertical infection） 是指病毒经胎盘或产道以及母乳由亲代传给子代的传播方式。垂直传播是病毒感染的特点之一，目前已知有10多种病毒可引起垂直传播，以风疹病毒、巨细胞病毒、乙型肝炎病毒和人类免疫缺陷病毒为多见，其中风疹病毒、巨细胞病毒可引起死胎、早产及先天畸形等。

常见病毒的感染途径与方式见表4-2。

表4-2 常见病毒的感染途径与方式

传播方式	主要传播途径	病毒种类
水平传播	呼吸道	流感病毒、副流感病毒、冠状病毒、鼻病毒、麻疹病毒、风疹病毒、腮腺炎病毒等
	消化道	脊髓灰质炎病毒、轮状病毒、甲型肝炎病毒、戊型肝炎病毒、其他肠道病毒等
	输血、注射	人类免疫缺陷病毒、乙型肝炎病毒、丙型肝炎病毒、巨细胞病毒等
	眼、泌尿生殖道	人类免疫缺陷病毒、单纯疱疹病毒Ⅰ、Ⅱ型、肠道病毒70型、腺病毒、人乳头瘤病毒
	破损皮肤或昆虫叮咬	脑炎病毒、狂犬病病毒、出血热病毒等
垂直传播	胎盘、产道	乙型肝炎病毒、人类免疫缺陷病毒、巨细胞病毒、风疹病毒等

（二）病毒感染的类型

病毒侵入机体后，因病毒种类、毒力和机体免疫力不同，可表现出不同的感染类型。根据有无临床症状分为显性感染和隐性感染；按病毒在机体内滞留的时间长短，可分为急性感染和持续性感染。

1. 隐性感染（inapparent infection） 指无明显临床症状的短暂病毒感染。但可使机体获得一定的免疫力，人类病毒感染大多属此类型。而无症状感染者可能是重要的传染源。

2. 显性感染（apparent infection）　病毒侵入机体后大量繁殖，造成细胞破坏和组织损伤，出现临床症状。病毒的显性感染有急性感染和持续感染。

（1）急性感染（acute infection）：病毒侵入机体后，潜伏期短，起病急，感染后出现明显的临床症状，一般病程较短，在症状出现前后能分离到相应病毒，常随疾病的痊愈而被消灭或自体内排出，这种感染称为急性感染。急性感染又分局部感染和全身感染。

（2）持续感染（persistent infection）：病毒感染后，可在体内持续数月或数年，甚至终身带毒，在一定时期内无明显临床症状，称为持续感染。持续感染分为三型：①慢性感染（chronic infection）：有一定临床症状，病程可达数月至数年，体内持续存在病毒，并可不断排出体外的慢性进行性感染，如乙型肝炎、传染性软疣。②潜伏感染（latent infection）：某些病毒在急性感染后，病毒潜伏于机体某些细胞内，以后在一定诱因下可引起复发，呈急性过程。间隔期称为潜伏期，时间不等，为数月、数年甚至数十年，其间不表现临床症状，亦不能用一般方法分离出病毒或查出细胞病变。如单纯疱疹病毒急性感染后，长期潜伏于神经节细胞内，当机体抵抗力降低时可再次发作引起唇疱疹等。③慢病毒感染（slow virus infection）：亦称慢发感染（slow infection）或迟发感染（delay infection），即病毒感染后，潜伏期长达数年甚至数十年，多侵犯中枢神经系统，缓慢发病，一旦出现症状，多为亚急性、进行性，最后导致死亡。如有的儿童感染麻疹病毒后，病毒在大脑神经细胞中缓慢增殖，最终引起亚急性硬化性全脑炎（SSPE）而死亡。

某些病毒的持续感染由于病毒 DNA 与细胞染色体的整合，可诱发正常细胞转化为肿瘤细胞。目前为止，已知与人类肿瘤密切相关的病毒有人类反转录病毒、EB 病毒、人乳头状病毒和嗜肝 DNA 病毒等。

（三）病毒的致病机制

病毒侵入人体后，其致病机制主要是病毒在细胞内寄生引起的宿主细胞损害，以及诱发机体的免疫应答而造成的免疫病理反应。不同种类的病毒与宿主细胞相互作用，可表现不同的结果。

1. 病毒对宿主细胞的直接作用

（1）杀细胞效应：病毒在感染细胞内增殖，引起细胞溶解死亡的作用，称为杀细胞效应。由于病毒大量增殖，阻断宿主细胞自身的核酸和蛋白质合成，从而导致宿主细胞代谢紊乱，出现病变（如混浊、肿胀、团缩等）；也可因病毒成熟后短时间大量释放子代病毒造成细胞破坏；或因病毒感染造成细胞溶酶体膜通透性增加或破坏，溶酶体中的酶类导致细胞自溶。主要见于无包膜、杀伤性强的病毒，如脊髓灰质炎病毒和腺病毒等。

（2）稳定状态感染：有些病毒（多数是有包膜病毒）在易感细胞内缓慢增殖。以出芽方式释放病毒而不影响细胞的分裂和代谢，细胞只有轻微病变，暂时不会出现溶解和死亡，此称病毒的稳定状态感染。

（3）包涵体形成：有些病毒感染细胞后，细胞核或细胞质内可出现 1 个或数个大小不等、经染色后在光学显微镜下可见的斑块，称为病毒包涵体。包涵体是病毒合成的场所，也可能是病毒颗粒的堆积或是细胞对病毒感染的反应产物。

(4)整合感染:有些病毒感染细胞后并不增殖,而是将其核酸全部或部分整合到受染细胞的核酸中,称整合感染。少数整合的病毒基因可表达、编码出对细胞有特殊作用的蛋白,导致细胞转化,基因整合和细胞转化与肿瘤形成密切相关。

(5)诱发凋亡:多种病毒如疱疹病毒、人类免疫缺陷病毒等在细胞培养中都可致细胞凋亡。

知识链接

病毒与肿瘤

大量研究资料表明,许多病毒与人类肿瘤发生有着密切的关系。一种关系是肿瘤由病毒感染所致,如人乳头瘤病毒引起的人疣,为良性;人类嗜T细胞病毒引起的人T细胞白血病,为恶性肿瘤。另一种关系是病毒与肿瘤发生密切相关,如乙型肝炎病毒、丙型肝炎病毒与原发性肝癌的发生有关;人乳头瘤病毒、单纯疱疹-2型病毒与宫颈癌的发生有关等。有效预防上述病毒的感染,可降低相关肿瘤的发生。

2. 病毒感染引起宿主的免疫病理损伤　有些病毒感染影响机体正常的免疫功能,包括直接侵犯免疫系统细胞或使感染细胞抗原发生改变,导致异常免疫应答等,可造成宿主机体的免疫病理损伤引起疾病。

(1)病毒对免疫系统的损伤:许多人类病毒可感染人的淋巴细胞,从而直接引起免疫功能紊乱,诱发或促进某些疾病,甚至肿瘤的发生。如人类免疫缺陷病毒可直接杀伤$CD4^+$ T细胞,使$CD4^+$ T细胞减少,导致获得性免疫缺陷综合征(AIDS)。

(2)细胞介导的免疫病理损伤:细胞免疫在发挥抗病毒感染同时,特异性细胞毒性T细胞也对病毒感染细胞造成损伤。

(3)抗体介导的免疫病理作用:某些病毒特别是有包膜病毒,能诱发细胞表面出现新抗原,当特异性抗体与这些抗原结合后,在补体参与下导致宿主细胞破坏,也可通过ADCC导致感染细胞的破坏。

(4)免疫抑制作用:某些病毒感染可抑制免疫功能,甚至使整个免疫系统功能缺陷。如巨细胞病毒感染最终因多种微生物或寄生虫的机会感染而死亡。也有许多病毒如麻疹病毒、冠状病毒、风疹病毒等可引起暂时性免疫抑制。

(四)抗病毒免疫

有效的抗病毒免疫包括清除细胞外游离的病毒与细胞内的病毒,由固有免疫和适应性免疫两者协同完成。

1. 固有免疫的抗病毒作用　机体通过屏障结构、吞噬细胞、NK细胞和体液中抗病毒物质如干扰素、细胞因子发挥抗病毒作用。其中干扰素和NK细胞起主要作用。

2. 适应性免疫的抗病毒作用　包括体液免疫和细胞免疫,一般以细胞免疫为主。体液免疫主要清除血流中游离病毒,同时有效防止再次感染;细胞免疫则清除细胞内病毒,是促进机体从初次感染中恢复的主要因素。

(1)体液免疫的抗病毒作用:病毒感染或接种疫苗后,可刺激机体产生特异性抗体,如中和抗体、补体结合抗体等,在抗病毒免疫中起特异性保护作用。①中和抗体的作用:能中和游离的病毒,阻碍病毒吸附、侵入易感细胞,使病毒失去感染力;②抗体协同补体的作用:抗体与病毒结合后,激活补体导致病毒裂解;③ADCC效应:IgG抗体与病毒结合后,NK细胞可通过受体与IgG结合,触发对病毒的杀伤作用,即抗体依赖细胞介导的细胞毒效应(ADCC)。故体液免疫在清除细胞外游离病毒起主要作用,能有效地防止病毒通过血流扩散。

(2)细胞免疫:感染细胞内的病毒主要依赖于细胞免疫。特异抗病毒免疫的效应细胞是 $CD8^+$ Tc细胞和 $CD4^+$ Th1细胞。Tc细胞识别病毒感染的靶细胞,通过裂解与凋亡两种机制直接杀伤靶细胞,终止病毒复制,在抗体的配合下清除病毒。活化的 $CD4^+$ Th1可释放IFN-γ、TNF多种细胞因子,通过激活巨噬细胞和NK细胞发挥抗病毒作用。

(五)病毒感染的防治

目前,在病毒感染的疾病中,有效治疗病毒感染的药物十分有限,故人工免疫对预防病毒性疾病具有重要意义。

1. 人工主动免疫　人为地给机体接种疫苗,使机体获得特异性免疫力,预防相应病毒感染性疾病。如接种麻疹疫苗或乙肝疫苗,可预防相应的疾病等。

2. 人工被动免疫　直接把具有抗病毒作用的物质注入机体,对病毒性疾病进行治疗或特异性预防。如免疫球蛋白用于麻疹、甲型肝炎等的紧急预防;细胞因子制剂等主要用于某些病毒性疾病和肿瘤的治疗。

3. 抗病毒药物　详见本章第三节“抗病毒药物”。

点滴积累

1. 病毒是非细胞型微生物,主要特征有个体微小,结构简单,无完整的细胞结构,一种病毒只含一种类型核酸,严格的寄生性,必须在易感的活细胞内进行增殖,对抗生素不敏感。

2. 病毒结构简单,其基本结构由核心和衣壳构成,称为核衣壳。有些病毒在衣壳外还有包膜。病毒体的核心由核酸构成,蛋白质构成衣壳。

3. 病毒以复制方式进行增殖,复制周期包括吸附、穿入、脱壳、生物合成、装配与释放五个阶段。两种病毒同时或先后感染同一宿主细胞,可发生一种病毒抑制另一种病毒增殖的现象,即干扰现象。预防接种时应注意避免发生干扰现象。

4. 病毒的传播方式有水平传播和垂直传播。垂直传播危害大,可造成死胎、流产、畸形等。

5. 病毒感染缺乏有效治疗药物,故应用人工主动和被动免疫进行预防。

第二节　病毒的人工培养

病毒的人工培养是病毒实验研究以及制备疫苗和特异性诊断制剂的基本条件。由于病毒结构简单,缺乏完整的酶系统,又无核糖体等细胞器,并且病毒只对带有相应受体的细胞才具有亲嗜性,因此,病毒必须在活的易感的细胞中才能增殖。目前实验室最常用的方法是细胞培养法,其次还有鸡胚培养法和动物接种法。

一、病毒的细胞培养

病毒的细胞培养是目前分离培养病毒最常用的方法。用于病毒分离培养的细胞主要有原代细胞、二倍体细胞和传代细胞。原代细胞是由新鲜组织(动物、鸡胚或人胚组织)制备的单层细胞,对多种病毒的敏感性高,但由于制备不方便,已逐渐少用。二倍体细胞在传代过程中保持二倍体性质,可用于多种病毒的分离和疫苗的制备。目前最常用于培养病毒的细胞为传代细胞。传代细胞是能在体外持续传代的单细胞,由突变的二倍体细胞传代或人及动物肿瘤细胞建立的。常用于分离病毒的传代细胞有 Vero(传代非洲绿猴肾)细胞、Hela(宫颈癌)细胞、Hep-2(人喉上皮癌)细胞等。

病毒在组织细胞或单层细胞中增殖后,可用光学显微镜直接观察细胞病变,如细胞圆缩、成团、空泡形成、融合、溶解、脱落等。有的细胞不发生病变,但培养液可发生 pH 改变或出现红细胞吸附及血凝现象。有时也可用免疫荧光技术检查细胞中的病毒和细胞变化。

二、病毒的鸡胚培养

鸡胚对多种病毒敏感。一般选用孵化 9～14 日龄的鸡胚,根据病毒种类不同,将病毒标本接种于鸡胚的不同部位。按接种部位分:①绒毛尿囊膜接种:用于人类疱疹病毒的培养;②羊膜腔接种:用于流感病毒的初次分离培养;③尿囊腔接种:用于流感病毒及腮腺炎病毒的培养;④卵黄囊接种:用于某些嗜神经病毒的培养(图 4-6)。鸡胚培养是目前培养流感病毒最敏感、最特异的方法。

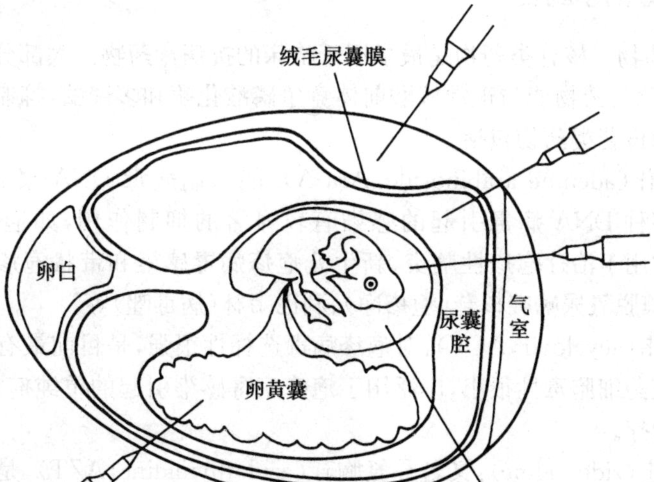

图 4-6 鸡胚的接种

三、病毒的动物接种

动物接种是最早的病毒分离方法,目前较少应用。应根据病毒种类选择敏感动物及适宜接种部位,观察动物的发病情况,进行血清学检测等。常用的实验动物有小白鼠、乳鼠、豚鼠、家兔、鸡和猴等。常用的接种途径包括皮下、皮内、腹腔、静脉、角膜、鼻腔及脑内接种等。

点 滴 积 累

病毒是非细胞微生物，缺乏独立代谢的酶系统，故在无生命培养基上不能生长。实验室培养病毒常用细胞培养、鸡胚培养和动物培养等方法。

第三节 抗病毒药物

病毒为严格细胞内寄生的微生物，抗病毒药物必须进入细胞内才能作用于病毒，故要求抗病毒药物既能穿入细胞选择性地抑制病毒增殖，又不损伤宿主细胞，故迄今尚未获得理想的抗病毒药物。抗病毒感染的治疗应从抑制病毒的增殖入手，理论上认为，病毒复制周期中的任何一个环节均可作为抗病毒药物作用的靶位。

近年来，随着病毒分子生物学的深入研究，研制出了一些抗病毒药物，但仍不能满足临床病毒性疾病治疗的需要，并且由于药物的靶位均是病毒复制周期中的某一环节，对不复制的潜伏病毒感染无效；某些复制突变率高的病毒易产生耐药毒株等，故抗病毒药物的应用也有较大的局限性。抗病毒的特异性药物治疗一直是医药界关注的热点，目前正在研发的抗病毒药物主要是针对人类免疫缺陷病毒、肝炎病毒等对人类健康危害严重的病毒。

一、抗病毒化学药物

1. 核苷类药物　核苷类药物是最早用于临床的抗病毒药物。大部分抗病毒药物都是核苷类似物，此类药物能与正常核酸前体竞争磷酸化酶和多聚酶，抑制核酸的生物合成。目前常用的核苷类药物包括：

(1)阿糖腺苷(adenine arabinoside，Ara-A)：能抑制病毒 DNA 聚合酶，阻断病毒 DNA 合成，对多种 DNA 病毒引起的感染有较显著的抑制作用，如疱疹病毒和嗜肝 DNA 病毒等，常用于治疗疱疹性脑炎、新生儿疱疹病毒感染和带状疱疹。类似药物还有阿糖胞苷、5-碘脱氧尿嘧啶核苷(疱疹净)、利巴韦林(病毒唑)等。

(2)阿昔洛韦(acyclovir，ACV)：对疱疹病毒选择性很强，是目前最有效的抗疱疹病毒药物之一。该药细胞毒性很小，广泛用于疱疹病毒感染引起的单纯疱疹、生殖器疱疹及带状疱疹的治疗。

(3)齐多夫定(zidovudine)：又名叠氮胸苷(azidothymidine，AZT)，是最早用于治疗艾滋病的药物。齐多夫定为胸腺嘧啶核苷类药物，能抑制病毒反转录酶的活性，阻断前病毒 DNA 的合成，从而抑制 HIV 的复制。AZT 对病毒反转录酶的抑制作用比对细胞 DNA 聚合酶敏感 100 倍以上，可有效降低艾滋病的发病率和病死率，但因其对骨髓有抑制作用和易形成病毒的耐药性而面临被淘汰。类似药物还有用于治疗慢性乙型肝炎的拉米夫定等。

(4)拉米夫定(lamivudine)：是一种脱氧胞嘧啶核苷类似物，临床上该药最早用于艾滋病的治疗。近年来发现其可迅速抑制慢性乙肝患者体内 HBV 的复制，使血清 HBV DNA 转阴，是目前治疗慢性乙型肝炎最新和最有前途的药物之一。

(5)3′-氮唑核苷(ribavirin)：即利巴韦林，对多种 RNA 和 DNA 病毒的复制都有抑制作用，但临床主要用于 RNA 病毒感染的治疗。目前临床主要用于流感病毒和呼吸道合胞病毒感染的治疗。

2. 蛋白酶抑制剂　尽管病毒的复制依赖宿主的酶系统，但有些病毒如小 RNA 病毒或反转录病毒等含有自身复制酶、修饰酶及反转录酶，这些蛋白酶对病毒生物合成具有重要作用。蛋白酶抑制剂可与各种蛋白酶结合而抑制其活性，阻止病毒复制。

(1)赛科纳瓦(saquinavir)：可抑制 HIV 复制周期中晚期蛋白酶活性，影响病毒结构蛋白的合成。主要用于人类免疫缺陷病毒感染及艾滋病患者的联合抗病毒治疗。

(2)英迪纳瓦(indinavir)和瑞托纳瓦(ritonavir)：是新一代病毒蛋白酶抑制剂，用于 HIV 感染的治疗。

3. 其他抗病毒药物　主要用于流感病毒和疱疹病毒感染的治疗。

(1)金刚烷胺(amantadine)和甲基金刚烷胺(rimantadine)：金刚烷胺为合成胺类，甲基金刚烷胺是其衍生物，两者有相同的抗病毒谱和副作用，能特异性抑制甲型流感病毒的脱壳，以抑制病毒的增殖。主要用于治疗甲型流感，但对乙型、丙型流感病毒无效。

(2)甲酸磷霉素(phosphonoformic acid，PFA)：选择性抑制病毒 DNA 聚合酶和反转录酶，而对宿主细胞无影响。可抑制多种疱疹病毒，如单纯疱疹病毒、水痘-带状疱疹病毒等。

二、干扰素和干扰素诱生剂

1. 干扰素(interferon，IFN)　IFN 是病毒或干扰素诱生剂诱导宿主细胞产生的一类具有高度活性和多种功能的糖蛋白。IFN 具有抗病毒、抗肿瘤和免疫调节等多种生物功能。

(1)干扰素的种类：人类细胞诱生的干扰素可分为 α、β、γ 三种类型。IFN-α 由人白细胞产生，IFN-β 由人成纤维细胞产生，IFN-γ 由人致敏 T 淋巴细胞产生，后者为免疫干扰素又称Ⅱ型干扰素，而 IFN-α 和 IFN-β 又称Ⅰ型干扰素。

(2)干扰素的抗病毒作用：IFN 并非直接灭活病毒，而是作用于细胞诱生一组抗病毒蛋白(antiviral protein，AVP)，它能抑制病毒蛋白在细胞内的合成。细胞本身具有抗病毒蛋白的基因，正常情况下处于静止状态，当干扰素与细胞膜上的干扰素受体结合时，编码抗病毒蛋白的基因活化，继而合成抗病毒蛋白，使细胞处于抗病毒状态。抗病毒蛋白只影响病毒蛋白的合成，不影响宿主细胞蛋白质的合成。在生理条件下，干扰素浓度≥10U/ml，只需 5 分钟就能使细胞处于抗病毒状态(图 4-7)。细胞在感染的同时，即产生干扰素，早于特异性抗体的出现，并使细胞迅速处于抗病毒状态。因此它既能终止受病毒感染细胞中的病毒复制，又能限制病毒的扩散。

(3)干扰素作用特点：①有种属特异性：即干扰素仅对产生干扰素的同系细胞起作用，对异种细胞无活性；②无病毒特异性：干扰素具有广谱抗病毒活性，一种干扰素可抑制多种病毒的增殖。

干扰素分子量小，4℃可保持较长时间，－20℃可长期保存活性，蛋白酶 56℃加热可被破坏。目前临床使用的干扰素多为人工重组干扰素，我国多用大肠埃希菌作为干扰素基因的载体生产干扰素，其生产流程见图 4-8。

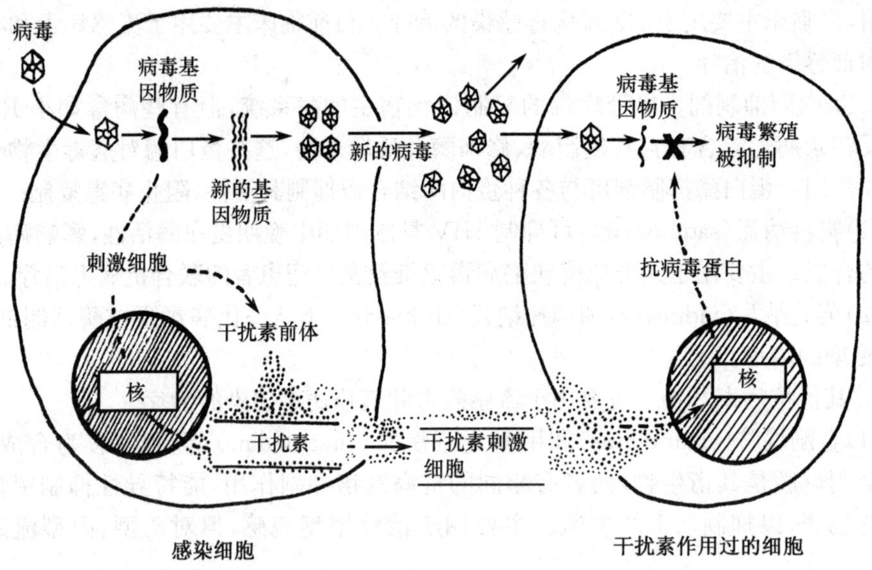

图 4-7 干扰素作用模式图

2. 干扰素诱生剂(IFN inducer) 包括多聚肌苷酸、多聚胞啶酸、甘草酸、云芝多糖等。

(1)多聚肌苷酸和多聚胞啶酸(polyI:C):为目前最有效的 IFN 诱生剂,具有诱导机体产生干扰素和免疫促进作用。但因对机体有一定毒性,尚未达到普及阶段。临床主要用于治疗带状疱疹、疱疹性角膜炎等。

(2)甘草酸:具有诱生 IFN 和促进 NK 细胞活性的作用,可大剂量静脉滴注治疗肝炎。

(3)云芝多糖:是从杂色云芝担子菌菌丝中提取的葡聚糖,具有诱生 IFN、抗病毒、促进免疫功能和抗肿瘤等作用。

三、抗病毒基因制剂

1. 反义寡核苷酸 反义寡核苷酸是根据病毒基因组已知序列设计并合成的能与某段序列互补结合的寡核苷酸。将反义寡核苷酸导入感染的细胞内可抑制病毒复制,但成本较高且不够稳定,目前仅用于巨细胞病毒性脉络膜炎及视网膜炎的治疗。

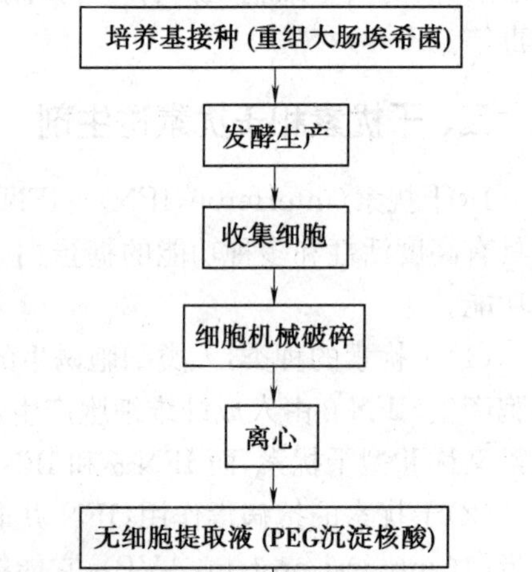

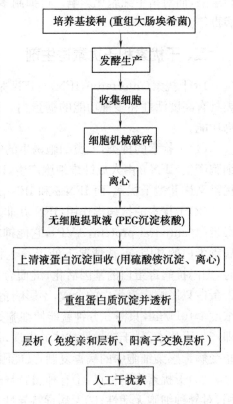

图 4-8 重组人干扰素的生产流程图

2. 核酶 核酶是一类具有双重功能的 RNA 分子。即能识别特异的靶 RNA 序列,并与之互补结合;又具有酶活性,能通过特异性位点切割降解病毒的靶 RNA,从而抑制病毒的复制。

四、抗病毒中草药

实验证明，多种中草药具有抗病毒作用。如板蓝根、大青叶能抑制多种病毒增殖；苍术、艾叶在组织培养细胞中能抑制腺病毒、鼻病毒、疱疹病毒、流感病毒、副流感病毒等；紫草根能抑制麻疹病毒等；贯众、生南星可抑制疱疹病毒。有关中草药的抗病毒作用机制多不明确，还有待于进一步研究。

五、抗病毒药物的作用机制

1. 抑制病毒侵入与脱壳　在不同的组织细胞表面有不同的病毒黏附受体，病毒可以通过细胞表面的受体与细胞接触，并侵入细胞引起细胞病变。例如 HIV 病毒体的 gp120 与 $CD4^+$ T 细胞表面的 CD4 分子结合，进入细胞后导致细胞进行生产性复制。

2. 抑制病毒核酸合成　如治疗疱疹病毒感染的碘苷、阿昔洛韦、阿糖腺苷等由于它们的化学结构类似于胸腺嘧啶核苷，能与胸腺嘧啶核苷竞争多聚酶，从而选择性地抑制病毒的复制。

3. 抑制病毒蛋白质的合成　反义寡核苷酸作为作用于病毒 mRNA 的药物，具有抵抗核酸酶的降解作用。反义寡核苷酸与新形成的病毒 RNA 结合成二聚体，从而阻止 mRNA 的形成或阻断 mRNA 由核内向细胞质内输送，抑制 mRNA 与核糖体的结合。

4. 抑制病毒的装配及释放　某些病毒编码的聚合蛋白，由病毒蛋白酶切割为小分子后作为结构蛋白参与组装。蛋白酶抑制剂能抑制病毒蛋白酶的活性，阻断病毒装配和释放。

点 滴 积 累

1. 病毒对抗生素不敏感。

2. 抗病毒药物主要作用于病毒复制周期的不同环节，通过抑制病毒侵入与脱壳、抑制病毒核酸合成、抑制病毒蛋白质的合成及抑制病毒的装配与释放达到抗病毒作用。包括有核苷类药物、蛋白酶抑制剂、干扰素和干扰素诱生剂、抗病毒基因制剂及中草药。

3. 干扰素是病毒或干扰素诱生剂诱导宿主细胞产生的一类具有高度活性和多种功能的糖蛋白，具有抗病毒、抗肿瘤和免疫调节等多种功能。

第四节　噬　菌　体

噬菌体（bacteriophage，phage）是侵袭细菌、真菌、放线菌或螺旋体等微生物的病毒。噬菌体具有病毒的基本特性：个体微小，可以通过细菌滤器；无细胞结构，主要由蛋白质构成的衣壳和包含于其中的核酸组成；只能在活的微生物细胞内复制增殖，是一种专性细胞内寄生的微生物。

噬菌体分布极广，凡是有细菌的场所，就可能有相应噬菌体的存在。噬菌体有严格的宿主特异性，只寄居在易感宿主菌体内，故可利用噬菌体进行细菌的流行病学鉴定与分型。由于噬菌体结构简单、基因数少、繁殖速度较快又易于培养，常用于分子生物学与基因工程研究。

一、噬菌体的生物学性状

（一）形态与结构

噬菌体很小，在光学显微镜下看不见，需用电子显微镜观察。不同的噬菌体在电子显微镜下有三种形态，即蝌蚪形、微球形和丝形。大多数噬菌体呈蝌蚪形，由头部和尾部两部分组成(图 4-9)。噬菌体头部呈六边形、立体对称，内含核酸，外裹一层蛋白质衣壳。尾部是一管状结构，由一个中空的尾髓和外面包裹的尾鞘组成。尾髓具有收缩功能，可使头部核酸注入宿主菌。在头、尾连接处有尾领、尾须结构，尾领与头部装配有开关。尾部末端有尾板、尾刺和尾丝，尾板内有裂解宿主菌细胞壁的溶菌酶；尾丝为噬菌体的吸附器官，能识别宿主菌体表面的特殊受体(图 4-10)，某些噬菌体尾部很短或缺失。

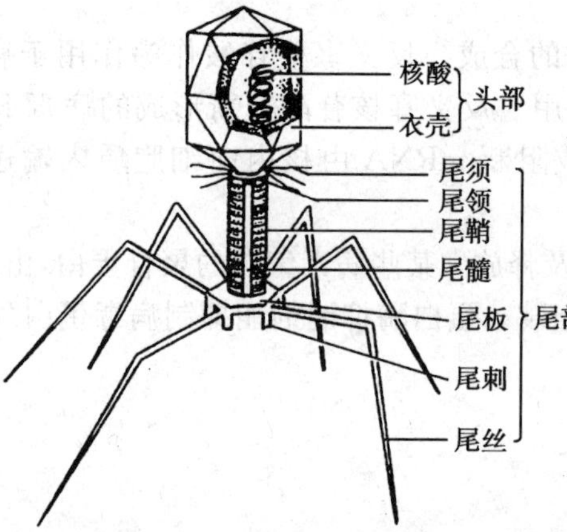

图 4-9 噬菌体结构模式图

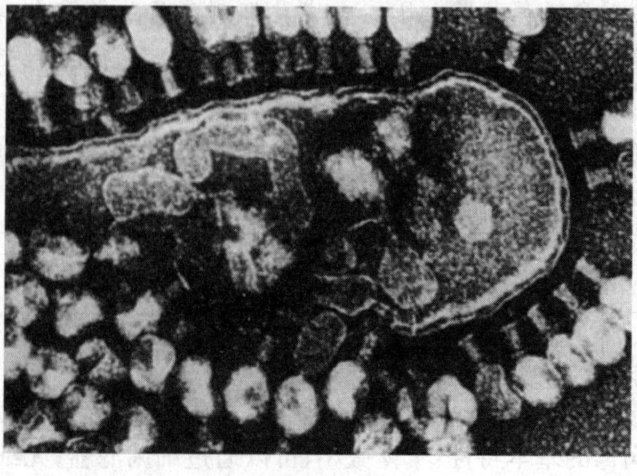

图 4-10 噬菌体吸附于大肠埃希菌(电镜下)

(二) 化学组成

噬菌体主要由核酸和蛋白质组成。核酸是噬菌体的遗传物质,常见噬菌体的基因组大小为2～200kb。蛋白质构成噬菌体头部的衣壳及尾部,包括尾髓、尾鞘、尾板、尾刺和尾丝,具有保护核酸的作用,并决定噬菌体外形和表面特征。

噬菌体的核酸类型为DNA或RNA,并由此将噬菌体分成DNA噬菌体和RNA噬菌体两大类。大多数DNA噬菌体的DNA为线状双链,但一些微小DNA噬菌体的DNA为环状单链。多数RNA噬菌体的RNA为线状单链,少数为线状双链,且分成几个节段。有尾噬菌体的核酸均为线状双链DNA,无尾噬菌体的核酸可为环状单链DNA或线状单链RNA。噬菌体的DNA同样由核苷酸组成,某些噬菌体的基因组含有异常碱基,如大肠埃希菌T偶数噬菌体无胞嘧啶,而代以5-羟甲基胞嘧啶与糖基化的5-羟甲基胞嘧啶;某些枯草芽孢杆菌噬菌体的DNA无胸腺嘧啶,而代以尿嘧啶、5-羟甲基尿嘧啶等。因宿主菌细胞内没有这些碱基,可成为噬菌体DNA的天然标记。

(三) 免疫原性

噬菌体具有免疫原性,能刺激机体产生特异性抗体。该抗体能抑制相应噬菌体侵袭敏感细菌,但对已吸附或已进入宿主菌的噬菌体不起作用,该噬菌体仍能复制增殖。

(四) 抵抗力

噬菌体对理化因素的抵抗力比一般细菌的繁殖体强,加热70℃ 30分钟仍不失活,也能耐受低温和冷冻。多数噬菌体能抵抗乙醚、三氯甲烷和乙醇,在5g/L苯酚中经3～7天不丧失活性。对紫外线和X射线敏感,一般经紫外线照射10～15分钟即失去活性。

二、噬菌体与宿主的相互关系

根据噬菌体与宿主菌的相互关系,噬菌体可分成两种类型:一种是能在宿主菌细胞内复制增殖,产生许多子代噬菌体,并最终裂解细菌,称为烈性噬菌体(virulent phage)。另一种是噬菌体基因与宿主菌染色体整合,不产生子代噬菌体,但噬菌体DNA能随细菌DNA复制,并随细菌的分裂而传代,称为温和噬菌体(temperate phage)或溶原性噬菌体(lysogenic phage)。

(一) 毒性噬菌体

毒性噬菌体在敏感菌内以复制方式进行增殖,增殖过程包括吸附、穿入、生物合成、成熟和释放几个阶段。从噬菌体吸附至细菌溶解释放出子代噬菌体,称为噬菌体的复制周期或溶菌周期。噬菌体复制周期与病毒的复制周期相似,只是缺乏脱壳阶段,其衣壳仍保留在被感染的菌体细胞外。

在液体培养基中,噬菌现象可使混浊菌液变为澄清。在固体培养基上,若用适量的噬菌体和宿主菌液混合后接种培养,培养基表面可出现透亮的溶菌空斑。一个空斑系由一个噬菌体复制增殖并裂解细菌后形成,称为噬斑(plaque),不同噬菌体噬斑的形态与大小不尽相同。若将噬菌体按一定倍数稀释,通过噬斑计数,可测知一定体积内的噬斑形成单位(plaque forming units,PFU)数目,即噬菌体的数量。

(二) 温和噬菌体

温和噬菌体的基因组能与宿主菌基因组整合,并随细菌分裂传至子代细菌的基因组中，不引起细菌裂解。整合在细菌基因组中的噬菌体基因组称为前噬菌体(prophage)，带有前噬菌体基因组的细菌称为溶原性细菌(lysogenic bacterium)。前噬菌体可偶尔自发地或在某些理化和生物因素的诱导下脱离宿主菌基因组而进入溶菌周期，产生成熟噬菌体，导致细菌裂解。温和噬菌体的这种产生成熟噬菌体颗粒和溶解宿主菌的潜在能力，称为溶原性(lysogeny)。由此可知，温和噬菌体可有三种存在状态：①游离的具有感染性的噬菌体颗粒；②宿主菌胞质内类似质粒形式的噬菌体核酸；③前噬菌体。所以，温和噬菌体既有溶原性周期又有溶菌性周期，而毒性噬菌体只有溶菌性周期。

溶原性细菌具有抵抗同种或有亲缘关系噬菌体重复感染的能力，即使得宿主菌处在一种噬菌体免疫状态。

某些前噬菌体可导致细菌基因型和性状发生改变，称为溶原性转换(lysogenic conversion)。例如白喉棒状杆菌产生白喉毒素，是因其前噬菌体带有毒素蛋白结构基因；A群溶血性链球菌受有关温和噬菌体感染发生溶原性转换，能产生致热外毒素；肉毒梭菌的毒素、金黄色葡萄球菌溶素的产生，以及沙门菌、志贺菌等的抗原结构和血清型别都与溶原性转换有关。

三、噬菌体在医药学中的应用

(一) 细菌的鉴定与分型

噬菌体与宿主菌的关系具有高度特异性，即一种噬菌体只能裂解一种和它相应的细菌，故可用已知噬菌体鉴定未知细菌或分型。例如用伤寒沙门菌 Vi 噬菌体可将有 Vi 抗原的伤寒沙门菌分为 96 个噬菌体型。噬菌体分型法对追踪传染源及流行病学调查具有重要意义。

(二) 分子生物学研究的重要工具

由于噬菌体结构简单，基因数量少，而且容易获得大量的突变体，因此成为分子生物学研究的重要工具，成为研究 DNA、RNA 和蛋白质相互作用的良好模型系统。近年来，利用 λ 噬菌体作为载体构建基因文库；利用丝形噬菌体表面表达技术构建肽文库、抗体文库和蛋白质文库等，又使噬菌体成为分子生物学研究中的重要载体。

(三) 耐药性细菌感染的治疗

近年来，一些研究者对各种耐药性病原菌进行了噬菌体治疗试验，如铜绿假单胞菌、葡萄球菌、大肠埃希菌、克雷伯菌等病原体，感染类型包括创伤和手术后感染、胃肠炎、脓胸等，研究结果表明获得了肯定的治疗效果。但由于噬菌体的特异性过于专一，限制了噬菌体在临床上的广泛应用。

(四) 遗传工程

在遗传工程中，利用噬菌体作为载体将需要转移的基因带入菌细胞，让细菌在增殖过程中表达该基因产物。

(五) 其他

噬菌体分布广泛，故在发酵工业中应严防噬菌体的污染，而在选育生产发酵菌种时，应注意选育抗噬菌体的菌株。噬菌体还用作抗病毒药物的筛选和抗肿瘤抗生素的实验模型。

点滴积累

1. 噬菌体是寄生在细菌体内的病毒，呈蝌蚪形，常用作分子生物学和基因工程等领域的载体工具。生产上常要防止噬菌体污染。

2. 噬菌体分为烈性噬菌体和温和噬菌体。烈性噬菌体能裂解细菌，温和噬菌体是其基因与宿主菌染色体整合，随细菌的分裂而传代，不破坏细菌。

第五节 常见致病性病毒

一、流行性感冒病毒

流行性感冒病毒(influenza virus)简称流感病毒，属于呼吸道病毒，引起流行性感冒(简称流感)。流感是一种急性上呼吸道传染病，传染性强，传播快，蔓延广，常造成流行，曾多次引起世界性大流行，造成数以万计的人死亡，对人类的生命健康危害极大。

(一) 生物学性状

1. 形态与结构　该病毒呈球形或丝形，直径约 100nm。其结构由病毒核酸与蛋白质组成的核衣壳和外膜三层组成(图 4-11)。

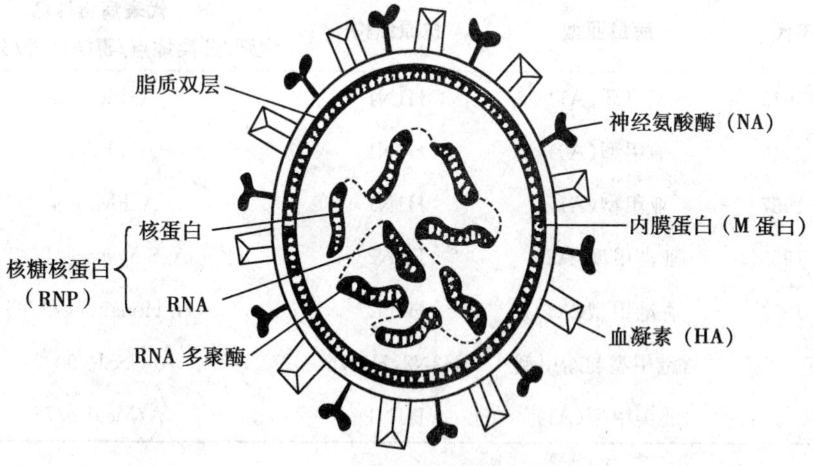

图 4-11　流感病毒结构模式图

(1)核衣壳：是病毒颗粒的核心，内含单链 RNA、核蛋白(NP)和具有转录功能的 RNA 多聚酶。RNA 分为 7～8 个节段，每一节段各为一个基因，这一特点使病毒在复制时容易发生基因重组而形成新的亚型。核蛋白的抗原结构稳定，很少发生变异，具有型特异性，其抗体无中和病毒的作用。

(2)包膜内层：是病毒基质蛋白(M 蛋白)，具有保护核心和维持病毒形态的作用。

(3)包膜外层：为脂质双层膜，来源于宿主细胞膜。膜上有血凝素(HA)与神经氨酸酶(NA)两种刺突，呈放射状，均为糖蛋白，具有抗原性。血凝素能与多种动物红细胞表面的糖蛋白受体结合，使红细胞凝集；神经氨酸酶能水解细胞表面糖蛋白末端的N-乙酰神经氨酸，有助于成熟病毒从细胞表面释放。HA和NA是流感病毒的表面抗原，其抗原性极不稳定，常发生变异，是划分流感病毒亚型的重要依据。

2. 分型与变异

(1)分型：根据NP和MP抗原性的不同，将流感病毒分为甲、乙、丙三个型，三型之间无交叉免疫。甲型流感病毒又根据HA、NA抗原性的不同，将其划分为若干亚型，迄今发现HA有16种，NA有9种(HA1～16，NA1～9)。近年报道的H5N1和H9N2等亚型禽流感病毒致人感染，为新亚型流行。乙型、丙型流感病毒尚未发现亚型。

(2)变异：流感病毒易发生变异，尤以甲型变异频繁，其主要原因是由于HA与NA的抗原结构很容易发生化学变化。抗原变异是流感病毒最突出的特性，也是流感防治中的困难所在。流感病毒的抗原变异有两种形式：①抗原漂移(antigenic drift)：由于病毒基因点突变，HA、NA变异幅度小，属量变，引起局部中小规模流行；②抗原转换(antigenic shift)：由于甲型流感病毒发生抗原变异或基因重组而致，HA变异幅度大，属质变，常导致新亚型出现，可引起较大规模的流行。

甲型流感病毒的变异是一个连续不断地由量变到质变的过程，当其抗原发生质变以后，即形成一个新的亚型。每次变异相隔10～15年。每当一新亚型出现，由于人群缺乏对它的免疫力，常引起大流行，甚至波及全球。甲型流感病毒的抗原变异与大流行见表4-3。

表4-3 甲型流感病毒的抗原变异与流感大流行简表

流行年代	病毒亚型	抗原结构	代表病毒株名 型别/分离地点/毒株序号/分离年代
1918—1919	西班牙(A1)	H1N1	A/PR/8/34
1930—1946	原甲型(A0)	H0N1	A/PR/8/34
1946—1957	亚甲型(A1)	H1N1	A/FM/1/47
1957—1968	亚洲甲型(A2)	H2N2	A/Singapore/1/57
1968—1977	香港甲型(A3)	H3N2	A/Hongkong/1/68
1977—	香港甲型与新甲型	H3N2，H1N1	A/USSR/90/77
2009—	北美甲型(A1)	H1N1	A/Mexico/77

3. 培养特性　最常用鸡胚培养法。首先分离该病毒接种于鸡胚羊膜腔，传代适应后可移种至尿囊腔。病毒繁殖后不引起明显病变，常取羊水或尿囊液做血球凝集试验以检查病毒繁殖的情况。流感病毒不易在组织细胞培养中增殖。

血球凝集现象是流感病毒表面的血凝素与红细胞表面的糖蛋白受体结合所致。人和多种动物(鸡、豚鼠、绵羊等)的红细胞、人的呼吸道黏膜上皮细胞表面都有流感病毒的血凝素受体，故呼吸道上皮细胞是流感病毒的易感细胞。

流感病毒凝集红细胞的能力可被相应抗体(血凝抑制抗体)所抑制。若使病毒先与抗体作用，然后加入红细胞悬液，血凝现象就不出现，称为血凝抑制试验。血凝抑制试验是一种抗原抗体反应，有较高的特异性，可用于鉴定病毒的型别与亚型(如对流感病毒的分型)。

4. 抵抗力 流感病毒的抵抗力较弱,耐冷不耐热,56℃ 30分钟即可灭活,室温下病毒很快丧失传染性,0～4℃可存活数周,－70℃可长期保存。对干燥、紫外线及常用消毒剂(如酸类、醛类等)均敏感。

(二) 致病性与免疫性

1. 传染源与传播途径 传染源主要是患者、隐性感染者及感染动物;传播途径主要是病毒经飞沫传播,也可因接触而传播。

2. 致病机制与所致疾病 流感病毒可引起流行性感冒,流感病毒传染性强,人群普遍易感,50%感染后无症状,潜伏期为1～4天。流感病毒进入人体后,在呼吸道上皮细胞内增殖,引起细胞空泡性变性,最终坏死脱落,患者出现鼻塞、流涕、咽痛、咳嗽等上呼吸道感染症状。不引起病毒血症,但可释放内毒素样物质入血,引起发热、头痛、畏寒、全身酸痛、乏力等全身症状。流感发病率高,病死率低,病程一般持续5～7天,死亡病例多见于老人、免疫或心肺功能不全及婴幼儿等有继发细菌感染者。无并发症患者发病后3～4天开始恢复。

高致病性禽流感病毒H5N1的主要致病机制是抵抗干扰素和肿瘤坏死因子的抗病毒作用,引发机体免疫病理损伤。

3. 免疫性 感染流感病毒后,体内可产生抗HA和NA的抗体．两者存在于血清和呼吸道黏膜分泌液中,对防止再感染有重要作用,但免疫力较短暂(1～2年)。不同型别间无交叉免疫力,同型不同亚型之间亦无明显交叉免疫现象,这是流感能够经常流行的主要原因。

知识链接

禽 流 感

禽流感是禽流行性感冒的简称,是由禽流行性感冒病毒引起的一种人、禽类(家禽和野禽)共患急性传染病。按病原体类型不同分为高致病性、低致病性和非致病性禽流感三类,其中高致病性禽流感由A型禽流感病毒引起,感染人的禽流感病毒亚型主要有H5N1、H9N2、H7N9等。人类可因病禽的分泌物、排泄物及受病毒污染的水等,经接触、消化道、呼吸道、皮肤等多途径感染。以冬、春季节多发,潜伏期短,感染后表现为高热、咳嗽、流涕、肌痛等,也可表现为较严重的全身性、出血性等症状,感染后死亡率高。

(三) 微生物学检查法

在流感流行期间,根据典型症状即可作出初步诊断。实验室检查主要用于确诊、流行监测和提出疫苗制备方案。

1. 病毒分离培养 取急性期患者口漱液或鼻咽拭子,经抗生素处理后接种于9～11日龄鸡胚羊膜腔或尿囊腔,培养后做红细胞凝集试验,阳性标本再做红细胞凝集抑制试验(HI),以确定病毒型别。

2. 血清学诊断 取疑似病例的急性期(发病5日内)和恢复期(发病2～4周)双份血清进行HI试验,若恢复期血清抗体效价较急性期高4倍及以上,具有诊断意义。补体结合试验(CF)可以检测作为新近感染指标的NP、MP抗体。

3. 快速诊断 可采用免疫荧光法、ELISA法检测病毒抗原。也可用核酸杂交、PCR和序列分析等分子生物学方法检测病毒核酸与进行分型鉴定。

(四) 防治原则

对流感应以预防为主。目前采用流感减毒活疫苗,用气雾吸入法进行鼻内接种,使病毒在呼吸道黏膜上皮细胞内增殖,除产生血清型抗体外还有上呼吸道分泌型抗体(sIgA),免疫效果较好。应用流感病毒亚单位疫苗(HA和NA)接种可防止感染,还可减少全身及局部的接种后反应(如发热等)。干扰素也有一定预防作用。

口服金刚烷胺可防治甲型流感,但对其他型病毒无效。抗生素对病毒无作用,但对防治继发细菌性感染有效。干扰素及中药如板蓝根、大青叶、连翘等对流感也有防治作用。

二、SARS冠状病毒

冠状病毒(coronavirus,CoV)属冠状病毒科冠状病毒属。由于病毒包膜上有向四周伸出的突起,形如花冠而得名。冠状病毒主要感染成人、少年或较大儿童,引起普通感冒和咽喉炎,某些毒株还可引起成人腹泻。

SARS冠状病毒是引起严重急性呼吸综合征(severe acute respiratory syndrome, SARS)的病原体,属变异的冠状病毒。2003年4月16日WHO正式宣布SARS的病原体是一种新型冠状病毒,称为SARS冠状病毒(SARS-CoV)。

(一) 生物学形状

1. 形态与结构 SARS-CoV形态与冠状病毒相似,多呈球形或椭圆形,偶见不规则形态。直径为60～220nm,有包膜,其外有放射状排列的花瓣样突起,形状如花冠(图4-12)。

病毒基因组为正单链RNA,约由30 000个核苷酸组成,与经典冠状病毒有约60%的同源性,编码主要结构蛋白N、S、M、E蛋白等,核衣壳(N蛋白)呈螺旋对称。N蛋白是SARS病毒的主要结构蛋白,结合在RNA上,在病毒转录、复制和成熟中起作用。病毒包膜上有三种糖蛋白:①S蛋白(spike protein):是刺突糖蛋白,突出于包膜表面,呈棒状或球形,它能与宿主细胞受体结合,引起细胞融合,也是病毒的主要抗原;②M蛋白(membrane protein):是跨膜蛋白,对病毒包膜的形成、出芽以及病毒核心的稳定具有重要作用;③E蛋白(envelope protein):是一种较小的蛋白质,散在于病毒包膜上,其功能与病毒包膜的形成及核衣壳的装配有关(图4-13)。

2. 培养特性 SARS-CoV的宿主细胞范围较广,在Vero E6、MDCK、Hep-2、Hela、BHK-21等很多细胞中都能生长,病毒增殖后细胞可出现病变。病毒复制可被恢复期患者的血清抑制。

3. 抵抗力 该病毒对脂溶剂敏感,不耐热和酸,可用0.2%～0.5%过氧乙酸或10%次氯酸钠消毒,普通消毒剂也可使其灭活。

SARS-CoV离开活宿主细胞后生存时间较短(约3小时),在尿液中至少可存活10天,在痰液和粪便中能存活5天以上,在血液中可存活约15天,在塑料、玻璃、马赛克、金属、布料、复印纸等多种物体表面可存活2～3天。

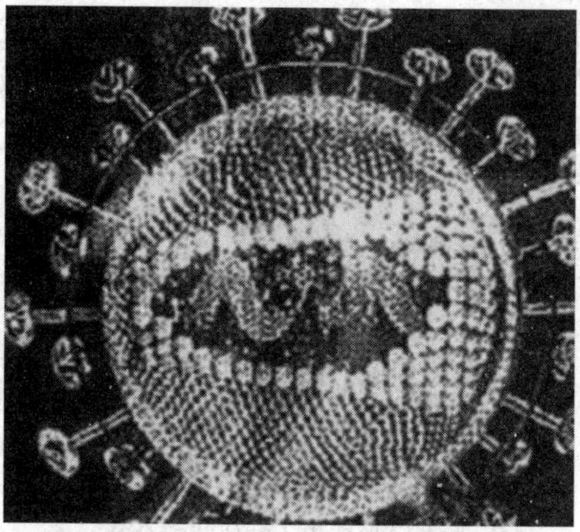

图 4-12 SARS 冠状病毒的电镜照片

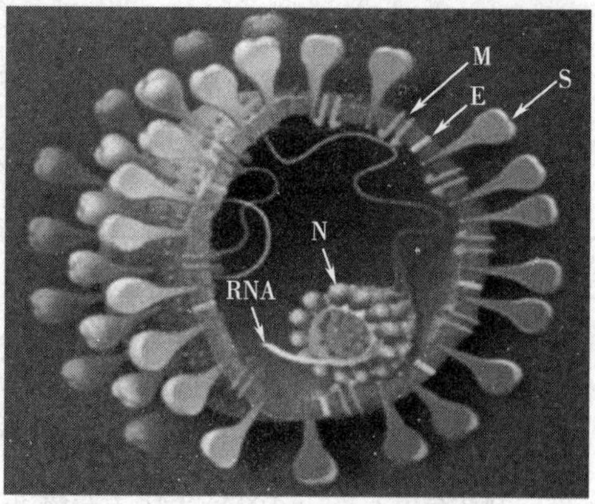

图 4-13 SARS 冠状病毒的结构模式图

E. 包膜蛋白;M. 跨膜蛋白;
N. 衣壳蛋白;S. 刺突糖蛋白

(二) 致病性与免疫性

1. 传染源与传播途径 传染源是 SARS 患者和隐性感染者,SARS-CoV 通过呼吸道分泌物、粪便等排出,人群对 SARS-CoV 普遍易感。SARS-CoV 经近距离呼吸道飞沫传播为主,也可通过手接触呼吸道分泌物,经口、鼻黏膜及眼结膜传播,还存在粪-口传播等其他途径传播的可能。

2. 致病机制与所致疾病 其致病机制还不十分清楚。病毒先在上呼吸道黏膜上皮细胞内增殖,然后进入下呼吸道黏膜及肺泡上皮细胞内增殖,导致细胞坏死;SARS-CoV 诱导机体产生的免疫应答可能也参与对肺组织的损伤。

SARS 起病急,潜伏期一般为 4～5 天,患者以发热为首发症状,体温高于 38℃,可伴有头痛、乏力等,继而出现干咳、胸闷、气短等呼吸道感染症状,严重者肺部病变进展迅速,出现呼吸困难、休克、DIC 甚至死亡。X 线检查胸部出现片状密度增高阴影,晚期可表现为肺实变。

3. 免疫性 机体感染 SARS-CoV 后,产生特异性体液免疫和细胞免疫均有抗病毒作用。特异性抗体能中和病毒,$CD8^+$ T 细胞活化后可直接杀伤被 SARS-CoV 感染的靶细胞。$CD4^+$ T 细胞等分泌的干扰素等细胞因子也发挥一定作用。

(三) 微生物学检查

1. 病毒的分离培养 取患者的呼吸道分泌物等标本,接种于 Vero E6 等细胞分离病毒,一般在接种后 5 天出现细胞病变。

2. 血清学检查 可用酶联免疫吸附试验(ELISA)或间接免疫荧光法检测患者或疑似患者血清中的特异性抗体。一般在发病后 1 周左右即可检出 IgM 抗体,10 天后可检出 IgG 抗体。

3. 检测核酸 可用反转录-聚合酶链反应(RT-PCR)检测患者或疑似患者标本(血液、粪便、呼吸道分泌物或机体组织)中的 SARS-CoV 的 RNA。该法可用于病毒感染的早期诊断及疑似感染者的确诊。

(四) 防治原则

目前尚无有效的预防疫苗和特异的治疗药物。SARS 的预防主要是隔离患者和严格消毒，治疗采取支持疗法、激素治疗、抗病毒治疗及使用大剂量抗生素。主要用干扰素等抑制病毒增殖，用糖皮质激素降低对肺的损伤，用抗生素治疗并发的细菌感染以及对症支持疗法等。中西医结合治疗 SARS 的效果比单纯西医治疗要好。

此外，其他呼吸道病毒及所致疾病见表 4-4。

表 4-4　常见呼吸道病毒及所致疾病

病毒	主要生物学特性	所致疾病
副流感病毒	RNA、球形、有包膜	普通感冒、支气管炎等
麻疹病毒	RNA、球形、有包膜	麻疹、亚急性硬化性全脑炎
腮腺炎病毒	RNA、球形、有包膜	流行性腮腺炎
风疹病毒	RNA、球形、有包膜	风疹、胎儿畸形或先天性风疹综合征
腺病毒	DNA、球形、无包膜	呼吸道、胃肠道、尿道和眼结膜感染

三、脊髓灰质炎病毒

脊髓灰质炎病毒(poliovirus)属于肠道病毒，引起脊髓灰质炎。该病毒感染人体后，以隐性感染多见，少数感染者因病毒损害脊髓前角运动神经元细胞，导致肢体肌肉弛缓性麻痹，多见于儿童，故又称小儿麻痹症。

(一) 生物学性状

1. 形态与结构　病毒呈球形，直径 27～30nm，核衣壳为 20 面体立体对称，无包膜。病毒衣壳蛋白主要由 4 种蛋白组成，分别称为 VP1、VP2、VP3 和 VP4。其中 VP1、VP2 和 VP3 暴露在病毒衣壳的表面，是病毒与宿主细胞表面受体结合的部位，具有抗原性，是病毒分型的依据。VP4 位于衣壳内部，可维持病毒的空间构型。

2. 培养特性　脊髓灰质炎病毒仅能在灵长类动物细胞内增殖，常用人胚肾、人羊膜或猴肾等进行细胞培养，生长最适温度为 36～37℃。病毒在细胞质中增殖，24 小时即可出现典型的细胞病变，被感染的细胞圆缩、坏死、脱落。病毒从溶解死亡的细胞中大量释放。

3. 抗原性与型别　脊髓灰质炎病毒有 3 个血清型，均可刺激机体产生中和抗体，但三型间无交叉免疫。

4. 抵抗力　脊髓灰质炎病毒对外界环境的抵抗力较强，在污水和粪便中可存活数月，能耐受胃酸、蛋白酶和胆汁的作用。病毒对紫外线、热和化学消毒剂敏感，56℃ 30 分钟可迅速破坏病毒，各种强氧化剂和甲醛、氯化汞等均可灭活该病毒。

(二) 致病性与免疫性

1. 传染源与传播途径　患者、隐性感染者和无症状带病毒者为传染源。病毒主要存在于粪便和鼻咽分泌物中，经粪-口途径传播。易感者多为 15 岁以下，尤其是 5 岁以下儿童。

2. 致病机制与所致疾病　病毒经口侵入机体后，首先在咽部和肠道集合淋巴结中增殖。约有 90%以上的感染者不出现症状或仅有轻微发热、咽痛、腹部不适等，表现为隐性或轻症感染。少数感染者病毒在肠道局部淋巴结增殖后进入血液，引起第一次病毒血症，临床上可出现发热、头痛、恶心等症状。病毒随血液播散到全身淋巴组织或其他易感组织进一步增殖，再次入血引起第二次病毒血症，患者全身症状加重。此时，若机体免疫力强，中枢神经系统可不受侵犯，临床上不出现麻痹症状。极少数患者病毒侵入中枢神经系统，在脊髓前角运动神经元细胞中增殖并引起病变。轻者引起暂时性肌肉麻痹，以四肢多见，下肢尤甚。重者可造成永久性弛缓性肢体瘫痪，甚至发生延髓麻痹，导致呼吸衰竭或心力衰竭而死亡。

3. 免疫性　病后和隐性感染均可使机体获得对同型病毒的牢固免疫力，主要以sIgA和血清中和抗体（IgG、IgM）发挥作用。sIgA能清除咽喉部和肠道内病毒，防止其进入血液。血清中和抗体可阻止病毒进入中枢神经系统。中和抗体在体内维持时间甚久，6个月以内的婴儿可从母体获得被动免疫。

（三）微生物学检查

1. 病毒分离与鉴定　粪便标本加抗生素处理后，接种原代猴肾或人胚肾细胞，置37℃培养7～10天，若出现细胞病变，用中和试验进一步鉴定其型别。

2. 血清学实验　取发病早期和恢复期双份血清进行中和试验，若血清抗体效价有4倍或以上增长，则有诊断意义。

3. 分子生物学方法　应用RNA探针进行核酸杂交试验及RT-PCR等方法检测病毒的RNA，可作出快速诊断。

（四）防治原则

对婴幼儿及儿童进行人工主动免疫是预防脊髓灰质炎最为有效的方法。脊髓灰质炎疫苗有灭活疫苗和减毒活疫苗两种。我国使用口服脊髓灰质炎三价减毒活疫苗，可获得抗三种血清型脊髓灰质炎病毒的免疫力。

与患者有过密切接触的易感者可注射丙种球蛋白做紧急被动免疫，可阻止发病或减轻症状。

此外，其他肠道病毒及所致疾病见表4-5。

表4-5　其他肠道病毒及所致疾病

病毒种类和型别	所致疾病	主要传播途径
轮状病毒	婴幼儿腹泻	粪-口途径
柯萨奇病毒（A组：1～24型）	上呼吸道感染、疱疹性咽炎、手足口病等	粪-口途径
柯萨奇病毒（B组：1～6型）	上呼吸道感染、心肌炎、流行性肌痛等	粪-口途径
埃可病毒（ECHO）	无菌性脑膜炎、婴幼儿腹泻、儿童皮疹等	粪-口途径、呼吸道传播
新型肠道病毒	急性出血性结膜炎（“红眼病”）	接触、粪-口途径、昆虫媒介

知识链接

手足口病

手足口病是一种儿童传染病，主要由柯萨奇病毒A16型引起。其特征是患者手足皮肤和口舌出现水疱型损伤，可伴有发热，因而称为手足口病。多发生于5岁以下儿童，夏、秋季易流行。该病通过密切接触及空气飞沫传播，也可通过手、生活用品及餐具等间接传染。少数患儿可引起心肌炎、肺水肿、无菌性脑膜脑炎等并发症，重症患儿病情发展快，可导致死亡。

四、肝炎病毒

课堂活动

中国是病毒性肝炎的高发地区，目前已知的甲、乙、丙、丁、戊型肝炎在我国均有发生，特别是乙型肝炎在我国感染率在10%以上，严重危害人类健康。肝炎病毒是怎样感染人体的？可引起哪些危害？能否进行有效治疗和预防？

肝炎病毒(hepatitis virus)是引起病毒性肝炎的病原体。目前公认的有5种类型，包括甲型肝炎病毒(hepatitis A virus，HAV)、乙型肝炎病毒(hepatitis B virus，HBV)、丙型肝炎病毒(hepatitis C virus，HCV)、丁型肝炎病毒(hepatitis D virus，HDV)和戊型肝炎病毒(hepatitis E virus，HEV)。近年来，又发现一些与人类肝炎相关的病毒，如己型肝炎病毒、庚型肝炎病毒。病毒性肝炎传播极广，严重危害人民健康，因此，有效地防治肝炎，控制其传播是当前医药界研究的重点课题之一。

(一) 甲型肝炎病毒

甲型肝炎病毒是甲型肝炎的病原体。甲型肝炎呈世界性分布，HAV从感染者粪便排出，污染食物或水源而引起流行，主要感染儿童和青少年。人类感染HAV后，大多数表现为隐性感染，仅有少数发生急性肝炎，一般可以完全恢复，不转为慢性，不形成病毒携带者。

1. 生物学性状

(1)形态与结构：HAV为无包膜小球形病毒，直径约27nm(图4-14)。衣壳呈20面体立体对称，每个壳粒由4种(VP1～VP4)多肽组成。病毒基因组为单股正链RNA，核酸具有感染性。

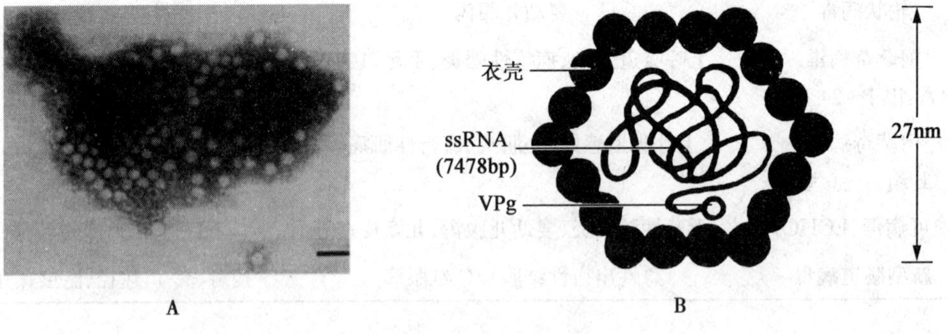

图4-14　甲型肝炎病毒
A. 电镜图；B. 结构示意图

(2)易感动物与培养：黑猩猩和绒猴等对HAV易感。HAV可在非洲绿猴肾细胞、人肝癌细胞株、人胚肺二倍体细胞等多种细胞中缓慢增殖，不引起明显的细胞病变。应用免疫荧光染色法，可检出培养细胞中的HAV。

(3)免疫原性：HAV免疫原性稳定，且只有一个血清型，可刺激机体产生中和抗体。

(4)抵抗力：HAV抵抗力较强，比一般肠道病毒更耐酸、耐乙醚、耐热。在自然界存活能力强，在污水中可存活1个月，因此可通过粪便污染水源引起暴发流行。100℃ 5分钟可消除其传染性。常用消毒剂如乙醇、苯酚、漂白粉和甲醛等可将其灭活。

2. 致病性与免疫性

(1)传染源与传播途径：传染源为患者与隐性感染者。甲型肝炎的潜伏期为15～50天，平均30天，患者于发病前后两周内均可自粪便排毒，转氨酶达高峰时，粪便排毒停止。HAV主要通过粪-口途径传播。带病毒粪便污染食物、水源、海产品等均可造成散发或暴发流行。1988年，上海曾发生市民因食用被HAV污染的毛蚶而导致30万人甲型肝炎暴发流行，危害十分严重。

(2)感染类型与致病机制：人类普遍对HAV易感，约70%为隐性感染。显性感染多发生于儿童及青少年。成人体内多含抗HAV的抗体而不易感。病毒经口侵入后首先在口咽部或唾液腺中增殖，然后在小肠淋巴结内增殖，继而进入血流，形成病毒血症，再到达并侵犯肝脏，在肝细胞内增殖而致病。由于HAV在肝细胞内增殖非常缓慢，并不直接造成明显细胞损害。当黄疸出现时，血液和粪便中HAV量却明显减少，同时体内出现抗体，可见病毒复制的量与症状严重程度并不一致。说明机体的免疫应答参与了肝脏的损伤，除了非特异性巨噬细胞、NK细胞杀伤病毒感染的靶细胞外，还通过特异性HAV抗体在肝脏与HAV结合形成免疫复合物，或CTL细胞及其产生的细胞因子对感染病毒肝细胞的杀伤作用而引起肝脏损害。至今未发现HAV对细胞有转化作用，因此甲型肝炎预后良好。临床表现有发热、疲乏、食欲缺乏、肝大、肝区痛、肝功能异常、黄疸等。急性肝炎可完全恢复，不转为慢性，不形成长期携带病毒者。

(3)免疫性：显性感染和隐性感染，机体均可产生抗HAV的抗体。抗-HAV IgM在急性期早期即可产生，维持2个月左右；抗-HAV IgG在恢复期出现，可维持多年，对HAV的再感染具有免疫作用。此外，IFN的产生、NK细胞和CTL对清除病毒、控制感染具有重要作用。

3. 微生物学检查　常用放射免疫检测法(RIA)或酶联免疫吸附试验(ELISA)检测患者血清中特异性抗体，HAV IgM类抗体升高可作为甲型肝炎早期诊断依据。也可采用电镜或免疫电镜检测急性期患者粪便中HAV病毒颗粒。

4. 防治原则　HAV主要通过粪-口途径传播，故预防甲型肝炎主要是控制传染源，切断传播途径，加强卫生宣传，严格管理和改善饮食和饮水卫生，对患者排泄物、食具和床单衣物等物品应进行消毒处理。预防甲型肝炎可采用接种灭活疫苗或减毒疫苗。对密切接触患者的易感者，可给予丙种球蛋白肌内注射进行被动免疫。

案例分析

案例

患者，男，39岁，半月前出差在外，曾进食海鲜。1周来出现畏寒、发热、恶心、呕吐、乏力、食欲减退，近2天尿如浓茶色，前来医院就诊。检查：巩膜黄染，肝肋下4cm，脾未触及，其余正常。化验：ALT：998U，总胆红素：113μmol/L，IgM(＋)，抗-HBs(＋)，其余均正常。该患者的初步诊断及病原诊断是什么？可能经哪种途径感染？预后如何？

分析

通过临床症状、查体及化验结果分析，该患者为急性甲型肝炎，系感染甲型肝炎病毒所致。甲型肝炎病毒主要经粪-口途径传播，一般可完全恢复，预后良好，不转为慢性肝炎。

(二) 乙型肝炎病毒

乙型肝炎病毒属于嗜肝 DNA 病毒科正嗜肝病毒属，是乙型肝炎的病原体。HBV 在世界范围内传播，估计全世界有乙型肝病毒携带者 3.5 亿人之多。我国为高流行区，乙型肝炎患者和携带者超过 1.2 亿，感染率达 10%以上。乙型肝炎的危害比甲型肝炎大，部分患者可转为慢性感染，甚至发展为肝硬化或肝癌，是我国重点防治的严重传染病之一。

1. 生物学性状

(1)形态与结构：乙型肝炎患者血清中用电镜观察存在三种形态的颗粒，即大球形颗粒、小球形颗粒和管型颗粒(图 4-15)。

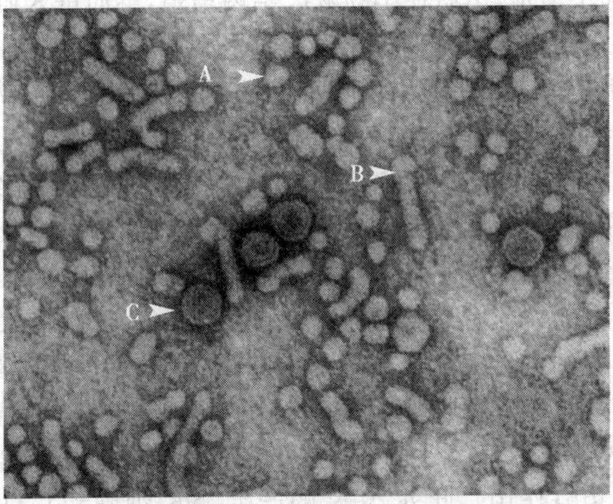

图 4-15 HBV 电镜图

A. 小球型颗粒，B. 管型颗粒，C. 大球型颗粒

1)大球形颗粒：又称 Dane 颗粒，是 1970 年 Dane 首先在乙型肝炎患者血清中发现的。Dane 颗粒是具有感染性的完整的病毒颗粒，呈球形，直径 42nm，具有双层衣壳。其结构由外向内依次为：①外衣壳：相当于一般病毒的包膜，由脂质双层和镶嵌蛋白质构成，镶嵌蛋白质即构成 HBV 的表面抗原(HBsAg)；②内衣壳：呈 20 面体对称结构，相当于一般病毒的衣壳，内衣壳蛋白构成 HBV 的核心抗原(HBcAg)和 e 抗原(HBeAg)；③核心：含双链未闭合环状 DNA 和 DNA 聚合酶。

2)小球形颗粒：直径为 22nm，是由 HBV 在肝细胞内复制时产生过剩的衣壳，主要成分为 HBsAg，不含病毒 DNA 及 DNA 聚合酶，无感染性，大量存在于血流中。

3)管型颗粒：是由小球形颗粒聚合而成，长达 100～700nm(图 4-16)。

(2)抗原组成：HBV 抗原组成较复杂，有以下三种：

1)表面抗原(HBsAg)：为外衣壳成分，存在于上述三种颗粒。HBsAg 具有免疫原性，是制备疫苗的主要成分，可刺激机体产生抗-HBs，抗-HBs 是具有特异性保护作用的中和性抗体，可抵抗 HBV 的再感染。HBsAg 大量存在于感染者血中，是 HBV 感染的主要标志。HBsAg 有不同的亚型，各亚型之间一个共同的抗原决定簇 a 和两组互相排斥的亚型决定簇 d/y 及 w/r，所以 HBsAg 可分为 adw、adr、ayw 和 ayr 四种亚型。我国汉族 adr 多见，少数民族多为 ayw。preS_1 和 preS_2 免疫原性较 HBsAg 更强，可刺激机体产生中和性抗体，此类抗体能阻断 HBV 与肝细胞结合而起抗病毒作用。

2)核心抗原(HBcAg)：为内衣壳成分，由于 HBV 表面有外衣壳，故在外周血中很难检

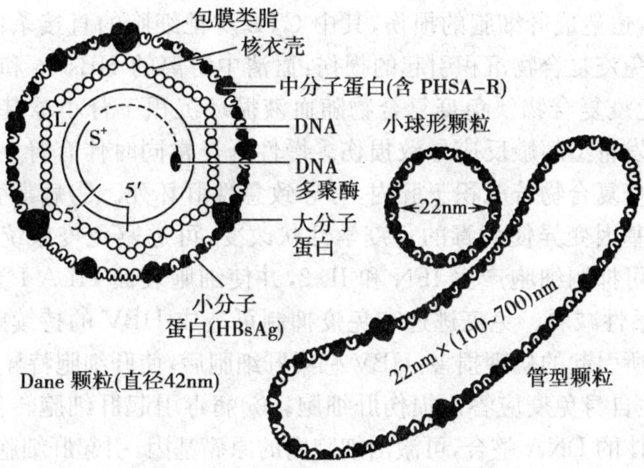

图 4-16 HBV 结构示意图

出 HBcAg。HBcAg 免疫原性较强，可刺激机体产生抗-HBc。抗-HBc IgM 出现在感染早期，可作为早期诊断的重要指标，高效价抗-HBc IgM 提示 HBV 在体内复制增殖。抗-HBcIgG 产生较晚，可在血清中存在多年，但对机体无保护作用，可作为乙肝感染的指标。

3）e 抗原（HBeAg）：以可溶性蛋白的形式游离于血中。e 抗原仅见于 HBsAg 阳性血清中，其在血液中的消长动态与病毒体及 DNA 多聚酶一致，提示 HBeAg 是 HBV 复制及具有传染性的指标。HBeAg 也可刺激机体产生抗-HBe，对 HBV 感染有一定的保护作用，被认为是预后良好的征象。

(3)易感动物：黑猩猩对 HBV 易感，接种后可发生与人类相似的急、慢性感染，是研究 HBV 最理想的动物模型。目前 HBV 体外细胞分离培养尚未成功。

(4)抵抗力：HBV 对外界环境抵抗力较强，对低温、干燥、紫外线和一般消毒剂（如 70％乙醇）均有耐受性。100℃煮沸 10 分钟或高压蒸汽灭菌可将其灭活。环氧乙烷、0.5％过氧乙酸、5％次氯酸钠和 2％戊二醛等可消除其传染性。但须注意 HBV 不被 70％乙醇灭活。

2. 致病性与免疫性

(1)传染源与传播途径：乙型肝炎的主要传染源是患者和无症状的 HBV 携带者。乙型肝炎的潜伏期长达 45～160 天（以 60～90 天多见）。HBV 的主要传播途径有三条：①血液传播：由于 HBV 在感染者血液中大量存在，而人群对其极易感，故极少量（10^{-6}ml）带病毒的血液进入人体即可致感染。输血、输液、注射、手术、针刺、拔牙、妇科操作、纤维内镜等均可传播。有学者认为 HBV 也可通过公用剃刀、牙刷、吸血昆虫叮咬传播。②母婴传播：也称垂直传播。人群中 1/3～1/2 的 HBV 携带者来自母婴传播，主要是经产道、分娩及哺乳使新生儿受到感染，乙型肝炎有明显的家庭聚集倾向，尤其以母亲为 HBeAg 阳性的家庭。③性传播及密切接触传播：由于 HBV 存在于体液中，家庭成员中通过密切接触和性接触而感染 HBV。

(2)致病机制：HBV 的致病机制较复杂，除了对肝细胞的直接损害外，机体的免疫应答及其与病毒相互作用引起的免疫病理损伤则是造成肝脏损害的主要因素。HBV 的致病机制主要有：①细胞免疫介导的免疫损伤：HBV 感染后，在肝细胞内复制可使肝细胞表面表达 HBsAg、HBcAg 和 HBeAg，可激活 T 细胞攻击带有病毒抗原的肝细胞。

在清除病毒同时，也造成肝细胞的损伤，其中CTL对靶细胞的直接杀伤是肝细胞受损的主要原因。②免疫复合物沉积引起的损伤：血清中游离的HBsAg和HBeAg与相应抗体结合，形成免疫复合物。免疫复合物随血液循环沉积于肾小球基底膜、关节滑膜等，激活补体，引发Ⅲ型超敏反应导致损伤。慢性肝炎常同时伴有肾小球肾炎、关节炎等肝外损害。免疫复合物若沉积于肝内，可导致急性肝坏死。③病毒变异及对免疫功能的抑制：HBV基因变异使病毒的免疫学性状改变，可逃避免疫系统的识别和攻击。另外，HBV感染可抑制细胞产生IFN和IL-2，并使细胞表面HLA-I类分子的表达减少，CTL的杀伤活性减弱。免疫逃逸和免疫抑制可造成HBV的持续感染，迁延不愈。④自身免疫反应所引起的病理损害：HBV感染肝细胞后，使肝细胞特异脂蛋白(LSP)暴露，诱导机体产生自身免疫应答而损伤肝细胞。⑤病毒引起肝细胞转化：HBV基因组能与肝细胞染色体的DNA整合，可激活细胞内的原癌基因，引起肝细胞转化导致癌变。通过核酸杂交技术发现肝癌细胞中可检出HBV的DNA，流行病学调查也证明HBsAg慢性携带者，其原发性肝癌的发病率较高。

免疫应答的强弱与临床类型和转归有密切的关系：①若病毒感染所波及的肝细胞数量不多，免疫应答正常，可表现为急性肝炎，最终病毒被清除而痊愈；②若感染的肝细胞数量多而细胞免疫应答过强，迅速引起大量肝细胞坏死，则表现为重症肝炎；③若机体免疫功能低下或病毒变异，不能有效地杀伤病毒感染细胞，使HBV不断释放并感染新的细胞，便形成慢性肝炎；④若机体对HBV形成免疫耐受(尤其在婴幼儿)，则可表现为无症状的HBV携带者。

(3)免疫性：①体液免疫：有保护作用的中和抗体主要是抗-HBs、抗-$preS_1$和抗-$preS_2$，这些抗体可阻止HBV进入正常肝细胞，是清除细胞外游离HBV的重要因素；②细胞免疫：HBV抗原激活的特异性CTL细胞对感染肝细胞的杀伤是机体清除细胞内HBV的最主要因素。NK细胞、巨噬细胞以及一些细胞因子等也参与对靶细胞的杀伤。HBV所激发的免疫应答作用是双重的，一方面表现为免疫保护，如CTL对细胞内病毒的清除、HBs抗体对病毒的中和作用等；另一方面可造成肝细胞和肝外组织的免疫损伤。

3. 微生物学检查

(1)HBV抗原抗体的检测及结果分析：检测血清中HBV抗原抗体最常用的方法是酶联免疫吸附试验(enzyme-linked immunoadsordent assay，ELISA)。主要检测HBsAg、抗-HBs、HBeAg、抗-HBe及抗-HBc，俗称“两对半”或“乙肝五项”。对不同抗原抗体的检出，应结合几项指标进行分析才能作出诊断，HBV抗原抗体检测的结果分析见表4-6。

表4-6 HBV抗原抗体检测结果的临床分析

HBsAg	HBeAg	抗-HBs	抗-HBe	抗-HBcIgM	抗-HBcIgG	结果分析
+	－	－	－	－	－	HBV感染或无症状携带者
+	+	－	－	+	－	急性或慢性乙型肝炎(“大三阳”)
+	－	－	+	－	+	急性感染趋向恢复(“小三阳”)
+	+	－	－	+	+	急性或慢性乙型肝炎、无症状携带者

续表

HBsAg	HBeAg	抗-HBs	抗-HBe	抗-HBcIgM	抗-HBcIgG	结果分析
－	－	＋	＋	－	＋	乙型肝炎恢复期
－	－	－	－	－	＋	既往感染
－	－	＋	－	－	－	既往感染或接种过疫苗

1) HBsAg:是HBV感染的特异性标志,也是机体感染HBV后最早出现的血清学指标。HBsAg阳性见于HBV携带者、急性乙型肝炎的潜伏期或急性期、慢性乙型肝炎、与HBV有关的肝硬化及原发性肝癌的患者。无症状HBV携带者可长期HBsAg阳性。急性乙型肝炎恢复后,一般在1～4个月内HBsAg消失,若持续6个月以上则认为已向慢性肝炎转化。但值得注意的是,由于S基因的突变或低水平表达,HBsAg阴性也不能完全排除HBV感染。HBsAg是筛选献血员的必检指标,HBsAg阳性者不能作为献血员。

2)抗-HBs:是一种保护性抗体,表示曾感染过HBV,并对HBV具有免疫力,见于乙型肝炎恢复期、既往HBV感染者或接种HBV疫苗后产生免疫效应。患者体内检测抗-HBs阳性,表示预后良好或已恢复。

3)抗-HBc:抗-HBcIgM阳性表示病毒在体内复制,患者血液具有很强的传染性。抗-HBcIgM于感染早期出现,其下降速度与病情有关,下降快表示预后良好;若1年内不能降至正常水平或高低反复,提示可能已经转为慢性乙型肝炎。抗-HBcIgG出现较晚,但在体内维持时间长,见于慢性乙型肝炎。

4)HBeAg:HBeAg与HBV DNA聚合酶的消长基本一致。HBeAg阳性表示病毒复制及血液具有传染性。急性乙型肝炎患者HBeAg阳性呈暂时性,若持续阳性表示可能转为慢性乙型肝炎。慢性乙型肝炎患者转为阴性者,表示病毒在体内停止复制。

5)抗-HBe:抗-HBe阳性表示病毒在体内复制减弱,机体已获得一定的免疫力,多见于急性肝炎的恢复期。但由于HBV PreC区突变株的出现,对抗-HBe阳性的患者也应检测其血中的病毒DNA,以正确判断预后。

HBV抗原抗体检测主要用于:①诊断乙型肝炎及判断预后;②筛选献血员;③乙型肝炎的流行病学调查;④判断疫苗的免疫效果;⑤对饮食、保育及饮水管理等行业人员定期进行健康检查。

(2)HBV核酸的测定:通过核酸杂交法及PCR法检测血清HBV核酸,血清检出HBV DNA是HBV在体内复制和血清有传染性的直接标志。

4. 防治原则 乙型肝炎的预防应针对其传播途径采取综合性预防措施。

(1)一般预防:严格筛选供血员,以降低输血后乙型肝炎的发生率。加强医疗器械的消毒管理,杜绝医源性传播。患者的血液、分泌物和排泄物、衣物及用具均需消毒处理。提倡使用一次性注射器。

(2)人工主动免疫:接种乙型肝炎疫苗是预防乙型肝炎最有效的方法。新生儿接种疫苗免疫3次(0、1和6个月),可获得85%～95%的抗-HBs阳性率。乙型肝炎疫苗有血源疫苗和基因工程疫苗两种。①血源疫苗:为第一代乙型肝炎疫苗,是从无症状携带者血清中提纯的HBsAg经甲醛灭活而成的,具有良好的免疫保护效果,曾被广泛应用,但由于来源及安全性问题，现已停止使用；②基因工程疫苗：为第二代乙型肝炎疫苗，即将编码 HBsAg 的基因克隆到酵母菌或哺乳动物细胞中使其高效表达，经纯化后获得大量 HBsAg 供制备疫苗。此外还有新型疫苗，如 HBsAg 多肽疫苗及重组乙肝疫苗等目前亦在研制中。

(3)人工被动免疫：目前常使用含有高效价抗-HBs 乙型肝炎免疫球蛋白（HBIg）对 HBV 接触者进行紧急预防。在紧急情况下，立刻注射抗-HBs 人血清免疫球蛋白 0.08mg/kg，8 天内均有预防效果，2 个月后需再重复注射一次。用 HBIg 和 HBsAg 疫苗对新生儿作被动-主动免疫，可有效阻断母婴间的垂直传播。

(4)治疗：乙型肝炎的治疗至今尚无特效方法，一般用广谱抗病毒药、中草药及调节机体免疫功能的药物进行综合治疗，效果较好。

（三）丙型肝炎病毒

丙型肝炎病毒是丙型肝炎的病原体。

1. 生物学性状　HCV 是有包膜的球形病毒，直径约 50nm，核酸为线状单股正链 RNA。基因组的 5′端序列保守性强，病毒株间差异小，可用于基因诊断。基因组中的包膜蛋白（E1、E2）基因易发生变异，使包膜蛋白抗原性改变而逃避免疫识别与清除。HCV 有 6 个基因型，我国以Ⅱ型感染为主。

HCV 体外培养尚未找到敏感有效的细胞培养系统，可感染黑猩猩并在体内连续传代，引起慢性肝炎。HCV 对脂溶剂敏感，加热 100℃ 5 分钟、紫外线照射、甲醛处理均可使之灭活。

2. 致病性与免疫性　患者和病毒携带者是主要的传染源，其传播途径与 HBV 相似。主要经血液传播，也可经性传播及垂直传播。医源性感染是一个重要的途径，如医务人员接触患者血液以及医疗操作意外受伤等。丙型肝炎曾有输血后肝炎之称，其潜伏期平均为 10 周。临床特点为：①隐性感染者较 HBV 更多见。②更易发展为慢性，许多感染者发病时已呈慢性，其中约 20%发展为肝硬化，可能是 HCV 基因易发生变异，导致 HCV 包膜抗原的改变而逃脱了原有包膜抗体的识别，病毒得以持续存在。部分慢性感染者可发展为肝癌，我国肝癌患者血中约 10%存在抗-HCV，癌组织中约有 10%检测到 HCV RNA。③丙型肝炎患者恢复后，仅有低度免疫力，对再感染亦无保护力。

目前认为，HCV 的致病机制是：①病毒侵入肝细胞，在肝细胞内复制，直接损伤肝细胞，临床上丙肝患者血清 HCV-RNA 的含量与血清丙氨酸转移酶的水平呈正相关；②免疫损伤，特异性 CTL 直接杀伤病毒感染的肝细胞或诱导细胞凋亡。

3. 微生物学检查　用 ELISA 检测血清抗-HCV，可快速筛选献血员和诊断丙型肝炎。抗-HCV 为非保护性抗体，阳性表示被 HCV 感染，不可献血。抗-HCV IgM 阳性常见于急性感染和慢性感染活动期；抗-HCV IgG 阳性多见于慢性丙型肝炎或恢复期。检测血清 HCV RNA 也是诊断 HCV 感染可靠的方法。

4. 防治原则　丙型肝炎的预防措施主要是严格筛选献血员和加强血制品管理，以最大限度地降低输血后肝炎的发生。目前丙型肝炎疫苗仍处于研究阶段，至今尚无理想疫苗。对丙型肝炎的治疗目前尚缺乏特效药物，除了进行改善肝功能治疗外，IFN-α 是临床常用于治疗丙型肝炎的制剂。

（四）丁型肝炎病毒

丁型肝炎病毒又称 δ 因子，是一种缺陷病毒，必须在乙型肝炎病毒或其他嗜肝 DNA 病毒辅助下才能复制。

1. 生物学性状 HDV 呈球形，直径约 36nm，有包膜，包膜蛋白由 HBV 编码，是 HBV 的 HBsAg，核心由单股负链 RNA 和与之结合的丁型肝炎病毒抗原（HDV Ag）组成。敏感动物为黑猩猩、土拨鼠和北京鸭等。HDV 的抵抗力、灭活方法与 HBV 相似。HDV 只有一个血清型。

2. 致病性与免疫性 HDV 传播途径与 HBV 相同。临床上 HDV 感染有两种类型：①联合感染：从未感染过 HBV 的正常人同时感染 HDV 和 HBV；②重叠感染：已受 HBV 感染的乙型肝炎患者或无症状的 HBV 携带者再感染 HDV。重叠感染常导致原有乙型肝炎病情恶化或转为慢性，慢性感染者易在短期发展为肝硬化。

HDV 感染 2 周后产生特异性抗-HDV IgM，1 个月后达高峰，以后随之下降。抗-HDV IgG 产生晚，一般在恢复期出现。

3. 微生物学检查 实验室常用 ELISA 检测血清中 HDV Ag 或抗-HDV。HDV Ag 多见于急性 HDV 感染早期，持续时间短，不易检出；抗-HDV IgM 和抗-HDV IgG 不清除病毒，持续高效价提示慢性 HDV 感染。

4. 防治原则 丁型肝炎的预防措施与乙型肝炎相同，主要是严格筛选献血员和加强血制品管理，注射乙肝疫苗可预防 HDV 的感染。目前治疗尚无特效药。

（五）戊型肝炎病毒

戊型肝炎病毒是戊型肝炎的病原体。1978 年后曾被称为肠道传播的非甲非乙型肝炎，1989 年美国学者 Reyes 等成功地克隆了戊型肝炎病毒基因组，并正式命名为戊型肝炎病毒。

1. 生物学性状 HEV 呈球形，直径为 32～34nm，核衣壳呈 20 面体对称，无包膜，表面有锯齿状突起，形如杯状，核心为单股正链 RNA。目前尚不能在体外组织培养，但黑猩猩、食蟹猴、恒河猴、非洲绿猴等对 HEV 敏感，可用于分离病毒。HEV 性质不稳定，对高热敏感，煮沸可将其灭活。

2. 致病性与免疫性 HEV 致病性与 HAV 相似。通过粪-口途径传播，潜伏期为 10～60 天，病毒在消化道黏膜增殖，进入血液形成病毒血症，再随血流侵犯肝，在肝细胞内增殖，释放到血液和胆汁中，然后随粪便排出体外。患者在潜伏期末期至急性期早期粪便大量排毒，传染性强，病毒污染食物、水源引起散发或暴发流行。HEV 通过直接损伤和免疫病理损伤作用导致肝细胞炎症、坏死。HEV 感染后表现为隐性感染和显性感染。临床患者多为轻、中型急性肝炎，病程 4～8 周，常为自限性，预后良好，不转为慢性。主要侵犯青壮年，儿童感染多表现为隐性感染，成人病死率高于甲型肝炎，孕妇患戊型肝炎病情严重，尤其在怀孕 6～9 个月发生感染病死率达 10%～20%。

HEV 感染后可产生免疫保护作用，可防止 HEV 再感染。康复者血清中抗-HEV 持续存在数年。

3. 微生物学检查 目前，临床诊断常用 ELISA 检测体内 HEV 的 IgM 或 IgG 类抗体。有条件也可免疫电镜查粪便中 HEV 颗粒，或采用 RT-PCR 法检测粪便中的 HEV RNA。

4. 防治原则 HEV主要经消化道传播，故本病的预防主要采取以切断传播途径为主的综合性预防措施，包括保证安全用水、防止水源被粪便污染、加强食品卫生管理和宣传教育，有效控制戊型肝炎的流行。目前尚无有效的疫苗研制成功，也无特效治疗药物。

5种肝炎病毒的特性比较见表4-7。

表4-7 5种肝炎病毒的特性比较

	HAV	HBV	HCV	HDV	HEV
分类	小RNA病毒	嗜肝DNA病毒	黄病毒	未确定	肝炎病毒
形态结构	球形，有包膜	三种形态，有包膜	球形	球形、无衣壳（缺陷型病毒）	球形
基因组类型	＋ssRNA	dsDNA	＋ssRNA	ssRNA	＋ssRNA
传播方式	粪-口传播	血源传播 垂直传播	血源传播 垂直传播	血源传播 垂直传播	粪-口传播
致病性	甲型肝炎 急性肝炎	乙型肝炎 急、慢性肝炎、重症肝炎	丙型肝炎 慢性肝炎、肝硬化、肾小球肾炎	丁型肝炎 重症肝炎	急性戊型肝炎、重症肝炎、孕妇感染常发生流产、死胎
预后	良好	较差，可形成慢性肝炎、肝硬化	较差，可形成慢性肝炎、肝硬化	较差，可形成慢性肝炎、肝硬化	较好
致癌性	无	有	有	不明确	无
特异性预防	甲肝疫苗	乙肝疫苗	无	乙肝疫苗	无
微生物学检查	抗-HAV IgM 抗-HAV IgG	HBsAg、抗-HBs、HBeAg、抗-HBe及抗-HBc	抗-HCV	抗-HDV	抗-HEV

五、人类免疫缺陷病毒

人类免疫缺陷病毒（human immunodeficiency virus，HIV）是引起获得性免疫缺陷综合征（acquired immunodeficiency syndrome，AIDS，简称艾滋病）的病原体。人类免疫缺陷病毒有HIV-1和HIV-2两型，其核苷酸序列相差超过40％。HIV-1是引起全球艾滋病流行的病原体；HIV-2只在西非呈地区性流行。艾滋病以潜伏期长、传播速度快、病情凶险和高度致死性为主要特征，有“超级癌症”之称，目前已成为全球最重要的公共卫生问题之一。

HIV在分类上属反转录病毒科，此类病毒大多引起禽类、猿猴、鼠、猫的肿瘤。引起人类疾病的反转录病毒有人类嗜T细胞病毒（human T-cell leukemia virus，HTLV），分为Ⅰ、Ⅱ、Ⅲ型，Ⅰ、Ⅱ型引起人类白血病和淋巴瘤，Ⅲ型即HIV。

（一）生物学性状

1. 形态与结构 HIV病毒呈球形，直径100～120nm，电镜下可见一致密的圆锥状核心，内含两条单股正链 RNA、核蛋白以及复制病毒所需的反转录酶、整合酶、蛋白酶等。核酸外包被双层衣壳，内层衣壳由 P24 蛋白构成，呈圆锥状，外层衣壳（又称内膜蛋白或基质蛋白）由 P17 构成。双层衣壳外层为脂质双层包膜，嵌有刺突糖蛋白 gp120 和跨膜蛋白 gp41（图 4-17）。gp120 是病毒体与宿主细胞相应受体 CD4 结合的位点，也是中和抗体和 T 细胞结合的位点。gp41 可介导病毒包膜与宿主细胞膜融合。gp120、gp41 均具有免疫原性，刺激机体产生抗体，但 gp120 易发生变异，给疫苗的研制工作带来了很大困难。

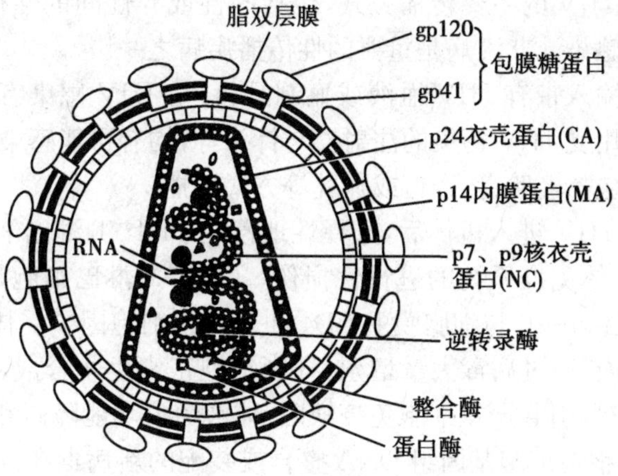

图 4-17 HIV 结构示意图

2. 基因组结构 HIV 基因组全长 9700bp，含有 *gag*、*pol* 和 *env* 3 个结构基因和 6 个调节基因。其中 *gag* 基因编码病毒的双层衣壳蛋白；*pol* 编码反转录酶、蛋白酶和整合酶，与病毒的复制有关；*env* 基因编码包膜糖蛋白刺突 gp120 和跨膜蛋白 gp41。

3. 病毒的复制 CD4 分子是 HIV 的主要受体。病毒的 gp120 与靶细胞膜表面的 CD4 分子结合，在辅助受体的协同下，病毒包膜与细胞膜发生融合，核衣壳进入细胞并脱去衣壳，释放基因组 RNA。病毒 RNA 在反转录酶作用下，生成负链 DNA，再由负链 DNA 互补正链 DNA，从而组成双链 DNA。在整合酶的作用下，双链 DNA 与细胞染色体整合，形成前病毒 DNA 并长期潜伏。前病毒 DNA 可被激活转录形成 RNA，其中一部分作为子代 RNA，另一部分成为 mRNA，翻译成病毒蛋白。最终装配为成熟的病毒颗粒，以出芽方式释放到细胞外。

4. 病毒培养特性 HIV 感染的宿主范围和细胞范围较窄。在体外仅感染表面有 CD4 受体的 T 细胞和巨噬细胞。实验室常用新鲜分离的正常人 T 细胞或用患者自身分离的 T 细胞培养病毒。黑猩猩和恒河猴可作为 HIV 感染的动物模型。

5. 变异性 HIV 的显著特点之一是具有高度变异性，能频繁地改变其抗原性。在宿主体内易发生基因突变和抗原变异。*env* 基因最易发生变异，导致其编码的包膜糖蛋白 gp120 抗原变异。gp120 表面抗原变异有利于病毒逃避免疫清除，也给 HIV 疫苗研制带来困难。

6. 抵抗力 HIV 对理化因素的抵抗力较弱。56℃ 30 分钟可被灭活。病毒在室温下可保存活力达 7 天。在冷冻血制品中，须 68℃加热 72 小时才能保证灭活病毒。

0.2%次氯酸钠、0.1%漂白粉、70%乙醇、50%乙醚、0.3%过氧化氢或0.5%甲酚处理10分钟对病毒均有灭活作用。

(二)致病性与免疫性

1. 传染源与传播途径 艾滋病的传染源是HIV感染者和艾滋病患者。HIV感染者是指血中HIV抗体或抗原阳性而无症状的感染者，是重要的传染源。HIV主要存在于血液、精液及阴道分泌物中，唾液、乳汁、脑脊液、脊髓及中枢神经组织标本中均可分离到病毒。艾滋病的主要传播途径有：

(1)性传播：是HIV的主要传播方式，包括同性或异性间的性行为，直肠和肛门皮肤黏膜的破损更易感染。艾滋病是重要的性传播疾病之一。

(2)血液传播：输入带有HIV血液或血制品、移植HIV感染者或患者的组织器官和人工授精等及使用受HIV污染的注射器与针头等，均有可能感染HIV。

(3)垂直传播：包括经胎盘、产道或哺乳等方式传播。

2. 致病机制 HIV进入机体后，选择性地侵犯$CD4^+$ T淋巴细胞、单核巨噬细胞、树突细胞等，引起机体免疫系统的进行性损伤。$CD4^+$ T淋巴细胞是HIV感染的主要细胞，HIV包膜蛋白gp120与细胞膜上CD4和趋化性细胞因子受体结合，gp41介导使病毒穿入易感细胞内，通过病毒大量增殖、抑制细胞正常生物合成、使受染细胞融合并诱导受染细胞凋亡等，引起严重细胞免疫缺陷，体液免疫功能障碍和迟发型超敏反应减弱或消失。HIV与宿主细胞基因组DNA整合或装配的新病毒在巨噬细胞胞质内的空泡中储存是导致机体潜伏感染的主要原因。

HIV可感染单核巨噬细胞，在细胞中呈低度增殖而不引起病变，但可损害其免疫功能。这些细胞亦可将病毒播散到全身，导致病毒侵犯中枢神经系统，引起中枢神经系统疾病，如HIV脑病、脊髓病变、AIDS痴呆综合征以及胃肠道和肺、心、肾、泌尿生殖器等器官疾病。

3. 临床表现 人体感染HIV后，可经历3～5年甚至更长的潜伏期才发病。临床上将HIV感染至发展为典型AIDS，分为4个时期：

(1)原发感染急性期：HIV感染机体后，在靶细胞内大量复制，形成病毒血症。此时期从血液、脑脊液和骨髓细胞中可分离到HIV，从血清中可检查到HIV抗原。临床上可出现发热、头痛、乏力、咽炎、淋巴结肿大、皮疹等症状，持续1～2周后症状自行消退，但病毒血症可持续8～12周。此后，大多数病毒以前病毒形式整合于宿主细胞染色体上，长期潜伏下来，进入无症状潜伏期。

(2)无症状潜伏期：此期持续时间较长，可达10年左右。临床一般无症状，或症状轻微，有无痛性淋巴结肿大。此期血中病毒量明显下降，HIV感染细胞在淋巴结持续存在，并进行大量增殖，并不断有少量病毒释放入血，患者的血液及体液均具有传染性。外周血中一般不能或很少能检测到HIV抗原，但感染者血清中HIV抗体检测显示阳性。

(3)AIDS相关综合征期：当机体受到各种因素的影响，潜伏的病毒被激活再次大量增殖，导致机体免疫系统进行性损伤，出现各种临床症状，即AIDS相关综合征期。患者出现持续发热、盗汗、全身倦怠、体重下降、皮疹及慢性腹泻、持续性全身淋巴结肿大、口腔感染、皮疹等症状和体征，合并各种机会感染，最终发展为AIDS。

(4)典型 AIDS 期:主要表现为严重免疫缺陷的合并感染和恶性肿瘤的发生。此期有 4 个基本特征:①严重的细胞免疫缺陷:特别是 $CD4^+$ T 细胞严重缺陷;②严重的机会性感染:由于免疫功能严重缺损,一些对正常无致病作用的生物,如病毒(如巨细胞病毒、疱疹病毒、腺病毒)、细菌(如结核分枝杆菌、李斯特菌)、真菌(如白假丝酵母菌、卡氏肺孢子菌)等大量增殖,常可造成致死性感染;③恶性肿瘤:HIV 患者后期常伴发 Kaposi 肉瘤、恶性淋巴瘤、肛门癌、宫颈癌等;④严重的全身症状:患者全身症状加重,并可出现神经系统症状,如头痛、癫痫、进行性痴呆等。感染 HIV 后,10 年内发展为 AIDS 的约占 50%,AIDS 患者于 5 年内病死率约占 90%。未经治疗的患者,通常在临床症状出现后 2 年内死亡。

4. 免疫性 HIV 感染可诱导机体产生细胞免疫和体液免疫应答,但不能彻底清除体内潜伏的病毒。因此,HIV 仍能在体内持续地复制,形成长期的慢性感染状态。

(三) 微生物学检测方法

1. 检测病毒抗体 用 ELISA、RIA 检测患者血清中抗-HIV,可对艾滋病作出诊断。但由于 HIV 的全病毒抗原与其他反转录病毒有交叉反应,故有一定的假阳性反应。因此,ELISA 和 RIA 一般用于 HIV 抗体的初筛,确证试验选用免疫印迹试验。若血清中同时检出 P24、gp41 和 gp120 蛋白中两种或两种以上抗体,可确诊为受 HIV 感染。

2. 检测病毒核酸 利用核酸杂交试验、RT-PCR 定量检测 HIV-RNA,具有快速、高效、敏感和特异等优点,用以监测慢性感染者病情的发展以及评价抗-HIV 药物的治疗效果。

3. 检测病毒抗原 常用 ELISA 法检测 HIV 的 P24 抗原。此抗原于病毒感染的急性期出现,潜伏期常为阴性,典型的 AIDS 期抗原又可再现。

4. 病毒分离 从患者体内直接分离出 HIV 是感染的最直接证据。但病毒分离时间较长,并要求极严格的工作条件,故不宜用于临床诊断。

知识链接

艾滋病病毒感染的窗口期

从艾滋病病毒进入人体到血液中产生足够量的、能用检测方法查出艾滋病病毒抗体之间的这段时间,称为窗口期。在窗口期用酶联法以及化学发光法虽测不到艾滋病病毒抗体,但体内已有艾滋病病毒,可以通过检测 HIV 核酸进行病毒感染检测,因此处于窗口期的感染者具有传染性。目前随着艾滋病检测技术的不断发展,艾滋病的窗口期可以缩短到 14~21 天。所以,世界卫生组织(WHO)明确表示艾滋病窗口期(window period)为 14~21 天。但应注意的是,不同个体对艾滋病病毒的免疫反应不一,抗体出现的时间也不一致,尤其对近期具有高危行为的人,一次实验结果阴性不能轻易排除感染,应隔 2~3 个月再检查一次。

(四) 防治原则

1. 综合性预防 艾滋病是一种蔓延速度快、死亡率高的全球性严重传染病。目前，既无治愈 AIDS 的药物，也没有研制出可有效预防 AIDS 的特异性疫苗。世界上许多国家都已采取预防 HIV 感染的综合措施，包括：①开展广泛宣传教育，普及预防知识，认识艾滋病的传染方式及其严重危害性，杜绝吸毒和取缔娼妓；②控制传染源，建立 HIV 感染的监测系统，掌握该疾病的流行动态；③切断传播途径，对供血者进行 HIV 抗体检查，一切血制品均应通过严格检疫，确保输血和血液制品的安全性。

2. 特异预防　研制安全、有效的 HIV 疫苗是控制 AIDS 全球流行的重要途径。目前，世界各国都投入了大量资金开展 HIV 疫苗的研究，已有数 10 个 HIV 疫苗正在进行人体临床试验，但目前尚无有效疫苗上市。动物实验较有效的疫苗有减毒活疫苗、DNA 疫苗和病毒载体等由于 HIV 株的多样性和易变性，且以前病毒形式潜伏于体内，从而给疫苗研制带来困难。

3. 药物治疗　目前经美国 FDA 批准用于临床的 HIV 药物已有 27 种。主要包括 4 类：核苷类反转录酶抑制剂（齐多夫定，AZT；拉夫米定，3TC）、非核苷类反转录酶抑制剂（奈韦拉平）、蛋白酶抑制剂（PIs），以及新近上市的以 gp41 为作用靶点的融合抑制剂（FI）。

融合抑制剂能够抑制病毒包膜和细胞膜的融合，阻止 HIV 侵入细胞。作用于 HIV 复制周期不同环节的药物正在不断的研发之中。齐多夫定（AZT）、拉夫米定（3TC）等只能抑制 HIV 在体内复制，部分恢复机体免疫功能，可在一定程度上延缓疾病进程和延长生存时间。为防止耐药性的产生，联合用药比单一用药疗效更明显，目前采用多药联用的鸡尾酒疗法，至少由 3 种药组成，1～2 种 HIV 蛋白酶抑制剂或一种非核苷类反转录酶抑制剂与两种核苷类似物联合应用。

除以上介绍的常见的重要病毒外，其他人类致病性病毒见表 4-8。

表 4-8　其他人类致病性病毒的主要特征

代表种（或型）	主要生物学特点	致病性	主要传播途径
乙型脑炎病毒	RNA，球形，有包膜	流行性乙型脑炎（乙脑）	蚊叮咬
汉坦病毒	RNA，球形或多形性，有包膜	流行性出血热	呼吸道、消化道、皮肤
新疆出血热病毒	RNA，球形，有包膜	新疆出血热	蜱叮咬
单纯疱疹病毒	DNA，球形，有包膜	皮肤、黏膜疱疹	飞沫传播
水痘-带状疱疹病毒	DNA，球形，有包膜	水痘、带状疱疹	飞沫传播
巨细胞病毒	DNA，球形，有包膜	先天性巨细胞包涵体病、单核细胞增多症等	口腔、母婴传播、输血、器官移植、性传播
EB 病毒	DNA，球形，有包膜	上呼吸道感染、传染性单核细胞增多症、恶性淋巴瘤、鼻咽癌	唾液传播、输血传播
人类嗜 T 细胞病毒	RNA，球形，有包膜	T 淋巴细胞性白血病	输血、注射、性传播、母婴传播

续表

代表种(或型)	主要生物学特点	致病性	主要传播途径
狂犬病病毒	RNA，子弹状，有包膜	狂犬病	动物咬伤、破损的皮肤黏膜
人乳头瘤病毒	DNA	尖锐湿疣、子宫颈癌、寻常疣	接触、母婴传播

点滴积累

1. 流感病毒和SARS冠状病毒均是呼吸道病毒，分别引起流感和SARS。其中甲型流感病毒最主要的特点是抗原易变异，其HA和NA变异与流感流行关系甚为密切，变异幅度大小直接影响流感的流行规模。SARS冠状病毒是一种变异的新冠状病毒。

2. 脊髓灰质炎病毒是肠道病毒，通过粪-口传播，引起脊髓灰质炎，又称小儿麻痹。可用脊髓灰质炎减毒活疫苗进行预防。

3. 常见肝炎病毒有5种，HAV和HEV通过粪-口途径传播，HBV、HCV、HDV主要通过血液、母婴和性传播。HBV的形态有3种，其中大球形颗粒是完整的病毒颗粒，小球形和管型颗粒是合成过剩的衣壳。HBV有3种抗原抗体系统，目前临床主要用血清学检测HBsAg、抗-HBs、HBeAg、抗-HBe及抗-HBc，俗称"两对半"，各有不同的临床意义。HDV为缺陷病毒，必须依赖HBV才能复制。

4. HIV是一种反转录病毒，是AIDS的病原体。传播途径有性传播、血液传播及垂直传播。HIV选择性地侵犯表达$CD4^+$分子的细胞，使$CD4^+$ T细胞溶解破坏，从而导致机体免疫功能缺陷。HIV的实验室诊断主要检测抗-HIV。

目标检测

一、选择题

(一) 单项选择题

1. 测量病毒大小的单位是(　　)
   A. nm　　B. μm　　C. mm　　D. cm
2. 病毒体的基本结构是(　　)
   A. 核酸＋包膜　　B. 核心＋衣壳＋包膜
   C. 核衣壳＋刺突　　D. 核心＋衣壳
3. 病毒增殖的方式是(　　)
   A. 二分裂　　B. 复制
   C. 形成孢子　　D. 有丝分裂
4. 具有感染性的完整病毒颗粒是(　　)
   A. 包膜　　B. 刺突
   C. 衣壳蛋白　　D. 核衣壳

5. 干扰素的本质是(　　)

A. 病毒复制过程中的产物　　B. 病毒感染机体产生的抗体

C. 细胞感染后产生的糖蛋白　　D. 抗病毒的化学治疗剂

6. 垂直感染是指(　　)

A. 通过性接触而发生的病毒感染

B. 母体内病毒经胎盘或产道传给胎儿的病毒感染

C. 父亲把病毒传给子女的感染方式

D. 母亲把病毒传给其子女的病毒感染

7. 下列哪种微生物对抗生素不敏感(　　)

A. 支原体　　B. 衣原体

C. 立克次体　　D. 病毒

8. 病毒被灭活后(　　)

A. 失去凝血特性　　B. 失去免疫原性

C. 失去干扰现象　　D. 失去感染性

9. 流感病毒最突出的特性是(　　)

A. 其结构分三层　　B. 中层是病毒膜蛋白

C. 病毒不入血流　　D. 抗原变异

10. 表明机体对乙肝病毒有免疫力,可抵御乙肝病毒再感染的是(　　)

A. 抗-HBs　　B. 抗-HBc

C. 抗-HBe　　D. HBeAg

11. HAV 主要的传播途径是(　　)

A. 输血与注射　　B. 粪-口

C. 呼吸道　　D. 昆虫媒介

12. 引起严重急性呼吸综合征(SARS)的病原体是(　　)

A. 冠状病毒　　B. SARS 冠状病毒

C. 流感病毒　　D. 风疹病毒

13. 引起脊髓灰质炎的病原体是(　　)

A. 轮状病毒　　B. 冠状病毒

C. 脊髓灰质炎病毒　　D. 乙脑病毒

14. Dane 颗粒含有的抗原是(　　)

A. HBsAg+HBcAg　　B. HBsAg+HBeAg

C. HBsAg+HBcAg+HBeAg　　D. HBcAg+HBeAg

15. 干扰素对病毒的作用机制是(　　)

A. 直接灭活病毒　　B. 阻止病毒吸附

C. 阻止病毒蛋白合成　　D. 诱导细胞产生抗病毒蛋白质

16. 感染后选择性地破坏免疫细胞导致免疫缺陷的病毒是(　　)

A. 流感病毒　　B. HBV

C. HIV　　D. SARS-CoV

17. 下列属于反转录病毒的是(　　)

A. 人类免疫缺陷病毒　　B. 麻疹病毒

C. 流感病毒 D. 甲肝病毒

18. 下列哪项不是核苷类药物( )

A. 阿昔洛韦 B. 利巴韦林

C. 拉米夫定 D. 赛科纳瓦

19. 具有广谱抗病毒作用且细胞毒性小的是( )

A. 核苷类药物 B. 干扰素

C. 病毒蛋白酶抑制剂 D. 基因治疗剂

20. 用于紧急预防乙型肝炎的生物制品是( )

A. 乙型肝炎疫苗 B. 干扰素

C. 类毒素 D. HBIg

21. HIV 感染人体后,其潜伏期是( )

A. 数天 B. 数周

C. 数月 D. 约 10 年

22. 属于缺陷病毒的是( )

A. HAV B. HBV

C. HCV D. HDV

23. AIDS 是下列哪种疾病名称的缩写( )

A. 严重急性呼吸综合征 B. 带状疱疹

C. 水痘 D. 获得性免疫缺陷综合征

24. 血清学检查 HBsAg(+)HBeAg(+),说明患者( )

A. 病情进入恢复期 B. 已获得免疫力

C. 血液具有传染性 D. 是无症状的携带者

25. 成年男性患者,被确诊为 HIV 感染者,在对其已妊娠 3 个月的妻子进行说明过程中,哪项是不正确的( )

A. 此病可通过性交传播 B. 应立即终止妊娠

C. 避免与患者公用餐具 D. 应配合患者积极治疗

(二) 多项选择题

1. 关于病毒的叙述正确的是( )

A. 非细胞结构 B. 只含一种核酸类型

C. 专性细胞内寄生 D. 对抗生素敏感

E. 能通过滤菌器

2. 分离培养病毒的方法是( )

A. 血培养 B. 鸡胚培养 C. 动物接种

D. 组织培养 E. 厌氧培养

3. HIV 的传播方式有( )

A. 性接触传播 B. 握手传播 C. 垂直传播

D. 输血 E. 共餐

4. 可通过血液传播的病毒有( )

A. HAV B. HBV C. HCV

D. HEV E. HIV

5. 干扰素具有( )

A. 抗病毒作用　　B. 抗毒素作用　　C. 抗肿瘤作用

D. 免疫调节作用　　E. 溶菌作用

二、简答题

1. 试述病毒的结构、化学组成及其功能。
2. 病毒的复制周期包括哪几个步骤?
3. 什么是病毒的干扰现象? 对医学实践有何指导意义?
4. 流感病毒变异与流感发生有何关系?
5. 常见5种肝炎病毒的传播途径及HBV抗原抗体系统检测的临床意义是什么?

三、实例分析

1. 青年女性,有不洁性交史和吸毒史,近半年来出现体重下降、腹泻、发热、反复出现口腔真菌感染、浅表淋巴结肿大。该患者感染了何种病原体? 可能经哪些途径感染? 该患者处于何种状态? 可确诊该疾病的试验是什么?

2. 某患者血清HBV抗原抗体检测结果为HBsAg(+)、抗-HBs(-)、HBeAg(+)、抗-HBe(-)、抗-HBcIgM(+)。该患者感染了何种病原体? 可能经哪些途径感染? 该患者处于何种状态? 血液有无传染性?

(赵秀梅 周 立)

第五章　微生物的感染与免疫

人类生存的环境中存在大量的微生物(细菌、真菌、病毒等),这些微生物包绕在人的周围,无时无刻都与人进行着斗争,当它们侵入人体后,人体有何反应?如何反应?将出现什么样的结果?这些疑问,经过科学家们艰苦的科学探索后,人类获得了一定认识:人类的免疫系统以免疫应答的方式对外源生物性刺激产生反应,其结果是将这些入侵微生物清除,维持机体自身稳定,这个过程就是免疫。因此传统免疫概念认为,免疫(immunity)是机体抵御微生物感染的能力。

随着免疫学研究与相关科学研究的进一步发展,人们发现了一些与抗感染无关的现象,如超敏反应、输血反应和移植排斥反应等也与免疫有关,从而大大丰富了免疫的内涵。现代免疫的概念是指机体通过免疫系统识别"自己"和"非己",对自身成分产生耐受,对非己异物产生排除作用的一种生理反应。此反应在正常情况下,产生对机体有益的保护作用,即抗感染的免疫防御作用,维持自身稳定的免疫自稳作用和抗肿瘤的免疫监视作用;若此反应异常,如过强或低下,则可产生对机体有害的作用,导致机体组织与器官的损伤,出现临床疾病,如自身免疫病、超敏反应性疾病等(表 5-1)。本章主要介绍抗感染免疫,即针对微生物的免疫。

表 5-1　免疫的功能及其表现

免疫功能	正常表现	异常表现
免疫防御	清除病原生物及其毒素,抗感染	过强:超敏反应 过弱:免疫缺陷病
免疫自稳	清除自身衰老残损的组织细胞,维持自身稳定	自身免疫病
免疫监视	清除突变细胞,预防肿瘤发生	易患肿瘤、病毒感染

第一节　固有免疫的抗感染作用

根据种系和个体免疫系统的进化、发育以及免疫效应机制及其作用特征,免疫分为固有免疫和适应性免疫两种。微生物等异物入侵机体时首先发挥的是固有免疫,在固有免疫的基础上,进而产生适应性免疫,两者紧密结合,相互作用,协同完成机体的免疫功能。

一、固有免疫的概念与特征

固有免疫(innate immunity)又称天然免疫,是生物在长期种系发育和进化过程中逐渐形成的一系列天然防御机制。

固有免疫的特点是:①经遗传获得,生来就有,人人具有,所以又称为先天性免疫;②反应无特异性,对各种入侵的病原体或其他抗原性异物均可发挥防御作用,也称为非特异性免疫;③作用迅速、广泛,在抗微生物感染过程中首先发挥作用,同时还参与适应性免疫的启动、调节和效应作用的发挥。

二、固有免疫的结构基础

免疫系统是机体执行免疫功能的组织系统。执行固有免疫的组织结构即为固有免疫系统,固有免疫的结构基础包括固有免疫屏障、固有免疫细胞和固有免疫分子。

(一) 固有免疫屏障及其作用

固有免疫屏障包括皮肤黏膜屏障和局部屏障结构。

1. 皮肤黏膜屏障　由覆盖在体表的皮肤及与外界相通的腔道的黏膜组成。该屏障将全身各组织器官封闭在内,成为机体抵御微生物侵袭的第一道防线。其功能如下:

(1)物理屏障作用:皮肤表面的多层扁平上皮细胞构成阻挡病原体入侵的有效屏障;黏膜上皮的屏障作用较弱,但肠蠕动、呼吸道纤毛的定向摆动、黏膜表面分泌液的冲洗作用等均有助于清除入侵黏膜表面的病原体。

(2)化学屏障作用:皮肤和黏膜具有分泌功能,其分泌液中含有多种杀菌或抑菌物质。例如汗腺分泌的乳酸、皮脂腺分泌的不饱和脂肪酸、胃液中的胃酸以及消化道、呼吸道黏液中的溶菌酶等。这些抗菌物质在皮肤黏膜表面构成抵御病原体入侵的化学屏障。

(3)生物屏障作用:皮肤和黏膜表面寄居的正常微生物群发挥生物屏障作用,它们通过与病原体竞争结合上皮细胞和营养物质或通过产生抗菌物质发挥防御作用。如口腔中的唾液链球菌能产生过氧化氢,对白喉杆菌和脑膜炎奈瑟菌具有杀伤作用。

2. 局部屏障结构　是指人体器官、组织内血液与组织细胞之间进行物质交换时所经过的多层屏障结构。根据所在器官部位的不同,主要有血-胸腺屏障、气-血屏障、血-睾屏障、血-尿屏障、血-脑屏障、血-胎屏障等。组织器官局部的防御作用由局部屏障结构完成。这里主要介绍血-脑屏障和血-胎屏障。

(1)血-脑屏障:是位于血液与脑组织、脑脊液之间的屏障,由软脑膜、脉络丛的毛细血管壁和壁外的星形胶质细胞所组成。其结构致密,能阻挡血液中的微生物及其他大分子物质进入脑组织与脑脊液,从而保护中枢神经系统。婴幼儿血-脑屏障发育尚未完善,故易发生中枢神经系统感染,如脑炎及脑膜炎等。

(2)血-胎屏障:是位于母体和胎儿之间的屏障,由母体子宫内膜的基蜕膜和胎儿的绒毛膜滋养层细胞共同构成。此屏障结构可阻止母体内病原微生物进入胎儿体内,从而保护胎儿免受感染,使之正常发育。妊娠 3 个月内,胎盘屏障发育尚未完善,此期母体感染了如风疹病毒、巨细胞病毒等微生物,可致胎儿感染,引起流产、畸形或死胎。

综上所述,外源性病菌或异物入侵人体必须首先穿过各种各样的屏障。人体正是通过一系列完备的屏障结构以及发达的免疫系统,维持着自身的稳定和功能的协调。但这种屏障防御功能也是有限的,若超出限度,人体便会受到病菌的侵害。

(二) 固有免疫细胞及其作用

机体内参与固有免疫的细胞种类甚多,主要有吞噬细胞、NK 细胞、γδT 细胞、树突状细胞、B1 细胞、NKT 细胞、嗜酸性粒细胞、嗜碱性粒细胞和肥大细胞等。

1. 吞噬细胞 是一类具有吞噬杀伤功能的细胞,可分为两类,一类是单核巨噬细胞,包括血液中的单核细胞和组织器官的巨噬细胞,具有很强的吞噬功能,是固有免疫的主要执行者;另一类是中性粒细胞,主要分布于血液中,属小吞噬细胞,其吞噬能力也很强。细菌感染时中性粒细胞是首先到达炎症部位的效应细胞。

(1)吞噬细胞吞噬和清除微生物的过程:两类吞噬细胞吞噬和清除微生物的过程基本相同,一般可分为三个阶段(图 5-1):①接触病原菌:感染发生时,在炎性细胞因子、某些细菌成分等趋化因子的作用下,血液中的中性粒细胞、单核细胞和组织器官中的巨噬细胞可以穿越血管内皮细胞与组织间隙,向炎症部位募集和迁移。②吞入病原菌:吞噬细胞通过表面受体识别结合病原微生物后,伸出伪足将其包绕,伪足融合,病原体则被摄入细胞内形成吞噬体。③消化病原菌:吞噬体向细胞内部运动,与溶酶体融合形成吞噬溶酶体,在多种溶酶体水解酶作用下对病原体进行消化处理。最后,吞噬溶酶体内的消化后产物通过胞吐作用被清除至细胞外。单核巨噬细胞通过这种方式消化杀伤病原体。中性粒细胞则是通过其胞质颗粒中的酶来消化杀伤病原体。

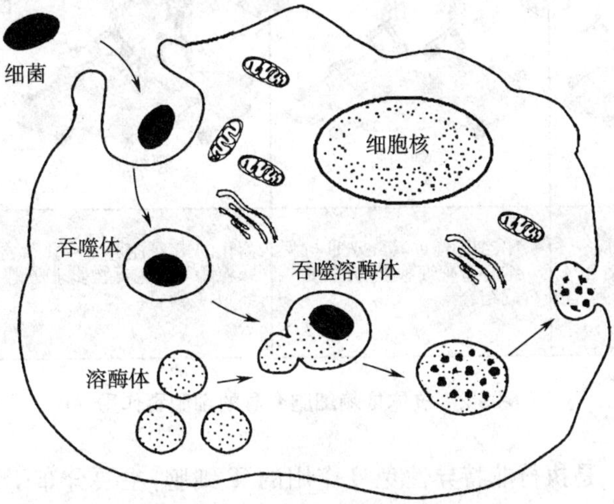

图 5-1 吞噬细胞的吞噬与杀菌过程示意图

另外,单核巨噬细胞与中性粒细胞均还可以通过抗体依赖性和补体依赖性途径发挥吞噬及杀伤效应。

(2)吞噬作用的结果:病原微生物被吞噬细胞吞噬的结果因其种类、毒力和机体免疫功能的不同可出现完全吞噬与不完全吞噬两种结果。完全吞噬是指病原微生物被吞噬细胞吞入并消化分解,对大多数细菌的吞噬作用属于此类。不完全吞噬是指某些病原菌如结核杆菌、伤寒沙门菌、布鲁杆菌等胞内寄生菌虽被吞噬细胞吞入,但不能被杀死破坏,反而在吞噬细胞内生长繁殖。

2. NK 细胞 NK 细胞是一类不表达抗原受体的淋巴细胞,由骨髓中的淋巴干细胞分化发育而来,主要分布于外周血、脾和肝。人外周血中 NK 细胞占其淋巴细胞总数的 5%～7%。NK 细胞的主要功能是非特异性杀伤靶细胞,且无主要组织相容性复合体(MHC)限制性,在机体抗肿瘤、抗病毒感染、抗胞内寄生菌感染中具有重要作用,是机体执行免疫监视作用的重要效应细胞。NK 细胞杀伤靶细胞的方式有两种:一是直接杀伤靶细胞;二是定向杀伤 IgG 类抗体特异性结合的靶细胞,其杀伤作用通过 NK 细胞膜表面的 IgGFc 受体分子介导，称为抗体依赖细胞介导的细胞毒作用（antibody dependent cell-mediated cytotoxicity，ADCC）（图 5-2）。这两种方式的杀伤机制是相同的，均为细胞毒作用，即 NK 细胞释放穿孔素和颗粒酶、表达 FasL 和分泌 TNF-α 致使靶细胞溶解破坏与发生凋亡。NK 细胞可被炎症细胞或自身分泌的 IFN-γ、IL-12 和 IL-18 等细胞因子激活，活化的 NK 细胞不仅细胞毒作用增强，且可分泌 IFN-γ、IL-2 等多种细胞因子发挥免疫调节作用。

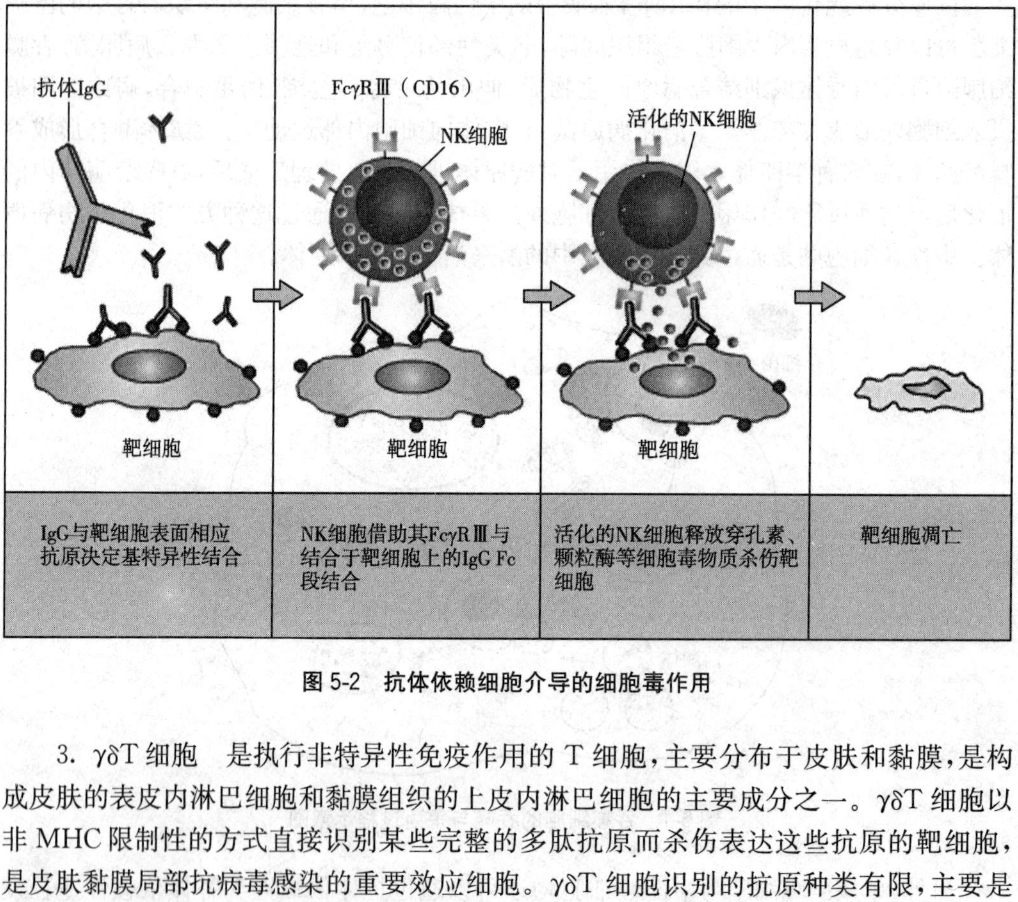

图 5-2　抗体依赖细胞介导的细胞毒作用

3. γδT 细胞　是执行非特异性免疫作用的 T 细胞，主要分布于皮肤和黏膜，是构成皮肤的表皮内淋巴细胞和黏膜组织的上皮内淋巴细胞的主要成分之一。γδT 细胞以非 MHC 限制性的方式直接识别某些完整的多肽抗原而杀伤表达这些抗原的靶细胞，是皮肤黏膜局部抗病毒感染的重要效应细胞。γδT 细胞识别的抗原种类有限，主要是某些病原微生物或感染/突变细胞表达的共同抗原，如热休克蛋白（heat shock protein，HSP）、CD1 递呈的脂类抗原和病毒蛋白等。γδT 细胞的细胞杀伤机制同 NK 细胞。

4. 树突状细胞　因其细胞膜表面具有许多树状突起而得名。人体内树突状细胞虽然数量少，但分布十分广泛，几乎分布于机体所有组织和器官中。树突状细胞无吞噬功能，但其通过胞饮作用摄取抗原异物，或通过其树突捕获和滞留抗原异物，发挥递呈抗原的作用。树突状细胞是目前所知的机体内功能最强的抗原递呈细胞，可有效地刺激 T 淋巴细胞和 B 淋巴细胞的活化，将固有免疫和适应性免疫有机联系起来。另外，树突状细胞还可分泌多种细胞因子参与免疫调节。

5. B1 细胞　B1 细胞是指膜表面表达 CD5 和单体 IgM 分子的 B 细胞，来源于胚肝，主要存在于腹腔、胸腔和肠壁固有层，是具有自我更新能力的长寿 B 细胞。B1 细胞抗原受体缺乏多样性，抗原识别谱较窄，主要识别某些细胞表面共有的多糖类抗原。B1 细胞接受相应多糖抗原刺激后，48 小时内即可产生以 IgM 为主的低亲和性抗体，且无

Ig 类别转换，也不产生免疫记忆。

6. NKT 细胞　NKT 细胞是指表面同时具有 T 细胞受体（TCR）和 NK 细胞受体的特殊 T 细胞亚群，主要分布于肝脏、骨髓和胸腺。NKT 细胞的 TCR 缺乏多样性，抗原识别谱窄，可识别不同靶细胞表面 CD1 分子递呈的共有脂类和糖脂类抗原，且不受 MHC 限制。NKT 细胞的主要功能是：①非特异性杀伤肿瘤、病毒或胞内寄生菌感染的靶细胞，其杀伤机制与 NK 细胞类似；②分泌细胞因子参与免疫调节和介导炎症反应。

7. 嗜酸性粒细胞、嗜碱性粒细胞和肥大细胞　嗜酸性粒细胞来源于骨髓，除分布于外周血外，主要分布于呼吸道、消化道、泌尿生殖道的黏膜组织中，且组织中嗜酸性粒细胞的含量是血液的 100 倍左右。在超敏反应和寄生虫感染时，嗜酸性粒细胞会聚集到炎症和感染部位，发挥抗寄生虫感染和抗超敏反应的作用。在 IgG 和 C3b 的作用下，嗜酸性粒细胞能黏附于虫体上，释放碱性蛋白、嗜酸性阳离子蛋白、过氧化物酶、氧自由基等，杀伤某些寄生虫，如血吸虫、蛔虫的幼虫和旋毛虫等。嗜酸性粒细胞具有吞噬能力，但吞噬缓慢，选择性地吞噬抗原-抗体复合物。Ⅰ型超敏反应发生时，嗜酸性粒细胞在趋化因子作用下到达反应局部，在吞噬抗原-抗体复合物的同时，细胞脱颗粒，释放某些酶类等活性物质，拮抗和调节Ⅰ型超敏反应。

嗜碱性粒细胞是正常人外周血中含量最少的白细胞，在骨髓内成熟，仅分布于外周血中，当炎症发生时在趋化因子诱导下才迁移到血管外。肥大细胞来源于骨髓干细胞，在祖细胞时便迁移至外周组织，在组织中发育成熟。嗜碱性粒细胞和肥大细胞膜表面均表达高亲和力的 IgEFc 受体，可结合游离的 IgE，当相应抗原与细胞表面的 IgE 结合时，可触发细胞脱颗粒，释放各种炎性介质，引起Ⅰ型超敏反应。

（三）固有免疫分子

固有免疫分子是指存在于血浆、各种分泌液和组织液中能够识别或攻击病原体的可溶性分子。主要有补体、溶菌酶、抗菌肽、细胞因子等。

1. 补体（complement，C）　补体是存在于人体血清中的一组球蛋白，是参与固有免疫的最重要的免疫分子。研究证实，当病原微生物“突破”屏障结构侵入机体后，可通过旁路途径和 MBL 途径迅速激活补体，发挥杀灭与溶解细菌、灭活病毒、调理促进吞噬细胞吞噬与消化病原体等作用。当针对病原微生物的特异性抗体产生后，与相应抗原结合形成的抗原-抗体复合物通过经典途径激活补体，进而参与抗体的免疫效应的发挥。补体既参与固有免疫，又参与适应性免疫。

2. 溶菌酶（lysozyme）　是一种低分子量不耐热的蛋白质，广泛存在于人体各种组织和分泌液中，如泪液、唾液、乳汁等。溶菌酶作用于细菌细胞壁，裂解其肽聚糖聚糖链的 β-1，4 糖苷键，导致细胞壁溶解，故又称细胞壁溶解酶。溶菌酶对革兰阳性菌的溶菌作用强，对 G^- 菌作用弱。

近年来，人们根据溶菌酶的溶菌特性，将其应用于医疗、食品防腐和生物工程中。医学上，溶菌酶除作为一种存在于正常人体体液及组织中的非特异性免疫因素外，还具有多种药理作用，它具有抗菌消炎、抗病毒、增强免疫力、促进创伤组织恢复、调节内分泌、增强抗生素作用等多种功效，目前国际上已生产出医用溶菌酶，应用于临床某些五官科疾病、皮肤疾病、病毒感染、恶性肿瘤以及糖尿病肾病等疾病的治疗。在我国已有溶菌酶含片上市，适应证为口腔溃疡、牙周炎、复发性口疮等，并有防龋齿和清洁口腔的作用；溶菌酶处理 G^+ 菌可得到原生质体，因此，溶菌酶是基因工程、细胞工程中细胞融合操作必不可少的工具酶；溶菌酶是一种无毒、无副作用的蛋白质，又具有一定的抗菌作用，因此可用作食品防腐剂。现已广发应用于水产品、肉食品、蛋糕、清酒、料酒及饮料中的防腐；还可以填入乳粉中，使牛乳人乳化，以抑制肠道中腐败微生物的存在，同时直接或间接地促进肠道中双歧杆菌的增殖。

溶菌酶不但存在于人的组织及分泌物中，动物组织中也有，以鸡蛋清中含量最多，植物组织及微生物细胞中也存在。这些溶菌酶的性质和作用机制基本相似。目前实际应用的、业以商品化的是鸡蛋清溶菌酶。我国是采用蛋厂鸡蛋壳中残留的蛋清为原料生产的，为白色、甜味结晶粉末。近年来，人们正研究用微生物发酵法生产溶菌酶，同时采用酶修饰法合成了溶菌酶-环糊精和溶菌酶-半乳甘露聚糖，增加其抗菌活性的稳定性和乳化作用。此外，将溶菌酶与甘氨酸、植酸、聚合磷酸盐等物质混合使用，可增强其对G^-菌的溶菌作用。

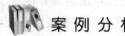

案例分析

案例

如何从鸡蛋清中提取溶菌酶？

分析

鸡蛋清溶菌酶是一种碱性蛋白质，分子量为14kD，等电点时pH为11.0，鸡蛋清溶菌酶约占鸡蛋清总蛋白的3.5%。依据这些理化特性，从鸡蛋清中分离提取溶菌酶的方法主要有离子交换层析法、盐析法。

(1)盐析法：由于蛋白质在高浓度盐的溶液中，随着盐浓度的逐渐增加，蛋白质水化膜被破坏、溶解度下降而从溶液中沉淀出来。各种蛋白质的溶解度不同，因而可利用不同浓度的盐溶液来沉淀分离各种蛋白质。

(2)离子交换层析法：蛋清溶菌酶在等电点时，其溶液pH 11.0，在近中性的pH条件下，溶菌酶带正电荷，而其他大多数蛋清蛋白带负电荷，故用阳离子交换树脂很容易将蛋清中的溶菌酶吸附出来。

3. 抗菌肽(antimicrobial peptides)　是具有抗菌活性短肽的总称。抗菌肽广泛存在于生物界，包括细菌、动植物和人类。目前已从不同生物体内诱导出200多种抗菌肽。抗菌肽具有广谱抗菌、抗病毒和抗肿瘤等多种生物活性作用。其作用机制因种类而异，但其作用靶位均为细胞膜。抗菌肽作为生物体内的一种内源性抗菌物质，在抵御病原体的入侵方面起着重要作用，被认为是缺乏特异性免疫功能生物体的重要防御成分。在医药生产中，抗菌肽因为抗菌活性高、抗菌谱广、种类多、可供选择的范围广、靶菌株不易产生抗性突变等原因，而被认为将会是很好的抗菌药物，因此研制和生产多肽抗生素将在医药工业上有着广阔的应用前景。

防御素是抗菌肽中的大家族，为一组耐受蛋白酶的富含精氨酸的小分子多肽。人体内有α-防御素和β-防御素两种。α-防御素主要由中性粒细胞、巨噬细胞和小肠潘尼细胞产生。β-防御素分布更广泛，由多种白细胞和上皮细胞产生。防御素对细菌、真菌和某些包膜病毒具有广谱的直接杀伤作用。

4. 细胞因子(cytokine)　微生物感染机体后，可刺激免疫细胞和感染的组织细胞产生多种具有不同生物学作用的细胞因子。细胞因子可发挥致炎、致热、诱发急性期反应、趋化炎症细胞、激活免疫细胞、抑制病毒复制等多种生物活性作用，发挥非特异性免疫效应。有关细胞因子的详细内容见本章第二节“适应性免疫的抗感染作用”。

三、固有免疫的抗感染作用

固有免疫的抗感染作用发生在感染早期(0～96 小时内)。首先，皮肤黏膜结构的物理屏障、化学屏障以及微生物屏障可阻挡外界病原体对机体的入侵。当少量病原微生物突破屏障结构，进入皮肤或黏膜下组织后，可及时被局部存在的吞噬细胞吞噬清除。有些病原体如革兰阴性菌可通过激活补体旁路途径而被溶解破坏；有些补体活化产物具有调理作用，可增强吞噬细胞的吞噬杀菌能力；有些补体活化产物具有炎性介质作用，可引起局部炎症。中性粒细胞是机体抗细菌、抗真菌感染的主要效应细胞，在感染部位组织细胞产生的促炎细胞因子和其他炎性介质作用下，局部血管内的中性粒细胞被活化并迅速穿过血管内皮细胞进入感染部位，发挥强大的吞噬杀菌效应。以上这些效应发生在感染的 0～4 小时，绝大多数病原体感染通常终止于此期。在感染后 4～96 小时内，主要通过对局部组织中的巨噬细胞的聚集、活化，由活化的巨噬细胞发挥生物活性作用，从而增强扩大局部抗感染免疫应答能力和炎症反应。NK 细胞、γδT 细胞等则可对某些病毒感染和胞内寄生菌感染的细胞产生杀伤作用，发挥早期抗感染作用。

感染 96 小时之后机体才可执行适应性免疫，此时活化的巨噬细胞和树突状细胞将摄入的病原体加工处理为具有免疫原性的小分子多肽，并携带这些小分子多肽经淋巴、血液循环进入外周免疫器官，与分布于此的 T 淋巴细胞或 B 淋巴细胞之间进行相互作用，启动适应性免疫应答。

点滴积累

1. 免疫是机体识别和排除抗原性异物的一种生理反应。根据其反应机制分固有免疫和适应性免疫两种。免疫对机体具有双重效应，正常发挥时可产生免疫防御、免疫自稳定和免疫监视三个方面的生理效应；而异常发挥时可对机体产生危害，导致超敏反应、自身免疫性疾病等的发生。

2. 固有免疫是机体天然防御功能，构成机体抵御微生物感染的第一道防线，并启动和参与适应性免疫。

3. 参与固有免疫的结构有组织屏障、固有免疫细胞和固有免疫分子。皮肤黏膜屏障构成机体抗感染的第一道防线，组织器官内的屏障维持局部内环境稳定。固有免疫细胞包括吞噬细胞、NK 细胞、γδT 细胞、树突状细胞、B1 细胞、NKT 细胞、嗜酸性粒细胞、嗜碱性粒细胞和肥大细胞等，是固有免疫的主要执行者。同时，通过固有免疫细胞将固有免疫和适应性免疫联系在一起，如单核吞噬细胞和树突状细胞作为抗原递呈细胞启动适应性免疫。固有免疫分子包括体表分泌液、血浆以及其他体液中能够识别或攻击病原体的可溶性分子，补体是体内最为重要的一类固有免疫分子。溶菌酶、抗菌肽和细胞因子除在人体内发挥固有免疫作用外，还具有很多药理作用，在医药生产上具有很好的开发和应用前景。

第二节　适应性免疫的抗感染作用

适应性免疫是在固有免疫基础上发展起来的，是机体获得性、抗原特异性、抗微生物感染的高效防御机制。

一、适应性免疫的概念与特征

适应性免疫(adaptive immunity)亦称获得性免疫或特异性免疫，是机体在后天生活过程中，接受病原微生物等抗原性异物刺激后产生的，只对相应病原微生物等抗原性异物起作用的防御功能。诱导机体发生适应性免疫并作为其靶分子的物质称抗原(antigen)。执行适应性免疫的细胞是具有特异性识别抗原能力的B、T淋巴细胞。B、T淋巴细胞通过其膜表面的抗原受体特异性识别抗原并与之结合，在结合抗原的刺激下，B、T淋巴细胞活化、发生细胞分裂，进而分化为效应细胞发挥特异性免疫防御作用。因此，根据参与的细胞成分和功能，适应性免疫可分为T细胞介导的细胞免疫应答(简称细胞免疫)和B细胞介导的体液免疫应答(简称体液免疫)。

知 识 链 接

自然免疫和人工免疫

根据机体获得适应性免疫的方式可分为自然免疫和人工免疫。隐性感染或显性感染病原体后机体所建立的特异性免疫叫做自然自动免疫，胎儿或新生儿经胎盘或乳汁从母体获得抗体的特异性免疫属于自然被动免疫。利用人工制备的抗原或抗体，通过适宜的途径输入机体，使机体产生针对某疾病的特异性免疫称人工免疫。其中，若注入机体的是疫苗或类毒素等抗原物质，称人工主动免疫；若注入机体的是抗体类制剂，称人工被动免疫。目前，人工免疫是医学上进行免疫预防，提高机体免疫水平的重要手段。

适应性免疫具有特异性、记忆性、自我限制、自我耐受和MHC限制性等特征。

1. 特异性　特异性是指机体接受某种抗原刺激后，只产生对该抗原的适应性免疫应答，相应的免疫应答产物(抗体和效应T细胞)仅对该抗原或表达该抗原的靶细胞起作用。事实上，特异性不是针对抗原而是针对抗原分子中的特殊化学基团-抗原决定基。由淋巴细胞识别的、存在于抗原分子表面的特殊化学基团称为抗原决定基(又称表位)。位于淋巴细胞表面的可特异性识别抗原表位的膜受体称淋巴细胞抗原受体。其中T淋巴细胞表面的抗原受体称T细胞抗原受体(T cell receptor，TCR)；B淋巴细胞表面的抗原受体称B细胞抗原受体(B cell receptor，BCR)。因此，特异性实际上是指一种抗原受体识别一种抗原决定基，并与之结合。每个成熟淋巴细胞上仅表达一种抗原受体，称为一种淋巴细胞克隆。一个淋巴细胞克隆代表一种免疫特异性。一个生物体内存在数量巨大的抗原特异性迥异的淋巴细胞克隆，从而保证识别自然界千万种变化的抗原。例如，一个正常人体可拥有识别107～109种抗原决定基的T淋巴细胞克隆总数。

2. 记忆性　机体第一次接触抗原时对其发生初次的适应性免疫应答，当机体再次接触该抗原时，则产生快速、强烈的再次应答，这一现象称免疫的记忆性。这一特性是因免疫应答中记忆性淋巴细胞产生所致。初次应答时，B、T淋巴细胞在抗原刺激下活化、增殖分化，但部分B、T淋巴细胞中途停止分化而成为长寿命的记忆性淋巴细胞。当机体再次遇到相同抗原时，这些记忆细胞可快速活化、增殖、分化为免疫效应细胞，发挥效应作用。

3. 自我限制　适应性免疫发挥效应将抗原从体内清除后，所有正常的适应性免疫反应可随时间延长而逐渐衰减，最终回到静息的基础状态，这一现象称自身稳定。适应性免疫应答不会无限增强的主要机制是由于其效应作用可清除抗原，随着抗原的清除，维系免疫应答的刺激条件就不存在了。此外，机体具有限制免疫应答水平的自身调节机制。自我限制可保证机体免疫系统对任何新入侵微生物抗原具备应答能力。

4. 自我耐受　机体免疫系统通常识别、应答和清除外源性(非我)抗原，而对自身正常组织细胞则不发生应答，这一特征称自我耐受。自我耐受的异常可导致针对自身成分免疫应答的产生，并导致自身免疫病。

5. MHC的限制性　T淋巴细胞和其他免疫细胞相互作用时，只有双方的MHC分子一致时才能发生，这一现象称为MHC限制性。MHC限制性体现在T淋巴细胞表达的CD4/CD8膜分子识别结合其他细胞表面的MHCⅡ类分子/MHCⅠ类分子过程中。

二、适应性免疫的结构基础

机体执行适应性免疫的组织结构是免疫系统，包括免疫器官、免疫细胞和免疫分子三部分。

(一) 免疫器官

免疫器官是指机体执行免疫功能的器官和组织，按其功能不同分为中枢免疫器官和外周免疫器官，两者通过血液循环和淋巴循环相互联系。

1. 中枢免疫器官　中枢免疫器官是免疫细胞发生、分化、发育和成熟的场所。人和哺乳动物的中枢免疫器官包括骨髓与胸腺。

(1)骨髓：位于骨髓腔和骨松质间歇内，是造血器官，是各种血细胞和免疫细胞的发源地，也是人和哺乳动物B淋巴细胞分化、发育成熟的场所。骨髓中的多能干细胞首先增殖分化为髓样干细胞和淋巴样干细胞。髓样干细胞在骨髓中可进一步分化，最终分化发育成熟为红细胞、粒细胞、血小板、单核细胞、树突状细胞等释放入血。一部分淋巴样干细胞在骨髓中，可分化为始祖B细胞，最终发育为成熟的B细胞；另一部分淋巴样干细胞经血液进入胸腺，分化为始祖T/NK细胞，最终分化发育为成熟的T细胞和NK细胞。这些成熟的淋巴细胞随血液进入外周免疫器官定居(图5-3)。骨髓作为人体重要的造血器官和免疫器官，当其受损或功能缺陷时，不但会严重影响机体的造血功能，也可导致体液免疫和细胞免疫功能缺陷。

此外，骨髓还是发生再次体液免疫应答的主要部位。记忆性B细胞在外周免疫器官接受抗原再次刺激后被活化，活化的记忆性B细胞经淋巴液和血液返回骨髓，在骨髓中分化成熟为浆细胞，持久地产生大量抗体，并释放至血液中，成为血清抗体的主要来源。

(2)胸腺：位于胸骨后，是T细胞分化发育成熟的器官。胸腺是产生最早的免疫器官，发生于胚胎期第5周，20周左右发育成熟。胸腺的大小和结构随年龄的不同而有变

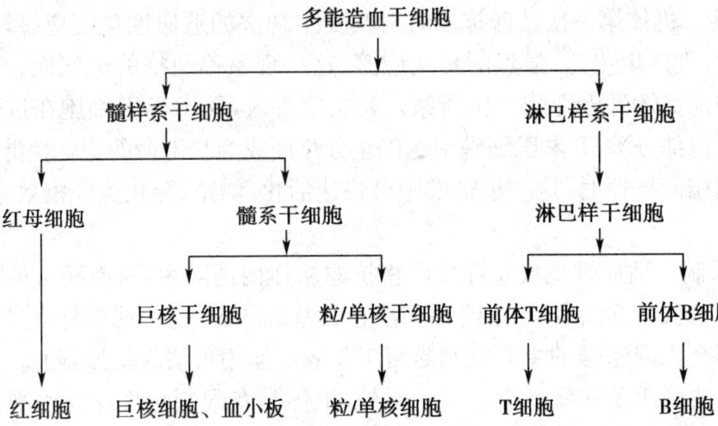

图 5-3　骨髓造血干细胞的分化谱

化，正常新生儿的胸腺重约 20g，以后随机体发育逐渐增大，青春期达 30～40g，然后随年龄增长而逐渐退化萎缩。老年人因胸腺退化导致细胞免疫功能降低，易发生感染和肿瘤。

胸腺的主要功能：

1)成熟 T 细胞分化、发育的场所：由淋巴样干细胞分化发育的始祖 T 细胞经血液进入胸腺后，成为胸腺细胞，在胸腺素和胸腺微环境诱导下，迅速增殖分化成为许多小型胸腺细胞，这些小型胸腺细胞经过复杂的选择性发育(阳性选择和阴性选择)，绝大多数则死亡，只有少数胸腺细胞(<5%)继续分化发育成为具有免疫应答能力的成熟 T 细胞。成熟的 T 细胞离开胸腺到外周免疫器官定居。实验证明，新生期切除胸腺的动物，可导致 T 细胞缺乏而使其细胞免疫功能缺陷。

2)自身耐受的建立和维持：T 细胞在胸腺微环境的发育过程中，通过阴性选择清除自身反应性 T 细胞，而形成自身耐受。若阴性选择发生障碍如胸腺基质细胞缺陷，出生后则易患自身免疫病。

2. 外周免疫器官　外周免疫器官是成熟淋巴细胞(主要为 T 细胞、B 细胞)定居的场所，也是接受抗原刺激发生适应性免疫应答的场所，包括淋巴结、脾和黏膜相关淋巴组织等。

(1)淋巴结：正常人体有 500 万～600 万个淋巴结，它们沿淋巴管道遍布全身。淋巴结在结构上分为周围的皮质和中央的髓质两部分。B 淋巴细胞主要位于皮质部的浅皮质区的淋巴小结，该区还有大量的巨噬细胞、滤泡树突状细胞。抗原刺激时，淋巴小结内的 B 细胞转化为淋巴母细胞并不断分裂，然后淋巴母细胞向内转移至淋巴结中心的髓质，分化为浆细胞并产生抗体。T 淋巴细胞主要定居于浅皮质区内侧的深皮质区，该区还含有部分由组织迁移而来的树突状细胞。淋巴结内的巨噬细胞和树突状细胞具有摄取、加工处理抗原并递呈给 T、B 细胞，以诱发免疫应答的作用。

淋巴结作为结构最完备的外周免疫器官，其主要功能有：①淋巴结是成熟 T 细胞和 B 细胞的主要定居部位。其中 T 细胞约占淋巴结内淋巴细胞总数的 75%，B 细胞约占 25%。②淋巴结是适应性免疫应答发生的场所。抗原通过淋巴液引流至局部淋巴结，在淋巴结内首先由巨噬细胞和树突状细胞对抗原进行加工、处理，然后成熟 T 细胞和 B 细胞识别由巨噬细胞与树突状细胞递呈的抗原而活化、增殖、分化。T 细胞最终分化为效应T细胞来发挥免疫效应，B细胞分化为浆细胞，由浆细胞分泌抗体来发挥效应作用。③参与淋巴细胞再循环。淋巴细胞在外周免疫器官、淋巴液、血液的反复循环，称淋巴细胞再循环。通过再循环可使淋巴细胞在外周免疫器官和全身器官组织中均有分布，从而更好地捕捉抗原和发挥免疫效应。④过滤淋巴液。通过髓质内巨噬细胞的吞噬作用，可将淋巴液中的病原微生物、毒素、抗原性异物等清除，发挥过滤作用。

(2)脾：是最大的免疫器官，分为红髓和白髓两部分。成熟的B、T淋巴细胞主要定居在白髓。红髓在白髓周围，其内有大量的血液和巨噬细胞。

脾具有以下功能：①脾是各种成熟淋巴细胞定居的场所。成熟的B细胞、T细胞以及NK细胞分布在脾的不同部位。其中，B细胞约占脾淋巴细胞总数的60%，T细胞约占40%。②脾是适应性免疫应答发生的场所。血液中的抗原性异物经血液循环进入脾脏后，可刺激T、B细胞发生免疫应答。脾是机体针对血源性抗原产生免疫应答的主要部位。③造血功能。胚胎期的脾具有造血功能。④过滤血液。脾内的巨噬细胞发挥吞噬作用，可清除血中的病原体、衰老红细胞、免疫复合物等，使血液得到过滤和净化。

(3)黏膜相关淋巴组织：黏膜相关淋巴组织主要包括扁桃体、阑尾、肠集合淋巴结以及分布在消化道、呼吸道和泌尿生殖道黏膜固有层和黏膜下层的弥散淋巴组织。当病原微生物等抗原性异物从黏膜局部侵入时，可刺激黏膜相关淋巴组织内的B细胞发生体液免疫应答，B细胞活化、增殖、分化为浆细胞，浆细胞产生分泌型IgA(sIgA)，在黏膜局部发挥特异性的抗感染作用。黏膜相关淋巴组织和皮肤共同构成机体抗感染的第一道防线。

(二) 免疫细胞

免疫细胞泛指所有参加免疫或与免疫有关的细胞及其前体细胞，包括固有免疫细胞和适应性免疫细胞两部分。固有免疫细胞参与和执行固有免疫，已在第一节介绍。适应性免疫细胞参与和执行适应性免疫应答，有T淋巴细胞、B淋巴细胞和抗原递呈细胞。

1. T淋巴细胞　简称T细胞。发源于骨髓的淋巴样干细胞，但在胸腺中发育成熟，成熟T细胞在外周免疫器官定居，并通过淋巴细胞再循环游走于全身，具有介导细胞免疫和调节体液免疫的作用。外周血中的T细胞为其淋巴细胞总数的65%～80%。

(1)T细胞的分化发育：骨髓中部分淋巴样干细胞分化发育为始祖T细胞，该细胞被胸腺上皮细胞分泌的趋化因子吸引入胸腺，刚进入胸腺的始祖T细胞不表达CD4和CD8，为T细胞的双阴性阶段，在胸腺微环境影响下表达CD3、CD4和CD8分子，发育成$CD4^+$、$CD8^+$双阳性的前T细胞，前T细胞经过阳性选择和阴性选择才分化发育为具有免疫功能的成熟T细胞，离开胸腺移居于外周免疫器官。每个成熟T细胞表达一种特定的抗原受体，构成一个T淋巴细胞克隆。

1)阳性选择：是指双阳性前T细胞与胸腺上皮细胞表面MHCⅡ或MHCⅠ类分子发生有效结合，继续分化发育为$CD4^+$或$CD8^+$的单阳性T细胞。其中，与MHCⅡ类分子结合的前T细胞其CD4表达增加，CD8则下降直至丢失；与MHCⅠ类分子结合的前T细胞其CD8表达增加，CD4则下降直至丢失。大多数双阳性前T细胞因未能与MHC分子有效结合而发生凋亡。阳性选择赋予成熟的T细胞识别自身MHC分子复合物的能力。

2)阴性选择：是指经历阳性选择发育的$CD4^+$或$CD8^+$的单阳性T细胞若能与胸腺

巨噬细胞、树突状细胞表面的自身抗原肽-MHCⅡ类或Ⅰ类分子复合物结合，则发生死亡或停止发育，而未结合的T细胞继续分化发育为成熟的$CD4^+$或$CD8^+$的单阳性T细胞。通过阴性选择清除了自身反应性T细胞克隆，获得对自身抗原的免疫耐受(图5-4)。

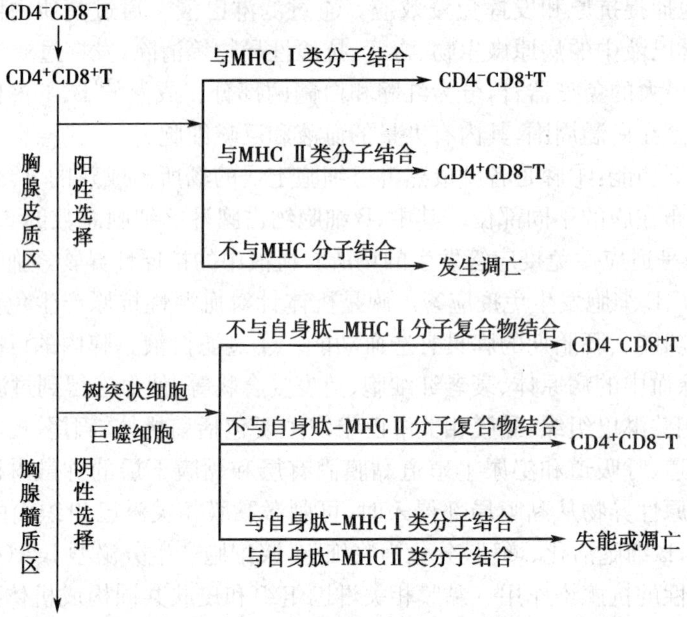

图5-4　T细胞的分化发育过程

(2)T细胞的表面标志：T细胞表面标志是指存在于T细胞表面具有一定功能的膜分子，主要包括各种表面受体和表面抗原等。它们是T细胞识别抗原、与其他免疫细胞相互作用以及接受信号刺激并产生应答的物质基础，也是鉴定和分离T细胞及T细胞亚群的重要标志。这里仅介绍几种重要的表面标志。

1)T细胞抗原受体(T-cell antigen receptor，TCR)：是指T细胞表面特异性识别并结合抗原的结构。它表达在所有T细胞表面，是T细胞的特征性表面标志。在T细胞表面，TCR以非共价键结合CD3分子，形成TCR-CD3复合物(图5-5)，CD3分子具有向细胞内传递TCR识别特异性抗原信号的作用。每个T细胞表面有3000～30 000个TCR分子。每个TCR分子是由α链和β链或是由γ链和δ链组成的异二聚体。据此T细胞可分为TCRαβT细胞和TCRγδT细胞两种。大多数成熟T细胞为前者，一般而言T细胞就是TCRαβT细胞，是机体免疫系统的

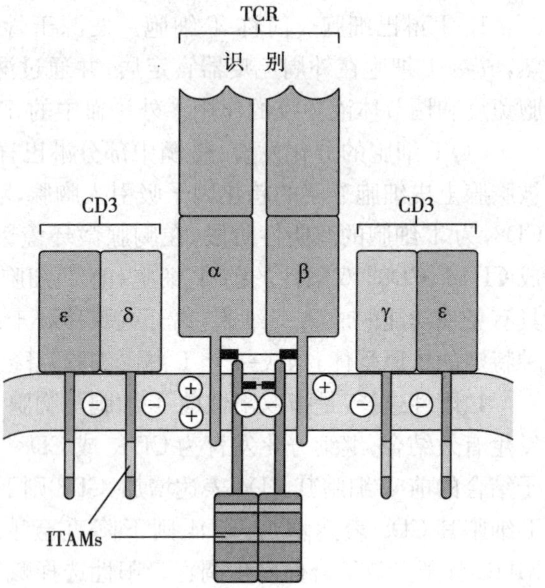

图5-5　TCR结构示意图

主要 T 细胞群体。TCRγδT 细胞只有少数，主要分布于皮肤和黏膜下，具有非特异杀伤功能，参与固有免疫。TCR 的特异性是由编码 α 链和 β 链的基因多样性及其重组决定的。人 TCRα 链和 β 链分别是由第 14 号染色体上的 V、J、C 基因片段和第 7 号染色体上的 V、D、J、C 基因片段编码。这些基因片段又各有不同的等位基因。在 T 细胞分化发育的早期，这些基因经历重排，进而转录翻译出差异性的肽链，从而形成千万种不同特异性的 TCR 分子。因此，由胸腺发育成熟的每个 T 细胞只能识别一种抗原表位，T 细胞是一群高度异质化的细胞群体。另外，抗原分子必须与细胞表面的自身 MHC 分子结合后才能被 TCR 识别，所以 TCR 只能识别抗原递呈细胞或靶细胞表面的抗原肽-MHC 分子复合物，不能直接识别可溶性抗原。

2)CD4 和 CD8 分子：CD4 和 CD8 分子在成熟 T 细胞上是互相排斥的，即同一 T 细胞表面只表达其中一种，据此可将 T 细胞分为两大亚群，即 CD4^{+} T 细胞和 CD8^{+} T 细胞。CD4 和 CD8 的主要功能是辅助 TCR 识别抗原与参与 T 细胞活化信号的传导。CD4 和 CD8 分子分别与 MHCⅡ类分子和Ⅰ类分子结合，从而促进 T 细胞与抗原递呈细胞或靶细胞之间的相互作用并辅助 TCR 识别抗原，所以 CD4 和 CD8 分子又称为 T 细胞的辅助受体。另外，CD4 和 CD8 分子分别与 MHCⅡ类分子和Ⅰ类分子的结合也是 CD4^{+} T 细胞和 CD8^{+} T 细胞识别抗原时具有自身 MHCⅡ类和Ⅰ类限制性的原因。

CD4 分子还是人类免疫缺陷病毒(HIV)包膜糖蛋白 gp120 的受体。因此，与 CD4 分子结合是 HIV 特异性感染 CD4^{+} T 细胞或巨噬细胞的机制之一。

3)协同刺激分子：T 细胞的活化需要两种活化信号的协同作用。第一信号由 TCR 识别抗原产生，第二信号为协同刺激信号，由 T 细胞表面的协同刺激分子与抗原递呈细胞或靶细胞表面的相应协同刺激分子相互作用而产生。T 细胞表面具有多种协同刺激分子，其中起主要作用的协同刺激分子是 CD28 和 CD2 分子。

CD28 分子表达于 90% CD4^{+} T 细胞和 50% CD8^{+} T 细胞表面。CD28 是 B 细胞或其他抗原递呈细胞表面的协同刺激分子 B7 的受体，CD28 分子和 B7 分子结合产生的协同刺激信号在 T 细胞的活化中发挥重要作用。

CD2 分子表达于绝大多数成熟 T 细胞表面，其配体是 CD58 分子。CD2 分子的功能是介导 T 细胞与抗原递呈细胞或靶细胞之间的黏附，并提供 T 细胞活化的协同刺激信号。CD2 分子还具有结合绵羊红细胞的特性，故又称绵羊红细胞受体或 E 受体。临床上的 E 花环试验就是依据这一特性，在体外若将人的淋巴细胞与绵羊红细胞混合，绵羊红细胞可结合在 T 细胞周围形似玫瑰花环状，此试验可检测人外周血中的 T 细胞数量，以辅助判断细胞免疫功能。

难点释疑

淋巴细胞与 CD 分子

淋巴细胞在其不同的发育阶段或活化过程中，在细胞表面可表达或消失不同的标记分子，这些标记分子与细胞的分化发育及活化等密切相关，并可作为表面标志用于细胞的鉴定。研究中常采用单克隆抗体识别标记分子进行鉴定，故根据以单克隆抗体鉴定为主的聚类分析法，将来自不同实验室的单克隆抗体所识别的同一标记分子归为一个分化群，简称 CD(cluster of differentiation)。

4)有丝分裂原受体:有丝分裂原受体是淋巴细胞表面能与有丝分裂原结合的结构。有丝分裂原是指能非特异性地激活淋巴细胞转化为母细胞,发生有丝分裂的物质。T细胞表面具有植物血凝素(PHA)受体、刀豆蛋白A(ConA)受体及美洲商陆(PWM)受体。接受相应有丝分裂原刺激后,T细胞可以活化、增殖变化为淋巴母细胞。在体外用PHA刺激人外周血T细胞,观察其增殖分化程度可检测机体细胞免疫功能状态,该试验称淋巴细胞转化实验。

(3)T细胞亚群:成熟T细胞是一个高度不均一的细胞群体,根据其表型及功能特征,可以将T细胞分成许多不同的类别和亚群,各亚群在表型和免疫应答中所起作用是各不相同的。

1)初始T细胞、效应T细胞和记忆性T细胞:根据所处的活化阶段,可将T细胞分为初始T细胞、效应T细胞和记忆性T细胞。初始T细胞是指从未接受过抗原刺激的成熟T细胞。初始T细胞在外周免疫器官接受抗原刺激后活化、增殖,最终分化为效应T细胞和记忆性T细胞;效应T细胞是指接受抗原后由初始T细胞活化、分化发育的能够发挥免疫效应作用的终末T细胞;记忆性T细胞是指初始T细胞接受抗原刺激后,在分化过程中停止分化,保持静息状态的T细胞。在接受相同抗原再次刺激时记忆性T细胞可迅速活化、增殖、分化为效应T细胞和记忆性T细胞。

2)$CD4^{+}$ T细胞和$CD8^{+}$ T细胞:根据表达CD4或CD8分子的不同,T细胞分为$CD4^{+}$ T细胞和$CD8^{+}$ T细胞。在外周淋巴组织中$CD4^{+}$ T细胞约占65%,$CD8^{+}$ T细胞约占35%。$CD4^{+}$ T细胞识别外源性抗原肽并受自身MHCⅡ类分子限制;$CD8^{+}$ T细胞识别内源性抗原肽并受自身MHCⅠ类分子限制。

3)辅助性T细胞、细胞毒性T细胞和调节性T细胞:根据T细胞在免疫应答中的功能的不同,可将其分为辅助性T细胞(Th)、细胞毒性T细胞(CTL或Tc)和调节性T细胞(Tr)。Th细胞表达CD4分子,属于$CD4^{+}$ T细胞。初始$CD4^{+}$ T细胞在抗原的刺激下,在不同因素的作用下,可选择性分化为Th1或Th2。Th1细胞能合成IL-2、IFN-γ、LT等细胞因子,参与细胞免疫及迟发型超敏反应。Th2细胞能合成IL-4、IL-5、IL-6和IL-13等细胞因子,辅助B细胞分化为浆细胞并产生抗体,与体液免疫应答有关;Tc或CTL细胞是指具有免疫杀伤效应的T细胞功能亚群,是$CD8^{+}$ T细胞接受抗原刺激后活化、分化发育而来。CTL细胞可特异性杀伤带有抗原的靶细胞,是机体抗病毒免疫、抗肿瘤免疫中的主要效应细胞;调节性T细胞是指具有免疫调节功能的T细胞群体,这些细胞具有免疫负调节作用,参与多种免疫性疾病发生的病理过程,是近年免疫学领域研究的重点。

2. B淋巴细胞 B淋巴细胞因其在骨髓分化成熟,故又称骨髓依赖性淋巴细胞,简称B细胞。成熟B细胞定居于外周免疫器官,通过淋巴细胞再循环遍布全身,血液中B细胞占其淋巴细胞总数的10%~15%。B细胞是抗体产生细胞,介导体液免疫应答。另外,B细胞还具有递呈抗原、分泌细胞因子参与免疫调节的作用。

(1)B细胞的表面标志:B细胞表面有很多膜分子,有的为B细胞特有,有的为B细胞与其他细胞共有。它们在B细胞活化、增殖、产生抗体和加工递呈抗原给T细胞中发挥作用。主要有:①B细胞抗原受体(B cell receptor,BCR):是B细胞表面特异性识别和结合抗原的免疫球蛋白分子(mIg)。BCR表达于所有B细胞,是B细胞的特征性标志。未成熟B细胞仅表达mIgM,成熟B细胞表达为mIgM和mIgD。每一个成熟B细胞具有一种特定的BCR，只能识别一种抗原表位，因而决定了免疫应答的特异性。②IgG Fc受体(FcR)：是B细胞表面能与IgG Fc段结合的受体。通过该受体能特异性地与抗原-抗体复合物中IgG的Fc段结合，有助于B细胞捕捉和结合抗原，进而对B细胞活化、增殖和分化产生调节作用。

此外，大多数B细胞表面存在有与补体结合的受体，即补体受体(CR)以及能与美洲商陆(PWM)、脂多糖(LPS)和葡萄球菌A蛋白(SPA)等有丝分裂原结合的丝裂原受体和细胞因子受体。这些受体与相应的配体分子结合，发挥效应作用。

(2)B细胞亚群：外周免疫器官中的B细胞具有异质性，依据CD5的表达与否，将其分为B1和B2亚群。B1细胞表达CD5，产生早，主要存在于腹膜腔、胸膜腔和肠道固有层。B2细胞即通常所指的B细胞。B1与B2细胞在起源、分子表型和生物学特性等方面均存在差异(表5-2)。

表5-2　B1细胞与B2细胞的异同

细胞性质	B1细胞	B2细胞
最初产生时间	胎儿期	出生后
主要产生部位	胚肝	骨髓
更新方式	自我更新	骨髓产生
主要分布	胸腔、腹腔、肠壁固有层	脾、淋巴结、黏膜相关淋巴组织
特异性	低，多反应性	高，单一特异性
识别的抗原	多糖抗原(TI抗原)	蛋白质抗原(TD抗原)
抗体产生潜伏期	较短，抗原刺激后48小时产生	较长，抗原刺激后1～2周产生
产生抗体的类别	IgM为主	各类Ig，主要为IgG
免疫记忆和再次免疫应答	无	有

3. 抗原递呈细胞(antigen presenting cell，APC)　抗原递呈细胞是指在免疫应答过程中，能摄取、处理抗原并将抗原信息传递给T淋巴细胞的一类细胞，主要包括单核吞噬细胞、树突状细胞和B淋巴细胞。单核吞噬细胞和树突状细胞通过吞噬或胞饮的方式摄取外源性抗原异物后，在胞内溶酶体作用下将抗原物质消化裂解，一方面杀灭抗原性异物而发挥了非特异性免疫作用，与此同时，裂解过程中产生的具有免疫原性的肽类物质则与细胞分泌的MHC分子结合形成抗原肽-MHC分子复合物，表达在细胞表面，供T细胞识别。

(三)免疫分子

免疫分子的种类甚多，主要有抗原、抗体、补体、细胞因子以及膜表面抗原受体、主要组织相容性抗原(MHC分子)、白细胞分化抗原(CD分子)、黏附分子等膜型分子。它们在免疫应答中发挥不同作用。这里主要介绍抗原、抗体、补体和细胞因子。

1. 抗原(antigen，Ag)　是一种能刺激机体免疫系统产生特异性免疫应答，并能与相应免疫应答产物(抗体或效应T细胞)发生特异性结合的物质。抗原既是特异性免疫应答的启动者又是其效应作用的靶分子。

(1)抗原的基本性能：抗原具有两种基本性能，一是免疫原性，即能与B细胞或T细胞抗原受体结合，刺激细胞活化、增殖、分化，产生抗体和效应 T 细胞的性能；二是抗原性，即能与相应的免疫应答产物抗体和效应性 T 细胞发生特异性结合的性能。

(2)影响抗原免疫原性的因素：抗原能否刺激机体产生免疫应答以及应答强弱主要决定于其免疫原性。影响抗原物质免疫原性的因素有：

1)异物性：是指一种物质被机体免疫系统识别为“非己”的异物的特性。它是决定抗原免疫原性的首要条件。机体免疫系统的识别机制是克隆选择学说，即胚胎时期未与免疫细胞接触过的物质，都可视为异物。依据这一机制具有异物性的物质主要有异种物质、同种异体物质和自身物质三类。异种物质是指来源于与免疫个体无种系亲缘关系的其他物种的物质，亲缘关系越远，组织结构差异越大，免疫原性越强；同种异体物质是指同种不同个体之间存在的不同物质；自身物质只有当其发生结构改变或自身隐蔽成分释放才可被免疫系统视为“异己”物质。这些具有异物性的物质都可具有免疫原性，都可成为抗原物质。

2)分子量：分子量大的抗原物质免疫原性强，通常分子量在 10 000 以上的有免疫原性，低于 4000 的一般无免疫原性。抗原物质常是大分子物质。

3)理化复杂性：抗原物质的结构越复杂免疫原性越强，蛋白质的免疫原性强于多糖，核酸分子一般无免疫原性，与蛋白质结合后才具有免疫原性。

4)可降解性：是指大分子抗原物质在体内被加工、处理成小分子抗原表位片段的性质。淋巴细胞抗原受体对抗原的识别以及抗体结合抗原只是对抗原某一特定部位即抗原表位的结合。一个抗原分子可有若干个表位，每个淋巴细胞抗原受体(BCR 或 TCR)识别一种表位，一种抗体结合一种表位，因此表位决定了抗原与抗原受体以及抗体的结合是特异性的。

(3)医药学上重要的抗原物质

1)病原微生物：微生物虽结构简单，但化学组成却相当复杂。各种微生物均含有多种不同的蛋白质及与蛋白质结合的多糖、脂类等，因此，病原微生物是一个含有多种抗原及抗原决定簇的天然抗原复合物。病原微生物一旦侵入人体，它们的相应抗原就能刺激机体的免疫系统引起免疫应答，机体获得特异性抗感染的能力。因此利用病原微生物或其抗原成分制成疫苗进行预防接种，可提高接种人群的特异性免疫力，预防传染病。其中由免疫原性强的灭活的病原微生物制备的疫苗称死疫苗，而由活的无毒或弱毒的微生物制备的疫苗则称活疫苗。去除病原微生物中与免疫无关甚至有害的成分，保留其有效免疫成分而制成的疫苗称亚单位疫苗。死疫苗和活疫苗制备的基本流程如图 5-6 所示。

2)细菌的外毒素和类毒素：外毒素是细菌合成的分泌到菌体外发挥毒性作用的物质，化学本质为蛋白质，具有很强的免疫原性，能刺激机体产生相应的抗体即抗毒素。外毒素经 0.3%～0.4%的甲醛处理后，可使其失去毒性而保留免疫原性，称为类毒素。类毒素是一种人工自动免疫制剂，将某种类毒素注入机体后，可刺激机体产生相应的抗毒素而获得针对某种外毒素的特异性免疫，发挥预防相应外毒素疾病的作用。类毒素的制备过程如图 5-7 所示。

3)抗毒素血清：为人工制备的一种抗体制剂，临床上常用于外毒素所致疾病的特异性治疗及紧急预防。抗毒素血清的制备是用类毒素免疫动物(如马)，免疫动物产生大量的抗毒素并分布于其血清中，提取动物血清进行分离纯化即可获得(图 5-8)。这种来

菌种→检定（培养特性、血清学试验、毒力试验、免疫原性试验、免疫力试验等）
↓
菌种培养
↓
生产培养
↓
收集细菌→纯菌试验
↓
杀菌（0.1%甲醛 37℃作用一定时间）→无菌试验
↓
原液检定（形态、凝集性检查、无菌试验、免疫力试验、毒性试验等）
↓
半成品配制（混合/稀释）
↓
分装
↓
成品检定（理化性检查、无菌试验、安全试验、效力试验等）

A 细菌性死疫苗

获得单层细胞
↓
接种病毒
↓（培养至细胞有明显病变）
收获病毒 →无菌试验、病毒滴定
（释放性病毒：单瓶 1 次收液或换液培养多次收液。不易释放性病毒：消化、收集感染细胞，破碎、释放病毒）
↓
病毒灭活、加防腐剂（加＜1：10000 硫柳汞作防腐剂）
↓
病毒原液合并、澄清→无菌试验、灭活试验
↓
半成品配制→无菌试验、牛血清蛋白残留量检查
↓
分装或冻干
↓
成品检定（鉴别试验、理化性检查、无菌试验、效力试验、热稳定性试验、异常毒性试验）

B 病毒类死疫苗

菌种→检定（培养特性、毒力试验、安全试验、免疫力试验等）
↓
菌种培养
↓
生产培养
↓
收集细菌
↓
原液检定（纯菌试验、浓度测定等）
↓
半成品配制（稀释、加冻干保护剂）
↓
分装及冻干
↓
成品检定（鉴别试验、理化检查、无菌试验、活菌计数、热稳定性试验、效力试验等）

C 细菌性活疫苗

获得单层细胞
↓
接种病毒
↓（培养至细胞有明显病变）
收获病毒（释放性病毒：单瓶 1 次收液或换液培养多次收液。不易释放性病毒：消化、收集感染细胞）
↓
病毒释放
↓
病毒原液合并、澄清→无菌试验、病毒滴定
↓
半成品配制（加病毒保护剂或冻干保护剂）→无菌试验
↓
成品检定（鉴别试验、理化检查、病毒滴定、热稳定性试验、无菌试验、异常毒性试验、牛血清蛋白残留量检查等）

D 病毒类活疫苗

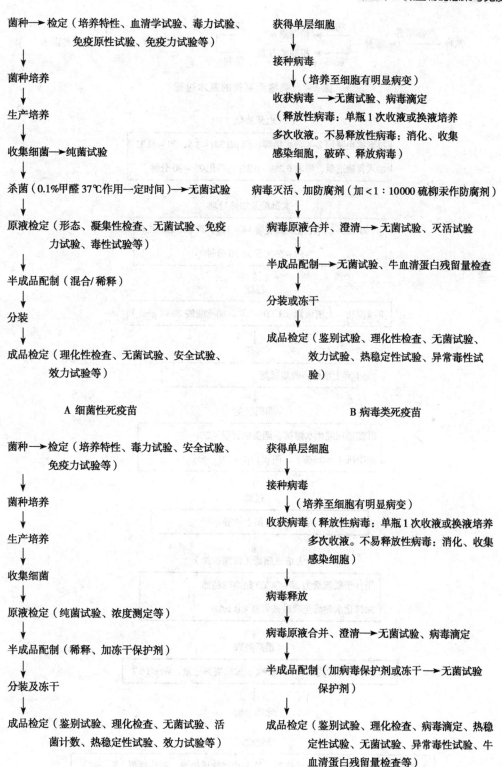

图 5-6 疫苗制备的基本流程

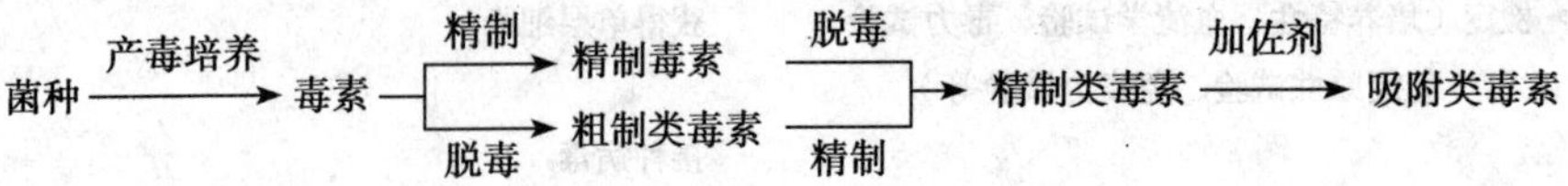

图 5-7　类毒素制备的基本过程

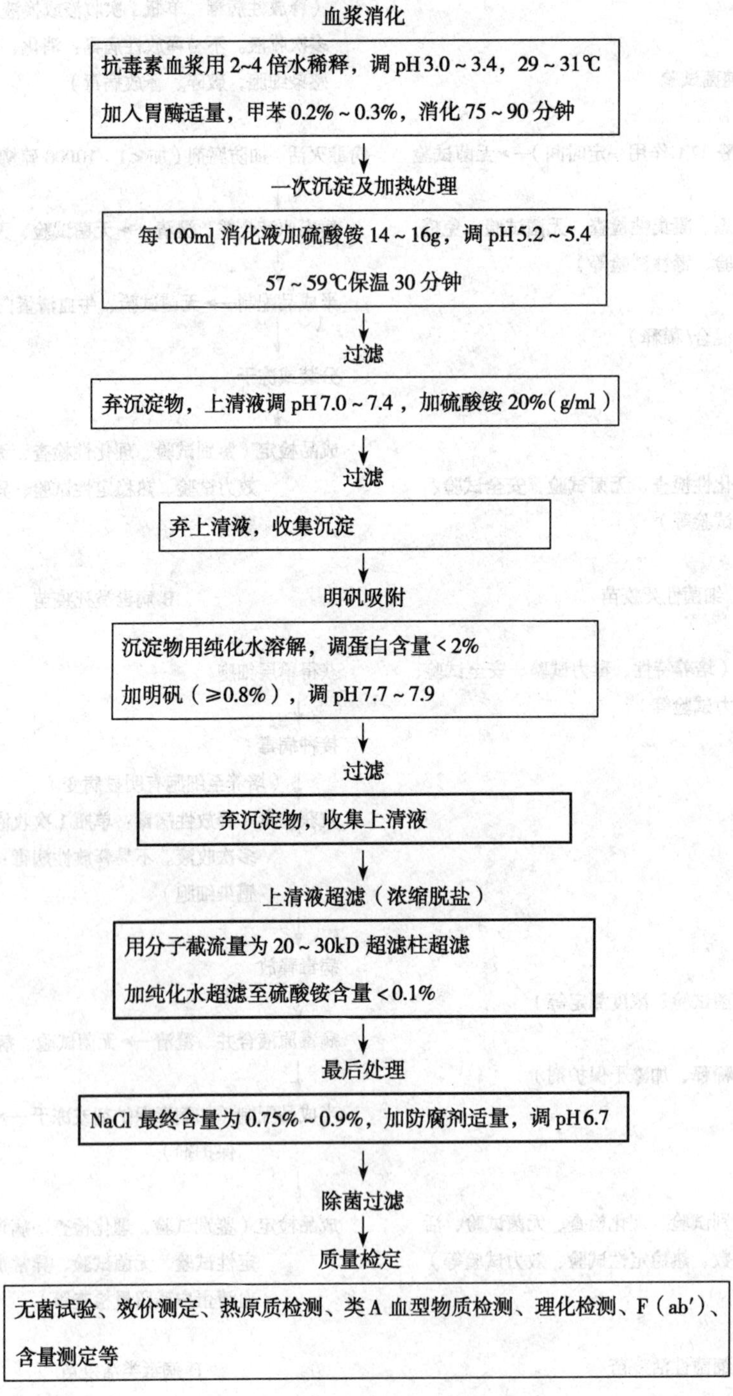

血浆消化
抗毒素血浆用 2~4 倍水稀释，调 pH 3.0 ~ 3.4，29 ~ 31℃
加入胃酶适量，甲苯 0.2% ~ 0.3%，消化 75 ~ 90 分钟
一次沉淀及加热处理
每 100ml 消化液加硫酸铵 14 ~ 16g，调 pH 5.2 ~ 5.4
57 ~ 59℃保温 30 分钟
过滤
弃沉淀物，上清液调 pH 7.0 ~ 7.4，加硫酸铵 20%（g/ml）
过滤
弃上清液，收集沉淀
明矾吸附
沉淀物用纯化水溶解，调蛋白含量 < 2%
加明矾（≥0.8%），调 pH 7.7 ~ 7.9
过滤
弃沉淀物，收集上清液
上清液超滤（浓缩脱盐）
用分子截流量为 20 ~ 30kD 超滤柱超滤
加纯化水超滤至硫酸铵含量 < 0.1%
最后处理
NaCl 最终含量为 0.75% ~ 0.9%，加防腐剂适量，调 pH 6.7
除菌过滤
质量检定
无菌试验、效价测定、热原质检测、类 A 血型物质检测、理化检测、F（ab′）、
含量测定等

图 5-8　抗毒素制备的基本工艺流程

源于动物血清的抗毒素，具有双重性，一方面可向机体提供特异性抗体（抗毒素），可中和细菌产生的相应外毒素，起防治疾病的作用；另一方面，这种抗毒素是异种动物蛋白质，因而对人来说又是抗原，可引起免疫反应，故注射前应做皮肤过敏试验，以防超敏反应的发生。

4）同种异型抗原：是指同一种属的不同个体间存在的抗原称为同种异型抗原。常见的有存在于红细胞表面ABO血型抗原、Rh血型抗原和存在于有核细胞表面的人类白细胞抗原（HLA）。异型输血时发生的输血反应主要是由于受血者和供血者红细胞上的ABO血型抗原不一致，导致受血者针对供血者红细胞发生免疫反应所致；Rh血型抗原主要与新生儿溶血症有关，常见于Rh^-血型母亲妊娠Rh^+胎儿第二胎发病；HLA表达于人类的组织细胞膜表面，它既是抗原又是一种免疫膜分子。作为抗原，HLA与器官移植时移植排斥反应有关；作为免疫膜分子，其与免疫应答中MHC限制性有关。

5）肿瘤抗原：包括肿瘤特异性抗原和肿瘤相关抗原两种。其中，肿瘤特异性抗原是肿瘤细胞表面特有的抗原。目前已在黑色素瘤、结肠癌、乳腺癌等肿瘤细胞表面可检测到此类抗原；肿瘤相关抗原并非肿瘤细胞所特有，但在细胞癌变时体内含量明显增多，如原发性肝癌患者体内出现的甲胎蛋白。

6）自身抗原：正常情况下人体内有些物质与血液循环和免疫系统相隔绝，当创伤、感染或手术不慎等原因，可使其进入血液循环而成为自身抗原，称为隐蔽的自身抗原。正常情况下机体免疫系统对自身物质无免疫原性，但在化学药物、病原微生物感染或损伤情况下，自身成分的分子结构可发生改变，形成新的抗原决定簇而成为自身抗原，称为修饰的自身抗原。自身抗原可导致自身免疫病的发生。

7）异嗜性抗原：异嗜性抗原是一类存在于不同种系生物间的共同抗原。异嗜性抗原可引起交叉反应，导致某些疾病的发生，也可以应用于疾病诊断。

除上述抗原物质外，还有某些食物蛋白、花粉、药物等抗原或半抗原，可作为变应原引起超敏反应。

（4）免疫佐剂（immunoadjuvant）：简称佐剂（adjuvant），是先于抗原或与抗原一起注入机体，可增强机体对该抗原的特异性免疫应答或改变免疫应答类型的物质。免疫佐剂为一类非特异性的免疫增强剂，其本身可具有免疫原性，也可无免疫原性。

1）种类：佐剂的种类很多，按其理化性质进行分类，分为四类（表5-3）。

表5-3　佐剂的种类

分类	常用种类	用途
无机佐剂	氢氧化铝、磷酸钙、磷酸铝、表面活性剂	安全可靠，常用于人类疫苗免疫
有机佐剂	分枝杆菌、百日咳杆菌、短小棒状杆菌、脂多糖、胞壁酰二肽、细胞因子、热休克蛋白	作为佐剂制备主要活性成分
合成佐剂	双链多聚腺苷酸-尿苷酸（polyA-U） 双链多聚肌苷酸-胞苷酸（polyI-C）	用于动物实验、疫苗制备
油剂	弗氏佐剂、矿物油、植物油	皮下注射效果好，用于动物免疫

目前可安全用于人体的佐剂只有氢氧化铝、明矾、polyI-C、胞壁酰二肽、细胞因子和热休克蛋白等。最常用于免疫动物的佐剂是弗氏佐剂（Freund adjuvant）。弗氏佐剂包

括弗氏不完全佐剂和弗氏完全佐剂。弗氏不完全佐剂是由油剂(花生油或液状石蜡)和乳化剂(羊毛脂或吐温 80)制成,在弗氏不完全佐剂中加入卡介苗即为弗氏完全佐剂(图 5-9)。弗氏完全佐剂的作用较强,易在注射局部形成肉芽肿和持久溃疡,因而不适用于人体。

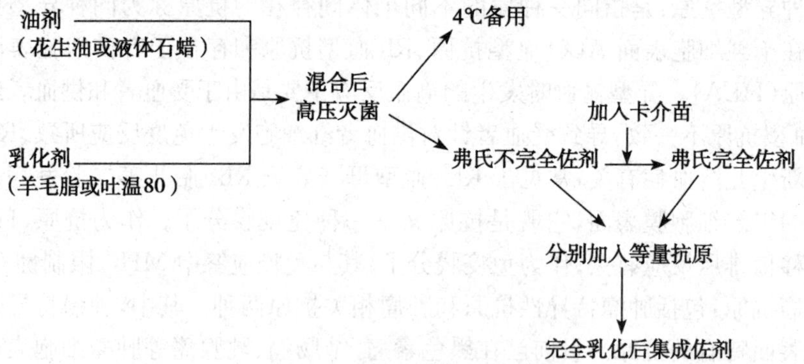

图 5-9　弗氏佐剂制备的基本流程

使用弗氏佐剂时,首先需按 1∶1 比例将可溶性抗原加入弗氏佐剂中并充分乳化,形成油包水乳剂。乳化的方法有两种:①研磨法:将加热佐剂倾入无菌乳钵,冷却后缓缓滴入卡介苗,边滴边按同一方向研磨,使菌体完全分散,再用同法加入抗原,直到完全变成乳剂。此法乳化完全,但抗原损失量较大。②搅拌混合法:用两个 5ml 注射器,在针头处用尼龙管连接,一侧为佐剂,另一侧为抗原,装好后来回推注,经多次混合逐渐变为乳剂。此法具有无菌操作,节省抗原与佐剂等优点,但不易乳化完全。鉴定是否乳化完全的方法是将一滴乳剂滴入水中,若立即散开,则未完全乳化;若不散开,则乳化完全。

2)佐剂的作用机制:佐剂能增强抗原免疫原性,并能改变免疫应答的类型,其可能的作用机制有三个方面:第一是改变抗原的物理性状,延长抗原在体内的存留时间,从而有效地刺激免疫系统;第二是活化抗原递呈细胞(APC),增强其抗原递呈能力,促使其释放细胞因子,调节及增强淋巴细胞应答能力;第三是刺激淋巴细胞增殖和分化,扩大和增强免疫应答的效应。

3)佐剂的应用:为了提高抗原的免疫原性,增强体液免疫和细胞免疫应答,或为了改变抗原免疫应答类型,延长抗原在体内存留的时间,或改变抗原的分布等情况,均可应用佐剂。例如,在制备抗毒素血清时为了获得高效价的抗体,可在类毒素免疫动物时加用佐剂;生产预防接种生物制品时加用佐剂可增强疫苗的免疫效果;佐剂还可作为免疫增强剂直接用于临床肿瘤、慢性感染、过敏性疾病的辅助治疗。

2. 抗体(antibody,Ab)　抗体是体液免疫应答的重要效应分子。因抗体主要分布于机体的各种体液中,故将产生抗体的免疫应答称为体液免疫应答。

(1)抗体的概念:是 B 细胞识别抗原后活化、增殖分化为浆细胞,由浆细胞合成和分泌的能与相应抗原发生特异性结合的球蛋白。抗体主要分布于血清中,但也分布于组织液以及呼吸道黏液、消化道黏液、乳汁等外分泌液中。免疫球蛋白(immunoglobulin,Ig)是指具有抗体活性的动物蛋白。免疫球蛋白有分泌型和膜型两种。前者主要存在于体液中,即抗体;后者是 B 细胞膜上的抗原受体,即 BCR。

(2)抗体的结构:所有抗体具有相同的基本结构,即 Ig 单体。每个 Ig 单体分子是由两种多肽链组成的四聚体,呈"Y"字形。其中分子量约为 50kD 的多肽链称重链,分子量约为 25kD 的则称轻链(图 5-10)。重链有五类,即 γ、α、μ、δ 和 ε 链,由它们组成的免疫球蛋白分别称为 IgG、IgA、IgM、IgD 和 IgE。轻链分为 κ 型和 λ 型两型,在五种类型的免疫球蛋白中均会出现这两种轻链,人 Ig 所含 κ 和 λ 轻链的比例约为 2∶1。每个单体分子中的两条轻链总是同型的,而重链总是同类的。比对分析不同 Ig 的轻、重链氨基酸序列,发现不同 Ig 近氨基端(N 端)的约 110 个氨基酸的序列随其识别抗原的不同而变化,称此区为可变区(variable region,V 区),用 VH 和 VL 表示 V 区。在功能上,抗体通过 V 区特异性识别结合抗原。一条重链的 V 区和一条轻链的 V 区共同构成一个抗原结合位,识别结合一个抗原表位,故一个 Ig 单体具有两个抗原结合位。而多肽链中近羧基端(C 端)的其余序列在同一类型的 Ig 间则比较恒定,称为恒定区(constant region,C 区),用 CH 和 CL 表示(图 5-10)。抗体通过恒定区来募集其他免疫细胞和免疫分子,发挥免疫效应。

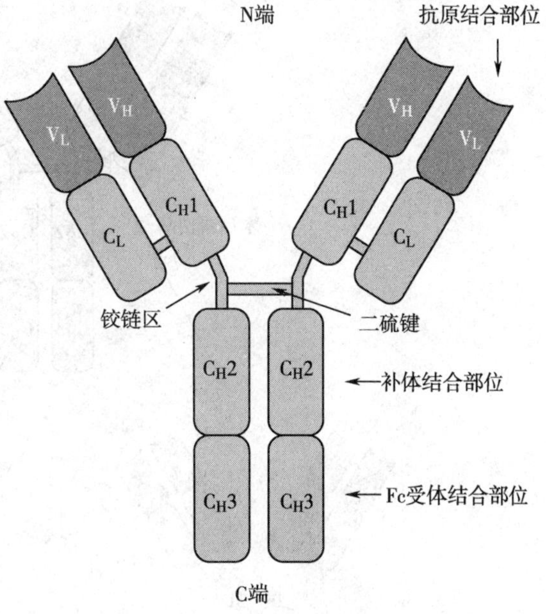

图 5-10 抗体分子的结构示意图

五类 Ig 中,IgG、IgD 和 IgE 为单体,IgA 为二聚体,由 J 链连接两个 IgA 单体和一个分泌片组成,分泌片由黏膜上皮细胞合成分泌,作用是保护 IgA 不被黏膜表面的酶降解。IgM 为五聚体,由 J 链连接五个 IgM 单体组成。

(3)抗体的酶解片段:利用酶的水解作用可将抗体酶解为不同的结构片段,利于研究抗体结构与功能。用木瓜蛋白酶水解 IgG,可将其裂解为三个片段,即两个相同的 Fab 段和一个 Fc 段。Fab 段即抗原结合片段,它含有一条完整的轻链和重链 N 端的 1/2部分,能与一个抗原决定基发生特异性结合,为单价。Fc 段即可结晶片段,含两条重链 C 端的 1/2,它不能与抗原结合,但具有活化补体、亲和细胞、通过胎盘等生物活性。用胃蛋白酶水解 IgG,可得到一个大分子的 $F(ab')_2$ 片段和若干小分子多肽碎片。$F(ab')_2$ 分子为 Fab 双体,具有双价抗体活性(图 5-11)。人工制备抗体(如破伤风抗毒素、人丙种球蛋白等)时,可用胃蛋白酶处理,除去 Ig 的大部分 Fc 段,降低超敏反应发生。

(4)抗体的作用:作为体液免疫应答的效应分子,抗体主要有以下功能:

1)特异性识别结合抗原:抗体 V 区的抗原结合位与抗原表位之间构象互补时才发生结合,抗原抗体的结合具有高度特异性。大分子的抗原可具有多个不同的表位,与相应的不同抗体结合,针对同一抗原的多个不同表位的抗体混合物称多克隆抗体,其中针对一种表位的抗体称单克隆抗体。当抗原有多个表位时,不同抗原可能会具有一个或

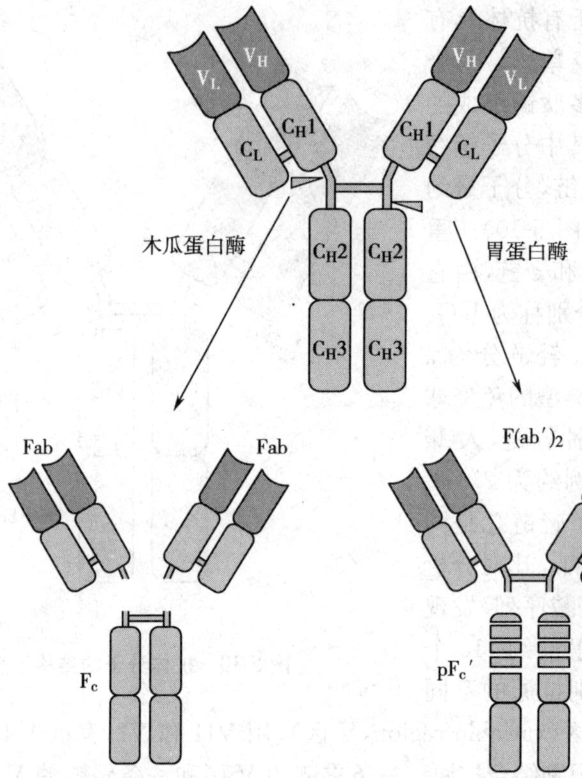

图 5-11 抗体的酶解片段

数个相同的表位,识别该表位的抗体会同时识别这两种不同的抗原,即发生交叉反应。

2)抗体抗原结合所致的分子和细胞效应:抗体结合抗原后,其构型发生变化,暴露出抗体恒定区的功能位点,抗体通过这些位点可与其他效应细胞或分子结合,进而激活这些效应细胞或分子来清除携带抗原的病原体。抗体抗原结合所致的效应作用有:

中和作用:抗体抗原结合阻止病原体感染靶细胞的效应作用称中和作用。产生中和作用的抗体称中和抗体。其机制是抗体结合的抗原是病原体与宿主细胞相互作用的位点,当抗体结合在这些位点上后可使其封闭,使得病原体不再能够与宿主细胞结合,发挥抗感染作用。

激活补体:当抗体(IgG 类、IgM 类)与相应抗原特异性结合后,暴露 CH 的补体 C1q 结合位点,C1q 与之结合,从而启动补体经典激活途径。另外,聚合的 IgA 和 IgG 可通过旁路途径激活补体系统。激活的补体发挥溶细胞效应直接消灭病原体,产生的炎症介质分子引起炎症以及调理作用,增强吞噬细胞对病原体的吞噬作用。

结合 Fc 受体:Fc 受体是表达在细胞表面的能结合抗体 Fc 段的膜蛋白。不同的 Fc 受体结合不同 Ig 的 Fc 段,产生不同免疫效应。例如,中性粒细胞、巨噬细胞表面表达 IgGFc 受体(FcγR),当 IgG 类抗体的 Fc 段与其结合后,进而促进这些细胞吞噬抗体 V 区结合抗原的病原体,称抗体的调理作用。IgG 类抗体与 NK 细胞的 Fc 受体结合,可活化 NK 细胞,杀伤 IgG 特异性结合的靶细胞,称抗体依赖性细胞介导的细胞毒作用(ADCC);肥大细胞、嗜碱性粒细胞表面表达结合 IgEFc 段的 FcεR,IgE 类抗体结合上后,若抗体与相应抗原结合,则可引起细胞脱颗粒,介导Ⅰ型超敏反应。

3)通过胎盘和黏膜:在人类,IgG是唯一能从母体通过胎盘转移到胎儿体内的免疫球蛋白,对新生儿抗感染具有重要作用。分泌型IgA分布于消化道和呼吸道黏膜表面,是黏膜局部免疫的主要抗体。

(5)五类免疫球蛋白的特性与功能:五类免疫球蛋白具有不同的生物学特性和功能(表5-4)。其中,IgG是人体含量最高的Ig,是血液和组织液的主要免疫球蛋白,是机体抗细菌、抗病毒和抗外毒素感染的主要抗体。其半衰期最长,为20~23天。IgG主要在B细胞的再次免疫应答中产生,是再次体液免疫应答中的主要抗体。IgM是分子量最大的Ig,不易透过血管壁,主要存在于血液中,是血液中抗感染的重要因素。IgM是体液免疫应答时最先产生的抗体,在早期感染中发挥重要的免疫防御作用。IgA具有血清型和分泌型两种。血清型IgA为单体,分布于血清中,目前发现单核吞噬细胞和中性粒细胞表面有IgA Fc受体,血清型IgA可发挥调理吞噬作用;分泌型IgA为二聚体,是黏膜局部防御感染的主要抗体。IgD血清含量很低,不足总Ig的1%,血清中IgD的功能尚不清楚,但表达在B细胞膜上的IgD是B细胞的抗原受体。IgE是正常人体内含量最低的免疫球蛋白,因嗜碱性粒细胞和肥大细胞膜表面具有IgEFc受体,故常结合于这两种细胞膜上,当这些细胞上的IgE结合相应抗原后,可引起细胞脱颗粒,导致Ⅰ型超敏反应。

表5-4 五类免疫球蛋的主要理化性质及生物学特性比较

特性	IgA	IgG	IgM	IgD	IgE
重链	α	γ	μ	δ	ε
轻链	κ和λ	κ和λ	κ和λ	κ和λ	κ和λ
其他成分	J和SP	—	J	—	—
抗原的结合价	2或4	2	5~10	2	2
分子量	170/400	150	900	180	190
沉降系数(S)	7/11	7	19	7	8
重链亚类	α1~2	γ1~4	—	—	—
主要存在形式	单体、双体	单体	五聚体	单体	单体
血清中含量(g/L)	2~5	6~16	0.6~2	0.03~0.05	0.02
占血清Ig总量(%)	10~15	75	10	<1	<0.001
开始形成时间	生后4~6个月	生后3个月	胎儿末期	较晚	较晚
血清中半衰期(天)	6	23	10	3	2
通过胎盘	—	+	—	—	—
经典途径活化补体	—	2+	4+	—	—
替代途径活化补体	1+	1+(IgG4)	—	—	—
通过黏膜	3+(二聚体)	—	±	—	—
结合吞噬细胞	1+	2+	±	—	1+(嗜酸性粒细胞)
结合肥大细胞和嗜碱性粒细胞	—	—	—	—	3+
中和作用	2+	2+	1+	—	—

(6)人工制备抗体:目前临床应用的抗体据其制备的原理分为三类,一类为传统方法制备的抗血清,是利用抗原免疫动物,从动物血清中获得能针对抗原多种表位的抗体,故又称多克隆抗体(polyclonal antibody,PcAb)。抗血清的制备大致分为三个阶段,即免疫原(抗原)的制备、动物免疫和血清的分离纯化与鉴定。常见的细菌性抗原制备的基本程序如图 5-12 所示,可溶性抗原制备的基本流程如图 5-13 所示。第二类是通过杂交瘤技术制备的针对抗原分子中一种抗原表位的抗体,称单克隆抗体(monoclonal antibody,McAb)。1975 年,科学家首创了单克隆抗体技术,该技术过程包含两个主要环节,即杂交瘤细胞制备和单克隆抗体制备(图 5-14)。由于单克隆抗体仅由一个 B 细胞克隆产生,只识别一种抗原表位,其特异性强,现已广泛应用于生命科学的各个领域:①作为诊断试剂用于血清学检测;②用于抑制同种异体移植排斥反应或治疗自身免疫病,或与核素、毒素、化学药物偶联成导向药物,用于治疗肿瘤。第三类是利用基因工程技术制备的抗体,称基因工程抗体(genetic engineering antibody,GEAb)。基因工程抗体技术诞生于 20 世纪 80 年代,它应用 DNA 重组和蛋白工程技术,对编码抗体基因按不同需要进行改造和装配,然后导入适当受体细胞重新表达出新型抗体。基因工程抗体较其他两种抗体具有以下优点:①基因工程抗体保留了天然抗体的特异性和主要生物学活性,去除或减少了无关结构,可以降低甚至消除人体对抗体的免疫排斥反应;②分子量较小,易穿透血管壁,可进入病灶的核心部位,利于治疗;③可以利用原核细胞、真核细胞和植物等表达,且表达抗体量大,从而大大降低生产成本。这些优点促使基因工程抗体将有广泛的开放生产和应用前景。目前制备的基因工程抗体主要有人源化抗体、小分子抗体、抗体融合蛋白、双特异性抗体等。

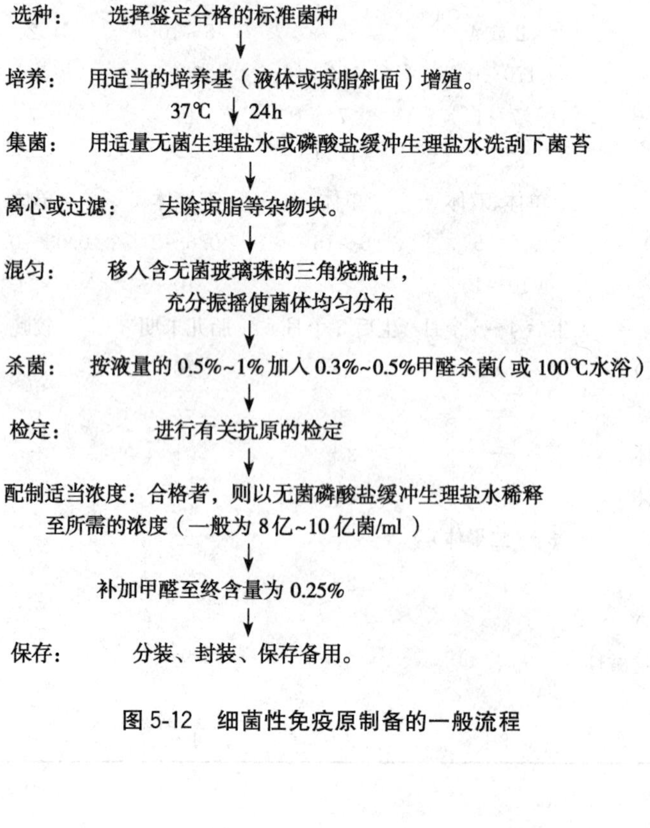
选种：　选择鉴定合格的标准菌种
培养：　用适当的培养基（液体或琼脂斜面）增殖。
37℃　24h
集菌：　用适量无菌生理盐水或磷酸盐缓冲生理盐水洗刮下菌苔
离心或过滤：　去除琼脂等杂物块。
混匀：　移入含无菌玻璃珠的三角烧瓶中，
充分振摇使菌体均匀分布
杀菌：　按液量的 0.5%~1% 加入 0.3%~0.5%甲醛杀菌(或 100℃水浴)
检定：　进行有关抗原的检定
配制适当浓度：合格者，则以无菌磷酸盐缓冲生理盐水稀释
至所需的浓度（一般为 8亿~10 亿菌/ml）
补加甲醛至终含量为 0.25%
保存：　分装、封装、保存备用。

图 5-12　细菌性免疫原制备的一般流程

组织细胞粗抗原制备 —— 组织、细胞清洗、去污处理

↓

细胞裂解（捣碎方法）

↓

匀浆物提取（初筛物）

↓

可溶性抗原制备 —— 匀浆物中目的抗原提取纯化

（不同纯化方法，n 次纯化）

↓

鉴定（定性、定量、特异性、理化性等）

↓

分装、保存

图 5-13　可溶性抗原制备的一般流程

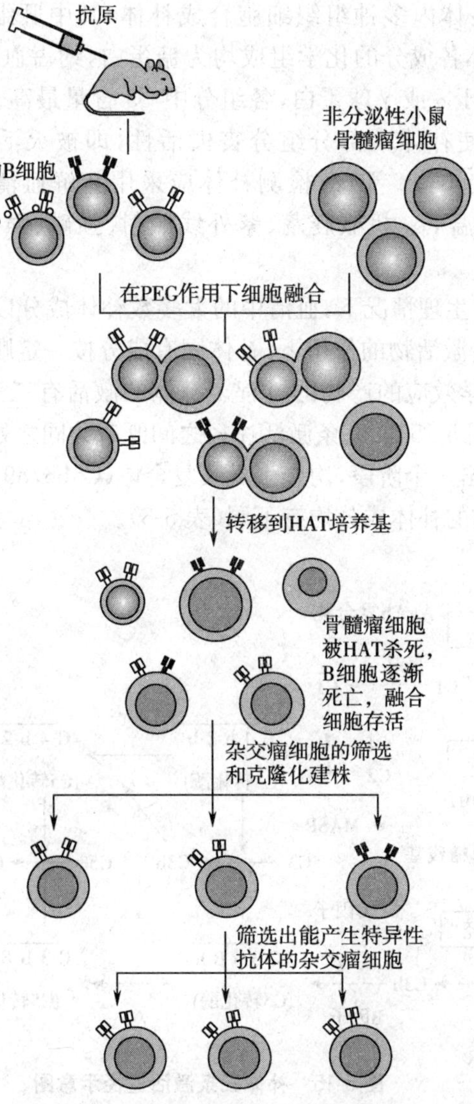

图 5-14　单克隆抗体的制备示意图

3. 补体(complement,C)　补体既是固有免疫分子,也是适应性免疫分子。

(1)补体的概念和组成:补体是存在于人和脊椎动物血清中的一组具有酶活性的球蛋白,包括 30 余种可溶性蛋白与膜结合蛋白,故又称补体系统。根据功能和存在形式不同,补体系统可分为三部分:补体激活固有成分、调节成分和补体受体。补体固有成分是指三条激活途径各自必要的成分,存在于血清中,包括 C1、C2、C3、C4、C5、C6、C7、C8 和 C9,其中 C1 由 C1q、C1r 和 C1s 三个亚单位组成。另外,还包括参与旁路激活途径的 B 因子、D 因子等。补体调节蛋白是存在于血浆中和细胞膜表面的、对补体激活具有调节作用的蛋白质,包括备解素(P 因子)、C1 抑制物、I 因子、C4 结合蛋白和 H 因子等。补体受体是指存在于细胞膜表面的、能与补体激活过程中产生的活性片段结合、介导一系列生物学效应的膜蛋白,包括 CR1～CR5、C3aR、C2aR 和 C4aR 等。

(2)补体的性质:体内多种组织细胞合成补体,其中肝细胞和巨噬细胞是合成补体的主要细胞。补体各成分的化学组成均为糖蛋白,约占血清球蛋白总量的 10%,多数为 β 蛋白,少数属于 α 或 γ 球蛋白,各组分中 C3 含量最高。补体对许多理化因素敏感,56℃ 30 分钟可使补体大部分组分丧失活性,即被灭活。室温下也易失活,0～10℃时活性仅能保持 3～4 天,故检测补体应采用新鲜血清标本。若需较长时间保存,应置于－20℃低温下。机械震荡、紫外线照射、强碱、强酸、乙醇及蛋白酶也可使补体失活。

(3)补体的激活:生理情况下,血清中的大多数补体成分以酶原(非活性)状态存在。补体的激活是在某些激活物的作用下,补体固有成分按一定顺序,以连锁酶促反应依次激活,产生具有生物学效应的产物的过程。补体的激活有三条途径,即经典途径、旁路途径和 MBL 途径(图 5-15)。三条激活途径之间既有共同之处,如激活过程均可分为识别、活化阶段和膜攻击三个阶段,均产生巩膜复合体(C5b6789)这种终产物;也有各自的特点,如激活物、参与的补体成分均有不同(表 5-5)。

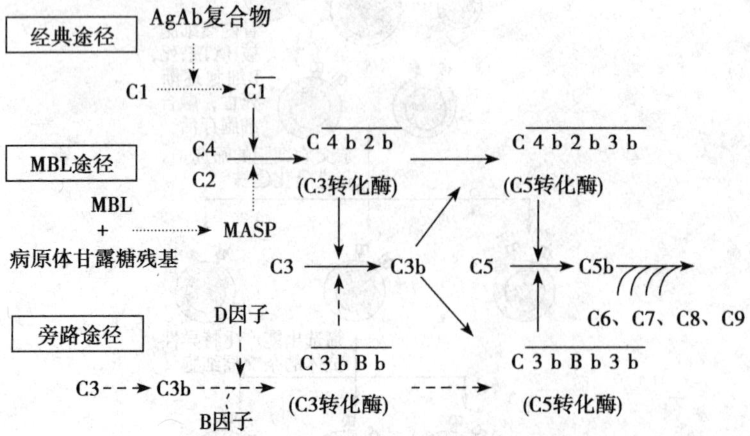

图 5-15　补体三条激活途径示意图

表 5-5 补体三条激活途径的比较

	经典途径	旁路途径	MBL 途径
激活物	抗原-抗体复合物	细菌脂多糖、凝集的 IgA 和 IgG4 等	病原微生物表面甘露糖残基
参与的补体成分	C1～C9	B、D、P 因子，C3、C5～C9	MBL，MASP-1、2，C2～C9
C3 转化酶	$\overline{C4b2b}$	$\overline{C3bBb}$	$\overline{C4b2b}$
C5 转化酶	$\overline{C4b2b3b}$	$\overline{C3bBb3b}$	$\overline{C4b2b3b}$
离子成分	Ca^{2+}，Mg^{2+}	Mg^{2+}	Ca^{2+}
作用	参与体液免疫应答的效应阶段，感染后期发挥作用	参与非特异性免疫，感染早期发挥作用	参与非特异性免疫，感染早期发挥作用

(4)补体的生物学作用：补体是机体发挥免疫效应的一个重要系统，其多种生物学活性由两个方面来实现，一是补体激活后在细胞膜上形成的攻膜复合体，二是激活过程中产生的各种补体活性片段。它们的效应作用主要有：①溶菌、溶细胞作用：补体系统激活后可在靶细胞表面形成攻膜复合物，导致靶细胞溶解；②调理作用：补体活化过程中产生的 C3b、C4b 与免疫复合物结合后，与吞噬细胞表面的相应受体结合，促进吞噬细胞吞噬抗原所在的病原体，称补体的调理作用；③清除免疫复合物：免疫复合物激活补体后，通过 C3b 黏附到有 C3b 受体的红细胞或血小板上，形成较大的聚合物，这些大分子聚合物易被吞噬细胞吞噬清除；④引起炎症：补体活化过程中可产生多种具有炎症介质作用的活性片段。例如，C2a 具有激肽样作用，能增加血管通透性，引起炎症性充血和水肿；C3a、C5a 具有过敏毒素作用，可使肥大细胞或嗜碱性粒细胞释放组胺等物质，导致毛细血管通透性增加以及使平滑肌收缩，引起过敏性炎症；C3a、C5a、C567-具有趋化作用，能吸引吞噬细胞聚集到炎症部位，吞噬该部位的病原体。

4. 细胞因子(cytokine，CK) 由免疫细胞或非免疫细胞(如成纤维细胞、血管内皮细胞等)合成和分泌的，具有调节细胞生长、调节免疫应答、参与炎症反应等多种生物学活性的小分子多肽的总称。

细胞因子种类繁多，目前已发现 200 多种细胞因子。根据其功能不同分为六大类。

(1)白细胞介素(interleukin，IL)：目前已发现 36 种，其主要生物学作用是介导细胞间相互作用，参与免疫调节、造血、炎症等过程。几种主要 IL 的生物学活性见表 5-6。

表 5-6 主要的白细胞介素及生物学作用

名称	主要产生细胞	主要生物学作用
IL-1	单核巨噬细胞、淋巴细胞血管内皮细胞	促进 T、B 淋巴细胞活化、增殖；增强 NK 细胞和单核巨噬细胞活性；致热，介导炎症反应
IL-2	活化 T 细胞(Th1)、NK 细胞	促进 T、B 细胞增殖分化；增强 Tc 细胞、NK 细胞和巨噬细胞的细胞毒作用；诱导 LAK 形成，产生抗瘤作用
IL-3	活化 T 细胞	协同刺激造血
IL-4	活化 T 细胞(Th2)、肥大细胞	促进 T、B 细胞增殖分化；诱导 Ig 类别转换，促进 IgE 或 IgG 类抗体生成；抑制 Th1 的功能

续表

名称	主要产生细胞	主要生物学作用
IL-6	单核巨噬细胞、T细胞、成纤维细胞	促进B细胞增殖分化，合成分泌Ig；促进T细胞增殖分化；参与炎症反应，引起发热
IL-8	单核吞噬细胞、血内皮细胞、活化T细胞	趋化并激活中性粒细胞、嗜碱性粒细胞，介导炎症和过敏反应
IL-10	单核吞噬细胞	抑制巨噬细胞功能；抑制Th1细胞分泌细胞因子；促进B细胞增殖和抗体生成
IL-12	单核吞噬细胞	促进Tc、NK细胞增殖分化，增强其杀伤活性；诱导活化 $CD4^+$ T细胞分化为 $CD4^+$ Th1细胞
IL-13	活化T细胞	促使B细胞的增殖和分化，抑制单核巨噬细胞产生炎症因子
IL-18	激活的单核巨噬细胞	诱导T细胞和NK细胞产生γ干扰素

(2)干扰素(interferon，IFN)：是最早发现的细胞因子，由病毒感染的宿主细胞产生，因具有干扰病毒复制的功能而得名。根据其结构、来源和理化性质不同，分为IFN-α、IFN-β和IFN-γ三种类型。其中IFN-α和IFN-β称为Ⅰ型干扰素，由白细胞、成纤维细胞产生，其抗病毒功能强于免疫调节，同时具有参与抗肿瘤、增强NK细胞杀伤靶细胞的作用；IFN-γ属于Ⅱ型干扰素，由活化T细胞、NK细胞产生，以免疫调节作用为主，能增强MHCⅠ、MHCⅡ类分子表达，促使T、B细胞活化，对NK细胞、巨噬细胞具有强大的激活作用。

(3)肿瘤坏死因子(tumor necrosis factor，TNF)：根据来源和理化性质，可分为TNF-α和TNF-β。TNF-α主要由单核/巨噬细胞及其他多种细胞产生，生物学活性广泛，可参与免疫应答、介导炎症反应、抗肿瘤、抗病毒，并参与内毒素休克和引起恶病质等病理过程的发生和发展。TNF-β又称淋巴毒素(lymphotoxin，LT)，主要由活化的T细胞、NK细胞产生，生物学活性与TNF-α相似。

(4)集落刺激因子(colony stimulating factor，CSF)：集落因子具有刺激造血的功能，可刺激造血干细胞或不同分化阶段的造血前体细胞分化、增殖，是促进血细胞发育、分化的必不可少的刺激因子。集落因子根据其作用范围命名，常见的有粒细胞集落刺激因子(granulocyte-colony stimulating factor，G-CSF)、巨噬细胞集落刺激因子(macrophage-colony stimulating factor，M-CSF)、粒细胞/巨噬细胞集落刺激因子(GM-CSF)、干细胞因子(stemcell factor，SCF)、促红细胞生成素(erythropoietin，EPO)等。

(5)生长因子(growth factor，GF)：是指一类可促进相应细胞生长和分化的细胞因子。种类较多，常见的有转化生长因子-β(TGF-β)、表皮生长因子、血管内皮细胞生长因子、成纤维细胞生长因子、神经生长因子、血小板生长因子等。

(6)趋化因子(chemokine)：趋化因子是一类具有趋化作用的细胞因子，可募集血液中的单核细胞、中性粒细胞、淋巴细胞等进入感染部位。现已发现有50多种趋化因子。

细胞因子具有调节免疫、刺激造血、抗感染、抗肿瘤、介导炎症反应、诱导细胞凋亡等多种生物学效应。目前，采用现代生物技术研制开发的重组细胞因子及其抑制剂已广泛应用于临床感染性疾病、肿瘤、自身免疫病、超敏反应、血细胞减少症等多种疾病的治疗，其中以干扰素、各种集落刺激因子最为常用。表 5-7 列出的是美国国家食品和药品管理局（FDA）批准上市的细胞因子及其治疗的疾病。

表 5-7　FDA 批准上市的细胞因子类药物

名称	适应证
IFN-α	白血病、Kaposi 肉瘤、肝炎、肾细胞癌、黑色素瘤等肿瘤
IFN-γ	慢性肉芽肿、生殖器疣、过敏性皮炎、感染性疾病、类风湿关节炎
	自身骨髓移植、化疗后粒细胞减少症等
G-CSF	自身骨髓移植、化疗后血细胞减少症、再生障碍性贫血等
GM-CSF	慢性肾衰竭导致的贫血、癌症或化疗后导致的贫血、失血性贫血等
EPO	癌症、免疫缺陷
IL-2	多发性硬化症
TNT-β	化疗引起的血小板减少症
IL-11	与 G-CSF 联合应用于外周血干细胞移植
SCF	外用药治疗烧伤、溃疡
EGF	外用药治疗烧伤、外周神经炎
BFGF	

三、适应性免疫的抗感染作用

适应性免疫的抗感染作用的本质是抗原诱导机体发生的具有抗原特异性的免疫功能性反应。该反应由 T、B 淋巴细胞特异性识别入侵病原体的抗原分子所启动，该识别导致特异性识别抗原的 T、B 淋巴细胞活化，即发生细胞增殖和功能性分化，活化的结果是产生效应性 T 细胞和抗体，它们发挥效应清除抗原及其病原体。因此，适应性免疫的抗感染过程即机体对抗原的适应性免疫应答可分为抗原识别、免疫细胞活化和效应三个阶段（图 5-16）：①抗原识别阶段：也称感应阶段，包括抗原递呈细胞（APC）对抗原的摄取、加工处理和递呈以及 T、B 淋巴细胞的抗原受体特异性识别抗原。其中 T 细胞只能识别由抗原递呈细胞表面自身分子递呈的抗原多肽片段，即抗原肽-MHC 分子复合物，而 B 细胞则直接识别相应抗原表位。②活化、增殖、分化阶段：也称反应阶段，T、B 淋巴细胞接受抗原刺激后活化、增殖、分化为效应 T 淋巴细胞、浆细胞以及记忆性淋巴细胞的过程。T、B 淋巴细胞的活化需要双信号才发生，第一信号由 T、B 淋巴细胞特异性识别抗原产生，第二信号由细胞间的协同刺激分子相互作用产生，其中 T 淋巴细胞与抗原递呈细胞间的协同刺激分子相互作用产生使其活化的第二信号，而 B 淋巴细胞则与活化的 $CD4^+$ Th2 间的协同刺激分子相互作用产生使其活化的第二信号。③效应阶段：浆细胞分泌抗体介导体液免疫效应，发挥抗胞外细菌、胞外病毒感染、中和外毒素等功能。效应 T 淋巴细胞产生细胞免疫效应，发挥抗病毒和胞内寄生菌、抗肿瘤等功效。

综上所述，B 细胞对抗原免疫应答的结果是产生抗体发挥免疫效应，因产生抗体分布于体液中，故称体液免疫；T 细胞对抗原应答的结果是产生效应性 T 细胞，由效应性 T 细胞发挥免疫效应。

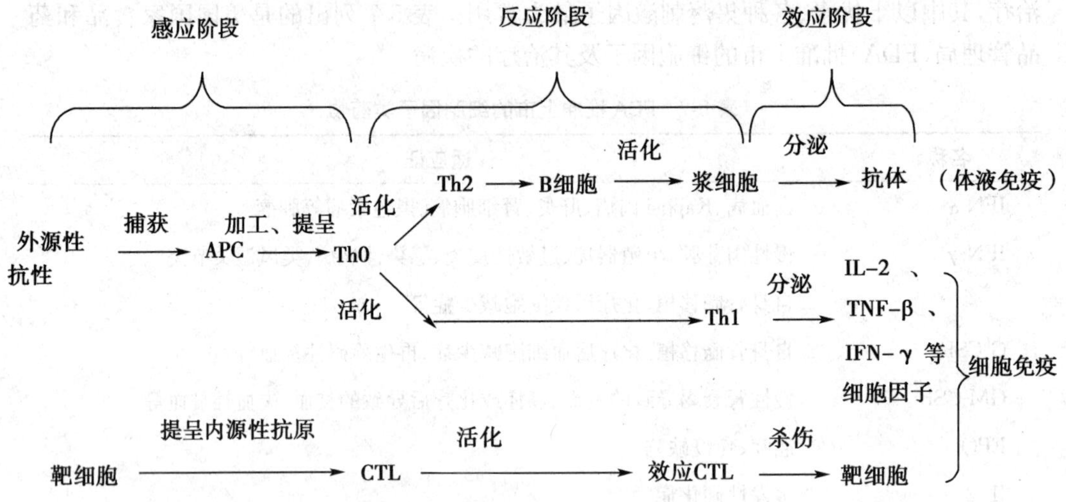

图 5-16 适应性免疫应答的基本过程

(一) 体液免疫的抗感染作用

体液免疫的抗感染作用由抗体发挥，抗体可发挥抗胞外细菌、胞外病毒感染和中和外毒素的作用。

1. 抗体产生的规律　机体初次接受抗原刺激后，一般需 2～3 周才能在血清中检测到相应抗体，而且抗体含量低，持续时间短，类型以 IgM 为主，IgG 出现较晚。这些抗体与抗原的结合强度较低，为低亲和力抗体。该现象称为初次应答。经过了初次应答的机体，若接受相同抗原的再次刺激，可迅速产生大量抗体，抗体含量高，持续时间长，类型以 IgG 为主，与抗原的结合强度高，为高亲和力抗体。此现象称为再次应答，也称回忆应答(图 5-17)。

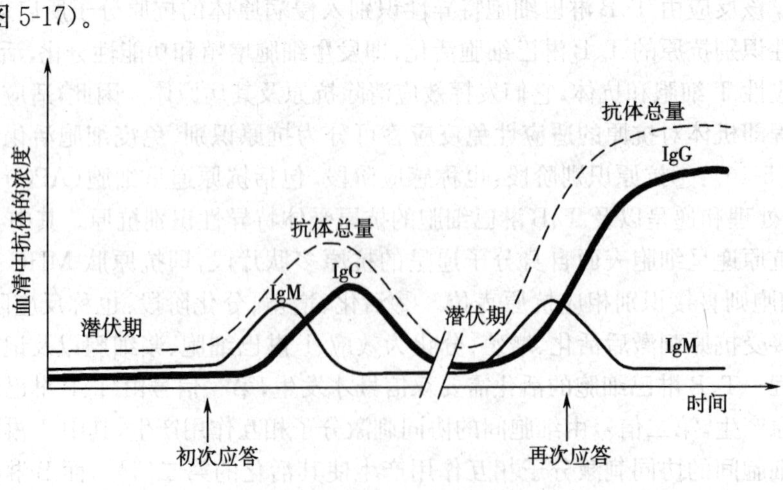

图 5-17 抗体产生的规律示意图

了解抗体产生的规律对于传染病的人工免疫预防和临床传染病的诊断有重要的指导意义：①检测特异性 IgM 可用于感染的早期诊断；②许多传染病需进行早期和恢复期双份血清中抗体效价检测，如果恢复期抗体效价增高 4 倍或 4 倍以上有诊断意义；③在制备抗血清或预防接种时，常需两次以上接种，以诱发机体再次应答，获得更多 Ab。

2. 体液免疫的抗感染作用　抗体特异性识别结合抗原表位后，可产生以下效应作用：①中和作用：抗体与病毒表面抗原或外毒素结合，阻止病毒或外毒素与其易感组织细胞的结合而发挥抗病毒或抗外毒素感染的作用。中和作用仅对胞外病毒和游离外毒素有效。②经典途径激活补体引起溶菌、溶细胞等效应：IgG 和 IgM 类抗体与抗原结合形成免疫复合物，通过经典途径激活补体系统，从而发挥补体介导的溶菌、溶细胞作用。这主要在抗细菌及抗寄生虫感染中起作用。③抗体依赖性细胞介导的细胞毒作用(ADCC)杀伤靶细胞：IgG 类抗体与 NK 细胞、巨噬细胞、中性粒细胞结合，可介导这些细胞杀伤 IgG 结合抗原的靶细胞，此为 ADCC 作用。杀伤的靶细胞主要是病毒感染的细胞。④调理吞噬作用：IgG、IgA 类抗体具有调理作用，可促进吞噬细胞吞噬病原体。另外，补体激活所产生的 C3b、C4b 也具有调理作用。

(二) 细胞免疫的抗感染作用

细胞免疫主要发挥抗胞内寄生菌、病毒、真菌、寄生虫的感染以及抗肿瘤作用。细胞免疫的抗感染作用由效应 T 细胞来执行。

1. 效应性 $CD4^+$ Th1 细胞的抗感染作用　效应性 $CD4^+$ Th1 由初始 $CD4^+$ Th 细胞接受抗原刺激活化、增殖、分化形成。效应性 $CD4^+$ Th1 特异性识别结合抗原表位后，在抗原作用下分泌多种细胞因子，活化巨噬细胞，活化的巨噬细胞发挥吞噬作用，从而发挥抗胞内寄生细菌感染。该效应作用表现为在局部组织发生的以淋巴细胞和单核吞噬细胞浸润为主的慢性炎症反应或迟发型超敏反应。因此，效应性 $CD4^+$ Th1 通过释放多种细胞因子间接发挥免疫防御作用，其分泌的细胞因子及其作用主要有：①IL-2 可以通过旁分泌作用促进 $CD8^+$ T 细胞分化为效应 CTL 细胞，可以活化单核巨噬细胞与 NK 细胞，增强其杀伤作用；②TNF-β 可以激活中性粒细胞与巨噬细胞，增强其吞噬杀菌能力，可以引起局部出现炎症反应；③IFN-γ 可以促使巨噬细胞分泌更多的能引起炎症反应的细胞因子，可以激活中性粒细胞、单核巨噬细胞和 NK 细胞的活性，增强其吞噬杀伤和抗肿瘤细胞、抗病毒能力。这些细胞因子可以增强机体细胞免疫应答，但高浓度时可使周围组织细胞坏死，引起局部损伤。

2. $CD8^+$ 效应 CTL 细胞的抗感染作用　$CD8^+$ 效应 CTL 细胞由 $CD8^+$ T 细胞接受靶细胞递呈的抗原活化、分化形成。$CD8^+$ 效应 CTL 的主要作用是清除肿瘤和病毒感染的靶细胞。它对靶细胞的杀伤作用具有抗原特异性，并受自身 MHC Ⅰ类分子的限制。$CD8^+$ 效应 CTL 细胞通过 TCR 与靶细胞表面的抗原肽-MHC Ⅰ类分子复合物紧密结合、相互作用后，可通过以下几种作用方式直接杀伤、破坏靶细胞。

(1)脱颗粒释放穿孔素和颗粒酶，使靶细胞溶解破坏和发生凋亡。当 $CD8^+$ 效应 CTL 细胞与相应靶细胞密切接触相互作用时，$CD8^+$ 效应 CTL 细胞脱颗粒，释放穿孔素和颗粒酶。其中穿孔素嵌入靶细胞细胞膜并聚合形成孔道，导致靶细胞的破裂与溶解；颗粒酶又称丝氨酸蛋白酶，经穿孔素形成的孔道进入靶细胞，激活靶细胞核酸酶，降解 DNA，导致靶细胞凋亡。

(2)表达 FasL 和分泌 TNF-α 等细胞因子，诱导靶细胞凋亡。$CD8^+$ 效应 CTL 细胞表达 FasL，与靶细胞表面的相应受体即 Fas 结合，启动细胞死亡信号，导致靶细胞凋亡；TNF-α 与 FasL 的作用相似，可与靶细胞相应受体结合，使靶细胞发生凋亡。

点滴积累

1. 适应性免疫是机体高效防御微生物感染的机制。具有特异性、记忆性、自我限制性、自我耐受性等特征。

2. 骨髓是所有免疫细胞的发源地和B细胞发育、分化和成熟的场所。胸腺则是T细胞分化发育和成熟的场所。外周免疫器官主要有淋巴结、脾和黏膜相关淋巴组织，它们是成熟B、T淋巴细胞定居并发生适应性免疫应答的场所。

3. 适应性免疫细胞主要是T淋巴细胞和B淋巴细胞。它们表达抗原受体，能特异性识别抗原。

4. 免疫分子是介导免疫应答发生与发展的结构基础。抗原是适应性免疫应答的启动者和作用对象。抗原表位是TCR、BCR和抗体特异性识别、结合抗原的物质基础，决定抗原的特异性。抗体是体液免疫的效应分子，抗体通过与抗原特异性结合后产生效应，在抵御细胞外微生物感染时发挥主要作用。补体介导吞噬，引起炎症和杀菌，参与固有免疫与适应性免疫。细胞因子在免疫细胞间起信号联络作用。

5. 抗原识别启动特异性免疫应答，实质是抗原依靠表位选择T、B淋巴细胞克隆。抗原诱导淋巴细胞活化需要抗原和细胞间协同刺激分子的刺激。淋巴细胞活化后的增殖是抗原特异性淋巴细胞克隆的数量扩增。B淋巴细胞发挥体液免疫效应；T淋巴细胞发挥细胞免疫效应。

目标检测

一、选择题

(一) 单项选择题

1. B细胞抗原受体是(　　)
   A. Ig的Fc受体　　B. 补体受体　　C. SmIg　　D. TCR

2. 机体发生免疫应答的部位是(　　)
   A. 骨髓　　B. 淋巴结　　C. 胸腺　　D. 腔上囊

3. T细胞分化成熟的场所是(　　)
   A. 脾脏　　B. 骨髓　　C. 淋巴结　　D. 胸腺

4. T细胞特异识别抗原的结构是(　　)
   A. BCR　　B. FcrR　　C. SRBCR　　D. TCR

5. 主要对病毒感染细胞和肿瘤细胞具有非特异性杀伤作用的细胞是(　　)
   A. NK细胞　　B. 巨噬细胞　　C. T细胞　　D. B细胞

6. 不属于固有免疫的是(　　)
   A. 皮肤黏膜的屏障作用
   B. 吞噬细胞的吞噬病原体作用
   C. NK细胞对病毒感染细胞的杀伤作用
   D. 血液中的抗体对毒素的中和作用

7. 下列描述中,除哪项外均为固有免疫应答的特点(　　)
A. 只针对细菌发生作用　　B. 不产生免疫记忆
C. 可以遗传　　D. 不同个体间作用相似
8. CD8 分子主要表达于(　　)
A. CTL/Tc 细胞　　B. 单核细胞　　C. B 细胞　　D. 巨噬细胞
9. 不能直接杀伤靶细胞的免疫细胞是(　　)
A. NK 细胞　　B. 巨噬细胞　　C. 中性粒细胞　　D. B 细胞
10. 下列哪一项不是抗体的作用(　　)
A. 抗肿瘤　　B. 中和毒素　　C. 调理作用　　D. 激活补体
11. 再次免疫应答中产生的抗体主要是(　　)
A. IgG　　B. IgA　　C. IgE　　D. IgM
12. 再次应答的特点是(　　)
A. 潜伏期短　　B. 抗体产生的量多
C. 产生的抗体维持时间长　　D. 以上都对
13. 抗体分子中与抗原结合的部位是(　　)
A. VH 与 VL 区　　B. CL　　C. CH2　　D. CH3 区
14. 能与肥大细胞和嗜碱性粒细胞结合的 Ig 是(　　)
A. IgG　　B. IgM　　C. IgA　　D. IgE
15. 在局部黏膜抗感染免疫中起重要作用的 Ig 是(　　)
A. IgG　　B. IgM　　C. IgA　　D. sIgA
16. 免疫原性最强的物质是(　　)
A. 蛋白质　　B. 类脂　　C. 多糖　　D. 核酸

(二) 多项选择题

1. 下列属于抗原递呈细胞的有(　　　)
A. B 细胞　　B. Th 细胞　　C. 巨噬细胞
D. 树突状细胞　　E. NK 细胞
2. T 淋巴细胞介导的细胞免疫应答过程包括(　　　)
A. 抗原递呈与识别阶段　　B. 活化、增殖、分化阶段
C. T 细胞在胸腺发育阶段　　D. 效应阶段
E. B 细胞在骨髓发育阶段
3. 关于补体的说法正确的是(　　　)
A. 是一组具有酶活性的蛋白类物质　　B. 具有溶菌作用
C. 引起炎症　　D. 由抗原刺激产生
E. 是固有免疫分子
4. 有关补体旁路激活途径的正确的描述是(　　　)
A. 需要抗原-抗体复合物的形成
B. 膜攻击单位与经典途径的相同
C. 由某些细菌结构成分直接激活
D. C5 转化酶组成与经典途径的相同
E. C1 激活开始

二、简答题

1. 试述抗体产生的规律。
2. 细胞免疫通过哪两种形式发挥抗感染效应？
3. 简述补体的生物学效应。

（吴正吉）

第六章　微生物在生物制药中的应用

微生物在制药工业中有着广泛的应用，主要是两个方面：一方面是要防止微生物对药物的污染，另一方面是充分利用某些微生物来生产药物。

第一节　生物制药工业中的微生物污染

微生物的污染及其预防是生物制药工业中的重要课题。生物药物的微生物污染一般主要发生在制备、存库、流通和使用等环节上。药物被微生物污染后，一方面微生物在适当条件下可生长繁殖，会使药物发生物理或化学性质的改变，导致药品疗效降低或失效；另一方面，污染的微生物在代谢过程中可能产生毒素等有害物质，患者使用污染了微生物的药品可能直接导致感染，引起药源性疾病。所以在生物制药工业中一定要十分重视微生物污染问题，特别是在质量管理中，必须严格进行药物的微生物学检验，以保证药物制剂符合相关的质量和卫生学标准。

一、生物制药工业中污染微生物的来源

药物的微生物学质量受到外界环境和原料的影响。除灭菌制剂外，大多数药物都含有微生物，特别是生物药物，与微生物关系尤其密切。药物被微生物污染后，会导致药物变质，降低疗效，患者如果使用，可因致病性微生物而引起感染。实际上即使是经过灭菌或除菌处理的药物，也有可能曾被微生物污染而存在热原质，如被患者使用可引起发热等不良反应。

药物原料、制药用水、空气、操作人员、制药设备、包装容器和厂房环境等均可能因微生物的存在而造成对药物的污染。

（一）物料

药物物料系指药物的原料、辅料和包装材料等，原辅料可能将大量的微生物带入到药物制剂中。如生物制药发酵液中可能污染噬菌体，疫苗可能污染杂菌等。来源于动物的原料药或辅料（如明胶）有可能被动物病原体所污染；来源于植物的原料药或辅料（如淀粉）则可能被多种细菌、真菌、酵母菌所污染；中药制剂则可能带有土壤微生物。

（二）制药用水

水是药物生产中不可缺少的重要原辅材料，水的质量直接影响药物的质量。制药工业中的水不仅作为产品的一个成分，而且需用其洗涤或冷却。《中国药典》所收载的制药用水，根据其使用的范围不同而分为饮用水、纯化水、注射用水及灭菌注射用水。制药用水是药物的微生物污染的关键环节，因为水是微生物生长代谢的一个必要成分。

水中的微生物种类较多，常见的有假单胞菌属、产碱杆菌属、产黄菌属、产色细菌属和沙雷菌属等。被粪便污染的水中常含有大肠埃希菌、变形杆菌属、粪链球菌和梭状杆菌属等。这些细菌营养要求不高，适宜温度较低，一般来自土壤侵蚀、雨水冲刷及腐败动植物的污染。

(三) 空气

空气中的微生物及微粒是空气洁净技术要解决的主要对象。尽管空气不是适合微生物生长繁殖的天然环境(因不含必需的水分和营养)，但是一般的大气环境仍含有不少的细菌、真菌和酵母菌，例如葡萄球菌属、链球菌属、杆菌属、梭状芽孢杆菌属、棒状杆菌属、青霉属、曲霉属、毛霉属和红酵母属等。空气中的微生物来自灰尘微粒(自然因素如风，人为因素如车)，来自人的皮肤与衣服，以及由谈话、咳嗽、打喷嚏等造成的飞沫。空气中微生物数量取决于灰尘量和活动状况，例如有活跃人群比无人群的地方微生物多，不洁的房间比清洁的房间多，潮湿的地方比干燥的地方多。空气中的微生物数量与人、动物的密度、数量，土壤及地面的铺砌情况，以及气温和气湿、日照、气流等因素有关。

由于空气中含有微生物，在药物制剂的生产过程中，如果不采取适当的措施，微生物就有可能进入药物，使药物制剂发生污染。

(四) 操作人员

人体体表皮肤与外界相通的腔道，如口腔、鼻咽腔、肠道、眼结膜、泌尿生殖道均存在不同种类的微生物，其中有些微生物可以长期寄居在人的体表、皮肤和黏膜上。这种正常状态的微生物群有一定的种类和数量，与宿主及体外环境三者保持动态平衡，有益于宿主健康，构成相互依赖、相互制约的生态学体系。在药物生产过程中，工作人员如果操作不注意或个人卫生状况欠佳，就可能将自身携带的微生物污染到药物制剂。

(五) 厂房设备及包装容器

厂房建筑物的内表面、设备表面、容器内外表面等都可能是微生物寄居的地方。这些方面情况比较复杂，所含微生物种类、数量往往差异较大，与制药企业生产车间的厂房、库房及实验室的条件和清洁度、建筑物结构、耐受清洗和消毒的程度，以及设备、管道是否易于拆卸、结构是否简单、是否便于清洁和消毒等因素有关，特别是药品生产过程中原料和使用的容器，包括内包装容器的清洗和消毒状况。药物生产的厂房、车间、库房、实验室、生产设备，以及药物的包装容器也是微生物污染药物的一个重要环节。

二、生物制药工业中微生物污染的危害

(一) 药物中微生物的限定标准

药物中微生物多来自原材料和外环境，它们一般对营养要求不高，适应性和抵抗力也较强。由于各类药物的原材料来源不同和制药工序的差别，药物中的微生物种类和数量也有很大差异。根据药物给药途径和使用要求不同，《中国药典》(2010年版)对药物制剂的微生物限度标准规定如下：

1. 制剂通则、品种项下要求无菌的制剂及标示无菌的制剂　应符合无菌检查法规定。

2. 口服给药制剂

(1)细菌数：每1g不得超过1000cfu，每1ml不得超过100cfu。

(2)真菌和酵母菌数：每1g或1ml不得超过100cfu。

(3)大肠埃希菌：每 1g 或 1ml 不得检出。

3. 局部给药制剂

(1)用于手术、烧伤及严重创伤的局部给药制剂：应符合无菌检查法规定。

(2)耳、鼻及呼吸道吸入给药制剂

1)细菌数：每 1g、1ml 或 $10cm^2$ 不得超过 100cfu。

2)真菌和酵母菌数：每 1g、1ml 或 $10cm^2$ 应小于 10cfu。

3)大肠埃希菌：鼻及呼吸道给药的制剂，每 1g、1ml 或 $10cm^2$ 不得检出。

4)金黄色葡萄球菌、铜绿假单胞菌：每 1g、1ml 或 $10cm^2$ 不得检出。

(3)阴道、尿道给药制剂

1)细菌数：每 1g、1ml 或 $10cm^2$ 不得超过 100cfu。

2)真菌和酵母菌数：每 1g、1ml 或 $10cm^2$ 应小于 10cfu。

3)白色念珠菌：每 1g、1ml 或 $10cm^2$ 不得检出。

(4)直肠给药制剂

1)细菌数：每 1g 不得超过 1000cfu，每 1ml 不得超过 100cfu。

2)真菌和酵母菌数：每 1g 或 1ml 不得超过 100cfu。

3)金黄色葡萄球菌、铜绿假单胞菌：每 1g 或 1ml 不得检出。

(5)其他局部给药制剂

1)细菌数：每 1g、1ml 或 $10cm^2$ 不得超过 100cfu。

2)真菌和酵母菌数：每 1g、1ml 或 $10cm^2$ 不得超过 100cfu。

3)金黄色葡萄球菌、铜绿假单胞菌：每 1g、1ml 或 $10cm^2$ 不得检出。

4. 含动物组织(包括提取物)的口服给药制剂　每 10g 或 10ml 还不得检出沙门菌。

5. 有兼用途径的制剂　应符合各给药途径的标准。

6. 霉变、长螨者　以不合格论。

7. 原料及辅料　参照相应制剂的微生物限度标准执行。

知识链接

药品微生物限度检查

药品微生物限度检查是控制药品质量的重要指标之一，药品染菌程度直接影响其内在质量。药品被微生物污染，其有效成分会遭到破坏，从而失去有效性，如各种含糖类制剂经污染菌氧化或发酵而分解，pH 会被改变，影响甚至失去疗效。药品被污染后还可产生毒素，如应用被肠道致病菌污染的药品，将会导致肠道疾病；应用于表面创伤的药品污染金黄色葡萄球菌，可能使患者发生败血症；吸入污染真菌或细菌的气雾剂，将会导致患者肺部感染等。因此，《中国药典》附录除注射剂和输液剂进行无菌检查，其他非规定灭菌制剂及其原辅料都要进行一定限度的微生物检查，同时规定不得有控制菌的存在。

(二) 药物被微生物污染的判断

根据药物制剂的微生物限度标准，以及从用药者安全角度考虑，如出现下列情况之一，即可认定药物制剂被微生物污染了。

1. 无菌制剂中有微生物的存在。
2. 口服及外用药物的微生物总数超过规定的数量。
3. 有病原微生物存在。
4. 微生物已死亡或已排除，但其毒性代谢产物（如热原质）仍然存在。
5. 发生可被觉察的物理或化学的变化。

（三）药物被微生物污染的外在表现

药物变质一般需要很高的污染程度或微生物大量繁殖才出现明显的变质现象。如胶囊剂有软化、碎裂或表面发生粘连现象；丸剂有变形、变色、发霉或臭味；药片有花斑、发黄、发霉、松散或出现结晶；糖衣片表面已褪色露底，出现花斑或黑色，或者崩裂、粘连或发霉；冲剂已受潮、结块或溶化、变硬、发霉；药粉已吸潮结块或发酵变臭；药膏已出现油水分层或有异臭；注射液有变色、混浊、沉淀或结晶析出等现象。

（四）药物被微生物污染的危害

药物受微生物污染，不但使药物变质，导致药物报废，更为严重的是微生物或其代谢产物还可引起药源性疾病，对人体健康造成危害。如无菌注射剂不合格或使用时污染可引起感染或败血症；铜绿假单胞菌污染的滴眼剂可引起严重的眼部感染或使病情加重甚至失明；被污染的软膏和乳剂能引起皮肤患者和烧伤患者的感染；消毒不彻底的冲洗液能引起尿路感染等。

除此之外，药物中含有易受微生物侵染的组分，如许多表面活性剂、湿润剂、混悬剂、甜味剂、有效的化疗药物等，它们均是微生物容易作用的底物，因此易被降解利用而产生一些有毒的代谢产物，而且微生物在生长繁殖过程中本身也可产生毒性物质。如大型输液中由于存在热原质可引起急性发热性休克，有些药品原来只残存少量微生物的，但在储存和运输过程中微生物大量繁殖并形成有毒代谢产物，导致用药后出现不良反应。

案例分析

案例

某地曾发生天冬钾镁注射液污染微生物事件，患者因注射该制剂后引起多人严重不良反应及一人死亡的事件。导致该事件的原因是什么？

分析

该事件发生后，有关部门高度重视，对同批号的天冬钾镁注射液进行微生物学检测，结果检查出两种微生物，分别为宛氏拟青霉菌（*Paecilomyces variotii* Bainier），属拟青霉属；无丙二酸枸橼酸杆菌（Citrobacter amalonaticus），属肠杆菌科枸橼酸杆菌属。

注射制剂为何被微生物污染？进一步的调查结果是药品生产过程中消毒灭菌人员失职，不按操作规程操作，消毒灭菌不彻底引起微生物污染。另外，临床方面在用药时没有仔细观察药品的状况即应用也是造成该事件的原因之一。

（五）影响药物变质的因素

微生物对药物的损坏作用受多方面因素的影响，其中主要有以下因素。

1. 污染药物的微生物数量

(1)规定灭菌药物:对于规定灭菌的药物制剂如注射剂、输液剂必须保证绝对不含任何微生物,并且不能含有热原质,否则注入机体内将会发生严重后果。

(2)规定非灭菌药物:一定要控制微生物的数量在规定允许的范围内,并保证没有致病微生物存在,一般不会引起药物变质。若污染药物的微生物超过了规定的范围,数量较大,甚至有致病菌存在,药物质量将受到严重影响,而使药物变质失效。

2. 药物自身因素

(1)营养因素:许多药物配方中常含有微生物生长所需要的碳源、氮源和无机盐等营养物质,微生物污染药物后,能利用其营养进行生长繁殖,引起药物变质。

(2)药物的含水量:一般药物的正常含水量为10%~20%。药物中的水分为微生物的生长提供了条件,因此各种药物尽量减少含水量,保持干燥,减少微生物可利用的水量。

(3)氧化还原电位势:药物中氧化和还原的平稳决定于氧的含量与药物的组分。许多专性需氧或兼性厌氧微生物能在较高的氧化还原电位环境中生长。当氧化还原电位降低时,它们只能缓慢生长,因此降低氧的含量有助于控制微生物的生长繁殖。

(4)药物中加入防腐剂或抗菌剂:药物中加入防腐剂或抗菌剂可有效地抑制微生物的生长,减少药物中微生物的污染数量。

3. 环境因素

(1)酸碱度:各种微生物需要的最适 pH 是不一样的,多数细菌、放线菌适宜于中性、偏碱性的环境(pH 6.5~7.5),而大多数的真菌(霉菌、酵母菌)是比较喜欢酸性的环境的(pH 3~6),过酸、过碱对微生物生长繁殖都是不利的,所以根据这点我们可以通过控制 pH 来防止药物污染微生物而变质。

(2)温度:一般来说,在-5~60℃范围内,微生物都可以生长而引起药物变质,在这一范围外,微生物生长就受到抑制,所以贮藏药物可以选择这一温度范围外。但应注意温度过高、过低都会使药材质量发生变化。当温度在35℃以上时,含脂肪的药物就会因受热而使油质分离,从而少油;含挥发油多的药物也会因受热而使芳香气味散失。温度过低会使药液冻结,影响药效。

(3)湿度:湿度是指空气中水蒸气含量多少的程度,也就是空气潮湿的程度。药物的贮存环境一定要控制好湿度,水分含量过高容易造成微生物(特别是真菌)的污染。

4. 货架生命(product life,shelf-life) 是衡量药品被微生物污染程度的重要指标。如一些非口服制剂,起初因不适当的热处理残留了少量的细菌,不足为害,经贮藏多日后细菌不断繁殖增加数量,以致该药使用后引起人的病患。又如一些药物在贮藏时能短期耐受微生物的攻击,有几天的"货架生命",但几周后就完全失效。

5. 包装设计 使用单剂量包装或小包装可有效地避免或减少微生物对药物的污染,但成本较高,导致价格上涨,并且操作烦琐。

三、生物制药工业中微生物污染的防止措施

为保证药品质量,在生物制药工业中防止微生物污染药物制剂,加强药品生产质量

管理，把各种污染的可能性降低至最低限度，就必须实施《药品生产质量管理规范》(Good Manufacturing Practice, GMP)制度。GMP制度是药品全面质量管理的重要组成部分，其主要目标为减少药品生产中存在的在成品检验中又不能完全防范的危险因素，如交叉污染(尤其是意想不到的污染物)和由于宣传品贴错标签引起的混淆。对生产各环节，如原料、操作人员、工作环境、操作方法、厂房建设、包装材料及卫生环境等制定有效规范性的程序文件、标准操作规程(Standard Operating Procedures, SOP)，加强管理，防止污染。

(一) 药物生产的环境应符合卫生要求

为防止生产中的药品、包材受到污染，使药品生产的环境控制和规范生产达到药品质量的要求，空气洁净技术必不可少。洁净技术在医药行业的广泛应用，已引起各设计、施工、生产、管理等部门的共同关注。空气洁净技术的原理就是通过对空气过滤，使其达到一定洁净度，同时以相应的管理保持环境控制系统的有效运转，从而使药物生产符合药品质量的要求环境。合理设计建立洁净的厂房和有效的管理在药品生产中也是非常重要的，通过对墙体、地板、管线、屋顶，水泥、照明、通风和温湿度等的设计，使内部环境达到洁净的要求；通过空气的三级过滤，使进入洁净室的空气符合规定的要求；通过人员和物料的净化程序隔绝或消除外来污染；通过气流组织、压差和换气次数等参数的实现，抑制微生物、微粒的污染，排除由于光、味道、相对湿度等导致的任何质量损害；通过严格的工艺规程，达到避免交叉污染的目的(图6-1)。

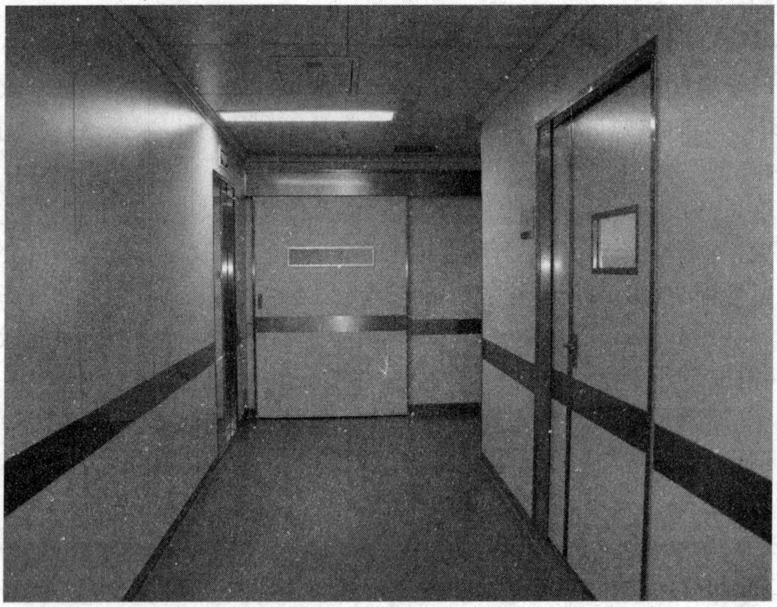

图6-1　GMP生产区(净化车间)

(二) 控制原材料的质量

药品生产原料一方面要选用微生物含量较少的原材料；另一方面对原材料要进行消毒和灭菌。药物生产原料中易受微生物的污染，如动物脏器、植物药材往往携带微生物，污染程度不同的原料中所含微生物的种类、数量也存在着差异。而合成原料通常不易受微生物污染，因此对不同原料处理的方法也不同。原料粉碎后处理是保证药品质量的关键。一般植物药、矿物药、淀粉及白糖等放入烘箱100～110℃烘烤35分钟左右；一些动物药或受微生物污染的其他原料药物要在110～120℃烘烤40分钟左右；小部分不耐高温的药物要采用紫外线照射法，照射时间为2小时左右，厚度不超过0.2cm。

（三）严格生产过程的管理

药品的污染可发生于整个制剂制备的全过程，也可发生在药品储存过程，必须对这些过程进行全程管理，从根本上保证药品的质量。

1. 生产人员　在生产过程中工作人员操作不规范或卫生条件不符合其药品生产的具体条件，其携带的微生物也会污染原料、制药工具、生产设备而成为药品污染的来源。在生产过程中，为了防止细菌再次污染，须掌握四个字：干净、快速。在药物制剂生产过程中，要求操作人员清洗和消毒双手、穿上专用工作衣、戴上工作帽，严格按操作规程操作，另外要求操作者必须是健康无菌者。GMP规定：工作服的选材、式样及穿戴方法应与生产操作和空气洁净度级别要求相适应，并不得混用。洁净工作服的质地应光滑、不产生静电、不脱落纤维和颗粒性物质。无菌工作服必须包盖全部头发、胡须及脚部，并能阻留人体脱落物。不同空气洁净度级别使用的工作服应分别清洗、整理，必要时消毒或灭菌。工作服洗涤、灭菌时不应带入附加的颗粒物质。工作服应制订清洗周期（图6-2）。

图6-2　生物制药工业中操作人员在工作

2. 空气　生产车间内空气中微生物的含量与室内清洁度、温度、湿度以及人员在室内的活动情况有关，如人员频繁的走动、清扫、搬动原材料及机器的震动都可使飞沫、尘埃、原材料粉尘悬浮于空气中，成为空气中微生物附着的载体，从而增加空气的含菌量。药物制剂生产环境的空气应要求洁净，特别是生产注射剂、眼科用药等无菌制剂时，空气中微生物的含量必须非常低，要求每立方米空气中不得超过10个细菌，即所谓的“无菌操作区”（表6-1，表6-2）。

表 6-1　中国药品生产洁净室(区)的空气洁净度标准

净度级别	尘埃最大允许数/m^3		微生物最大允许数	
	粒径≥0.5μm	粒径≥5μm	浮游菌(个/m^3)	沉降菌(个/皿)
100 级	3500	0	5	1
10 000 级	350 000	2000	100	3
100 000 级	3 500 000	20 000	500	10
300 000 级	10 500 000	61 800	1000	15

注:洁净级别指每立方米空气中含≥0.5μm 的粒子数最多不超过的个数。100 级是指每立方米空气中含≥0.5μm 粒子的个数不超过的 3500 个,换算到每立方英尺中不超过 100 个,依此类推,菌落数是指将直径为 90mm 的培养皿露置半小时经培养后的菌落数

表 6-2　药品生产中不同区域空气洁净度要求

级别	名称	要求
Ⅰ	一般生产区	无洁净度要求的工作区,如成品检漏、灯检等
Ⅱ	控制区	洁净度要求 10 万～30 万级的工作区,如原料的称量、精制、压片、包装等
Ⅲ	洁净区	要求为 1 万级的工作区,如灭菌、安瓿的存放、封口等
Ⅳ	无菌区	要求为 100 级的工作区,如水针、粉针、输液、冻干制剂的灌封岗位等

减少空气中微生物数量的方法:采用保持室内清洁、控制人员的活动、操作动作轻微等措施,除此之外,对要求较高的场所还可以采用过滤、甲醛蒸气熏蒸和紫外线照射等方法对空气进行消毒。

在药品生产中,减少空气中微生物数量的方法有多种,其中常用的方法有:①空气洁净技术采用的过滤方法是最常用的方法。过滤介质种类很多,例如纤维素、玻璃棉或人造纤维等。一般应除去大于 0.1μm 的微粒及微生物。空气净化装置可用于整个房间如无菌操作室,也可只限于操作区域局部如超净工作台。制药企业应对空气净化装置定期监测检查,确保各种技术参数符合法定的技术标准。②紫外线照射方法。房间安置固定的或可移动的紫外灯,采用紫外线波长为 240～280nm 之间,以 253.7nm 处杀菌力最强。但穿透力较差,可被不同的物品表面反射。使用时应考虑灯具的寿命,约 1400 小时需更换。

3. 制药用水　制药用水的质量根据工艺需要选用饮用水、纯化水或注射用水。例如,制备注射剂必须采用注射用水,制备口服制剂需用纯化水。《中国药典》收载了纯化水和注射用水的质量标准。在饮用水标准中,大肠埃希菌(又称大肠杆菌)的含量是判断饮用水水质污染程度的指标。

用于制药的各种用水都必须定期进行水质检测,使用符合卫生标准的水,防止水中微生物污染药物。常用的对水消毒的方法与空气消毒的方法一样,也是化学消毒剂、过滤与紫外线照射 3 种。①化学消毒剂方法:对水的消毒以化学消毒剂方法较常用,效果也最好。常使用次氯酸钠或通氯气。在使用中,应注意到水系统中不能留有消毒不到的"死角"。②膜过滤法:适用于水系统的连续循环处理。常用的微孔滤膜的孔径为 0.22μm。在此之前,还应有其他过滤方法配合。③紫外线照射法:在水系统中应用紫

外线照射消毒，适用于需要特殊处理的水（如光学透明度要求高），一般在末端之前。这种方法因处理过的水无臭无味，而优于化学消毒剂方法；因不产生微生物移居滤器的现象，而优于膜滤器。因此，在水系统中，这 3 种方法综合应用，设计安装在适当的位置。对制药用水的消毒方法除应用于水的本身消毒以外，还必须包括水系统中的设备、管道的消毒问题。

4. 药物制剂生产的设备（如粉碎机、药筛、压片机、制丸机、灌装机等）和容器表面可能有微生物滞留或滋生。药物制剂接触了这些设备工具、容器上的微生物就会被污染。因此，对于生产设备工具及容器的要求是易于拆卸、结构简单、便于清洁和消毒，生产前后要清洗和消毒。

药物生产部门所有的建筑，包括厂房、车间、库房、实验室等都必须清洁和整齐。建筑物表面不透水，平坦均匀，没有裂缝，便于清洗。

我国在 2004 年以后对所有生产药品的不同剂型的车间分批进行了制药企业的 GMP 论证，在生产过程中，严格按操作规程进行，保证良好的生产次序、流程，减少药品生产过程中微生物的污染。

（四）合理的包装设计和贮存

1. 包装物、制药设备及厂房建筑　药品包装是产品出厂前的最后一道工序，包装物一方面是包裹药物，另一方面是防止外界微生物进入药物中。药品包装材料给予药品第二次生命，没有包装，药品就无法存储、流通和销售。作为直接接触药品的包装材料、容器，是药品的有机组成部分。药包材质量对药品质量的影响表现在以下几个方面：①由于药包材可能带来细菌和其他微生物，包材中的某些有害物质可能被药品溶出，从而造成药品污染；②药品中的有些成分可能在包装存放过程中被包装材料吸附，或与包装材料发生反应，而直接影响了药品质量或用药剂量。

因此，包装物应严格按照药物制剂本身的要求进行清洗、消毒和灭菌，如果处理不当，可能使含菌不多或已经消毒灭菌处理的无菌制剂重新遭受微生物的污染；污染的程度与包装物本身的成分和贮藏条件有关。随着药品 GMP 管理的深入，将药包材作为药品生产的辅料也纳入了管理的范畴，并对产品实施严格的注册管理。因为包装材料也可带有一定的微生物，因此在药品包装前应对包装材料进行清洁或消毒处理。药品包装主要注意防潮。包装时间不能过长，以免受潮，便于微生物滋生繁殖，直接影响药品质量。所以，包装一批药品尽可能 1 天内完成。

2. 按规定分区、分批合理储存药物　药品储存不当极易导致微生物污染，合格药品也是如此，对生产的药品根据药物的剂型、性质采取合理的储存方法，减少污染机会。如阴凉处，系指不超过 20℃；凉暗处，系指避光并不超过 20℃；冷处，系指 2～10℃；常温，系指 10～30℃；凡贮藏项未规定贮存温度的系指常温。

（五）使用合适的防腐剂或抑菌剂

合理使用防腐剂，在药物生产过程中加入防腐剂，其目的是抑制药品中微生物的生长繁殖，减少微生物对药物的破坏作用。理想的防腐剂因具备：①对机体没有毒性及刺激性；②对进入药物制剂的各种微生物有良好的抗菌作用；③不受药物配方成分的影响；④在药物的生产过程中和有效期内有足够的稳定性。事实上，目前常用的防腐剂并不能完全达到以上要求，国内常用的防腐剂有苯甲酸、尼泊金、山梨醇、乙醇、季铵盐等。

点滴积累

1. 药物被微生物污染后，不仅会改变药物的理化性质，降低疗效或失效，而且可能会产生毒害物，导致用药者感染。

2. 物料、水、空气、操作人员、制药设备、包装容器和厂房环境等环节均可能造成药物的微生物污染。

3. 无菌制剂与非无菌制剂微生物限度标准不同。

4. 加强药物生产的技术管理，重视药物的微生物学检验，严格执行 GMP 制度，规范生产操作，是避免药物微生物污染的有效措施。

第二节　微生物发酵

微生物发酵是最早被人类利用的微生物技术。运用微生物发酵技术，不仅可以生产人们需要的食品，还可以制备用以治疗人类疾患的药物。

一、微生物发酵概述

课堂互动

试举出三种自己熟悉的通过发酵法生产的产品。

(一) 微生物发酵的概念

发酵(fermentation)一词来源于拉丁语“发泡(fervere)”，最初用它来描述酵母作用于果汁或麦芽汁时产生二氧化碳(CO_2)而“沸腾”的现象，这是由于果汁或麦芽汁中的糖在酵母作用下，于缺氧条件下降解而产生 CO_2 所引起的。其实，很早以前人们就认识了发酵现象，如酒暴露于空气中会慢慢变酸、熟大米加曲保温两天后会生成酒等，并能利用发酵的原理和方法制作食品，如酿酒、制酱等。到底什么是发酵呢？

发酵原来是指在厌氧条件下酵母菌分解碳水化合物释放能量以及得到产物的过程，具体地说是指通过微生物的生长繁殖和代谢活动，使环境中的有机物发生分解并转化为其他物质的生物反应过程。狭义的发酵是指微生物在厌氧条件下分解糖类物质并转化为其他物质的过程。随着科学技术的进步，尤其是分子生物学的发展，发酵被赋予了新的更广泛的内涵，即发酵是借助于生物细胞(包括动植物细胞和微生物)在有氧或无氧条件下进行生命活动来制备产物的所有过程。

微生物发酵就是利用微生物生命活动产生的酶对各种原料进行加工以获得所需产品的过程，它已成为一门工程学科，其利用的细胞一般都经过人工改造，然后再通过控制培养条件使其最大限度地生产目的产物。

发酵在现代人们的生活中应用很广泛，如酿酒，制造乙醇饮料、面包、馒头、酸乳，以及生产食品添加剂、药品、化工材料等。因微生物种类不同，发酵的形式也有多种多样。

(二) 微生物发酵的类型

微生物发酵是指由微生物在生长繁殖过程中所引起的生化反应过程。根据微生物的种类、发酵设备的不同以及培养方式的差异，发酵可以分为不同的类型。

1. 好氧性发酵　好氧性微生物在发酵过程中需要不断地通入一定量的无菌空气，这种发酵叫做好氧发酵，如利用黑曲霉进行枸橼酸发酵、利用棒状杆菌进行谷氨酸发酵、利用黄单胞菌进行多糖发酵等。好氧性发酵过程中需要消耗大量的氧气，故需要通入无菌空气，以供代谢需要。

2. 厌氧性发酵　厌氧性微生物在发酵时不需要供给空气，这种发酵叫做厌氧发酵，如乳酸杆菌引起的乳酸发酵、梭状芽孢杆菌引起的丙酮、丁醇发酵，以及乙醇、啤酒发酵等。

不论是好氧发酵还是厌氧发酵，均应根据菌种的特点、代谢规律、发酵产品的特性来选择合适的发酵条件。

3. 兼性发酵　一些兼性微生物如酵母菌，在缺氧条件下进行厌气性发酵积累乙醇，而在有氧条件下，即通气时则进行好氧性发酵，大量繁殖菌体细胞。这种有无氧气均可进行发酵的类型称为兼性发酵。

发酵按照设备类型的不同，又可分为敞口发酵、密闭发酵、浅盘发酵和深层发酵。一般敞口发酵应用于繁殖快并进行好氧发酵的类型，如酵母生产，由于其菌体迅速而大量繁殖，可抑制其他杂菌生长。所以敞口发酵设备要求简单。相反，密闭发酵是在密闭的设备内进行，所以设备要求严格、工艺也较复杂。浅盘发酵（表面培养法）是利用浅盘仅装一薄层培养液，接入菌种后进行表面培养，在液体上面形成一层菌膜。在缺乏通气设备时，对一些繁殖快的好氧性微生物可利用此法。深层发酵法是指在液体培养基内部（不仅仅在表面）进行的微生物培养过程。

根据发酵工艺流程的不同，微生物发酵可分为分批发酵（batch fermentation）、补料分批发酵（fed-batch fermentation）和连续发酵（continuous fermentation）三种方式。分批发酵是指单罐单批的发酵类型，每一个发酵过程都经历接种、菌体培养、生长繁殖、菌体衰老、发酵结束和产物提取分离。补料分批发酵又称半连续发酵，是指在分批发酵过程中，间歇或连续地补加新鲜培养基的发酵方法。此法的优点是在发酵系统中维持较低的基质浓度，维持适当的菌体浓度，避免有毒代谢产物的积累。连续发酵是指在发酵时，一方面以一定速度连续不断地补充新鲜培养基，另一方面又以同样的速度连续不断地将发酵液排出，使发酵罐中微生物的生长和代谢活动始终保持旺盛的稳定状态。

由于微生物代谢类型的多样化，不同的微生物对同一物质进行发酵或用同一种微生物在不同的条件下进行发酵，可以获得不同的产物。因此，发酵的类型也多种多样。常见的微生物发酵类型有以下几种（表 6-3），工业生产中常将几种发酵类型结合使用，如液体深层发酵、需氧浅层发酵等。

表 6-3　常见的微生物发酵类型

分类依据	发酵类型	方法特点	用途
按发酵过程中氧的参与否	厌氧发酵	发酵过程不需要氧气	乳酸发酵、丁酸发酵等
	需氧发酵	发酵过程需要氧气（供给无菌空气）	有机酸、抗生素的发酵等
按发酵时所用培养基的性状	固体发酵	微生物在固体表面或内部生长；简便易行，但有费力、耗时、易污染的缺点	酒类、饮料、酱油、食醋等小型发酵，不宜纯种发酵

续表

分类依据	发酵类型	方法特点	用途
按发酵工艺	液体发酵	微生物在液体培养基内生长	多数发酵产物的生产
	浅层发酵	微生物在液体或固体培养基表面上生长;不需通气、搅拌,节省动力	需氧发酵,如柠檬酸、醋酸的发酵
	深层发酵	微生物在液体或固体培养基内部上生长	需氧还是厌氧发酵均可,适用大规模的生产
按发酵产品类型	微生物菌体发酵	以获得具有特殊用途的微生物菌体细胞为目的	食用酵母发酵,如面包、啤酒的生产;菌体蛋白发酵,如金茸、藻类、虫草等食品、药物
	微生物酶的发酵	以获取各种用途的酶为目的的发酵	糖酶、蛋白酶、脂肪酶、凝血酶、过氧化物酶等
	微生物代谢产物的发酵	以获取微生物代谢产物(含初级和次级代谢产物)为目的	多种氨基酸、抗生素的发酵生产
	微生物转化发酵	利用微生物细胞的酶作用于某些化合物,使其发生生物转化而获得相应产物	多种甾体类化合物的制备

二、微生物发酵的发展历程

按照微生物发酵技术的形成和逐步取得的重大进展,可将其大致可分为五个阶段,有些阶段在时间上有重叠。

1. 第一阶段　1900 年以前,在微生物的性质尚未被人们全面认识时,人类已经利用自然接种方法进行发酵产品的生产。此时的主要产品有酒、乙醇、醋、干酪、酸乳等,当时只是家庭式或作坊式的手工生产。虽然古埃及人首先成功地酿造啤酒,但真正的第一次大规模酿酒是从 18 世纪早期开始的,然而即使在早期的酿造中,人们也曾尝试着对发酵过程的控制,例如,1757 年温度计在酿造生产上开始使用,到 1801 年原始的热交换器在酿造上的使用有了进一步的发展。这一阶段的多数产品属嫌气发酵,且非纯种培养,由于仅凭经验传授技术,所以产品质量不稳定。这一阶段也称为自然发酵阶段。

2. 第二阶段　1900—1940 年,继巴斯德的卓越研究工作后,德国科学家科赫(Koch)建立了微生物分离纯化和纯培养技术。科赫发明了固体培养基,应用固体培养基分离培养细菌,得到了细菌的纯培养,同时他又改进了细菌的染色法,为进一步研究细菌的形态与结构创造了条件。他因在肺结核菌方面的研究工作于 1905 年获得了诺贝尔生理学或医学奖。

荷兰科学家汉森(Hansen)在研究啤酒发酵用酵母时,创造了单细胞纯培养法。随着微生物纯培养技术的建立,人类开始了人为控制微生物的发酵进程,从而使发酵生产技术得到巨大进步,提高了产品的稳定性,这对发酵工业的发展起了巨大的推动作用。由于采用纯种培养与无菌操作技术,使发酵过程避免了杂菌污染,生产上的腐败现象大大减少,发酵效率逐步提高,生产规模逐渐扩大,产品质量稳步提高。这一时期的主要产品是甘油、枸橼酸、乳酸、丁醇、丙酮等微生物的初级代谢产物，其中面包酵母和有机溶剂发酵取得重大进展。

第一次世界大战时，魏茨曼（Weizmann）开拓了丙酮-丁醇发酵，并建立了真正意义上的无杂菌发酵和真正的发酵工业，因此，微生物纯培养技术的建立是发酵技术发展的第一个转折点。

3. 第三阶段　1940 年至今，这阶段发酵工程与第二次世界大战的需要密切相关，且以深层液体通气搅拌纯种培养大规模发酵生产青霉素为典型代表。

虽然弗莱明（Fleming）于 1929 年发现了青霉素，挽救了无数人的生命，但大规模发酵生产青霉素是为了满足二战时的需要。因为早期的青霉素生产采用表面培养法，占地面积大、劳动强度高、产量很低。二战时期为了治疗战争中的伤员，迫切需要增加青霉素的产量，人们尝试采用大容积发酵罐深层通气培养及大规模高效提取精制设备来代替原来的实验室发酵制备法。在英、美等国的工程技术人员共同努力下，终于研制出适用于纯种深层培养带有通气和搅拌装置的发酵罐，并成功地解决了大量培养基和生产设备的灭菌，以及制备大量无菌空气问题，在提取精制中采用了离心萃取机、冷冻干燥器等新型高效化工设备，使生产规模、产品质量和收率均大幅提高。

由抗生素发酵工业发展起来的深层液体通气搅拌发酵技术是现代发酵工业最主要的生产方式，它使耗氧菌的发酵生产从此走上了大规模工业化的道路。同时，有力地促进了甾体转化、微生物酶制剂与氨基酸发酵工业的迅速发展。因此，通气搅拌大规模发酵技术的建立是发酵工程发展的第二个转折点。

随着生物化学、微生物生理学以及遗传学的深入发展，对微生物代谢途径和氨基酸生物合成的研究不断加深，人类开始利用代谢调控的手段进行微生物菌种选育和发酵条件控制，如日本首先成功地利用自然界存在的生物素缺陷型菌株进行谷氨酸发酵生产。利用微生物发酵生产氨基酸是以代谢调控为基础的新的发酵技术，根据氨基酸生物合成途径采用遗传育种方法进行微生物人工诱变，选育出某些营养缺陷株或抗代谢类似物菌株，在控制营养条件时发酵生产，并大量积累人们所预期的氨基酸。由氨基酸发酵而开始的代谢控制发酵，使发酵工业进入了一个新的阶段。随后，核苷酸、抗生素以及有机酸等也利用代谢调控技术进行发酵生产。因此，代谢控制发酵工程技术的建立是发酵技术发展的又一转折点。

4. 第四阶段　1960 年至今，由于粮食紧张和饲料需求的日益增多，为了解决人畜争粮的突出问题，科学家们研究生产微生物细胞作为饲料蛋白质的来源，甚至研究采用石油产品作为发酵原料，这一举措推动了发酵技术的进一步发展。

传统的发酵原材料主要是粮食、农副产品等，而这一时期主要研究如何利用石油化工副产品（石蜡、甲醇等碳氢化合物）作为发酵原料生产需求日益增长的单细胞蛋白饲料，从此开始了石油发酵时期。由于微生物蛋白饲料售价较低，所以必须比其他发酵产品的生产规模更大才有发展前景，这就使得发酵罐的容量发展到前所未有的规模，如英国帝国化学公司（ICI）用于生产单细胞蛋白的发酵罐容积达 $3000m^3$。由于以碳氢化合物为原料在发酵时氧耗大，这也给发酵设备提出了更高的要求，于是发展了高压喷射式、强制循环式等多种形式的发酵罐，并逐步运用计算机及自动控制技术进行灭菌和发酵过程的 pH、溶解氧等发酵参数的控制，使发酵生产朝连续化、自动化方向前进了一大步。

5. 第五阶段　1979年至今，发酵工程的最新技术进步主要表现在可以采用以分子生物学为核心的现代生物技术手段，构建基因工程菌，实现发酵水平大幅度提高或诞生新型的发酵产品，即采用基因工程菌生产原有微生物所不能生产的新的代谢物质。由于DNA体外重组技术的建立，发酵工业又进入了一个崭新的阶段，即以基因工程为中心的时代，使工业微生物所产生的化合物超出了原有微生物的范围，大大丰富了发酵工业的内容，使发酵工业发生革命性的变化，如胰岛素和干扰素的发酵生产，其他新型产品如乙肝疫苗、人生长激素等都可用基因工程菌发酵生产。

微生物产业的发展是微生物发酵技术进步的推力，两者互为促进，密不可分，详见表6-4。

表6-4　微生物发酵技术与产业发展

年代	科学技术	产业
17～18世纪	基础研究阶段，建立了天然发酵技术	黄酒、白酒、酱油、酸奶等酿造工业
18～19世纪	微生物纯分离培养，建立纯菌株厌氧发酵	乙醇、丙酮、丁醇
20世纪40年代	开发了青霉素的好氧深层发酵技术，从此有了抗生素工业	抗生素、维生素、有机酸、酶制剂等
20世纪50年代	DNA双螺旋结构的发现和微生物遗传学、生物化学的发展，使微生物发酵工业进入了发酵的代谢调节时代	氨基酸发酵、核苷酸发酵成了发酵工业的重要领域
20世纪60年代	石油微生物的研究应用及发酵原料的广泛应用	石油蛋白及其利用（正烷烃和石油化工产品的发酵生产、降解塑料等）
20世纪70年代	随着科学技术的发展而发现了微生物发酵的更广泛的应用范围	污水处理；能源开发；单细胞蛋白生产；细菌浸矿等
20世纪80年代	分子生物学及微生物遗传学的发展，基因工程及发酵工程的创立和发展，固定化细胞（酶）的发酵技术和生物传感器开始应用，利用原生质体融合及基因重组技术进行微生物选育，构建新型菌种	基因工程菌的产生和相应发酵工程产品的问世，如干扰素、人生长激素、胰岛素、基因工程疫苗、基因药物、仿生产品等
20世纪90年代以后	分子生物学的深入研究、蛋白质工程与新的代谢途径工程的发展，学科交叉与渗透，使微生物发酵进入计算机自控时代，连续发酵、高密度发酵技术的应用，使微生物发酵生产效率空前提高	基因工程菌发酵规模的不断扩大，在氨基酸发酵、抗生素发酵等工业上计算机自控的应用等

三、微生物发酵制药的基本流程

微生物的发酵制药根据阶段性的目标不同，一般将其分为上游技术、中游技术和下游技术三个阶段。上游技术是指发酵生产用菌种的选育；中游技术是指微生物在适宜条件下的培养过程，即发酵阶段；下游技术是指从发酵培养基（液）中分离、提取、精制加工有关产品的过程，即提取阶段。

（一）上游技术——微生物发酵菌种及其选育

1. 发酵菌种　菌种在发酵工业中起着重要作用，是发酵工业的灵魂。早期工业生产使用的优良菌种都是从自然界分离得到的，随着科技的发展和进步，不断有新型的菌株应用于发酵工业。用于发酵的微生物种类很多，可分为可培养微生物和未培养微生物两大类。其中，发酵工业应用的可培养微生物主要有细菌、放线菌、酵母菌、丝状真菌等。

（1）细菌：细菌（bacteria）是一类单细胞的原核微生物，以较典型的二分裂方式繁殖。工业生产常用的细菌有枯草芽孢杆菌、醋酸杆菌、棒状杆菌、短杆菌等，用于生产各种酶制剂、有机酸、氨基酸、肌苷酸等。

此外，细菌常用作基因工程的宿主细胞，用于构建基因工程菌来生产外源基因物质，如利用大肠埃希菌生产干扰素、蛋白质疫苗等。

（2）放线菌：放线菌（actinomycetes）因其菌落呈放射状而得名，是一类介于细菌和真菌之间的单细胞微生物，主要以无性孢子进行繁殖，也可以菌丝片段进行繁殖。放线菌能产生多种抗生素，据统计，从微生物中发现的抗生素60%以上是由放线菌产生的，如链霉素、红霉素、庆大霉素等。发酵常用的放线菌主要来自于链霉菌属、小单孢菌属和诺卡菌属等。

（3）酵母菌：酵母菌（yeast）是指主要以出芽方式进行无性繁殖的一类真核单细胞微生物，在自然界主要分布于含糖较多的酸性环境中，如水果、蔬菜、花蜜和植物叶子上以及果园土壤中。工业发酵生产中常用的酵母菌有啤酒酵母、假丝酵母、类酵母等，分别用于酿酒、制造面包以及生产可食用、药用和饲料用酵母菌体蛋白等。

（4）霉菌：霉菌（mould）是指一类在营养基质上形成绒毛状、网状或絮状菌丝真菌的统称，它不是一个分类学的名词。霉菌在自然界喜欢偏酸性环境，繁殖能力很强，以无性孢子和有性孢子进行繁殖，菌丝或呈分散生长，或呈团状生长。

工业上常用的霉菌有藻状菌纲的根霉、毛霉、犁头霉，子囊菌纲的红曲霉，半知菌纲的曲霉、青霉等，可广泛用于生产酶制剂、抗生素、有机酸及甾体激素等。

（5）担子菌：担子菌（basidiomycetes）就是人们通常所说的菇类（mushroom）微生物。担子菌资源的开发利用已引起人们的高度重视，是研究开发抗癌类药物的资源库之一，如研究发现香菇中1，2-β-葡萄糖苷酶及香菇多糖具有抗癌作用。

（6）未培养微生物：未培养微生物（uncultured microorganisms）是指那些采用目前的微生物纯培养分离及培养方法还未能获得纯培养的微生物。未培养微生物在自然微生物群落中占非常高的比例（约为99%），无论是其物种类群，还是新陈代谢途径、生理生化反应、产物等都存在着不同程度的新颖性和丰富的多样性，其中蕴涵着巨大的生物资源。

未培养微生物广泛存在于各种自然环境中，特别是各种极端环境中，如高温、低温、高压、高盐度、高辐射以及较强的酸碱环境。在极端环境下能够生长的微生物称之为极端微生物，又称嗜极菌（extremophiles）。未培养微生物可能是人们寻找与开发药物的宝库。

2. 菌种选育的概念及意义　菌种选育是指从微生物群体中筛选获得优良品种的技术。在发酵工业中，通过菌种选育可大幅度提高微生物发酵目的产物的产量，如可将发酵产物抗生素、氨基酸、酶制剂等的发酵产量提高几十倍、几百倍、甚至上千倍。此外,菌种选育在提高产品质量、改变产品组分、改善工艺条件、扩大新的品种、增加菌种遗传标记等方面也发挥重大作用。例如青霉素的原始生产菌株产生黄色色素,使成品带有黄色,经过菌种选育,生产菌不再分泌黄色色素,提高了产品质量;又如有些微生物原来不产生人干扰素,经基因工程育种获得的基因工程菌可生产人干扰素,因而扩大了微生物发酵生产的产品范围。

3. 菌种选育的方法　目前,菌种选育的方法主要有两大类:一类是自然选育或自然分离,即在自然条件下直接从原有微生物群体中分离、筛选获得优良菌种;另一类是人工选育,即依据微生物遗传变异的规律,通过人工方法对现有的菌株(出发菌株)进行遗传改造(如诱变、杂交、原生质体融合以及基因工程等),使之产生更多的变异,然后再从中分离、筛选获得具有某一目的特性的优良菌种。人工选育的方法主要包括诱变育种、杂交育种、原生质体融合育种及基因工程等。由于发酵产品的量与质同细胞的性状有关,因此,微生物育种的主要目标是改变其基因。

(1)自然选育:自然界中微生物资源极其丰富,土壤、水、空气、动植物及其腐败残骸都是微生物的主要栖居和生长繁殖场所。微生物种类之多,至今仍是一个难以估测的未知数。随着微生物学研究工作的不断深入,通过自然选育对微生物菌种进行资源开发和利用的前景十分广阔。此外,由于发酵工业中使用的生产菌种几乎都是经过人工育种而获得的、具有优良性状的突变株,这些菌种在生产使用的过程中由于自发突变的缘故,不可避免地会逐渐产生某种程度的衰退。因此,有必要对这些使用过程中的生产菌株定期进行自然选育,以防止菌种的衰退。

自然选育常用的方法是单菌落分离法。把菌种制备成单孢子悬浮液或单细胞悬浮液,经过适当的稀释后,在琼脂平板上进行分离。挑取单个菌落接种斜面进行纯培养,然后进行生物活性测定,选择比出发菌株活性高的菌落进行复试。经反复筛选,获得比原始出发菌株性能优越的菌种。

总之,自然选育是一种早期的、基于微生物自发突变而发展的菌种选育方法。操作过程简单易行,但效率相对低,因此常需与其他人工育种方法交替使用,以提高育种效率。

(2)诱变育种:诱变育种是一种利用物理或化学等因素,使诱变对象细胞内的遗传物质发生变化引起突变的育种技术,具有速度快、收效大、方法简单等优点,是菌种选育的重要途径之一。迄今国内外发酵工业中所使用的生产菌种绝大多数是通过人工诱变选育出来的。

诱变育种的基本过程大致如下:采集、选择原始菌株(出发菌株)→增殖、纯化(原种特性考察)→细胞或孢子悬液的制备→诱变处理→突变株分离→初筛(与出发菌株对照)→复筛(与出发菌株对照,反复进行)→生产性能试验(培养条件、稳定性考察)。

影响诱变育种效率的因素较多,以下几个方面显得尤为重要。

1)出发菌株的选择:出发菌株是用于育种的原始菌株,出发菌株的来源主要有三个方面:①自然界中直接分离得到的野生型菌株;②经过生产条件考验的菌株;③已经历多次育种处理的菌株。三者各有特点(表 6-5),一般选①或②类菌株,②类较佳,正突变(即产量或质量性状向目的方向改变)的可能性大。

出发菌株是通过育种能有效地提高目标产物产量的菌株,出发菌株合适,育种的效率就高。

表 6-5　诱变育种出发菌株的特点

来源	特性	染色体	生产性能	突变几率
野生型菌株	酶系完整	未损伤	差	正突变可能性大
生产菌株	性状稳定	未损伤	较好、适应性强	突变可能性大
多次育种处理菌株	酶系、生理功能缺损	较大损伤	饱和	正突变达高峰，负突变可能性大

合适的出发菌株应具有特定生产性状的能力或潜能：①以单倍体纯种为出发菌株，可排除异核体和异质体的影响；②采用具有优良性状的菌株，如生长速度快、营养要求低以及产生孢子早而多的菌株；③选择对诱变剂敏感的菌株。由于有些菌株在发生某一变异后会提高对其他诱变因素的敏感性，故可考虑选择已发生其他突变的菌株为出发菌株；④许多高产突变株往往要经过逐步累积的过程才变得明显，所以有必要多挑选一些已经过诱变且每次的效价有所提高的菌株为出发菌株（如抗生素生产菌），进行多步育种，确保获得高产菌株。

2）制备单孢子（或单细胞）悬液：诱变育种要求所处理的细胞必须是处于对数生长期，且达到同步生长的细胞。

单细胞悬液制备时首先是要求具有合适的细胞生理状态，它对诱变处理会产生很大的影响，如细菌在对数期诱变处理效果较好；霉菌或放线菌的分生孢子一般都选择处于休眠状态的孢子，所以培养时间的长短对孢子影响不大，但稍加萌发后的孢子则可提高诱变效率。其次是所处理的细胞必须是均匀而分散的单细胞悬液。分散状态的细胞既可均匀地接触诱变剂，又可避免长出不纯菌落。由于许多微生物的细胞内同时含有几个核，所以即使使用单细胞悬液处理，还是容易出现不纯的菌落。一般用于诱变育种的细胞应尽量选用单核细胞，如霉菌或放线菌的孢子或细菌芽胞。

3）诱变处理：在诱变过程中应选择简便有效、最适剂量的诱变剂。诱变剂主要有三大类，即物理诱变剂、化学诱变剂和生物诱变剂。目前常用的诱变剂主要有紫外线、硫酸二乙酯、*N*-甲基-*N*-硝基-*N*-亚硝基胍、甲基亚硝基脲等。相比而言，后两种诱变剂的诱变效果突出些。生物诱变剂则常采用一些噬菌体，如 Mu 噬菌体等。

一种理想的诱变剂应该是诱变率高、变异幅度大，同时又能促使变异移向正变范围。然而，对于不同微生物来说，其最适诱变剂各有不同，即使同一诱变剂对同种微生物，如在不同条件下处理，其效果也不一样。因此，最适诱变剂及诱变的条件需在实践中多次试验、反复摸索。近年来，诱变育种中常采用诱变剂复合处理，使它们产生协同效应，以取得更好的诱变效果。复合处理的方式可以灵活多变，可以是两种甚至多种诱变剂同时使用，也可以是两种或多种诱变剂先后使用。

4）突变株的筛选：从大量变异株中将少数优良突变株筛选出来，获得预定的表型，需要科学的筛选方案和筛选方法。在实际工作中，一般认为应采用把筛选过程分为初筛和复筛两个阶段的筛选方案为好。前者以量（选留菌株的数量）为主，后者以质（测定数据的精确度）为主。

（3）杂交育种：将两个性状不同的菌株通过自然接合的方式使遗传物质重新组合，再从中分离和筛选出具有新性状的菌株，这种育种技术称为杂交育种。真菌、放线菌和细菌均可进行杂交育种。由于杂交育种是选用已知性状的供体菌株和受体菌株作为亲本，把不同菌株的优良性状集中于重组体中，因而具有定向育种的性质，也已成为目前一种重要的育种手段。

以青霉菌的准性生殖为例，杂交育种的基本过程包括以下主要步骤：

1）选择杂交亲本：用以进行杂交的两个野生型菌株叫原始亲本，原始亲本经过诱变以后得到各种突变型菌株叫直接亲本。这些用于杂交的直接亲本通常要有一定的遗传标记以便于筛选。作为直接亲本的遗传标记有多种，如营养突变型、抗药突变型、形态突变型等，目前应用普遍的是营养缺陷型菌株。

2）异核体的形成：两个直接亲本的菌丝细胞通过接合融为一体，使得一条菌丝中含有两个遗传特性不同的细胞核，称之为异核体。异核体中的两个不同的细胞核共同生活在均一的细胞质里，能够互补营养，因此可在基本培养基上生长。

3）杂合二倍体的形成：异核体细胞的状态不够稳定，但有少数异核体的不同细胞核经过进一步融合，可形成较为稳定的杂合二倍体。杂合二倍体的孢子体积和DNA含量明显大于直接亲本。此外，还具有较高的酶活性、生长速度以及较强的糖分解能力。检出二倍体的方法有很多种，如用放大镜观察异核体菌落表面，如果发现有野生型颜色的斑点和扇面，即可用接种针将其孢子挑出，进行分离纯化，即得杂合二倍体。或者将大量异核体孢子分离于基本培养基平板上，从中长出野生型原养性菌落，将其挑出分离纯化，也可得杂合二倍体。

4）分离子的检出：杂合二倍体一般是稳定的，但也有极少数杂合二倍体的细胞核在繁殖过程中偶然发生染色体交换和单倍体化，产生很多类型的单倍体分离子。可以用选择性培养基筛选分离子，也可以将杂合双倍体单孢子分离于完全培养基平板上，培养至菌落成熟，检查大量双倍体菌落，在一些菌落上有突变颜色的斑点或扇面出现，从每个菌落接出一个斑点或扇面的孢子于完全培养基斜面上，培养后经过纯化和鉴别即得分离子。

（4）原生质体融合育种：原生质体融合实际上也是一种杂交育种技术，由于它首先通过一定方法去除亲本菌株的细胞壁以形成原生质体，然后再人为地将两个亲本的原生质体融合在一起。因此，相对于传统的杂交技术而言，原生质体融合的育种技术在一定程度上可突破种属的限制，将不同种的细胞融合在一起，甚至能使不同属、不同科等亲缘关系更远的亲本细胞融合在一起，以期得到生产性状更为优良的新物种。

该育种技术的主要步骤包括选择亲株、原生质体的制备、原生质体融合、原生质体再生及筛选优良性状的融合子等，如图6-3所示。

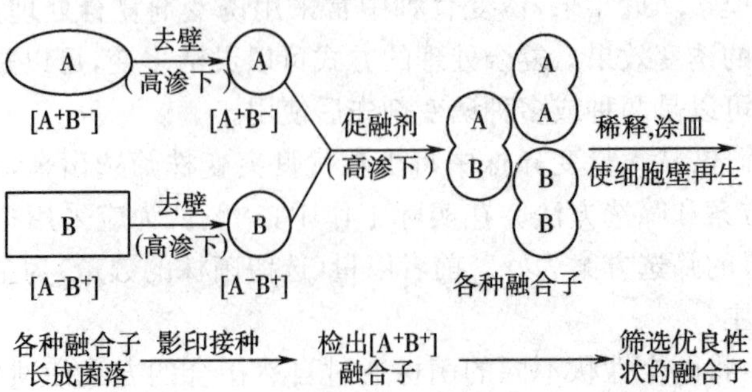

图6-3　原生质体融合的原理及操作步骤

(5)基因工程育种:基因工程育种又称遗传工程,是指人们利用分子生物学的理论和技术,自行设计、操纵、改造和重建细胞的遗传物质,从而使生物体的遗传性状发生定向变异的一种育种技术。基因工程技术的核心是DNA体外重组,该技术可达到超远缘杂交,是一种高效、前景广阔的定向育种技术。

基因工程育种的基本流程见图6-4。

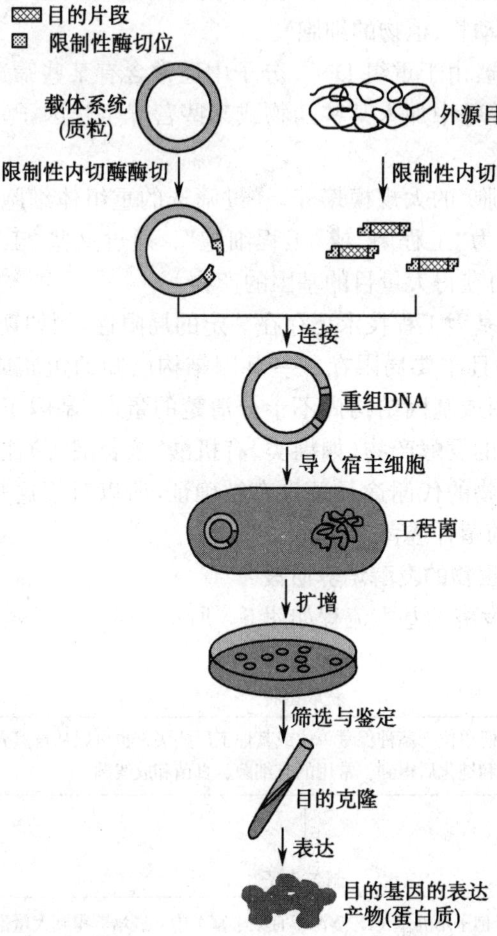

图6-4 基因工程操作的基本流程

1)目的基因的制备:目的基因通常有三种来源:①从适当的供体细胞(如微生物、动物或植物)中提取;②由目的基因的mRNA经反转录酶催化合成互补DNA(cDNA);③由化学方法合成有特定功能的目的基因。

2)载体系统的选择:载体DNA通常为细菌的质粒或噬菌体的核酸。一种优良的载体必须具备以下几个条件:①能够在受体细胞内自主地大量复制,从而表达更多的基因产物;②只含有一个特定的限制性内切酶的位点,使目的基因能定点整合在载体DNA的特定位置;③含有一种或几种选择性遗传标记,如抗药性或营养缺陷型,以便将极少数"工程菌"筛选出来。

3)目的基因与载体DNA的体外重组:采用特定的限制性内切酶处理,将目的基因片段与载体的 DNA 进行切割，使其产生相同的黏性末端。将两者混合，通过黏性末端的互补配对作用，目的基因就能与载体 DNA 拼接在一起，再经连接酶将裂口“缝合”，最终可形成一个完整的重组 DNA 分子。

4）重组载体导入受体细胞：为了使目的基因得以扩增和表达，体外重组的 DNA 分子必须通过一定的方式导入受体细胞。导入的方式通常是转化，也可以是转染或感染。导入的受体细胞可以是原核细胞（如大肠埃希菌、枯草杆菌等），也可以真核生物细胞（如酿酒酵母以及一些高等动物、植物的细胞）。

5）重组受体细胞的筛选：由于重组 DNA 分子中通常含有某些筛选标记（如抗药性或营养缺陷型），因此在培养基中加入某些药物或某些营养生长因子，就可以将转化成功的重组受体细胞筛选出来。

6）“工程菌”或“工程细胞”的大规模培养：经过筛选的重组体细胞具有稳定表达目的基因产物的遗传性状，称为“工程菌”或“工程细胞”。通过这些“工程菌”或“工程细胞”的大规模发酵培养，便可获得大量目的基因的产物。

需要指出的是，目前的基因工程技术还存在一定的局限性，例如现有的基因工程产物基本上是一些蛋白质，并且主要局限在一些基因结构已知的短肽或小分子蛋白质。对于一些分子量较大的蛋白或基因结构尚不十分清楚的蛋白，基因工程生产的难度较大。此外，一些蛋白质以外的发酵产物（如糖类、有机酸、核苷酸等）往往受到多个基因的控制，尤其是许多发酵产物的代谢途径还没有被确证，所以对于这些产物，基因工程还没有办法完全取代传统的菌种选育方法。

（二）中游技术——微生物的发酵培养阶段

1. 基本流程　微生物发酵的基本流程如图 6-5 所示。

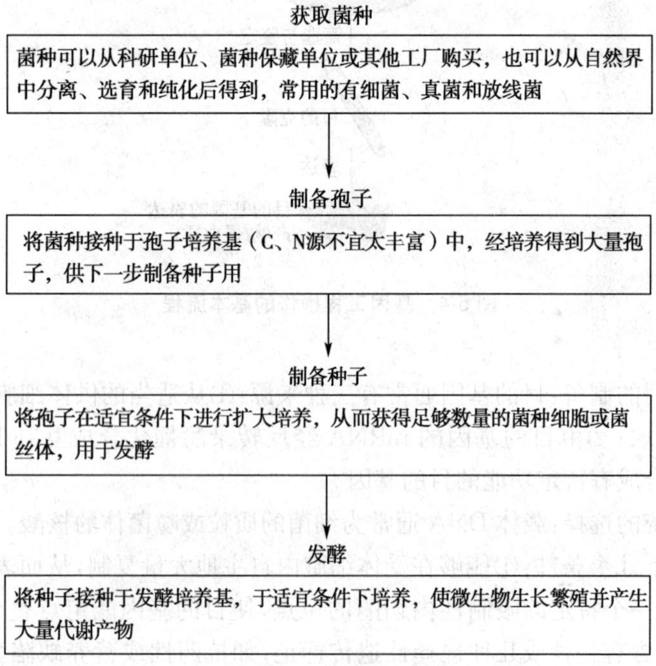

图 6-5　微生物发酵基本流程示意图

2. 微生物发酵培养的方法　现代发酵工业上常用的培养方法有分批发酵法、连续发酵法、补料分批发酵法以及固定化细胞发酵法等，各种方法及其比较详见表 6-6。

表 6-6　常见的发酵培养方法

发酵方法	基本方法	方法评价
分批发酵法	将所有底物一次装入发酵罐内，在适宜条件下接种微生物菌种进行反应，经过一定时间后将全部反应系统再一次取出的方法	①环境条件不稳定，随着微生物的生长繁殖时刻变化着。因此分批发酵法适合少量多品种的发酵生产 ②一旦发生杂菌污染，易控制，损失少 ③使用的种子处于对数生长期，培养基新鲜，几乎没有迟缓期，微生物生长旺盛，缩短了发酵周期
连续发酵法	是在反应开始后，一方面把底物连续供给到发酵罐中，另一方面又把反应液连续不断地取出，使反应条件处于相对稳定的状态，不随时间而变化	①发酵设备体积可以缩小，使设备趋于更加合理化 ②作业时间易控制，生产过程容易管理 ③产物生成稳定 ④由于系统化生产，可以节约人力、物力，降低生产成本
补料分批发酵法	间歇或连续地补加少量新鲜培养基，使发酵系统中维持较低的底物浓度	①可以解除快速利用碳源的阻遏作用，并维持适当的菌体浓度，不增加供氧矛盾 ②可以避免培养基内积累有毒代谢产物
固定化细胞发酵法	采用物理或化学的方法将微生物细胞与固体的载体物结合在一起，使其既不溶于水，又能保持微生物细胞活性的特点	优点是由于微生物细胞被固定在固相载体上，使得它们可以反复使用，也可长期储存

3. 发酵工艺控制　微生物发酵生产的水平最基本的是取决于生产菌种的性能，而优良菌种还需要有最佳的环境条件即发酵工艺加以配合，使其处于最佳的产物合成状态，才能取得优质高产的效果。

（1）无菌操作：发酵过程中发生杂菌污染影响产品生成量，因此，在移种、取样等过程中应进行严格的无菌操作。

（2）营养物质：发酵中微生物所需要的营养必须充足。因此，应定时抽取发酵液对其营养物质进行监测，及时添加或调整各种营养物质，确保微生物细胞的快速生长及代谢活动。

（3）溶解氧：氧气的供给往往是需氧深层发酵能否成功的重要限制因素。氧在培养基中的溶解度极低，即使培养基是被空气饱和的，其中溶解氧依然很少。生产中大多是往发酵罐内通入无菌空气并加以搅拌，来维持溶解氧水平。

（4）通气和搅拌：通气的目的是为微生物细胞提供所需要的氧。搅拌除有利于增加培养基中溶解氧的浓度、提高通气效果外，还有利于热交换，使培养液的温度一致；有利于营养物质和代谢物的分散均匀。

（5）温度：发酵过程中的温度可影响微生物的生长、产物的形成、发酵液的物理性质、生物合成的方向等，而最适发酵温度又因菌种、培养基成分和浓度、菌体生长阶段、培养条件的不同有所差异。在抗生素发酵中，选择最适发酵温度主要从两个方面考虑，即微生物生长的最适温度和代谢产物合成的最适温度，因为这两个阶段所需温度往往不同，如青霉素产生菌生长的最适温度为 30℃，而产生青霉素的最适温度是 24.7℃。因此，实践中应结合考虑具体情况进行最适温度的选择控制。

(6)酸碱度：各种微生物都有自己生长与生物合成的最适酸碱度，有些生长繁殖阶段与产物形成阶段所需的最适 pH 是不一致的。如链霉菌生长最适 pH 为 6.3～6.9，而链霉素形成的最适 pH 为 6.7～7.3。发酵过程中培养基的酸碱度会随多种因素的影响而发生变化，因此在发酵过程中应定时测定，并以生理酸性物质(如硫酸铵等)或生理碱性物质(如氨水等)调节 pH，以适应微生物生长和产物合成的需要。

(7)泡沫：通气、搅拌、微生物代谢等多方面因素均可造成泡沫的形成，这是发酵中的正常现象，但过多的泡沫会影响生产，如会占据空间而使发酵液减少、会增加杂菌污染机会、影响微生物的呼吸而使其代谢异常等。生产中常通过机械的强烈振动或加入消沫剂来除去泡沫。

(8)杂菌污染：非发酵用微生物进入发酵系统会影响发酵的正常进行。因此在发酵的进程中，要及时发现和消除杂菌污染。监测方法是在发酵的各个阶段定期从取液孔取出一定量的发酵液进行检查，发现污染及时采取相应的处理措施。

(9)发酵终点的判断：发酵过程中通过定期取样，测定产物的含量、发酵液的酸碱度、含糖量和含氮量、菌体量及菌体形态的观察等，判断合适的放罐时机。一般放罐应在产物产量的高峰期，过早或过迟都会影响产物的产量。

(三) 下游技术——发酵产物的分离、提取、纯化、加工

发酵液组成非常复杂，其中微生物细胞碎片、杂蛋白质、无机离子、代谢产物等杂质含量很高，发酵目的产物所占比例极少，大多低于 10%，各种抗生素的浓度不足 1%。提取阶段的主要任务就是采取适宜的方法技术，从发酵液中分离得到符合要求的发酵产品。

由于发酵生产的目的产物不同，如有的需要菌体、有的需要初级代谢产物、有的需要次级代谢产物，因而对产品质量的要求也有所差异，所以获取产品的方法技术不尽相同，但通常按生产过程的顺序将提取阶段分为以下环节，即发酵液的预处理、提取、精制、产品加工、成品检测与包装等，具体流程见图 6-6。

1. 发酵液的预处理　无论发酵产物是在发酵液中还是在微生物细胞内，因发酵液体积大，且杂质含量高，首先都必须进行发酵液的预处理，其目的有三个：①将发酵液的固相与液相分开；②尽可能地使发酵目的产物转入以后要处理的液相中；③去除发酵液中的大部分杂质。

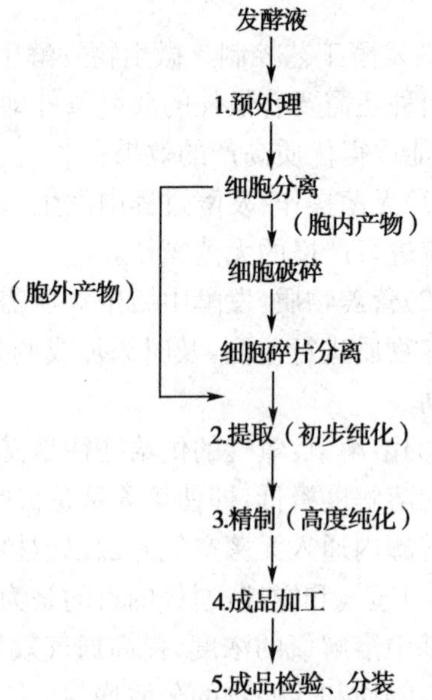

图 6-6　微生物发酵提取阶段操作流程示意图

发酵液预处理过程包含以下基本内容：

(1)菌体分离:离心和过滤的目的是将发酵液中的菌体从液相中分离出来。常用的分离方法是采用离心分离和过滤。对于发酵液中的细菌和酵母菌一般采用高速离心法进行分离。对于细胞体积较大的丝状菌包括霉菌和放线菌的分离则采用过滤方法进行分离。

(2)破碎细胞与细胞碎片的分离:其目的是得到目标产物。细胞破碎常用高压匀浆法和研磨法等。细胞碎片的分离方法常采用离心分离法。

(3)去除蛋白质:目的是去除发酵产品以外的可溶性蛋白质。常用方法有等电点法或加热法。

(4)调整发酵液的酸碱度和温度:其目的为一方面通过调整发酵液的酸碱度和温度,尽可能地使发酵产物转入便于以后处理的相中(多数是液相)。另一方面尽量避免因温度及酸碱度过高或过低引起发酵产物的破坏或损失,保证发酵产物的质量。

(5)除去金属离子、热原质等有机杂质:发酵液中存在重金属离子、色素、热原质和毒性物质,直接影响发酵产物的质量和收获率,也影响发酵产物的提取和精制,一定要予以去除。

2. 发酵产物的提取(初步纯化) 发酵产物的提取方法很多,归纳起来主要有以下几种(表 6-7)。

表 6-7 发酵产物提取的常用方法

提取方法	基本原理	方法评价	用途
沉淀法	利用等电点或能与酸、碱、金属盐类形成不溶性或溶解度极小的复盐形式而将发酵产物从发酵液中析出	优点:是一种简便、经济的提取方法 缺点:分离过滤困难,产品质量低,需要进一步加工精制	广泛应用于氨基酸、酶制剂、抗生素等发酵产物的提取
离子交换法	应用离子交换树脂将发酵液中的产物选择性地结合到离子交换树脂上,然后再用合适的洗脱剂将发酵产物从离子交换树脂上洗脱下来,达到分离、提纯的目的	具有设备简单、操作方便、易于自动化等优点	已成为发酵工业上常用的提取方法之一

3. 发酵产物的精制(高度纯化) 在生产实践中,通常采用层析法来分离和精制浓度比较低的目标产物。常用的层析技术有吸附层析法、离子交换层析法、凝胶过滤层析法和亲和层析法等,详见表 6-8。

表 6-8 发酵产物的常用纯化方法

方法名称	原理	特点	缺点
吸附层析法	依靠范德华力、极性氢键等作用将分离物吸附于吸附剂上,然后改变条件洗脱,达到纯化目的	吸附剂种类多,可选择范围大;吸附和解吸条件温和	选择性低,柱式操作放大困难

续表

方法名称	原理	特点	缺点
离子交换层析法	利用被分离的各组分的电荷性质及数量的差异、与离子交换剂的吸附和交换能力不同，而达到分离的目的	纯化效率较高，可用于实验室和工业生产	操作较复杂，成本高，有稀释作用
凝胶过滤层析法	依据纯化对象的分子大小不同，以不同孔径大小的凝胶过滤达到分离目的	适合生物大分子的分离纯化，条件温和，选择性和分辨率高	放大较困难，操作不易掌握
亲和层析法	根据目的物与专性配基的相互作用进行分离	选择性极高，纯化倍数和效率高，可从较复杂的混合物中直接分离目的产物	配基亲和稳定性差，使用寿命有限；亲和材料制备复杂，放大困难

目的产物的提纯、精制方法除上述外，还有蒸馏分离（对液体混合物分离或从溶液中回收某些溶剂的方法）、膜分离法（物质透过或被截留于膜的“筛分离”方法）等方法。实际工作中，常需根据目标产物的特性来选用不同的适宜方法，并需要进行多次分离、提纯，最终达到精制目的。

4. 成品加工　根据产品应用要求，利用浓缩、结晶、干燥等技术对已纯化的产物作最后加工处理，以获得符合质量要求的产品。浓缩的目的是将低浓度的溶液除去一定量的溶剂变成高浓度的溶液；结晶可使溶质从溶液中析出呈晶体状态；干燥的目的是除去发酵产品中的水分。常用的浓缩、结晶、干燥方法见表 6-9～6-11。

表 6-9　常用的浓缩方法

浓缩方法	基本原理	特点
蒸发浓缩	将溶液加热沸腾，使溶剂汽化而除去，变成高浓度的溶液	适用于由不挥发性溶质和挥发性液体溶剂所组成的溶液；对热敏感的发酵产品不能使用加热蒸发浓缩，以免影响发酵产品的质量
冷冻浓缩	冷冻时，水结成冰，发酵产品不进入冰内而留在液相中，以达到分离的目的	溶剂和溶质溶解点的不同达到溶质和溶剂分离的目的
吸收浓缩	利用吸收剂直接吸收除去溶液中的溶剂分子，达到溶液浓缩的目的	吸收剂去除溶剂后仍可重复使用

表 6-10　常用的结晶方法

结晶方法	基本原理	特点
热饱和溶液冷却法	将热饱和溶液缓慢冷却并控制温度，使溶质从溶液中逐渐析出并形成结晶的方法	适用于溶解度随温度的降低而显著减小的发酵产物的结晶

续表

结晶方法	基本原理	特点
溶媒蒸发法	采用蒸发法将溶液中的溶剂蒸发出去，使溶液中溶质析出形成结晶	适用于溶解度随着温度变化不显著的发酵产物的结晶
盐析法	是在溶液中添加一种盐类形成过饱和溶液使溶质析出形成结晶的方法	适用于多种发酵产物的结晶
添加有机溶剂结晶法	是在溶液中添加一种有机溶剂使溶质在溶液中的溶解度变小而析出形成结晶的方法	适用于溶解度可随溶剂变化的发酵产物的结晶

表 6-11　常用的干燥方法

干燥方法	基本原理
对流加热干燥法	对流加热干燥法是利用对流传热的方式向湿的物品供热，使物品中的水分汽化，形成水蒸气被热空气带走而使产品干燥的方法
接触加热干燥法	采用某种加热方式直接与物品接触，将热量传给物品，使物品中的水分汽化而达到干燥的目的
冷冻升华干燥法	该方法是先将物品冷冻，使水分结冰，然后在真空条件下使水分直接升华为水蒸气而除去

加工完成后的产品应进行有关产品的纯度、稳定性和活性等方面的检测，以确保产品的质量。通常需从理化性质和生物学特性两个方面进行检验，见表 6-12。

表 6-12　常见的成品检验项目和内容

检验项目	检测内容	检测目的
物理化学性质鉴定	①蛋白质分子量和纯度分析	分析蛋白质分子量和纯度
	②氨基酸成分分析	分析氨基酸成分和数目
	③氨基酸序列分析	分析氨基末端序列
	④多肽图谱分析	天然产品或参考品进行精密比较
	⑤DNA 测定	测定来源于宿主细胞的残余 DNA 含量
生物学特性鉴定	①鉴别试验	确定发酵产物与天然产品的一致性
	②效价测定	测定制品的生物学活性
	③抗原性物质检测	测定终制品中可能存在的抗原性物质
	④热原质检测	测定热原质
	⑤无菌试验	证实最终制品不含外源病毒和细菌等微生物

发酵产物经过上述分离、提取和精制的各个过程，经检验达到规定的纯度、含量等标准，然后进行分装。根据不同的发酵产物的性质、特点，采用不同的容器将产品分装成便于储藏和运输的形式。

四、微生物发酵的异常及其处理

（一）种子异常及其处理

种子培养异常表现为培养的种子质量不合格。种子质量差会给发酵带来较大的影响，然而种子的内在质量常被忽视，由于种子培养的周期短，可供分析的数据较少，因此种子异常的原因一般较难确定，也使得由种子质量引起的发酵异常原因不易查清。种子培养异常的表现主要有菌体生长缓慢、菌丝结团、菌体老化以及培养液的理化参数变化。

1. 菌体生长缓慢　种子培养过程中菌体数量增长缓慢的原因很多。培养基原料质量下降、菌体老化、灭菌操作失误、供氧不足、培养温度偏高或偏低、酸碱度调节不当等都会引起生长缓慢。此外，接种物冷藏时间长或接种量过低而导致菌体量少，或接种物本身质量差等也都会使菌体数量增长缓慢。

2. 菌丝结团　在培养过程中有些丝状菌容易产生菌丝团，菌体仅在表面生长，菌丝向四周伸展，而菌丝团的中央结实，使内部菌丝的营养吸收和呼吸受到很大影响，从而不能正常地生长。菌丝结团的原因很多，诸如通气不良或停止搅拌导致溶解氧浓度不足；原料质量差或灭菌效果差导致培养基质量下降；接种的孢子或菌丝保藏时间长而菌落数少，泡沫多；罐内装料少、菌丝黏壁等会导致培养液的菌丝浓度比较低；此外接种物种龄短等也会导致菌体生长缓慢，造成菌丝结团。

3. 代谢不正常　微生物代谢不正常表现在发酵液糖、氨基氮等变化不正常，菌体浓度和代谢产物不正常。造成代谢不正常的原因很复杂，除与接种物质量和培养基质量差有关外，还与培养环境条件差、接种量小、杂菌污染等有关。

（二）发酵过程异常及其处理

1. 发酵异常　虽然不同种类的发酵过程所发生的发酵异常现象形式不尽相同，但均表现出菌体生长速度缓慢、菌体代谢异常或过早老化、耗糖慢、pH 的异常变化、发酵过程中泡沫异常增多、发酵液颜色的异常变化、代谢产物含量的异常下降、发酵周期的异常拖长、发酵液的黏度异常增加等。

(1)菌体生长差：由于种子质量差或种子低温放置时间长导致菌体数量较少、停滞期延长、发酵液内菌体数量增长缓慢、外形不整齐等。种子质量不好、菌种的发酵性能差、环境条件差、培养基质量不好、接种量太少等均会引起糖、氮的消耗少或间歇停滞，进而出现糖、氮代谢缓慢的现象。

(2)pH 异常：发酵过程中由于培养基原料质量差、灭菌效果差、加糖、加油过多或过于集中，都将会引起 pH 的异常变化。而 pH 变化是所有代谢反应的综合反映，pH 的异常变化就意味着发酵的异常。

(3)溶解氧水平异常：根据发酵过程出现的异常现象如溶解氧、pH、排气中的 CO_2 含量以及微生物菌体酶活力等的异常变化来检查发酵是否染菌。对于特定的发酵过程要求一定的溶解氧水平，而且在不同的发酵阶段其溶解氧的水平也是不同的。如果发酵过程中的溶解氧水平发生了异常的变化，一般就是发酵染菌发生的表现。

在正常的发酵过程中，发酵初期菌体处于适应期，耗氧量很少，溶解氧基本不变；当菌体进入对数生长期，耗氧量增加，溶解氧浓度很快下降，并且维持在一定的水平；到了发酵后期，菌体衰老，耗氧量减少，溶解氧又再度上升。当感染噬菌体后，生产菌的呼吸作用受抑制，溶解氧浓度很快上升。溶解氧的变化是发酵过程感染噬菌体的灵敏指标。

(4)泡沫过多：一般在发酵过程中泡沫的消长有一定的规律。但由于菌体生长差、代谢速度慢、接种物嫩或种子未及时移种而过老、蛋白质类胶体物质多等都会使发酵液在不断通气、搅拌下产生大量的泡沫。此外，培养基灭菌时温度过高或时间过长也会使泡沫大量产生。

(5)菌体浓度过高或过低：在发酵生产过程中菌体或菌丝浓度的变化是按其固有的规律进行的。但是如罐温长时间偏高，或停止搅拌时间较长造成溶氧不足，或培养基灭菌不当导致营养条件较差、种子质量差、菌体或菌丝自溶等均会严重影响培养物的生长，导致发酵液中菌体浓度偏离原有规律，出现异常现象。

2. 发酵异常的处理　发酵过程大多为纯种培养过程，需要在无杂菌污染的条件下进行。发酵生产的环节比较多，尤其是好氧性发酵生产，既要连续搅拌和供给无菌空气，又要排放多余空气、多次添加消泡剂、补充培养基、定时取样分析及不断改变空气量等，这些操作都给防治发酵生产染菌带来了很大的困难。所谓发酵染菌是指在发酵过程，生产菌以外的其他微生物侵入了发酵系统，使发酵过程失去真正意义上的纯种培养的现象。

为防止染菌，人们采取了一系列措施，如改进生产工艺，对发酵罐、管道和其他附属设备、培养基及空气等进行严格灭菌。除了对水、无菌空气严格按无菌要求供应外，还要健全生产技术管理制度，降低生产过程的染菌率。但是至今仍无法完全避免染菌对发酵的严重威胁，轻者影响了产品的收率和产品质量，重者会导致“倒罐”，造成严重的经济损失。据报道，国外抗生素发酵染菌率为 2%～5%，国内的青霉素发酵染菌率为 2%，链霉素、红霉素和四环素发酵染菌率为 5%，谷氨酸发酵噬菌体感染率为 1%～2%。染菌将严重影响发酵产率、提取率、得率、产品质量和三废治理等。

从国内外目前的报道来看，在现有的科学技术条件下要做到发酵完全不染菌是不可能的。但目前可做到的是进一步提高生产技术水平，强化生产过程管理，尽可能防止发酵染菌的发生。一旦发生染菌，应尽快找出污染的原因，并采取相应的有效措施，把发酵染菌造成的损失降低到最小。

（三）染菌及其处理

1. 种子带菌及其防治　种子带菌的原因可能主要有保藏的斜面试管菌种染菌、培养基和器具灭菌不彻底、种子转移和接种过程染菌以及种子培养所涉及的设备和装置染菌等。由于种子带菌而发生的染菌率虽然不高，但应引起重视。发酵生产上常采取以下的措施予以防治。

严格控制无菌室的污染，根据生产工艺的要求和特点，建立相应的无菌室，交替使用各种灭菌手段对无菌室进行处理。除常用的紫外线杀菌外，如发现无菌室已污染较多的细菌，可采用苯酚或土霉素等进行灭菌；如发现无菌室有较多的真菌，则可采用制霉菌素等进行灭菌；如果污染噬菌体，通常用甲醛、过氧化氢（双氧水）或高锰酸钾等灭菌剂进行处理。

在制备种子时对沙土管、斜面、三角瓶及摇瓶均严格进行管理，防止杂菌的进入而受到污染。为了防止染菌，种子保存管的棉花塞应有一定的紧密度，且有一定的长度，保存温度尽量保持相对稳定，不宜有太大变化。

对每一级种子的培养物均应进行严格的无菌检查，确保任何一级种子均未受杂菌感染后才能使用。

对菌种培养基或器具进行严格的灭菌处理，保证在利用灭菌锅进行灭菌前先完全排出锅内的空气，以免造成假压，使灭菌的温度达不到预定值，造成灭菌不彻底而使种子染菌。

2. 空气带菌及其防治 无菌空气带菌是发酵染菌的主要原因之一。要杜绝无菌空气带菌，就必须从空气的净化工艺和设备的设计、过滤介质的选用和装填、过滤介质的管理和灭菌等方面完善空气净化系统。为此，要加强生产环境的卫生管理，减少生产环境中空气的含菌量，正确选择采气口，如提高采气口的位置或前置粗过滤器，加强空气压缩前的预处理，提高空压机进口空气的洁净度。

设计合理的空气预处理工艺，尽可能减少生产环境中空气带油、水量，提高进入过滤器的空气温度，降低空气的相对湿度，保持过滤介质的干燥状态。设计和安装合理的空气过滤器，选用除菌效率高的过滤介质。当突然停止进空气时，要防止发酵液倒流入空气过滤器，在操作过程中要防止空气压力的剧变和流速的急增。

3. 操作失误导致染菌及其防治 一般来说，稀薄的培养基比较容易灭菌彻底，而较稠的淀粉质原料在升温过快或混合不均匀时容易结块，蒸汽不易进入团块中心杀死杂菌，使团块中心部位“夹生”带菌，在发酵过程中这些团块会散开，从而造成染菌。同样由于培养基中诸如麸皮、黄豆饼一类的固形物含量较多，也容易染菌。通常对于淀粉质培养基的灭菌采用实罐灭菌较好，对于麸皮、黄豆饼一类的固形物含量较多的培养基采用罐外预先配料，再转至发酵罐内进行实罐灭菌较为有效。

灭菌时由于操作不当，罐内的空气排出不尽，造成罐内温度与压力表指示的不对应，培养基的温度以及罐顶局部空间的温度达不到灭菌的要求，导致灭菌不彻底而染菌。因此，在灭菌升温时，要打开排气阀门，排完罐内冷空气，可以避免此类染菌。

培养基在灭菌过程中很容易产生泡沫，发泡严重时泡沫可上升至罐顶甚至逃逸，以致泡沫顶罐，杂菌很容易藏在泡沫中而染菌。因此，要严防泡沫升顶，尽可能添加消泡剂防止泡沫的大量产生。

在连续灭菌过程中，培养基灭菌的温度及其停留时间必须符合灭菌的要求，尤其是在灭菌结束前的最后一部分培养基也要善始善终，以确保灭菌彻底。避免蒸汽压力的波动过大，应严格控制灭菌的温度，过程最好采用自动控温。

4. 设备渗漏或“死角”造成的染菌及其防治 设备渗漏染菌主要是指发酵罐、补糖罐、冷却盘管、管道阀门等部位，由于化学腐蚀、电化学腐蚀、磨蚀、加工制作不良等原因形成微小漏孔后发生渗漏而染菌。

由于操作、设备结构、安装及其他人为因素造成的屏障等原因，使蒸汽不能有效到达预定的灭菌部位，达不到彻底灭菌的目的。生产上常把这些不能彻底灭菌的设备部位称为“死角”。盘管是发酵过程中用于通冷却水或蒸汽进行冷却或加热的蛇形金属管，是最易发生渗漏的部件之一。针对由于设备渗漏或“死角”会造成染菌，生产上可采取仔细清洗，检查渗漏，及时发现及时处理，杜绝污染。

5. 噬菌体污染及其防治 利用细菌或放线菌进行发酵生产容易受噬菌体的污染。噬菌体的感染力很强，传播迅速，较难防治，对发酵生产威胁很大。噬菌体较小，可以通过环境污染、设备的渗漏或“死角”、空气系统、培养基灭菌、补料及操作等过程环节进入发酵系统。

环境污染噬菌体是造成噬菌体感染的主要根源。至今最有效的防治噬菌体染菌的方法是净化环境为中心的综合防治法，主要有净化生产环境、消灭污染源、改进提高空气的净化度、保证纯种培养、做到种子本身不带噬菌体、轮换使用不同类型的菌种、使用抗噬菌体的菌种、改进设备装置、消灭"死角"、药物防治等措施。

噬菌体的防治是一项系统工程，在整个发酵过程中必须分段检查把关，才可能做到根治噬菌体。具体方法是严格活菌体排放，切断噬菌体的"根源"；做好环境卫生，消灭噬菌体与杂菌；严防噬菌体与杂菌进入种子罐或发酵罐内；抑制罐内噬菌体的生长。

6. 杂菌污染的挽救与处理　发酵过程一旦发生染菌，应根据污染微生物的种类、染菌的时间或杂菌的危害程度等进行挽救处理，同时对有关设备也进行相应的处理。

(1)种子培养期染菌的处理：一旦发现种子受到杂菌的污染，该种子不能再接入发酵罐中进行发酵，应经灭菌后弃之，并对种子罐、管道等进行彻底灭菌。同时采用备用种子，选择生长正常无染菌的种子接入发酵罐，继续进行发酵生产。如无备用种子，则可选择一个适当菌龄的发酵罐内的发酵液作为种子，进行"倒种"处理，接入新鲜的培养基中进行发酵，从而保证发酵生产的正常进行。

(2)发酵前期染菌的处理：当发酵前期发生染菌后，如培养基中的碳、氮源含量还比较高时，终止发酵，将培养基加热至规定温度，重新进行灭菌处理后，再接入种子进行发酵；如果此时染菌已造成较大的危害，培养基中的碳、氮源的消耗量已比较多，则可放掉部分料液，补充新鲜的培养基，重新进行灭菌处理后，再接种进行发酵。也可采取降温培养、调节 pH、调整补料量、补加培养基等措施进行处理。

(3)发酵中、后期染菌处理：发酵中、后期染菌或发酵前期轻微染菌而发现较晚时，可以加入适当的杀菌剂或抗生素以及正常的发酵液，以抑制杂菌的生长，也可采取降低培养温度、降低通风量、停止搅拌、少量补糖等其他措施进行处理。如果发酵过程的产物代谢已达一定水平，此时产品的含量若达一定值，只要明确是染菌也可放罐。对于没有提取价值的发酵液，废弃前应加热至 120℃以上保持 30 分钟后才能排放。

(4)染菌后对设备的处理：染菌后的发酵罐在重新使用前，必须在放罐后进行彻底清洗，空罐加热至 120℃以上 30 分钟灭菌后才能使用。也可用甲醛熏蒸或甲醛溶液浸泡 12 小时以上等方法进行处理。

五、微生物发酵的发展趋势

随着生物技术的发展，发酵工程的应用领域在不断扩大，发酵原料的更换也使发酵工程发生重大变革。进入 21 世纪以来，由于木质纤维素原料的大量应用，发酵工程将大规模生产通用化学品及能源物质，可见发酵工程对人类越来越重要了。纵观技术进步和学科的发展，发酵工程未来的发展趋向可能主要在以下几方面。

(一) 基因工程的发展

基因工程的发展为发酵工程带来新的活力。以基因工程菌为龙头，对传统发酵工业进行改造，提高发酵单位；或建立新型的发酵产业，如基因工程及细胞杂交技术在微生物育种上的应用，将使发酵用菌种达到前所未有的水平。

(二) 新型发酵设备的研制

新型发酵设备的研制为发酵工程提供了先进的工具。新型发酵设备主要指发酵罐，又称生物反应器。如固定化反应器是利用细胞或酶的固定化技术来生产发酵产品，提高了产率。日本东京大学利用 *Methylosium trichosporium* 细菌，以甲烷做基质，采用生物反应器细胞固定化技术连续生产甲醇，产量大大提高。

（三）大型化、连续化、自动化控制技术的应用

大型化、连续化、自动化控制技术的应用为发酵工程的发展拓展了新空间。现代生物技术的成功与发展最重要的是取决于高效率、低能耗的生物反应过程，生物反应器大型化为世界各发达国家所重视，未来的发酵工厂将是规模庞大的现代化企业。

（四）代谢机制与调控研究

使微生物的发酵功能得到进一步开发和利用。

（五）生态型发酵工业的兴起

生态型发酵工业的兴起开拓了发酵的新领域。随着现代发酵工业的发展，越来越多过去靠化学合成的产品，现在已部分或全部借助发酵方法来生产。发酵法正在逐渐代替化学工业的某些方面，如化妆品、添加剂、饲料的生产。微生物酶催化生物合成和化学合成相结合，使发酵产物通过化学修饰及结构改造，为生产更多精细化工产品开拓了一个全新的领域。

（六）发酵工程在再生资源利用方面

发酵工程在再生资源利用方面给人们带来了新的希望。随着工业的发展，人口增长和国民生活的改善，废弃物日益增多，环境污染日益严重。因此，对各类废弃物的治理和转化，变害为益，实现无害化、资源化和产业化具有重要意义。发酵技术的应用达到此目标是完全可能的。近来，国外重视研究纤维废料作为发酵工业的大宗原料。随着对纤维素水解的研究，用取之不尽的纤维素资源代粮发酵生产各种产品和能源物质将具有重要的现实意义。

点滴积累

1. 发酵是指通过微生物的生长繁殖和代谢活动，使环境中的有机物发生分解并转化为其他物质的生物反应过程。

2. 由于微生物的种类不同、发酵设备不同、培养方式的差异，微生物发酵有不同的类型，如好氧发酵、厌氧发酵和兼性发酵等。根据工艺流程的不同，可分为分批发酵、补料分批发酵和连续发酵等方式。

3. 发酵技术可分为上游技术、中游技术和下游技术三个阶段。上游技术主要是发酵菌种的选育；中游技术主要是针对微生物的培养，影响因素多；下游技术是微生物发酵产物的分离、提取、纯化，以及产品的加工、检测过程。每一技术都涉及很多方面，只有密切配合，每一步都处于优化状态，才有可能获得理想的结果。

第三节 微生物药物

由于微生物本身的特点和代谢产物的多样性，利用微生物生产人类战胜疾病所需的医药制品即是微生物药物，现已受到广泛重视。当今人类的健康安全正面临着空前的威胁，不仅许多给人类造成巨大灾难的疾病在卷土重来，如肺结核、霍乱等，而且很多不明原因、尚无有效控制办法的疾病正不断出现，如艾滋病、疯牛病、埃博拉病毒病、非典型肺炎（即严重急性呼吸系统综合征）、禽流感等。然而这些疾病的传染控制与治疗，将在很大程度上需要应用已有的和正在发展的微生物学理论与技术，并依赖于新的微生物医药资源的开发与利用。

微生物在制药工业中应用广泛，医药工业生产的药物很多是利用微生物生产的，如抗生素、维生素、氨基酸、酶及酶抑制剂以及微生态制剂等都是利用微生物发酵制成的。目前基因工程技术迅速发展，利用“工程菌”作为制药工业的发酵产生菌可生产出更多低成本、高质量的药物，使得微生物在制药工业中的应用前景更加广阔。

一、微生态制剂

课 堂 互 动

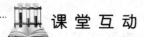

同学们大多吃过酸奶、面包，或喝过啤酒，请结合生活实际，举出三种微生态产品。

微生态制剂（probiotics）也叫活菌制剂，是指应用微生态学的原理，利用对宿主有益无害的益生菌或益生菌的促生长物质，经特殊工艺制成的制剂。微生态制剂可以调整生态失调（microdysbiosis），保持微生态平衡（microeubiosis），提高宿主（人、动植物）健康水平或增进宿主的健康状态。目前，微生态制剂已经广泛地应用于医药保健、食品、饲料、农业等领域。

微生态制剂有其他药物不可替代的优点：微生态制剂可以“患病治病，未病防病，无病保健”；患者可服用治病，健康人也可以服用，以提高健康水平；腹泻患者可服用，便秘患者也可服用。

（一）微生态制剂的类型

目前国际上已将微生态制剂分成三种类型，即益生菌（probiotics）、益生元（prebiotics）和合生素（synbiotics）。

目前用于微生态制剂的细菌主要有乳杆菌、双歧杆菌、肠球菌、大肠埃希菌、蜡样芽孢杆菌等。其中双歧杆菌类活菌制剂是目前国内外应用最广的活菌制剂，在临床上主要用于婴幼儿保健、调整肠道菌群失调、治疗肠功能紊乱、慢性腹泻，以及抗癌防衰老等。

国内外对活菌制剂的应用范围逐渐扩大，已从原来的治病过渡到防病健身上来，许多活菌已成为食品添加剂，应用于食品保健方面。

目前常用的人用微生态制剂有妈咪爱、整肠生、米雅、丽珠肠乐、金双歧、培飞康、乳酸菌素等。

（二）微生态制剂的主要成分及作用机制

微生态制剂的有效成分是活菌、死菌及代谢产物。

1. 活菌制剂　主要是活性菌，同时也含有死菌以及代谢产物。使用活菌制剂见效快，效果更显著，其机制是：①活菌制剂中含有对人体有益的生理性细菌，进入人体后可定植在肠壁，竞争性地排斥了有害菌的生存空间；②活菌制剂中的有益菌通过生长繁殖，产生了乳酸和醋酸，较低了肠道的 pH 及 Eh（氧化还原电位）值，改善内部环境，抑制有害菌的生长，同时还有促进人体免疫功能的作用；③活菌制剂中的活菌代谢产物对人体有营养作用。

2. 死菌制剂　即死菌体，研究表明死菌体也可黏附在肠壁上排斥有害菌，促使微生态平衡，死菌体及其酶同样对人体有营养作用，有的死菌体成分能抑制腐败菌的致癌作用，以及有很强的免疫赋活作用。死菌制剂的质量更稳定，可能比活菌制剂更安全，并可与抗生素同时使用。有的活菌制剂如妈咪爱，也可与抗生素同时使用。

3. 微生态制剂的代谢产物　是指细菌培养后除去菌体的培养液，其内含有细菌生长繁殖过程中的代谢产物和一部分菌体碎片、分泌的对人体有用的酶，以及细菌分解食物后产生的氨基酸、合成的维生素等，代谢产物的特点是对人体作用较快。

细菌分泌的酸性物质、细菌素对有害菌有拮抗、杀灭作用。

二、疫苗

疫苗（vaccine）是指将病原微生物（如细菌、立克次体、病毒等）及其代谢产物，经过人工减毒、灭活或利用基因工程等方法制成的用于预防传染病的自动免疫制剂。疫苗是一种特殊的药物，疫苗保留了病原菌刺激动物体免疫系统的特性。

（一）疫苗是最重要的生物制品

生物制品是指用微生物或其毒素、酶，人或动物的血清、细胞等制备而成的供预防或诊断疾病的制剂，如疫苗、菌苗、类毒素等。

疫苗是预防接种的重要生物制品之一，它是采用微生物或其毒素、酶、动物的血清或细胞等制备而成的供预防和治疗用的制剂，疫苗可从防患于未然的角度免除众多传染病对人和动物生命群体的威胁。

自从1796年英国医生Edward Jenner第一个创造了预防天花的疫苗以来，疫苗的发展经历了漫长的历史。随着科学的发展、科技的进步，特别是微生物学和免疫学研究的不断深入，人们对疫苗的研究和应用也取得了巨大的成就，如随着天花、狂犬、鼠疫、霍乱、伤寒等疫苗的问世与应用，严重威胁人类生命的烈性传染病得到了有效的预防。目前，疫苗已被全世界所接受，并为全人类预防疾患作出了伟大的贡献。

（二）疫苗的基本成分与特点

疫苗的研制和应用的理论是一门集微生物学、免疫学、传染病学、流行病、生物化学、分子生物学和遗传学等为一体的综合性学科，在生产上还涉及发酵工程、分离纯化、质量检测和控制等技术与工艺，所以，疫苗是近年来国际上研究、产业、投资的热点领域，该领域集成了相关的创新技术，投资回报高，发展前景广阔。

疫苗的基本成分包括抗原、佐剂、防腐剂及其他活性成分，其中抗原是疫苗的最主要成分。

通常疫苗要具备如下特点：①高度有效，绝对安全；②快速免疫，可大量生产；③使用方便，便于储运；④经济可靠。

三、微生物代谢产物

微生物在存活期间要进行复杂的各种代谢活动，在代谢活动过程中会产生多种多样的代谢产物，如氨基酸、核苷酸、多糖、维生素、抗生素、毒素、色素等。有些代谢产物是是其正常活动必需的，有些代谢产物并非是其自身必需，而是有效的药物。

(一) 抗生素

在自然界中存在着许多有趣的现象,譬如有些生物体在生活中互相帮助,互相依存,作为一个整体,这种现象叫做“共生”。另有一些生物,它们生活在一起,互相斗争,一种生物产生某种物质抑制或杀灭另一种生物,这种现象叫做“拮抗”。拮抗现象在微生物之间尤为普遍,具有拮抗能力的微生物称为拮抗菌。1929 年,英国科学家 Fleming 首先从青霉菌中发现的青霉素(penicillin),就是对拮抗现象深入探索的结果。1944 年,Waksman 又从链霉菌中发现了链霉素(streptomycin)。这些产生菌分别利用它们所产生的青霉素和链霉素作为自己的“武器”以抑制或杀灭周围别的微生物。

利用微生物的这种特性,迄今已从自然界中发现和分离的抗生素已达 10 000 多种,并在 20 世纪 60 年代后,以其中一些主要抗生素(如青霉素、头孢菌素、四环类抗生素、氨基苷类抗生素等)为原料进行化学结构改造,先后制备了近 10 万种半合成抗生素。

目前国外现有的临床主要抗生素品种在我国都已有生产,其中有些抗生素是用我国自己分离的菌种生产的,如庆大霉素等。另外,我国还发现了一些国外没有的抗生素,其中有一定医用价值的如创新霉素(对泌尿系统感染及大肠埃希菌感染有一定的疗效)。有一些虽然是国外已知或类似,但我国发现了新的成分或新的用途,如博来霉素(平阳霉素)等。从数量来说,我国抗生素的总年产量已居世界各国的前列,但从品种和生产水平来看,和发达国家相比还有一定的差距。此外,抗生素在临床应用中还存在诸多问题,如毒副作用、过敏性、抗药性等,因而仍需继续努力增加工业生产,改造现有菌种及抗生素,并寻找更为优越的新抗生素,尤其是抗肿瘤、抗病毒、抗真菌的抗生素,以满足医疗事业不断增长的需求。

1. 抗生素的概念和分类 抗生素(antibiotics)是指青霉素、链霉素等一些化学物质的总称,是人类控制、治疗感染性疾病,保障身体健康及用来防治动植物病虫害的重要化学药物。抗生素的原始含义是指那些由微生物产生的、能抑制其他微生物生长的物质。随着医药事业的迅速发展以及抗生素研究工作的深入开展,抗生素的应用范围已远远超出了抗菌范围。目前已发现不少抗生素除具有抗菌作用外,还有其他多种生理活性,如新霉素、两性霉素 B 等具有降低胆固醇的作用。所以,就不能把抗生素仅仅看作是抗菌药物。一般认为,抗生素是生物(包括微生物、植物和动物)在其生命活动过程中所产生的(或由其他方法获得的),能在低浓度下有选择性地抑制或影响他种生物功能的有机物质。习惯上常狭义地称那些由微生物产生的、极微量即具有选择性地抑制其他微生物或肿瘤细胞的天然有机化合物为抗生素。

随着新抗生素的不断出现,有必要对抗生素进行分类,以便于研究。常见的分类方法简单介绍如下:

(1)根据抗生素的生物来源分类:①细菌产生的抗生素:如多黏菌素(polymyxin)和短杆菌肽(tyrothricin)等;②放线菌产生的抗生素:如链霉素(streptomycin)、四环素(tetracycline)、卡那霉素(kanamycin)等;③真菌产生的抗生素:如青霉素(penicillin)和头孢菌素(cephalosporin)等;④植物和动物产生的抗生素:如地衣和藻类植物产生的地衣酸(vulpinic acid)、从被子植物蒜中制得的蒜素(allicin)以及从动物脏器中制得的鱼素(ekmolin)等。

此外,某些结构简单的抗生素可完全人工合成,如氯霉素、环丝氨酸等。

(2)根据抗生素的化学结构分类:①β-内酰胺类抗生素:如青霉素、头孢菌素等;

②氨基苷类抗生素：如链霉素、卡那霉素等；③大环内酯类抗生素：如红霉素（erythromycin）、麦迪霉素（midecamycin）等；④四环素类抗生素：如金霉素（aureomycin）、土霉素（terramycin）等；⑤多肽类抗生素：如多黏菌素、杆菌肽（bacitracin）等。

（3）根据抗生素的作用机制分类：①抑制细胞壁合成的抗生素：如青霉素、环丝氨酸等；②影响细胞膜功能的抗生素：如多黏菌素、多烯类抗生素等；③抑制核酸合成的抗生素：如博来霉素、丝裂霉素及柔红霉素等；④抑制蛋白质合成的抗生素：如链霉素、四环素、氯霉素等；⑤抑制生物能作用的抗生素：如抑制电子转移的抗霉素、抑制氧化磷酸化作用的短杆菌肽等。

（4）根据抗生素的作用对象分类：①抗革兰阳性细菌的抗生素：如青霉素、红霉素等；②抗革兰阴性细菌的抗生素：如链霉素、多黏菌素等；③抗真菌的抗生素：如灰黄霉素、制霉菌素等；④抗病毒的抗生素：如四环素类抗生素对立克次体和较大病毒有一定作用；⑤抗癌的抗生素：如丝裂霉素、多柔比星等。

迄今为止，在抗病毒、抗癌和抗原虫等方面还没有很理想的抗生素。

2. 医疗用抗生素的基本要求　自第一个医疗用抗生素诞生后的50多年来，全世界从自然界发现和分离到的天然抗生素，以及半合成抗生素总的品种已有十几万种，但是，其中实际生产和应用的只有100多种，连同半合成抗生素及其盐类也只有300多种，为什么真正能在临床上广泛应用的抗生素是如此之少呢？这主要是由于医疗用抗生素需有一定的要求：

（1）差异毒力大：所谓差异毒力（differential toxicity），即抗生素对微生物或肿瘤细胞等靶体的抑制或杀灭作用与对机体损害程度的差异比较。抗生素的差异毒力愈强，则愈有利于临床应用。抗生素具有的差异毒力大小是由它们的作用机制决定的。当抗生素干扰了微生物的某一代谢环节，而此环节又恰为宿主所不具有，此时必然就显示出较大的差异毒力。如青霉素能抑制细菌细胞壁的合成，而人及哺乳动物细胞不具有细胞壁，因而青霉素的差异毒力非常大。一般的化学消毒剂对微生物和机体的毒力无明显差异。

（2）生物活性强：生物活性强体现在极微量的抗生素就对微生物具有抑制或杀灭作用。抗菌作用的强弱常用最低抑菌浓度（minimal inhibitory concentration，MIC）来表示。MIC即指能抑制微生物生长所需的药物的最低浓度，一般以μg/ml为单位。药物的MIC值越小，则抗菌作用越强。

（3）有不同的抗菌谱：由于不同抗生素的作用机制不一样，因而每种抗生素都具有一定的抗菌或抗癌活性和范围。所谓抗菌谱（antimicrobial spectrum）即指抗生素所能抑制或杀灭微生物的范围和所需剂量。范围广者称为广谱抗生素，范围窄者称为窄谱抗生素。如青霉素主要抑制革兰阳性菌，多黏菌素只能抑制革兰阴性菌，而抗癌抗生素的抗瘤范围则称为抗瘤谱。

（4）不易使病原菌产生抗药性：近年来某些病原菌抗药现象日趋严重，由它们引起的疾病常成为临床治疗的难题。因此，一个优良的抗生素应不易使病原菌产生抗药性。

此外，良好的抗生素还应具有毒副作用小、不易引起超敏反应、吸收快、血浓度高、不易被血清蛋白结合而失活等特性。

3. 寻找新抗生素的基本途径　目前，新抗生素的获得可以通过几条途径：

（1）从自然界分离并筛选新抗生素产生菌：近年来，为了扩大筛选新抗生素的来源，已从土壤微生物扩展到海洋微生物，从一般常见微生物扩展到极端微生物，从微生物扩展到植物、海洋生物等。

(2)改造现有的抗生素的产生菌，再经筛选获得新抗生素产生菌。

(3)从已知的抗生素进行结构改造，经筛选后获得新的半合成抗生素。

(4)新的筛选方法：如应用定向生物合成和突变生物合成的原理，以及培养超敏细菌以寻找微量的新抗生素，选用新的肿瘤模型，如用鼠肉瘤病毒 M(MSV. M)、鸟类粒细胞白血病病毒等来筛选抗肿瘤的抗生素。

(5)现代分子生物学技术设计产生新抗生素：主要包括：①基因克隆产生新抗生素：首选获得某已知抗生素的结构基因，然后通过一定的载体将基因片段导入特定的另一种抗生素产生菌中，则可能产生完全符合人们设计的新抗生素；②沉默基因的激活：引入抗生素生物合成的调控基因，有可能激发抗生素产生菌中处于休眠状态或沉默状态的基因系统，从而开启另一结构抗生素的生物合成形成，得到新抗生素。

4. 传统的抗生素产生菌的分离筛选步骤　绝大多数抗生素的原始产生菌是从自然界分离筛选获得，因此，以下以传统的分离土壤放线菌为例，简单说明新抗生素产生菌的常规分离和筛选过程。

(1)土壤微生物的分离：①采土：以春、秋两季采土为宜，通常去除表土，采取 5～10cm 深处的土壤，装入无菌容器；②分离菌株：取采集的土壤，以无菌生理盐水适当稀释(一般为 10^{-4}～10^{-3})，涂布于适宜的培养基中，于一定温度下培养一段时间后，挑取单个菌落移种获得纯培养物，根据菌的形态、培养特征，初步排除相同菌。

(2)筛选：所谓筛选是指从大量待筛选放线菌中，尽快地鉴别出极少数有实用价值的抗生素产生菌的实验过程。在新抗生素产生菌的筛选中，应根据筛选目的选择合适的筛选模型和方法。

1)筛选模型：筛选模型是指筛选工作中所使用的试验菌。通常为避免感染病原菌的危险，尽可能选用非致病性，又能代表某些类型致病菌的微生物作为试验菌，常用的如表 6-13。

表 6-13　常用的试验菌和代表的致病微生物

试验菌	代表的致病微生物
金黄色葡萄球菌	革兰阳性球菌
枯草芽孢杆菌	革兰阳性杆菌
耻垢分枝杆菌	结核分枝杆菌
大肠埃希菌	革兰阴性杆菌
白假丝酵母菌	酵母状真菌
曲霉	丝状真菌
噬菌体	病毒、肿瘤细胞

2)筛选方法：一般采用琼脂扩散法。先制备含试验菌的平板，然后以无菌滤纸片蘸取各放线菌的摇瓶培养发酵液或切取一定大小的放线菌琼脂培养块，置于含菌平板上，培养后观察有无抑菌圈产生。其他筛选方法也很多，如筛选抗肿瘤抗生素可采用精原细胞核分裂抑制法、噬菌体法、实验动物模型体内筛选法等；筛选抗病毒抗生素可采用

组织培养法、噬菌体模型法、体内筛选法等。

（3）早期鉴别：经过筛选得到的阳性菌株应进一步作抗菌谱和抗瘤谱的测定，对有价值的抗生素产生菌必须从产生菌及其所产生的抗生素两个方面进行鉴定，再与已知菌及已知抗生素进行比较鉴别。

1）抗生素产生菌的鉴别：需通过形态、培养、生化反应等试验对抗生素产生菌进行初步的分类鉴定。

2）抗生素的鉴别：常用理化方法如纸层析法（测定抗生素的极性和在各种溶媒中的溶解度）、纸电泳法（判断抗生素是酸性、碱性、中性或两性）、薄层层析法、高效液相色谱法、紫外分光光度法、红外分光光度法、核磁共振、质谱、X射线衍射等方法，来测定新抗生素的理化性质和结构。

（4）分离精制：将可能产生新抗生素的放线菌进行扩大培养，然后选择合适的方法将有效抗生素从培养液中提取出来，加以精制纯化。在分离和精制过程中，须跟踪测定抗生素的生物活性，使所得抗生素随进一步纯化而加强其生物活性。

（5）临床前试验研究：分离精制所得抗生素必须先进行一系列的临床前试验研究，如动物毒性试验（急性、亚急性、慢性）、动物治疗保护性试验、临床前药效试验和药理试验（抗生素在体内的吸收、分布、排泄）等，经系列试验认为确有前途的新抗生素经有关部门审查合格后方可进行临床试验。

为了提高药品临床前研究的质量，确保实验资料的真实性、可靠性，保障人民群众的用药安全，国家制定了《药品临床前研究质量管理规范》（Good Laboratory Practice for Nonclinical Studies，GLP）。GLP是从事药品临床前安全性研究机构的建设和管理必须遵循的规范。

（6）临床试验：经临床前试验研究后，被审查合格的抗生素方可进入临床试验阶段。经临床试验效果良好者，再经药政部门审查批准，才可投入生产和临床使用。为了保证药品临床试验的过程规范可信、结果科学可靠以及保护受试者的权益，并保障其安全，我国根据《中华人民共和国药品管理法》的有关规定和国际公认的原则，制定了《药品临床试验管理规范》（Good Laboratory Practice for Clinical Studies，GCP）。GCP是有关临床试验的全过程包括方案设计、组织实施、监视、审核、记录、分析、总结和报告的标准。凡新药进入各期临床试验、人体生物利用度或生物等效性研究均须经国家食品药品监督管理总局批准，并严格按GCP执行。

5. 抗生素的制备　抗生素的制备分为发酵和提取两个阶段。发酵是指抗生素产生菌在一定培养条件下生物合成抗生素的过程，该过程又分为菌体生长和抗生素生物合成两个部分。发酵后产生的抗生素需用一系列物理和化学的方法进行提取与精制，才能得到抗生素成品。

抗生素生产的一般流程：菌种→孢子制备→种子制备→发酵→发酵液预处理及压滤→提取及精制→成品检验→成品包装。

（1）现代抗生素发酵的一般特点

1）需氧发酵：抗生素产生菌一般都是需氧菌，因此在发酵过程中需要不断地通入无菌空气，并进行机械搅拌，以提供足够量的氧给抗生素产生菌进行生物代谢和生物合成。

2）深层发酵：或称沉没发酵，绝大多数抗生素生产是在大型发酵罐内进行的，发酵罐内深层发酵适用于较大规模的生产。

3)纯种发酵:在纯种培养的抗生素发酵工业中应防止杂菌及噬菌体污染。

(2)一般生产流程

1)获取菌种:发酵所用的菌种都是从自然界分离、纯化及选育后获得的。这些菌种通常采用砂土管或冷冻干燥管保存。由于菌种在整个发酵过程中起着十分重要的作用,为了提高菌种的生产能力和产品质量,必须经常进行菌种选育工作,用人工方法加以纯化和育种,才能保持菌种的优良性状不变。菌种制备的整个过程要保持严格的无菌状态。

2)孢子制备:孢子制备就是将保藏的菌种进行培养,制备大量孢子供下一步制备种子使用。需氧发酵制备孢子一般是在摇瓶内进行,通过振荡,外界空气与培养液进行自然交换获得微生物所需的氧气。所用的培养基因发酵产生菌的菌种不同而异,但要含有生长因素和微量元素,且碳源或氮源不宜过多,从而保证生产大量的孢子。

3)种子制备:种子制备是使有限数量的孢子发芽繁殖,获得足够的菌丝体以供发酵之用。种子制备于种子罐内进行。通过种子制备,可以缩短发酵罐内菌丝繁殖生长的时间,增加抗生素合成的时间。一般通过种子罐 1~3 次,再移种到发酵罐中,分别称为二级发酵、三级发酵和四级发酵。

4)发酵:发酵是抗生素合成的关键阶段,目的是在人工培养条件下使菌丝体产生大量的抗生素。发酵于发酵罐内进行。在整个发酵过程中应注意以下因素:

无菌操作:在抗生素发酵中污染杂菌和噬菌体的主要原因是种子与空气过滤系统污染,各部件渗漏及操作不慎等,因而在移种、取样等过程中应进行严格的无菌操作,并且在发酵的不同阶段应取样进行杂菌检查。

营养需要:发酵培养基应供给微生物生长繁殖以及生物合成所需的营养,其原材料应尽可能地价廉,且来源广泛。发酵过程中有时还需根据实际情况添加一些营养物质,称为中间补料。

pH:在培养基内加入可供微生物利用,而又能使培养基的 pH 保持恒定的化合物,如硫酸铵、硝酸钠等。此外,在发酵过程中还可以适当加入酸或碱以保持 pH 的恒定。

温度:抗生素产生菌的生长和抗生素合成需在各种酶的催化下进行,酶的催化需有合适的温度,因此在发酵中应维持合适的温度。可通过发酵罐的夹套或蛇管导入冷水(或热水)以控制罐温。

前体:前体(precursor)是抗生素分子的前身或其组成的一部分,直接参与抗生素的生物合成而自身无显著变化。在一定条件下,加入前体可控制抗生素的合成方向,并增加产量。如在青霉素的生产中常加入苯乙酸或苯乙酰胺作为前体;红霉素生产中添加丙酸、丙醇或丙酸盐作为前体。但前体一般对产生菌有一定的毒性,故应分次少量加入。

通气、搅拌及消沫:微生物在发酵过程中利用溶氧,因此必须不断经空气过滤系统输入无菌空气,同时在发酵罐内设置搅拌和挡板可以增加通气效果。但是,通气和搅拌往往会造成大量泡沫,泡沫使液面升高,造成逃液和渗漏,并且易产生染菌。因此,发酵中必须消沫。可以应用安装消沫桨消沫,也可应用消沫剂来消沫。

发酵终点判断:发酵过程中通过定期取样分析,测定抗生素含量、发酵液的 pH、含糖量和含氮量、菌丝含量及形态观察等,据此判断合适的放罐时间。近年来,国外也有

把排气中的 CO_2 含量和发酵液黏度作为常规分析项目。放罐应在抗生素产量的高峰期，过早或过迟都会影响抗生素的产量。

5)发酵液预处理：由于发酵液体积较大，且含有大量的菌丝和其他杂质，因此在提取抗生素之前，有必要对发酵液进行预处理，去除发酵液内的大量杂质。大多数抗生素存在于发酵液内，有的存在于菌丝体中。发酵液预处理包括除去发酵液内的杂质离子(Ca^{2+}、Mg^{2+}、Fe^{3+}等)以及蛋白质，并利用板框压滤机，使菌丝与滤液分开，便于进一步提取。

6)提取与精制：提取的方法是根据产品的理化性质决定的。常用的提取方法有吸附法、溶媒萃取法、离子交换法和沉淀法。精制的方法与一般有机化合物的精制相似，上述提取方法均可应用于精制。也可用多级吸附洗脱法、薄层层析法等方法精制。抗生素的稳定性一般较差，故在提取、精制过程中应避免用常压蒸馏、升华、过酸、过碱等手段，而是利用减压蒸馏等比较温和的方法。

7)成品检验：经过发酵与提取得到的成品应根据药典进行检测，检测的项目根据产品的性质而定。如抗生素一般要进行效价测定、毒性试验、无菌试验、热原质试验、水分测定等。

8)成品分装：生产的成品一般是大包装的原料药，以供制剂厂进行小包装或制剂加工，也有一些工厂在无菌条件下用自动分装机进行小瓶分装。

6. 抗生素的效价和单位　抗生素是一种生理活性物质，可以利用抗生素对生物所起的作用强弱来判定抗生素的含量。含量通常用效价或单位表示。有时两者合一统称为效价单位。效价(potency)指在同一条件下比较抗生素的被检品和标准品的抗菌活性，从而得出被检品的效价。也就是说，效价是被检品的抗菌活性与标准品的抗菌活性之比值，常用百分数表示。

$$效价=被检品的抗菌活性/标准品的抗菌活性\times 100\%$$

标准品是指与商品同质的、纯度较高的抗生素，每毫克含有一定量的单位，可用作效价测定的标准。每种抗生素都有它自己的标准品。国际单位(international unit，IU)是指经国际协议，每毫克含一定单位的标准品称为国际标准品，其单位即为国际单位(IU)。抗生素的国际标准品是在联合国世界卫生组织(WHO)的生物检定专家委员会的主持下，委托指定的机构(主要是英国国立生物标准检定所，National Institute for Biological Standards and Control)组织标定、保管和分发。由于国际标准品供应有限，各国通常由国家监制一批同样的标准品，与国际标准品比较，标定其效价单位后，分发各地使用，作为国家标准品。我国的国家标准品由国家药品生物制品检定所标定和分发。

单位(unit，U)是衡量抗生素有效成分的具体尺度。各种抗生素单位的含义可以各不相同，大致有以下几种：

(1)重量单位：以抗生素的生物活性部分的重量作为单位。一般 1μg 定义为 1U，则 1mg 为 1000U。用这种表示方法，对于不同盐类的同一抗生素而言，只要它们的单位相同，即使盐类重量不同，其实际有效含量是一致的。如链霉素硫酸盐、土霉素盐酸盐、红霉素乳糖酸盐、新生霉素钠(钾)盐等抗生素均以重量单位表示。

(2)类似重量单位：是以特定的抗生素盐类纯品的重量为单位，包括非活性部分的重量。例如纯金霉素盐酸盐及四环素盐酸盐，1μg=1U，即为类似重量单位。

(3)重量折算单位：与原始的生物活性单位相当的纯抗生素实际重量为 1U 加以折

算。以青霉素为例，最初定1个青霉素单位系指在50ml肉汤培养基内完全抑制金黄色葡萄球菌生长的最小青霉素量为1U。青霉素纯化后，这个量相当于青霉素钠盐0.5988μg，因而国际上一致规定0.5988μg为1U，则1mg=1670U。

(4)特定单位：以特定的一批抗生素样品的某一重量作为一定单位，经有关的国家机构认可而定，如特定的一批杆菌肽1mg=55U、制霉菌素1mg=3000U等。

(5)标示量：指抗生素制剂标签上所标示的抗生素含量。标示量原则上以重量表示(指重量单位)，但少数成分不清的抗生素(如制霉菌素)，或照顾用药习惯(如青霉素)，仍沿用单位表示。

7. 抗生素的作用机制　抗生素主要作用于微生物正常生理代谢的某些环节，从而抑制微生物的生长或杀灭微生物。由于不同的抗生素对微生物具有不同的作用位点，因而对代谢途径各异的微生物具有不同的抗菌谱。它们的作用主要影响微生物的细胞壁合成、细胞膜的功能、蛋白质的合成、核酸的合成以及细胞的能量代谢、电子传递等。

(1)抑制细胞壁的合成：革兰阳性菌的细胞壁与革兰阴性菌的细胞壁相比较，有致密的网状肽聚糖层。多种抗革兰阳性菌的抗生素，它们的作用机制主要与抑制肽聚糖的合成有关，而肽聚糖合成的阻断就使得细胞壁无法完全形成。以下简述肽聚糖的合成与一些代表抗生素的作用位点，并以大肠埃希菌为例，说明肽聚糖生物合成的三个阶段(图6-7)：

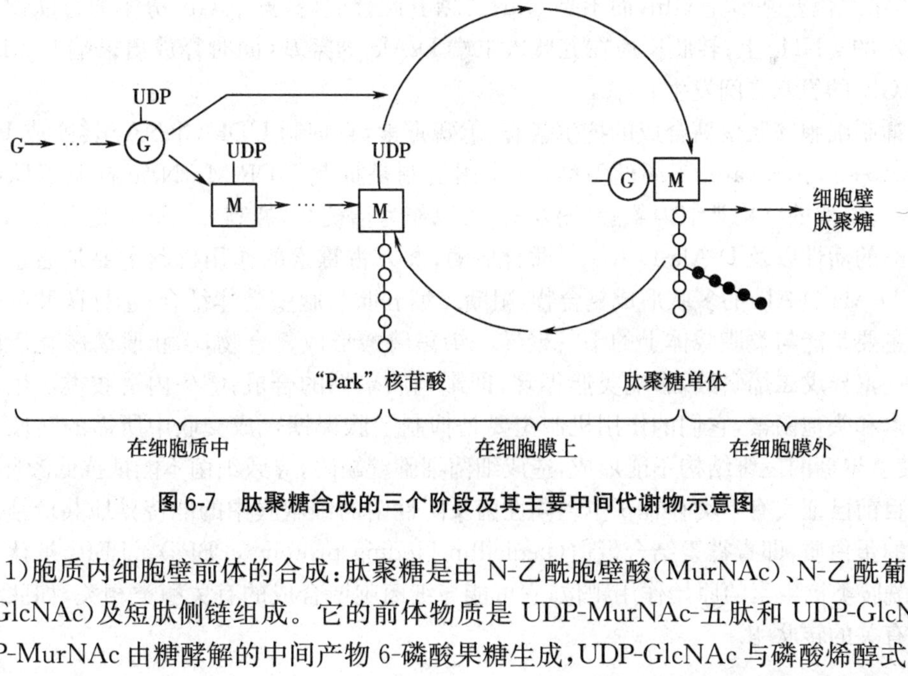

图6-7　肽聚糖合成的三个阶段及其主要中间代谢物示意图

1)胞质内细胞壁前体的合成：肽聚糖是由N-乙酰胞壁酸(MurNAc)、N-乙酰葡萄糖胺(GlcNAc)及短肽侧链组成。它的前体物质是UDP-MurNAc-五肽和UDP-GlcNAc。UDP-MurNAc由糖酵解的中间产物6-磷酸果糖生成，UDP-GlcNAc与磷酸烯醇式丙酮酸缩合，双键还原形成UDP-MurNAc，而L-Ala、D-Glu和DAP相继加到UDP-MurNAc上，生成中间物胞壁酰三肽。二肽D-Ala-D-Ala(由两个L-Ala分子异构化和缩合而来)又加到胞壁酰三肽上，形成UDP-MurNAc-五肽。所有这些反应均发生在细胞质中。

2)肽聚糖单体的合成及膜类脂载体循环：UDP-MurNAc-五肽首先与膜上十一聚异戊二烯磷酸类脂载体(Lipid-P)反应，脱去UMP，生成类脂-PP-MurNAc-五肽，然后通过

β-1,4 糖苷键，UDP-GlcNAc 连接到 MurNAc-五肽-PP-类脂上，形成二糖五肽中间体 MurNAc-β-1,4-MurNAc-五肽-PP-类脂，从而完成了单体的合成。这些反应发生在细胞质膜上。借类脂载体的作用，二糖五肽通过胞膜转运至胞壁受体。在转糖基反应中，释放出的十一聚异戊二烯焦磷酸经脱磷酸化作用又恢复成十一聚异戊二烯磷酸的形式。这是一种释能反应，可能用作通过胞膜的能量。脱磷酸后的类脂磷酸化合物继续进行类脂循环，供再一次用作载体。

3)肽聚糖链的聚合和交联：肽聚糖合成的最后几步是由几种酶催化完成的，这几种酶都以其相应的催化功能而命名。如转糖基酶催化 M(MurNAc)上的 C-1 与 G(GlcNAc)上的 C-4 之间形成 β-1,4 糖苷键；转肽酶催化短肽侧链的 4 位上的 D-Ala 与邻近的短肽侧链上的 DAP 的 ε-氨基形成肽键，并释放五肽供体上的末端 D-Ala；D-羧肽酶催化五肽末端 D-Ala 水解；内肽酶催化水解已合成的肽聚糖链上的肽键。

通过转糖基反应和转肽反应，二糖五肽被转移到壁受体上。微生物在生长及分裂期间必然要合成新的肽聚糖，这时内肽酶在细胞壁内表面变得活跃起来，部分地水解已存在的链，产生出自由末端，通过转糖基和转肽反应，接受新生的肽聚糖链。

多糖链之间通过转肽酶催化形成新的肽键而交联。该反应发生在细胞质膜外表面。一般 G^- 细菌和许多 G^+ 杆菌肽聚糖的合成都是按照大肠埃希菌模式进行的，但是在金黄色葡萄球菌中发生了一些重要变化，即五肽中第三位氨基酸是 Lys，而不是 DAP，第二位氨基酸是 Gln，而不是 Glu；二糖五肽合成后，五个 Gly 分子通过肽键连接在 Lys 的 ε-NH_2 上；转肽反应在五肽次末端 D-Ala 的羟基(同时释放出末端 D-Ala)和末端 Gly 的氨基之间发生。

抑制细胞壁肽聚糖合成的抗生素有：①磷霉素，它抑制 UDP-GlcNAc 转变成 UDP-GlcNAc-enolpyruvate；②环丝氨酸，其作用机制是抑制 UDP-MurNAc 抑制五肽的形成，环丝氨酸的结构类似丙氨酸(图 6-8)，可以作为拮抗物，抑制 L-Ala 转化为 D-Ala 的消旋酶的活性以及 D-Ala-D-Ala 二肽合成酶；③万古霉素的作用机制主要是通过与末端为 D-Ala-D-Ala 的多肽形成复合物，阻断二糖五肽与胞壁受体结合；④杆菌肽的作用机制主要是能与类脂载体上的十一聚异二烯焦磷酸形成复合物，阻止脱磷酸化反应成为十一聚异戊二烯磷酸，影响类脂循环，即影响肽聚糖的合成；⑤β-内酰胺类抗生素如青霉素和头孢菌素，它们的作用机制主要是抑制了肽聚糖合成交联中所需的转肽酶反应，使肽聚糖的三维结构不能形成，造成细菌细胞壁缺陷，导致细菌不能抵抗低渗环境。

目前已证实有一类存在于革兰阳性菌及阴性菌的细胞膜中的能特异地共价结合青霉素的蛋白质，即青霉素结合蛋白(penicillin binding proteins，PBPs)。PBPs 被认为是 β-内酰胺类抗生素的原始作用靶位，它可能与细菌胞壁合成的有关酶类相关，如肽聚糖交联有关的转肽酶。

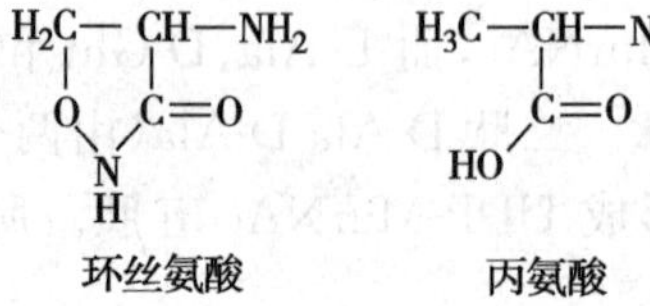

图 6-8　环丝氨酸与丙氨酸的结构比较

(2)影响细胞膜的功能:细菌的细胞膜在细菌胞壁与胞质之间,细胞膜的功能受到损害时,细菌可发生死亡。作用于细菌胞膜的抗生素对细菌有较强的杀菌作用。如多黏菌素,属多肽类抗生素,分子内含亲水性(多肽)基团与亲脂性脂肪酸链。亲水性基团可以与细菌细胞膜磷脂上的磷酸基形成复合物,而亲脂链可以插入细胞膜的脂肪酸链之间,因而解聚细胞膜的结构,使细胞膜的通透性增加,导致细菌细胞内的主要成分如氨基酸、核酸和钾离子等泄漏,细菌因而死亡。两性霉素 B 是一种抗真菌的抗生素,对新生隐球菌、白色假丝酵母菌等具有良好的抗菌作用,其作用机制主要是能和敏感菌细胞膜上的固醇部分结合而改变了膜的通透性,使细胞内钾离子和其他成分渗出膜外,从而抑制了真菌的生长。

(3)干扰蛋白质合成:干扰蛋白质合成过程的抗生素很多,主要有氨基苷类、四环素类、大环内酯类,以及其他一些抗生素。这些抗生素作用于蛋白质合成的起始、延长、终止各阶段的不同环节。如链霉素,对蛋白质合成的起始、延长、终止各阶段均有影响,但其主要作用是能不可逆地与细菌核糖体 30S 亚基结合,抑制蛋白质合成的起始及密码子识别阶段。过去认为链霉素是直接结合在 16S rRNA 上的特异碱基上,而蛋白质 S12 只是增加了它们之间的亲和力。四环类抗生素抑制蛋白质合成的作用主要是由于这些抗生素与核糖体 30S 亚基的 16S rRNA 上靠近于氨基酰-tRNA 连接的区域形成复合物,使氨基酰-tRNA 不能与结合部位结合,阻断蛋白质合成的肽链延长。这类抗生素对细菌有选择性毒性,因为原核细胞中的主动转运体系能使药物特异地透过细胞,真核生物细胞却能主动外排这类抗生素。大环内酯类抗生素如红霉素,其主要作用机制是与核糖体 50S 亚基结合,选择性地抑制原核细胞蛋白质的合成。对于红霉素具体的结合部位,目前仍有争论,因为实验发现红霉素可以与不同的核糖体蛋白质结合。目前的看法是红霉素与 23S rRNA 的特异区域直接结合,产生结构破坏效应,使肽酰 50S 亚基结合,抑制蛋白质合成的肽链延长。但是林可霉素仅与革兰阳性细菌的核糖体形成复合物,而不与革兰阴性细菌的核糖体结合,它与核糖体的结合位点有一部分与红霉素的结合部位重合,因而与红霉素有部分交叉抗药性。

(4)抑制核酸的合成:不同的抗生素通过不同的机制来干扰或抑制微生物细胞的核酸(DNA 或 RNA)的合成。如博来霉素,其主要作用机制是引起 DNA 单链断裂,亦可使 DNA 一条链上的脱氧核糖和磷酸连接部分断裂,形成缺口,还可抑制 DNA 连接酶和 DNA 聚合酶,干扰 DNA 的复制。利福霉素和利福平的作用机制是直接作用于 RNA 聚合酶而抑制 RNA 的合成,主要是特异性地抑制 RNA 合成的起始步骤,并对原核生物细胞 RNA 合成有选择性抑制作用,低浓度即可抑制细胞 RNA 聚合酶,而对 DNA 聚合酶几乎无作用。利福霉素类抗生素还抑制 RNA 指导的 DNA 聚合酶(反转录酶)和 RNA 复制酶。喹诺酮类抗菌药(如诺氟沙星、氧氟沙星等)抑制 DNA 回旋酶(gyrase)活性,从而抑制 DNA 复制和 RNA 转录。此外,蒽环类抗生素如多柔比星(adriamycin),其生物学效应较复杂,可致 DNA 断裂、染色体交换率增高、染色体畸变、抑制 DNA 复制等。

(5)干扰细胞的能量代谢和电子传递体系:目前,作用于能量代谢以及电子传递体系的抗生素,由于大多数毒性较强,所以限制了在临床上的广泛应用。如抗霉素(antimycin)A,是呼吸链电子传递体系的抑制剂,使细胞色素 b 变成还原状态,细胞色素 c_1 变成氧化状态,从而抑制细胞色素 b 和细胞色素 c_1 之间的电子传递。

8. 细菌的抗药性　随着抗生素的不断发现和临床上的广泛应用，细菌以及其他微生物的抗药性问题日趋严重。一些常见的临床致病菌如金黄色葡萄球菌、铜绿假单胞菌、变形杆菌、大肠埃希菌、痢疾志贺菌等的抗药情况尤为突出，它们所引起的各种感染已成为临床治疗上的一大难题。

(1)抗药性的概念：抗药性（drug resistance）是指在微生物或肿瘤细胞多次与药物接触发生敏感性降低的现象，是微生物对药物所具有的相对抗性。对同一种微生物和肿瘤细胞而言，抗药性与敏感性是相对的，抗药性增强，则敏感性降低。抗药性的程度一般以该药物对某种微生物的最低抑菌浓度（MIC）来衡量。能够耐受两种以上药物的微生物称为多剂抗药菌，微生物对结构相似的同类药物均有耐受的现象称为交叉抗药性。

(2)抗药性产生机制

1)细菌抗药性产生的遗传机制：微生物对药物的抗药性可由染色体或质粒，或两者兼有介导。大多数抗药性是由质粒来编码的，少数由染色体编码。产生抗药性的原因可能是染色体或质粒上带有与抗药性有关的基因。如目前世界上医院内感染的主要致病原之一的甲氧西林抗药性金黄色葡萄球菌（methicillin-resistant staphylococcus aureus，MRSA），其染色体上就带有一种与抗药性相关的 *mecA* 基因。另外，有些具多重抗药性的菌株可能含有两个以上的抗药质粒，或其抗药质粒上可能含有多个抗药基因。

2)细菌抗药性产生的生化机制：抗药性产生的生物化学机制是指抗药菌遗传学上的改变在生物化学上的表现。主要有以下三个方面：

产生使抗生素结构改变的酶（即钝化酶）：一些抗药菌由于诱导或基因突变而产生能使抗菌药物活性降低或完全失活的酶类（包括组成酶和诱导酶）。最典型的代表是β-内酰胺类抗生素，由于抗药菌产生β-内酰胺酶（包括青霉素酶、头孢菌素酶等），而使抗生素水解灭活。

作用靶位的改变：许多抗药性是通过抗生素作用靶位的改变发挥作用的。由于基因突变，一些细菌形成抗生素不能与之结合的作用靶位，或者即使能与之结合形成复合体，但靶位仍能保持其功能，微生物即出现抗药性。如对链霉素抗药的突变株，就是由于抗药菌染色体上的 str 基因发生突变，使得核糖体 30S 亚基上的 S12 蛋白的构型发生改变，从而影响链霉素与 16S rRNA 上的特异碱基的结合，因此不能抑制蛋白质合成而产生抗药性。

细胞通透性的改变：由于细胞膜的通透性发生改变致使药物进入细胞内减少，就使得微生物细胞表现出抗药性。如抗四环素细菌的抗药性就属于这种膜通透性的改变。

微生物与抗生素的抗药性的产生存在着不同的生物化学机制，其中有的与抗生素的作用机制相关联，而有的与抗生素的作用机制无关。对某一种抗生素，可能存在通过不同机制抗药的菌株。当两种抗生素作用于相同的位点时，常常出现交叉抗药性。

(3)细菌抗药性产生的防止对策

1)合理使用抗生素：首先在临床方面对抗生素的使用加以严格的管理。可用可不用抗生素时尽可能不用，并注意防止交叉抗药性。同时主张联合用药，因每一种药物在细胞代谢过程中发生作用的部位不同，合理联用两种药物可起到协同和取长补短的效果。另外，应进行用药知识的教育和宣传，均可降低抗药性的产生。

2)寻找新药：努力寻找具有新的化学结构的新抗生素和改造现有的抗生素（包括对

现有的抗生素产生菌和抗生素的改造)，以及新的酶抑制剂。目前半合成抗生素的使用已成为克服抗药性的主要途径。

3)加强抗药机制的研究：研究抗药机制有助于了解细菌抗药性的本质，以便有针对性地解决抗药菌对人类的危害，有效地控制细菌感染。

(二) 维生素

维生素是一类重要的药物，与抗生素、激素一起合称三素，在医疗方面有着众多的用途。如维生素C具有抗维生素C缺乏症效能；维生素 B_2 可治疗 B_2 缺乏症(口角炎、皮炎等)；维生素 B_{12} 治疗恶性贫血、肝炎、神经炎等；维生素D治疗佝偻病等。维生素类药物可经化学合成、动植物提取或微生物发酵等方法制成。目前工业上应用发酵法生产的有维生素C、维生素 B_2、维生素 B_{12}。分述如下：

1. 维生素C　维生素C(vitamin C)又称抗坏血酸(ascorbic acid)，能参与人体内多种代谢过程，是人体内必需的营养成分，已在医药、食品工业等方面获得广泛应用。

维生素C的生产方法有化学合成法、化学合成与生物转化并用的半合成法。化学合成法一般是指莱氏法(Reichstein)。半合成法指的是化学合成中的由D-山梨醇转化为L-山梨糖的反应采用弱氧化醋杆菌(*Acetobacter suboxydans*)发酵完成，其他步骤仍是采用化学合成方法。

20世纪70年代，我国为简化工艺，研究成功了采用微生物法使L-山梨醇转化生成2-酮基-L-古龙酸(2-KLG)，然后再酸化生成维生素C的方法。这种生产方法即维生素C的二步发酵法(图6-9)。该方法与合成法比较具有工艺简单、设备投资小、成本低、节约大量有毒化工原料和减少"三废"等优点。目前不仅已在国内推广应用，而且已向国外技术转让。

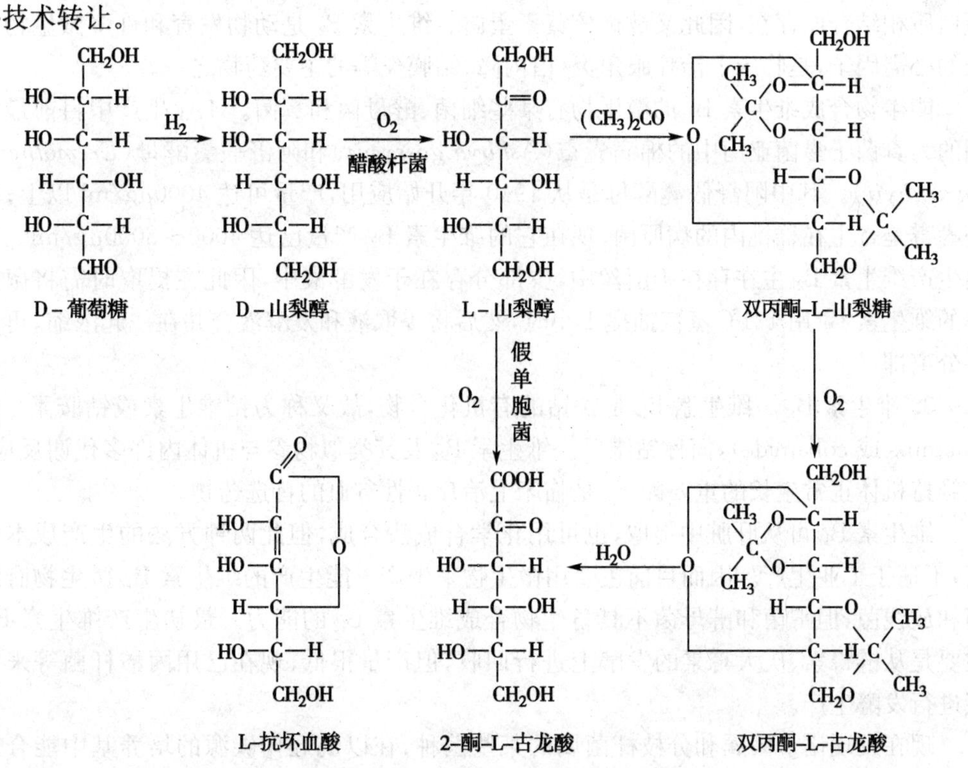

图6-9　维生素C生物合成过程

近年来，由于基因工程的迅速发展，科学家们已成功地运用基因工程的手段构建了一种重组菌株，这一菌株可直接将葡萄糖发酵生成 2-KLG，使维生素 C 的生产工艺路线大大改进和简化（图 6-10）。

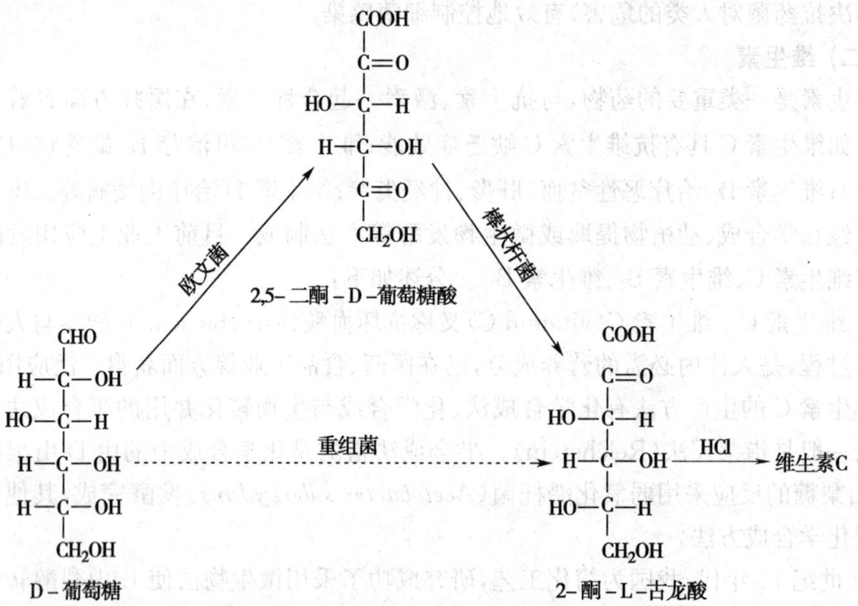

图 6-10　2-酮基-L-古龙酸生物合成途径

2. 维生素 B_2　维生素 B_2（vitamin B_2）又称核黄素（riboflavin），在自然界中多数与蛋白质相结合而存在，因此又被称核黄素蛋白。维生素 B_2 是动物发育和许多微生物生长的必需因子，是临床上治疗眼角炎、白内障、结膜炎等的主要药物之一。

能生物合成维生素 B_2 的微生物有某些细菌、酵母菌和真菌。工业生产中目前最常用的为真菌子囊菌亚门中的棉病囊霉（*Ashbya gossypii*）和阿舒假囊酵母（*Eremothecium ashbyii*）。其中阿舒假囊酵母是从 1940 年开始应用，产量可达 4000μg/ml 以上；棉病囊霉是寄生在棉桃内的病原菌，现在它的维生素 B_2 产量已达 4000～8000μg/ml。目前生产维生素 B_2 主在存在于菌丝中，少部分存在于发酵液中，因此在提取时需将菌丝中的维生素 B_2 用 121℃蒸汽抽提 1 小时，然后将提取液和发酵液合并在一起浓缩，再离心分离即可。

3. 维生素 B_{12}　维生素 B_{12}是含钴的有机化合物，故又称为钴维生素或钴胺素（cobalamins 或 cobamide），简称钴维素。维生素 B_{12}及其类似物参与机体内许多代谢反应，是维持机体正常生长的重要因子，是临床上治疗恶性贫血的首选药物。

维生素 B_{12}可从肝脏中提取，也可用化学合成法合成，但此两种方法的生产成本太高，不适于工业生产。因而目前主要用微生物来生产。能生产的维生素 B_{12}微生物有细菌和放线菌，但霉菌和酵母菌不具备生物合成维生素 B_{12}的能力。最初生产维生素 B_{12}主要是从链霉素、庆大霉素的发酵上进行回收，但产量很低，现在已用丙酸杆菌等来直接进行发酵生产。

现在发现诺卡菌属和分枝杆菌属的某些菌种，在以烷烃作碳源的培养基中能合成较多数量的维生素 B_{12}，还发现以甲烷或甲醇作碳源的细菌合成维生素 B_{12}的能力也很强。

（三）氨基酸

氨基酸是构成蛋白质的基本单位，是人和动物的重要营养物质，具有重要的生理作用，已被广泛地应用于食品、饲料和医药等工业。目前在医药方面使用量最大的是氨基酸输液，它能给手术后或烧伤患者补充大量蛋白质营养，在医疗保健事业上起着重要作用。

氨基酸的生产方法有提取法、合成法、发酵法和酶法（表 6-14），其中发酵法又可分为直接发酵法和添加前体的发酵法。到目前为止，构成蛋白质的大部分氨基酸均可采用微生物发酵法生产，氨基酸工业也发展成为发酵工业中新兴的重要部门之一。其中产量最大的是谷氨酸和赖氨酸。

表 6-14 主要氨基酸的生产方法

名称	生产方式	名称	生产方式
L-缬氨酸	发酵法、合成法	甘氨酸	合成法
L-亮氨酸	抽提法、发酵法	D,L-丙氨酸	合成法
L-异亮氨酸	发酵法	L-丙氨酸	发酵法、酶法
L 苏氨酸	发酵法	L-丝氨酸	发酵法
D,L-蛋氨酸	合成法	L-谷氨酸	发酵法
L-蛋氨酸	合成法、酶法	L-谷氨酰胺	发酵法
L-苯丙氨酸	合成法、酶法	L-脯氨酸	发酵法
L-赖氨酸	发酵法、酶法	L-羟脯氨酸	抽提法
L-精氨酸	发酵法、酶法	L-鸟氨酸	发酵法
L-天门冬氨酸	发酵法	L-瓜氨酸	发酵法
L-半胱氨酸	抽提法	L-酪氨酸	抽提法

1. 谷氨酸　谷氨酸是利用微生物发酵法来生产的第一个氨基酸，目前其年生产量居各种氨基酸之首。谷氨酸产生菌主要是棒状杆菌属（*Corynebacterium sp.*）、短杆菌属（*Brevibacterium*）和黄杆菌属（*Flavobacterium sp.*）。我国谷氨酸发酵生产所用的菌种有北京棒状杆菌 AS1. 299、钝齿棒状杆菌 B_9、T_6-13 及 672 等。

谷氨酸的生物合成途径大致为葡萄糖经糖酵解（EMP）和己糖磷酸支路（HMP）两种途径生成丙酮酸，再氧化成乙酰辅酶 A，然后进入三羧酸循环，生成 α-酮戊二酸，再经谷氨酸脱氢酶的作用，在 NH_4^+ 的存在下生成 L-谷氨酸（图 6-11）。

谷氨酸的发酵过程中，生物素是唯一重要的生长因子，一般需控制在亚适量条件下才能得到高产量的谷氨酸。生物素过量有利于菌体生长，转入乳酸发酵，而不利于谷氨酸的积累，此为完全氧化型。当生物素在亚适量时（3～5μg/L），则异构橼酸、琥珀酸的氧化以及草酰乙酸和苹果酸变为丙酮酸的脱羧作用均呈停滞状态，同时由于过剩 NH_4^+ 的存在，使构橼酸变为谷氨酸的反应大量进行，而积累大量谷氨酸，此为谷氨酸的生成型。生物素过少，细菌不生长，谷氨酸的产量降低。生物素的用量因菌株、碳氮源浓度的不同而有所变化。另外，细胞膜组成中饱和脂肪酸和不饱和脂肪酸的比例与细

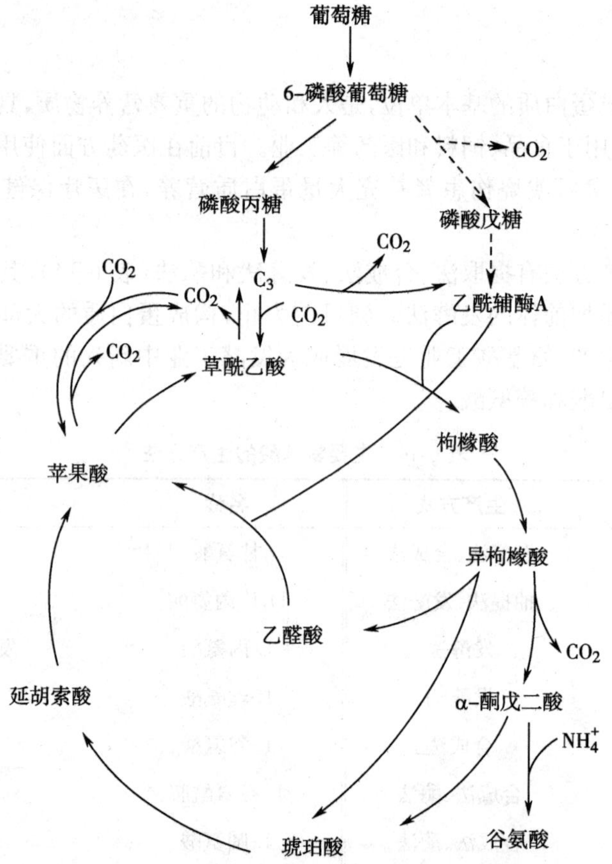

图 6-11　谷氨酸棒状杆菌谷氨酸合成途径示意图

胞膜的渗透性有关，生物素的量减少可影响细胞脂肪酸的正常合成与分布，而使膜中脂肪酸的比例改变，从而增加谷氨酸的透过，减少了细胞内谷氨酸的积累，从而消除反馈抑制使谷氨酸的生物合成继续进行。

除生物素外，在谷氨酸发酵时需注意供氧、NH_4^+、磷酸盐浓度及 pH 等因素，前三个主要是对代谢途径的控制作用。供氧充足时生成谷氨酸，供氧不足时则转入乳酸发酵。NH_4^+适量时生成谷氨酸，过量时生成谷氨酰胺，缺乏时则生成 α-酮戊二酸。pH 中性或微碱性时生成谷氨酸，酸性时生成乙酰谷氨酰胺。当磷酸盐浓度高时进入缬氨酸发酵。

在谷氨酸发酵的后期，当营养物质耗尽而酸度不再增加时即放罐，发酵终止后可采用等电点法或离子交换树脂法进行提取。我国谷氨酸生产虽然在产量等各方面都有了较大的提高，但和国外相比还有一定的差距，其生产成本高，市场竞争力低。

2. 赖氨酸　赖氨酸是人类和动物的必需氨基酸之一，对人体生长发育的影响很大，如缺乏赖氨酸就能影响机体生长发育。赖氨酸作为重要的食品和饲料添加剂，可用于面包、儿童营养品以及配制营养注射液等。

目前赖氨酸也由微生物发酵生产。赖氨酸产生菌主要是谷氨酸棒状杆菌、北京棒状杆菌、黄色短杆菌或乳糖发酵短杆菌等谷氨酸产生菌的高丝氨酸营养缺陷型，这是应用代谢调节研究成果的典型例子。由于人为地解除了氨基酸生物合成的代谢控制机制，从而能够大量积累赖氨酸。如采用高丝氨酸营养缺陷型突变型，则天冬氨酸β-半醛不再转变为苏氨酸。因此，苏氨酸与赖氨酸对天冬氨酸激酶的协同反馈抑制作用被解除，就能形成大量的赖氨酸，发酵结束后，可采用离子交换法进行提取。

目前，对赖氨酸的市场需求量潜力很大，而我国在用微生物法生产赖氨酸的技术上还不够完善，需进一步地进行研究和改进，以进一步地提高赖氨酸的产量，满足日益增长的需要。

20世纪80年代以来，细胞融合、基因工程、微生物细胞或酶的固定化等新技术、新工艺的应用，进一步推动了氨基酸发酵工业的发展，并已取得了许多可喜的成果。一些利用基因工程技术构建的产生氨基酸工程菌已应用于生产。

（四）酶及酶的抑制剂

酶一般是指生物产生的具有催化能力的蛋白质，是生物进行新陈代谢活动必不可少的生物催化剂。随着某些疾病的发病原因与酶的关系逐渐为人们所认识，酶已作为一类新的药物用来治疗某些疾病，如链激酶等某些酶制剂对溶解血栓有独特效果，可用于心血管疾病的治疗；大肠埃希菌产生的L-天冬酰胺可用于治疗淋巴瘤和白血病。同时对微生物酶的研究直接关系到对微生物规律的了解，达到控制代谢过程的目的，并可用来筛选某些新药物或新产物。另外，酶也可以用作临床诊断试剂，还可应用于其他的一些药物分析中，一些工具酶已成为基因工程中的必不可少的实验材料。

酶的来源有动物、植物和微生物三大类，但以微生物为主要来源。这是因为微生物种类多，酶源蕴藏丰富，而且微生物在人工控制条件下，比较适合于大规模的工业化生产。

由于微生物的多种多样，微生物所产生的酶的种类也很多，目前所开发成功应用的酶以及正在研究之中的酶种类只是很少的一部分，还有许多有待进一步的研究和开发，微生物酶在医药实践中的应用将会越来越广泛。

1. 酶制剂

(1)临床上常用的微生物酶

1)链激酶(streptokinase)和链道酶(streptodornase)：主要由乙型溶血性链球菌的某些菌株所产生。链激酶可用于治疗脑血栓及溶解其他部位的血凝块。链道酶又称链球菌DNA酶，可使脱氧核糖核蛋白和DNA分解成小分子的片段，在临床上可用于脓胸的治疗。

2)透明质酸酶(hyaluronidase，HAase)：是一种糖蛋白，又称为扩散因子。在1928年首次被发现，其广泛存在于动物血浆、组织液等体液及肾、肝等器官、蛇毒等动物毒液中，一些细菌也可产生，如化脓性链球菌、产气荚膜梭菌等。透明质酸酶的作用主要是水解透明质酸，在生命活动中起重要作用。临床上可用于心肌梗死的治疗以及其他一些辅助性治疗。

3)天冬酰胺酶(asparaginase)：多种细菌都能产生天冬酰胺酶，目前主要是应用大肠埃希菌来生产。其主要作用是水解天冬氨酰胺成为天冬氨酸与氨，在临床上可用于治疗白血病及某些肿瘤。

4)青霉素酶(penicillinase)：青霉素酶是一种β-内酰胺酶(β-lactamase)，其作用主要是水解青霉素的β-内酰胺环，使青霉素失活。许多细菌都能产生青霉素酶。在临床上可用于一些含青霉素制剂的无菌检验。

(2)工业上常用的微生物酶:目前药物工业上重要的微生物酶是青霉素酰化酶。青霉素酰化酶能将天然青霉素裂解形成6-氨基青霉烷酸(6-APA)。6-APA是各种半合成青霉素合成的母核,如用不同侧链羧酸酯化,即可合成多种广谱、耐酸、耐β-内酰胺酶的半合成青霉素。青霉素酰化酶存在于真菌、酵母菌、放线菌和细菌中,目前工业上最常用的是大肠埃希菌产生的酰化酶。我国已成功地通过基因工程手段构建了具有高活性青霉素酰化酶基因的工程菌,使6-APA的生产又提高到新的水平。

2. 酶抑制剂　酶抑制剂主要是指一类具有生理活性的小分子化合物,它们能通过中和抑制或竞争抑制来特异地抑制某些酶的活性,调节人体内某些代谢,增强机体的免疫能力,达到预防和治疗某些疾病的目的,同时也可用于某些抗药性细菌感染的治疗。

目前发现多种由微生物产生的酶抑制剂,如由一种链霉菌产生的抑肽素(pepstatin),它是一种蛋白酶抑制剂,临床上可用于治疗胃溃疡;泛涎菌素(panosialin)是淀粉酶的特异性抑制剂,可用来防止肥胖症、糖尿病等。还有其他多种酶抑制剂,但大多数尚处于研究阶段,其中对β-内酰胺酶抑制剂研究得比较详细,且国外均早已应用于临床。

克拉维酸(clavulanic acid)又称棒酸,是一种β-内酰胺酶抑制剂,是由棒状链霉菌产生的,其本身亦是一种广谱抗生素,但抗菌活性弱,对β-内酰胺酶抑制的特异性很强,是一种很有应用前景的β-内酰胺酶抑制剂。目前已开发成功克拉维酸与阿莫西林复合制剂,在治疗由青霉素耐药的细菌所引起的感染方面具有明显的疗效,并已应用于临床,如安灭菌(Augmentin,商品名)即是此种复方制剂。

(五)其他微生物制剂

1. 核酸类物质制剂　核酸类物质主要包括嘌呤核苷酸、嘧啶核苷酸以及它们的衍生物,它们中有的已是重要的药物,如肌苷可治疗心脏病、白血病、血小板下降、肝病等;ATP作为能量合剂可治疗代谢紊乱、辅助治疗心脏病、肝病等;氟尿嘧啶可治疗某些肿瘤等。核酸类物质制剂在治疗心血管疾病、肿瘤等方面有特殊疗效。

核酸类物质的生产方法主要有酶解法、半合成法和直接发酵法三种。①酶解法:先用糖质原料发酵生产酵母,再从酵母菌体中提取核糖核酸,提取出的核糖核酸经过青霉菌或链霉菌等微生物产生的酶进行酶解,制成各种核苷酸;②半合成法:是将微生物发酵和化学合成并用的方法,如用发酵法先制成肌苷,再利用微生物或化学的磷酸化作用,使肌苷转变为肌苷酸;③直接发酵法:是根据微生物的特点,采用营养缺陷型菌株,通过控制发酵条件,打破菌体对核酸类物质代谢的调节控制,使其发酵大量生产某一种核苷或核苷酸。

核酸类物质发酵是1956年继谷氨酸发酵研究成功后又一新兴的微生物工业。核酸制剂包括嘌呤核苷酸及其衍生物、嘧啶核苷酸及其衍生物。现已用发酵法或酶解法进行研究与生产的有肌苷和肌苷酸(5′-IMP,次黄嘌呤核苷酸)、鸟苷和鸟苷酸(5′-GMP)、黄嘌呤核苷和核苷酸(5′-XMP)、腺苷和腺苷酸(5′-AMP)、乳清酸核苷和乳清酸、腺嘌呤核苷三磷酸(ATP)和辅酶A(CoA)等。5′-IMP和5′-GMP是调制"强力味精"的原料,助鲜作用可加强上百倍。许多核酸制剂是重要的药物,如肌苷和辅酶A可治疗心脏病,白细胞、血小板下降及肝病;ATP可治疗代谢紊乱、肌肉萎缩、心脏病、肝病等。此外许多碱基、核苷和核苷酸都是重要的生物试剂,在核酸和蛋白质研究中是不可缺少的。

2. 生物碱　虽然生物碱主要由植物产生，但微生物也能合成某些种类的生物碱，例如用紫麦角菌(*Claviceps purpura*)产生麦角碱，即用紫麦角菌人工接种于黑麦上制备大量的麦角，进而制成麦角碱。此外，还可利用深层发酵培养的方法进行生产。麦角碱在临床上主要用作子宫收缩剂。

另外，有一种诺卡菌能产生安沙美登素(ansamitocin)，其结构与自植物美登木中得到的美登木素很相似。安沙美登素对白血病具有一定的疗效。

3. 螺旋藻　螺旋藻是一种分布在世界各海区及陆地淡、盐水湖中的藻类，呈蓝绿色，含有大量的蛋白质。非洲、美洲的一些原著居民用其作为食物已有1000多年的历史。螺旋藻属于浮游自养型原核生物，其繁殖方式为直接分裂，藻体呈细丝状螺旋形，一般为多细胞。藻体由于含有藻蓝素，而使螺旋藻呈蓝绿色。螺旋藻中含有极为丰富的营养成分和多种生物活性物质，其中的蛋白质含量高达菌体干重的60%～80%，且含有人体必需的8种氨基酸。因此，把螺旋藻添加到食品、饲料或饵料中，可以起到蛋白质的互补作用，大大改善谷物蛋白质的营养质量。

此外，螺旋藻中还含有螺旋藻多糖和γ-亚麻酸等不饱和脂肪酸，以及多种维生素、酶类、矿物质等，从而具有更大的医疗保健价值。

4. 微生物多糖　微生物的细胞结构中含有多糖，研究证明微生物多糖在医药工业、食品工业、化学工业等领域有巨大的应用潜力，所以微生物多糖工业已成为一个新型发酵工业领域。

微生物多糖在医药领域有广泛的应用，如右旋糖酐、真菌多糖、环糊精等已成为医药工业的主要原料。

(1)右旋糖酐(dextran)：即葡聚糖，是葡萄糖脱水形成的聚合物，是蔗糖经由肠膜状明串珠菌(*Leuconostoc mesenteroides*)发酵产生的一种高分子葡萄糖聚合物。右旋糖酐具有维持血液渗透压和增加血容量的作用，可作为代血浆的主要成分，临床上用于抗休克、消毒和解毒等。

右旋糖酐因聚合的葡萄糖的分子数不同而产生不同分子量的产品，其中右旋糖酐40、右旋糖酐70已成为农村牧区合作医疗基本药物。

(2)真菌多糖：许多高等真菌产生的多糖类物质，具有很高的药用价值，我国传统中药中的真菌类药物如灵芝、茯苓、猴头、冬虫夏草、香菇、银耳等，其主要的药用成分是多糖。研究证明，真菌多糖具有增强机体整体免疫功能等显著效果，从而会产生一系列相应的药理作用，比如抗肿瘤等。已在临床上成功应用的真菌多糖药物也很常见，如香菇多糖、云芝多糖、茯苓多糖等。

(3)环糊精：环糊精(cyclodextrin，简称CD)是直链淀粉在由芽孢杆菌产生的环糊精葡萄糖基转移酶作用下生成的一系列环状低聚糖的总称，多个分子以α-1,4-糖苷键首尾相连而成，在空间呈螺旋状结构，通常含有6～12个D-吡喃葡萄糖单元，如α、β、γ-环糊精分别是6、7、8个D(+)-吡喃型葡萄糖组成的环状低聚物。环糊精可广泛应用于食品工业、医药工业、日用化工、卷烟工业等领域，在医药工业上环糊精可作为药物的稳定剂，此外，在提高药效、减缓药物的毒性和副作用方面也有一定的作用。

点滴积累

1. 微生态制剂是指应用微生态学的原理，利用对宿主有益无害的益生菌或益生菌的促生长物质，经特殊工艺制成的制剂。因多含有活的微生物，故也叫活菌制剂。

2. 微生物药物是指利用微生物的代谢活动来生产而得到的人类战胜疾病所需的医药制品。微生物药物既可以是微生物的某一类代谢产物，也可以是某种纯化微生物，或几种纯化微生物的混合物，如抗生素、氨基酸、维生素、酶、疫苗等。

目标检测

一、选择题

(一) 单项选择题

1. 注射制剂中应(　　)
   A. 有细菌　　B. 有热原质
   C. 有真菌　　D. 不含任何微生物与热原质
2. 微生物发酵中发生杂菌污染的原因可能是(　　)
   A. 设备灭菌不彻底　　B. 工人没有严格无菌操作
   C. 空气净化不彻底　　D. 以上都是
3. 药物无菌检查包括(　　)
   A. 各种注射剂　　B. 眼用制剂
   C. 外科用制剂　　D. 以上都是
4. 微生物限度检查的正确内容是(　　)
   A. 染菌量的检查和控制菌的检查　　B. 真菌检查
   C. 沙门菌检查　　D. 大肠埃希菌检查
5. 微生物发酵时种子制备中适宜的菌龄是(　　)
   A. 对数生长期为宜　　B. 迟缓期为宜
   C. 稳定期为宜　　D. 衰退期为宜

(二) 多项选择题

1. 药物被微生物污染后将会发生(　　)
   A. 理化性质改变　　B. 疗效降低　　C. 疗效不变
   D. 失效　　E. 危害患者
2. 药物被污染的微生物可能来自(　　)
   A. 厂房　　B. 物料　　C. 设备
   D. 操作人员　　E. 包装容器
3. 微生物菌种选育方法有(　　)
   A. 诱变育种　　B. 自然选育　　C. 三倍体育种
   D. 杂交育种　　E. 单倍体育种
4. 发酵产物提取的基本步骤包括(　　)
   A. 发酵液的预处理　　B. 发酵产物的提取　　C. 发酵产物的分离精制
   D. 发酵产物的检测　　E. 成品的包装
5. 微生物药物包括(　　)

A. 抗生素　　B. 维生素　　C. 蔗糖
D. 双歧杆菌制剂　　E. 疫苗

二、简答题

1. 生物制药工业中如何控制微生物污染？
2. 微生物限度检查包括哪些内容？

（凌庆枝　叶丹玲）

实训部分

实训一　显微镜的使用与细菌形态结构观察

一、显微镜油镜的使用及保护

【实训目的】

学习显微镜油镜的使用及保护，为细菌鉴定技术及后续相关课程奠定基础。

【实训用品】

1. 器材　显微镜、试镜纸、标本片。

2. 试剂　香柏油、二甲苯。

【方法及步骤】

1. 油镜的使用

(1)采光：将低倍物镜对准聚光器，上调聚光器至最高处，光圈完全打开，调节反光镜采光至视野里获得适宜亮度。若以日光灯作为光源，可用凹面镜；若以自然光作为光源，则用平面镜；若用电光源的显微镜，则通过底座上的螺旋调节亮度。

(2)滴加香柏油：在标本片上滴加 1 滴香柏油，将标本片置于载物台上，用标本夹固定，移动推进器将欲检查的标本部分移至物镜正下方。旋转物镜回旋器，使油镜镜头垂直对于标本位置。眼睛从侧面观察油镜，并慢慢旋动粗螺旋，使镜头刚好浸于香柏油中，但切勿与载玻片接触，以免镜头或载玻片被损坏。

(3)调焦：注视目镜，先用粗螺旋缓慢调节至有模糊物像，然后换用微调螺旋调至物像清晰。

2. 油镜的保护　镜头是光学显微镜中最重要的部件，尤其是油镜镜头，应特别注意保护。实验完毕，必须做好以下几点：

(1)观察结束后，用拭镜纸(勿用手、布或其他纸类)轻轻拭去镜头上的香柏油。若油已干，可用拭镜纸蘸取少许二甲苯擦拭镜头，再用干净的拭镜纸擦去镜头上残留的二甲苯。

(2)使用完显微镜后，应将物镜转成“八”字形，即物镜不与载物台垂直，同时下降聚光器，避免物镜与聚光器碰撞。竖起反光镜、套上镜罩或放入镜箱内防尘。

(3)放置显微镜时，应注意保持通风、干燥、防晒、防霉，避免与有腐蚀性的物品接触。

(4)搬动显微镜时，应一手稳托镜座，一手紧握镜臂，轻拿轻放，以防显微镜碰撞或摔坏。

【注意事项】

1. 使用油镜时，切忌将载物台倾斜，以免香柏油流下时对载物台造成污染。

2. 调焦前，将镜头浸于香柏油中时，眼睛要从侧面注视镜头与玻片的距离。

3. 调焦时，需使镜头缓缓离开玻片。如果反方向操作，极易在镜头与玻片靠近的过程中压碎玻片，损伤镜头。

4. 务必使用试镜纸擦试镜头。

【实训检测】

使用油镜观察细菌时，为什么要加香柏油？

【实训报告】

记录油镜的使用及保护方法。

二、细菌形态结构观察

【实训目的】

学会辨识细菌的基本形态与特殊结构，为细菌鉴定打下基础。

【实训用品】

1. 器材　显微镜、试镜纸。

2. 试剂　香柏油、二甲苯。

3. 细菌标本片　球菌、杆菌、弧菌、荚膜、芽孢、鞭毛染色标本片。

【方法及步骤】

1. 细菌的基本形态观察　主要观察细菌的大小、形态、排列及染色性。观察标本片如下：

(1)葡萄球菌：菌体呈球形，紫色，多呈葡萄串状排列。

(2)链球菌：菌体呈球形，紫色，多呈链状排列。

(3)大肠埃希菌：为两端钝圆的短杆菌，呈红色，散在排列。

(4)霍乱弧菌(或水弧菌)：菌体呈红色，只有一个弯曲，呈弧状或逗点状，散在排列。

2. 细菌的特殊结构观察　油镜仅能观察到细菌的荚膜、芽孢及鞭毛三种特殊结构。观察标本片如下：

(1)荚膜-肺炎链球菌(革兰染色)：革兰阳性球菌，成双排列，菌体周围有一未着色的环状带，即为荚膜。

(2)芽孢-破伤风芽孢梭菌(芽孢染色)：菌体呈蓝色，芽孢呈红色，位于菌体顶端，直径大于菌体，状如鼓槌。

(3)鞭毛-伤寒沙门菌(鞭毛染色)：菌体呈红色，菌体周围呈淡红色、波状弯曲的丝状物，即为(周身)鞭毛。

【注意事项】

1. 观察标本片时，正确使用粗螺旋及微调螺旋，以便看到清晰的菌体形态和结构，并避免损坏镜头及标本片。

2. 应选择涂片分布均匀的视野观察。

【实训检测】

细菌的基本形态有几种？在光学显微镜下可观察到的特殊结构包括哪些？

【实训报告】

绘出油镜下所见细菌的基本形态和特殊结构图。

【实训评价】

用油镜在规定时间内找到细菌并正确报告结果。

镜头使用情况（是否100×）	油镜使用步骤（是否规范）	物像清晰度	操作完成时间（分钟）	油镜保护是否正确	结果报告是否准确

（赵秀梅）

实训二　革兰染色技术

【实训目的】

学习革兰染色技术，为细菌鉴定及无菌操作奠定基础。

【实训用品】

1. 标本　待检细菌悬液或菌落。

2. 试剂　生理盐水、结晶紫染液、卢戈碘液、95％乙醇、沙黄或稀释复红染液。

3. 器材　载玻片、接种环、酒精灯、普通光学显微镜、香柏油等。

【方法及步骤】

1. 制片　细菌染色标本制作的基本步骤为涂片→干燥→固定。

(1)涂片：取一张洁净的载玻片，用灭菌的接种环取生理盐水1环于载玻片中央，将接种环置于酒精灯火焰上烧灼灭菌，待冷却后取菌落少许于生理盐水中，均匀涂布成直径为1～1.5cm的菌膜。若系液体标本，则不需加生理盐水，可直接涂于载玻片上。

(2)干燥：将涂片置室温自然干燥。如欲加速干燥，可将菌膜面向上，在火焰上方不烤手处略加烘烤，但切勿靠近火焰，以免烤焦菌膜。

(3)固定：干燥后，将载玻片以钟摆速度通过酒精灯火焰3次，将细菌杀死并固定在载玻片上。

2. 染色

(1)初染：滴加结晶紫染液(以刚好覆盖菌膜为宜)，染色1分钟，水洗。

(2)媒染：滴加卢戈碘液，染色1分钟，水洗。

(3)脱色：滴加95％乙醇脱色，摇动标本片至无紫色脱下为止，水洗。

(4)复染：滴加沙黄或稀释复红染液，复染30秒，水洗。

3. 镜检　用滤纸吸干或自然干燥后，油镜下观察染色结果。

4. 结果　革兰阳性菌呈紫色，革兰阴性菌呈红色。

【注意事项】

1. 涂片时，取菌量不宜过多，菌膜不宜过厚，涂片应均匀。

2. 干燥和固定时，温度不宜过高，以免菌体烤焦变形。

3. 染色各环节均要严格掌握好时间，尤其是乙醇脱色环节，应根据菌膜厚薄等因素掌控脱色时间，否则会影响染色结果。

4. 水洗时应倾斜玻片，以缓流水冲于玻片上端，使水流沿玻片斜面流下，切忌将水流直接冲洗菌膜部位，以免菌膜脱落。

【实训检测】

1. 取标本涂片时，为什么要烧灼接种环和试管口？

2. 涂片后为什么要进行固定？干燥或固定时应注意哪些？

3. 如何把握脱色时间？脱色时间过长或过短对结果有何影响？

4. 水洗时，直接冲洗菌膜可能会出现什么后果？

【实训报告】

记录革兰染色的操作步骤及染色结果，并说明其实际意义。

【实训评价】

革兰染色技术及染色结果判断能力测试。

无菌操作（是否规范）	操作步骤（是否规范）	视野是否清晰	染色结果（是否准确）	结果报告（是否正确）

（赵秀梅）

实训三　培养基的制备

【实训目的】

通过学习常用培养基的制备技术，为微生物培养、选育菌种和鉴定奠定基础。

【实训用品】

1. 试剂　蛋白胨、牛肉膏、氯化钠、蒸馏水、琼脂等。

2. 玻璃器材　三角瓶、烧杯、试管、玻玻棒、量筒、培养皿、吸管等。

3. 其他　天平、称量纸、滤纸、纱布、棉塞、pH 试纸、包装纸、酒精灯、电炉、高压蒸汽灭菌器等。

【方法及步骤】

1. 培养基制备的基本程序　培养基种类虽多，但各种培养基配制的方法和程序基本相似，即包括调配、溶化、调节pH、过滤、分装、灭菌、检定及保存等步骤。

(1)调配：按培养基的配方准确称取各种成分，混悬于蒸馏水中。某些物质如指示剂、琼脂等应在 pH 调节适宜后加入。

(2)溶化：通过加热等方式将各种成分混匀溶解于水中，并随时搅拌，以防培养基结焦。如有琼脂成分更应注意防止外溢。溶化完毕，注意补足蒸发掉的水分。

(3)调节 pH：用酸度计或 pH 试纸测试培养基的酸碱度，用 NaOH 或 HCl 溶液调节至适宜的 pH。一般培养基调节至 pH 7.4～7.6，也有个别微生物需酸性或碱性的培养基。培养基经高压灭菌后，pH 会降低 0.1～0.2，故在调节 pH 时应比实际需要的 pH 高 0.1～0.2。

(4)过滤：培养基配成后如有杂质或沉淀，需过滤澄清后方可使用。液体培养基用滤纸过滤，半固体或固体培养基可用两层纱布夹薄层脱脂棉趁热过滤。若培养基量较大，可采用自然沉淀法，即将溶化的琼脂培养基盛入容器内，静置过夜，次日将琼脂倾出，用刀将底部残渣切去，再溶化即可。

(5)分装：根据需要将培养基分装于适当的容器中。若是制作液体、半固体或斜面培养基，则分装于试管中；若是制作平板培养基，则分装于锥形瓶中。分装完毕后，须用硅胶塞或棉塞堵住管口或瓶口，再用牛皮纸包扎，以备灭菌。

(6)灭菌：根据培养基的成分、化学性质等选用适当的方法进行灭菌，以保证灭菌效果的同时又不破坏培养基中的营养成分。常用的灭菌方法有高压蒸汽灭菌法和间歇灭菌法。

(7)检定：即培养基的质量检查。包括：①无菌试验：随机抽样适量制备好的培养基，置37℃温箱培养24～48小时，若培养基中无菌生长，则为合格；反之则不合格；②效果检测：将已知的标准菌株接种在被检培养基上，置于37℃温箱培养18～24小时，若菌种能生长并表现出典型生长特征，则培养基符合要求。

(8)保存：将制备好的培养基注明名称、配制日期等，置于4℃冰箱保存，要注意防止培养基干涸、变质和污染。

2. 常用培养基的制备

(1)肉汤培养基的制备：准确称取蛋白胨10g、牛肉膏3g、氯化钠5g、蒸馏水1000ml于烧瓶中，加热熔化，调pH至7.4～7.6，过滤后分装于三角烧瓶或试管中，分装量约为试管高度的1/3，加塞、包扎管口、高压灭菌(103.4kPa，15～20分钟)后备用。可用于一般细菌的培养。

(2)固体培养基的制备：在肉汤培养基中加入2%～3%的琼脂，即为固体培养基。根据需要常制成普通琼脂斜面和普通琼脂平板两类。

1)普通琼脂斜面的制备：将上述配好的琼脂培养基分装于试管中，分装量约为试管长度的1/3，加塞、包扎管口、高压灭菌(103.4kPa，15～20分钟)后，趁热放置成斜面，斜面长度约为试管长度的2/3。可用于一般增菌或保存菌种。

2)普通琼脂平板的制备：将上述加热溶化后的培养基，过滤，加塞、包扎瓶口，高压蒸汽灭菌(103.4kPa，15～20分钟)后冷却至50～60℃时，以无菌操作倾注于无菌平皿内，内径9cm的平皿倾注培养基13～15ml，轻摇平皿底，使培养基平铺于平皿底部，凝固后备用。倾注培养基时，切勿将皿盖全部打开，以免空气中尘埃及细菌落入。此培养基用于分离细菌。

(3)半固体培养基的制备：制备方法基本同斜面固体培养基，区别是琼脂加入量为0.3%～0.5%；灭菌后需直立试管，冷凝后即成半固体培养基。用于保存菌种或观察细菌动力。

【注意事项】

1. 加热溶解时　温度不宜过高，并要随时搅拌，以防培养基结焦。溶化琼脂时更要注意防止外溢。

2. 调节pH时　一般以pH 7.6为准，因为培养基经过高压灭菌后pH会下降0.1～0.2；过热的培养基应待其冷却后进行pH校正，以防实际pH偏低；如需加琼脂时，应先调pH后再加入，以免琼脂凝固影响pH调节。

3. 分装时　分装量不得超过容器容量的2/3，避免灭菌时外溢。

4. 高压灭菌的温度和时间　随培养基种类与数量的不同有所差异。一般培养基少量分装时，高压灭菌 103.4kPa 121.3℃ 15 分钟即可；培养基分装量大，可高压灭菌 30 分钟；含糖或明胶培养基，以 68.45kPa 115℃ 15 分钟为宜，以防止糖类破坏或明胶凝固力降低。

5. 灭菌后　应检查培养基有无异样，如瓶身破损、水分浸入、棉塞松动等，均应挑出弃之。

6. 培养基应保存在冰箱或冷暗处，时间不宜过长。当再次取用时，要注意查看培养基有无异样改变，质量检查合格后方可使用。

【实训检测】

1. 制备液体培养基时，为什么要过滤？

2. 细菌生长最适 pH 为 7.2～7.6，为什么制备培养基时将 pH 调为 7.4～7.6？

3. 若培养基内含有糖等不耐高温的成分，应如何灭菌？

【实训报告】

记录培养基的种类及基础培养基的制备程序。

【实训评价】

以实训小组为单位，对自制的培养基进行检测（制备能力检测）。

检测内容	外观性状	分装量	包装规范	名称标记	灭菌方法	其他
液体培养基						
固体培养基						
半固体培养基						

（赵秀梅）

实训四　细菌的接种与培养

【实训目的】

通过学习细菌接种与培养技术，为掌握细菌鉴定技术、控制技术及发酵生产奠定基础。

【实训用品】

1. 接种工具　接种环、接种针。

2. 菌种　金黄色葡萄球菌、大肠埃希菌（教师可根据实际情况选用菌种）。

3. 培养基　肉汤培养基、普通琼脂平板、普通琼脂斜面、半固体培养基。

4. 器材　酒精灯、恒温培养箱等。

【方法及步骤】

1. 细菌的接种

(1)常用接种工具：接种环和接种针是接种细菌的必备工具。系采用一段长 5～8cm 的镍合金丝或白金丝（或电阻丝），安置在长约 20cm 的上端套有隔热绝缘柄的金属棒上，前端弯曲成直径为 3～4mm 的密闭环状为接种环，无环者称接种针（实训图 4-1）。

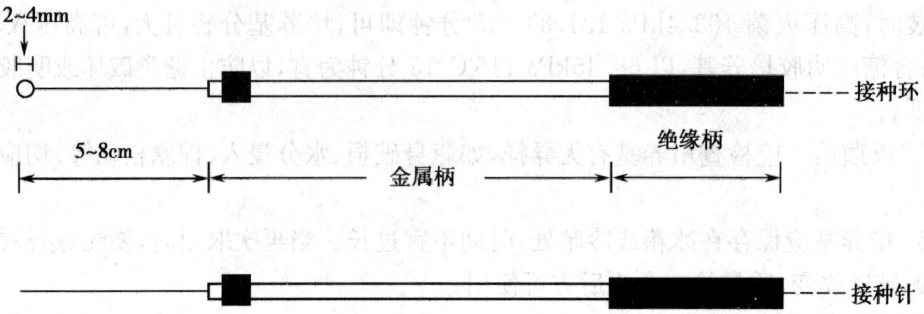

实训图 4-1　接种环与接种针

(2)无菌操作技术

1)细菌接种应在无菌室、超净工作台或生物安全柜内进行,并需在使用前后用消毒液擦拭,再用紫外灯照射消毒。

2)接种环(针)在每次使用前后,均应在火焰上彻底烧灼灭菌,金属棒部分也需转动通过火焰灭菌。

3)无菌试管或烧瓶等带有硅胶塞或棉塞的容器在开塞后及塞回前,管(瓶)口部须在火焰上来回通过 2～3 次,以杀死可能附着于管(瓶)口的细菌或可能从空气中落入的细菌。开塞后的管口或瓶口应尽量靠近火焰,试管及烧瓶应尽量倾斜或平放,切忌口部向上或长时间暴露在空气中。

4)实验所有器具、培养基等均须严格灭菌,使用过程中不能与外界未经消毒的物品接触。

5)实验中用过的器具均应作灭菌处理后方可丢弃或归放,以免细菌造成环境污染。

(3)细菌接种技术:将细菌标本或培养物移种至适当培养基的过程即为接种。根据标本来源、培养目的的不同,可选择不同的接种方法。接种的基本程序是灭菌接种环(针)→待冷→蘸取细菌标本→进行接种(不同的方法此步骤略有不同)→灭菌接种环(针)。

1)平板划线接种法(或分离培养法):目的是将混有多种细菌的标本经划线分离使其单个生长形成单个菌落。常用平板划线法有:①分区划线法:此法适用于杂菌量较多的标本。右手持接种环,在火焰上烧灼灭菌。待冷后以无菌操作方法蘸取细菌少许。左手持琼脂平板,略开皿盖,将蘸取细菌的接种环轻轻在平板边缘涂抹,再以"Z"字形不重叠连续划线作为第一区,其范围不超过平板的 1/4;烧灼灭菌接种环,待冷,将平板旋转适当角度(约 70°),以相同方法于第二区再作连续划线,在开始划线时与第一区的划线相交数次;完成后将接种环烧灼灭菌,继续按上述方法,分区划出第三、四区(实训图 4-2)。②连续划线法:此法适用于含菌量较少、杂菌不多的标本。方法是用已烧灼灭菌的接种环蘸取适量标本于平板培养基表面以"Z"字形连续划线,直至划完整个平板表面(实训图 4-3)。

接种完成后,烧灼接种环,放回,平皿底部朝上置于 37℃培养箱中培养(在平皿底部原始区对应处或靠平皿边缘处贴上标签)。

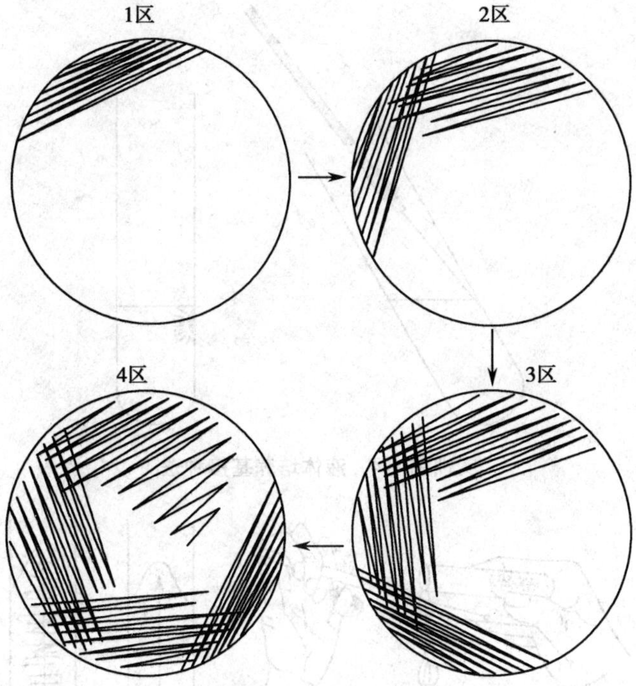

实训图 4-2　分区划线法

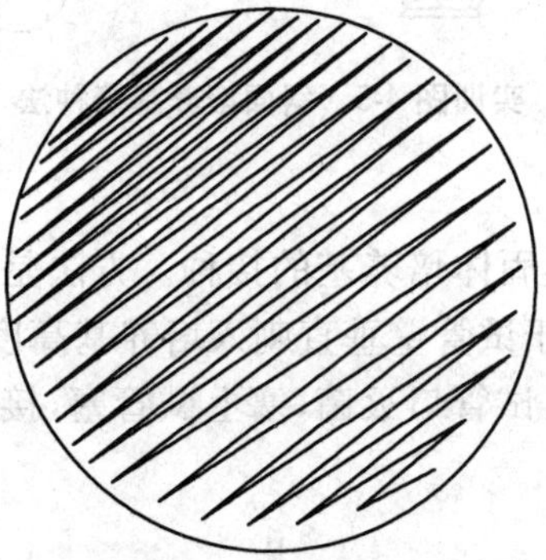

实训图 4-3　连续划线法

2)液体培养基接种法:适用于各种液体培养基的接种。方法是右手持接种环(或接种针),烧灼后冷却;左手斜持菌种管和液体培养基管,用右手掌与小指、小指与无名指分别夹取两试管塞,然后将试管口通过火焰灭菌;用接种环挑取适量菌种,迅速伸进液体培养基管内,在液面与管壁交界处轻轻研磨;取出接种环,火焰上灭菌试管口后,塞回试管塞,灭菌接种环;直立试管,菌种即均匀混悬于液体培养基中(实训图 4-4)。试管置于 37℃培养箱中培养。

3)斜面培养基接种法:用于细菌纯培养或菌种保存。方法是左手斜持菌种管和斜面培养基管,使其斜面朝上,试管口火焰灭菌;将蘸取菌种的接种环(针)伸进斜面培养基内,在斜面上自底部开始由下向上划一直线,然后再由下自上轻轻曲折划线。或先从斜面正中垂直刺向试管底部,抽出后再在斜面上曲折划线(实训图 4-5)。试管口灭菌,塞上试管塞,烧灼接种环(针),放回,将试管置于 37℃培养

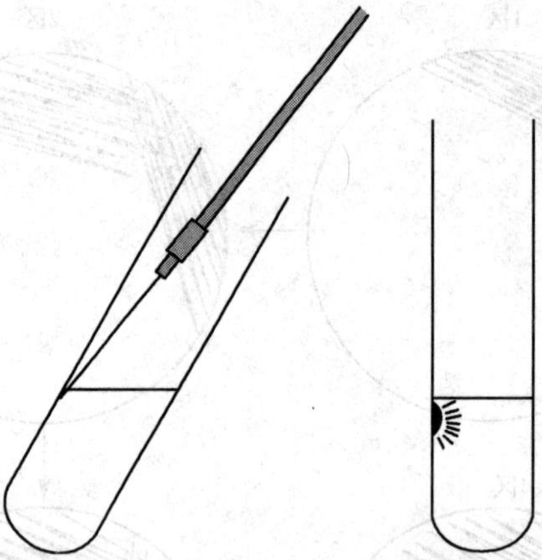

实训图 4-4 液体培养基接种法

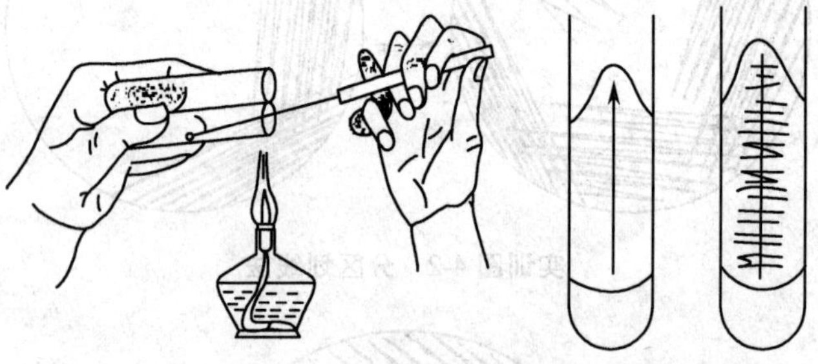

实训图 4-5 斜面培养基接种法

箱中培养。

4)穿刺接种法:适用于半固体培养基的接种。方法是用灭菌的接种针挑取适量菌种,从培养基表面正中,平行于试管壁垂直刺入培养基高度的 2/3,但不能触及管底,然后沿原路抽出(实训图 4-6)。试管口灭菌,塞上试管塞,接种环烧灼灭菌,放回,将试管置于 37℃培养箱中培养。

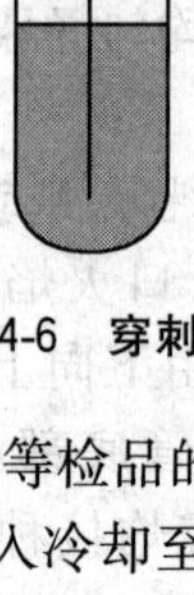

实训图 4-6 穿刺接种法

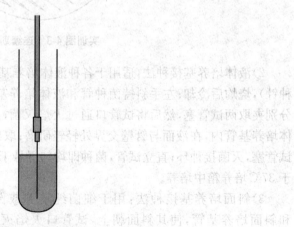

5)倾注平皿法:可用于饮用水、药物等检品的微生物数量测定。方法是取经适当稀释的检品 1ml 置于无菌培养皿中,再注入冷却至 50℃左右的琼脂培养基 15～20ml,混

匀，静置待其凝固后放培养箱内培养至规定时间，进行菌落计数，即可计算出检品中微生物的含量。

2. 细菌的培养　根据不同标本及培养目的不同，可采用不同方法进行培养，常用的有一般培养法、二氧化碳培养法及厌氧培养法。

(1)一般培养法(需氧培养法)：用于需氧菌及兼性厌氧菌的培养。将已接种细菌的培养基置于37℃培养箱培养18～24小时，无特殊要求的细菌均可生长。但菌量很少或缓慢生长的细菌如结核分枝杆菌，则需培养1周甚至1个月才能观察到生长现象。

(2)二氧化碳培养法：适用于培养某些需要一定浓度的CO_2才能生长的细菌(如脑膜炎奈瑟菌等)。常用的方法有二氧化碳培养箱培养法、烛缸法、化学法等。①烛缸法：将已接种细菌的培养基置于干燥器内，并放入点燃的蜡烛，加盖密闭。蜡烛在烛缸内燃烧1～2分钟后因缺氧而自行熄灭，此时干燥器内含有5%～10%的CO_2。将干燥器置于37℃温箱中培养18～24小时后观察结果。②二氧化碳培养箱法：二氧化碳培养箱可通过控制面板调节箱内CO_2的含量和温度。将已接种细菌的培养基直接置于已调节好的CO_2培养箱，孵育一定时间观察结果。

(3)厌氧培养法：用于专性厌氧菌的培养。厌氧培养的一个重要原则就是通过物理、化学及生物学方法去除环境中的游离氧，降低氧化还原电势，以适于专性厌氧菌的生长。常用方法有厌氧罐培养法、厌氧气袋法、厌氧培养箱等。

【注意事项】

1. 细菌接种时必须严格执行无菌操作。

2. 灭菌的接种环(针)须冷却后方可挑取细菌，以免烫死细菌。使用后的接种环(针)烧灼灭菌时须行反向灭菌，以避免气溶胶的形成造成对环境的污染。

3. 带菌的接种环(针)在进出试管时，动作要快速准确，不能碰及试管内壁和管口。

4. 平板划线时，培养皿盖不能完全打开或打开角度过大(勿超过45°)，更不能将培养皿盖置于操作台上，以免呼吸道或空气中的杂菌污染。

5. 平板划线时，应注意划线的速度、力度、角度。划线速度过快或过慢，起不到分离作用；划线力度不能过大，应运用腕力在培养基表面滑行，切忌划破培养基，影响实验结果；划线时接种环与培养基表面的角度应为30°～45°，便于操作且不易污染。

6. 试管接种时，应将试管稍稍倾斜，避免空气中的杂菌沉降于管内，导致污染；试管不能水平放于实验台上，以免液体流出或斜面培养基的凝固水浸湿培养基表面；试管塞不能随便在实验台上乱放。

7. 穿刺接种时，注意接种针应在培养基内直行，不要左右移动，切忌穿刺至管底。

【实训检测】

1. 接种细菌时应怎样做到无菌操作？无菌操作技术在微生物学实验及今后工作中有何意义？

2. 为什么平板划线分离培养可以分离得到纯种细菌？

3. 穿刺接种时，接种针为什么不能在培养基内左右移动？为什么不能穿刺至管底？

4. 如何区别平板上的目的菌落与污染菌落？

【实训报告】

1. 记录并图示肉汤培养基、斜面培养基、普通琼脂平板及半固体培养基的接种方法。

2. 记录细菌在液体、固体和半固体培养基中的生长现象。

【实训评价】

1. 无菌操作技能的检测(选取斜面或液体培养基进行接种)

评价内容	接种环灭菌	手夹持试管塞	菌种管口灭菌	取细菌标本	培养基管口灭菌	接种细菌	接种环反向灭菌
评价结果							

2. 观察能力检测　观察结果时,以小组为单位,学生自己观察、讨论、分析实验结果。教师随机抽查学生描述细菌在三种培养基上的生长现象。

(赵秀梅)

实训五　细菌的生化鉴定

【实训目的】

通过实训掌握生化反应在细菌鉴定中的作用,为细菌鉴定、菌种选育等打下基础。

【实训用品】

1. 菌种　已知细菌标本。

2. 培养基　葡萄糖发酵培养基、乳糖发酵培养基、葡萄糖蛋白胨水、蛋白胨水、枸橼酸盐培养基、克氏双糖铁斜面、尿素培养基。

3. 试剂　靛基质试剂、V-P试剂、甲基红指示剂、兔血浆。

4. 器材　接种环(针)、酒精灯、记号笔、试管架、恒温培养箱等。

【方法及步骤】

1. 糖发酵试验

(1)方法:以无菌操作将待检细菌接种到葡萄糖、乳糖发酵培养基中,35℃培养18～24小时后观察结果。

(2)结果及判定:如待检菌能分解葡萄糖(乳糖)产酸产气,则培养基变黄色,培养基中、倒置小导管中有气泡(固体培养基出现裂隙),用“⊕”表示。若待检菌分解葡萄糖(乳糖)只产酸不产气,则培养基变黄,导管中无气泡(固体培养基不出现裂隙),用“+”表示;若待检菌不分解葡萄糖(乳糖),发酵管不变色,导管中无气泡(固体培养基不出现裂隙),用“－”表示。

2. 甲基红试验(MR试验)

(1)方法:将待检细菌接种于葡萄糖蛋白胨水中,35℃培养18～24小时。取出培养物,滴加甲基红指示剂(每毫升培养基中滴加指示剂1滴)。

(2)结果及判定:培养基呈红色者为阳性,用“+”表示;培养基呈黄色者为阴性,用“－”表示。

3. V-P试验

(1)方法:将待检细菌接种于葡萄糖蛋白胨水培养基中,35℃培养 18~24 小时。取出培养物,滴加 V-P 试剂(每毫升培养基滴加 V-P 试剂 0.1ml),充分混匀。

(2)结果及判定:培养基出现红色者为阳性,用"+"表示;不出现红色者为阴性,用"-"表示。

4. 靛基质试验

(1)方法:以无菌操作将待检细菌接种到蛋白胨水中,35℃培养 18~24 小时。取出培养物,沿试管壁加入靛基质试剂(对二甲基氨基苯甲醛溶液)0.5ml,静置数分钟。

(2)结果及判定:试剂与培养基接触面出现玫瑰红色者为阳性,用"+"表示;不出现红色者为阴性,用"-"表示。

5. 枸橼酸盐利用试验

(1)方法:将待检细菌接种于枸橼酸盐培养基中,35℃培养 18~24 小时。

(2)结果及判定:培养基呈深蓝色或有细菌生长者为阳性,用"+"表示。培养基未变色且无细菌生长者为阴性,用"-"表示。

6. 硫化氢试验

(1)方法:用接种针挑取待检细菌,穿刺接种到克氏双糖铁斜面培养基深层(距管底 3~5mm 为宜),再将接种针从深层向上提起,在斜面上由下至上曲折划线。35℃培养 18~24 小时。

(2)结果及判定:培养基底层有黑色沉淀,则为硫化氢试验阳性(即 H_2S"+"),黄色或红色为阴性(即 H_2S"-")。

7. 尿素酶(脲酶)试验

(1)方法:取待检细菌,接种到尿素固体斜面培养基上,35℃培养 18~24 小时。

(2)结果及判定:培养基呈红色为尿素酶试验阳性,用"+"表示;培养基未变色者为阴性,用"-"表示。

8. 血浆凝固酶试验

(1)方法:在洁净载玻片上滴加生理盐水 1 滴,用无菌接种环取待检细菌培养物少许于生理盐水混匀,观察有无自凝现象。若无自凝,再加入兔血浆 1 滴,轻轻摇动玻片混匀,观察结果。

(2)结果及判定:2 分钟内如出现颗粒状凝集,即为阳性;反之则为阴性。

【注意事项】

1. 制备液体糖发酵管时,内装的小倒管在接种细菌前应无气泡存在,否则不能使用。

2. 滴加靛基质试剂应沿管壁缓缓加入,稍待片刻即观察液面上是否出现红色,否则红色化合物会逐渐扩散以至不清晰。

3. 滴加 VP 试剂后要充分摇匀,静置 10 分钟后再观察是否有红色化合物出现。

【实训检测】

1. 何谓 IMViC 试验?

2. 在生化反应中,哪些属于糖类分解代谢?哪些属于蛋白质类分解代谢?

【实训报告】

记录、分析并报告各项生化反应结果。

【实训评价】

细菌生化反应结果判定能力的检测。

试验名称	糖发酵试验	靛基质试验	甲基红试验	V-P试验	枸橼酸盐利用试验	H_2S试验	尿素酶试验
阳性结果							
试剂或指示剂							

（赵秀梅）

实训六　细菌的分布与控制技术

一、细菌的分布检查

（一）空气中细菌的检查——自然沉降法

【实训目的】

学习自然沉降法的操作过程及在生产实践中的应用，为建立无菌观念及今后的药品生产车间环境的卫生检验奠定基础。

【实训用品】

1. 培养基　普通琼脂平板。

2. 器材　记号笔、恒温培养箱等。

【方法及步骤】

1. 采样　取普通琼脂平板，打开平皿盖（并将其盖向下扣放，防止平皿盖人为污染影响检查结果），将琼脂平板置于距地面垂直高度80～150cm处，暴露于空气中30分钟。平板布点方法如下：若室内面积≤$30m^2$，在对角线中心点及两端距墙1m处各取1点；若室内面积≥$30m^2$，则设东、西、南、北及中心点共5点，其中东、西、南、北点均距墙1m。然后盖上皿盖，标记。

2. 培养　将采集的标本置35℃培养18～24小时，计算菌落数。

3. 计数方法　观察结果，记录每只平板上的菌落数，按奥梅梁斯基计算法，即在面积A为$100cm^2$的培养基表面，5分钟沉降下来的细菌数相当于10L空气中所含的细菌数。

$$细菌数(cfu/m^3)=1000\div(A/100\times t\times 10/5)\times N$$

将上述公式化简后得：

$$细菌总数(cfu/m^3)=(50000/At)\times N$$

公式中的N为平均菌落数（cfu）；A为平皿面积（cm^2）；t为平皿暴露于空气中的时间（min）。

4. 结果判定　不同环境的空气卫生质量要求有不同的评价标准（实训表6-1，实训表6-2）。不同药品对相应生产环境空气质量的具体要求应参照GMP有关规定。

实训表 6-1　各类环境空气、物体表面、医护人员手细菌菌落总数卫生标准

环境类别	范围	标准			特殊菌的检查
		空气	物体表面	医护人员手	
		cfu/m^3	cfu/cm^2	cfu/cm^2	
Ⅰ类	层流洁净手术室、层流洁净病房	≤10 或 0.2cfu/皿	≤5	≤5	不得检出 A、B、C、D
Ⅱ类	普通手术室、产房、婴儿室、早产儿室、普通保护性隔离室、供应室无菌区、烧伤病房、重症监护病房	≤200 或 4cfu/皿	≤5	≤5	不得检出 A、B、C、D、E
Ⅲ类	儿科病房、妇产科检查室、注射室、换药室、治疗室、供应室清洁区、急诊室、化验室、各类普通病房和房间	≤500 或 10cfu/皿	≤10	≤10	不得检出 A、B、D、E
Ⅳ类	传染病科及病房	-	≤15	≤15	不得检出 A、B

注：A：金黄色葡萄球菌；B：大肠埃希菌；C：铜绿假单胞菌；D：溶血性链球菌；E：母婴室、早产儿室、婴儿室、新生儿室及儿科病房的物体表面、医护人员手上还不得检出沙门菌。F：Ⅰ、Ⅱ、Ⅲ类区域空气监测中不得检出金黄色葡萄球菌和溶血性链球菌

实训表 6-2　以细菌总数评价空气的卫生标准（cfu/m^3）

清洁程度	细菌总数
最清洁的空气（有空调）	1～2
清洁空气	<30
普通空气	31～125
临界环境	～150
轻度污染	<300
严重污染	>301

【注意事项】

1. 检测时要严格无菌操作。
2. 观察结果时，应仔细计数菌落数，防止漏数或重复计数。

【实训检测】

自然沉降法的应用范围是什么？如何判断其实验结果？

【实训报告】

记录空气的细菌检查结果，分析其与生物制药工作的关系。

【实训评价】

评价内容	采样方法是否正确	无菌操作是否规范	菌落计数是否准确	计算方法是否正确	空气卫生评价是否正确
评价结果					

(二) 水中细菌的检查——倾注培养法

【实训目的】

学习倾注培养法的原理、方法及应用，为建立无菌观念及消毒灭菌效果监测、药品限度监测等后续课程奠定基础。

【实训用品】

1. 培养基　普通琼脂培养基。
2. 检样　自来水、蒸馏水等。
3. 器材及其他　记号笔、恒温培养箱、无菌生理盐水、无菌平皿、吸管等。

【方法及步骤】

1. 稀释水样　取 2 只试管，每管加生理盐水 9ml。另取 1ml 水样加入第 1 只生理盐水管中，混匀后得稀释度为 1∶10 的水样。再从第 1 只盐水管中吸取 1ml 加至第 2 管，混匀后得 1∶100 的水样。
2. 加样　取未稀释及 1∶10、1∶100 的水样各 2ml，分别加入 2 个空培养皿内，每皿 1ml。
3. 倾注培养基　将已溶化且冷却至 50℃的营养琼脂 15ml，迅速倾注已加入水样的平皿内，立即轻摇平皿使琼脂与水样混匀，静置冷凝后，做好标记。
4. 培养　置 35℃培养 18～24 小时后观察结果。
5. 结果　选择菌落数在 30～300 的培养皿进行计数后，分别乘以稀释倍数，再取其平均值，即得每毫升水样中含有的菌落总数。

【注意事项】

1. 操作时要严格进行无菌操作。
2. 倾注培养基的温度应控制在 50℃，以免因培养基温度过高而致细菌死亡；或温度低于 45℃，培养基凝固无法倾注或混匀。

【实训检测】

倾注培养法有何用途及如何判断实验结果？

【实训报告】

记录自来水或蒸馏水的细菌检查结果，分析其与生物制药工作的关系。

【实训评价】

评价内容	水样稀释是否学会	培养基倾注是否合格	无菌操作是否规范	菌落计数是否准确	计算结果是否正确	水样卫生评价是否学会
评价结果						

(三) 皮肤细菌的检查

【实训目的】

学习皮肤细菌检查方法，加强对人体微生物分布的理解，为培养无菌操作习惯奠定基础。

【实训用品】

1. 培养基　普通琼脂培养基。

2. 器材　记号笔、恒温培养箱等。

【方法及步骤】

1. 取普通琼脂平板1块，用记号笔在平板底部分3区，并标明1、2和3。

2. 先将一手指在平板上1区轻轻涂抹；再将此手指用聚维酮碘消毒后在2区轻轻涂抹；3区做空白对照。

3. 将琼脂平板置35℃温箱培养18～24小时后观察结果。

【注意事项】

操作时要严格进行无菌操作。

【实训检测】

皮肤细菌的检查有何用途及如何判断实验结果？

【实训报告】

记录皮肤的细菌检查结果，理解正常菌群的意义。

【实训评价】

评价内容	1区菌落数	2区菌落数	3区菌落数	能否正确分析各区结果
评价结果				

（四）咽喉部细菌的检查

【实训目的】

学习咽喉部细菌检查方法，加强对人体微生物分布的理解，为无菌操作奠定基础。

【实训用品】

1. 培养基　血液琼脂培养基。

2. 器材　无菌棉拭子、记号笔、恒温培养箱等。

【方法及步骤】

1. 取血琼脂平板1块，在平板底部正中划一直线分为两个区，并标明序号。

2. 由两位同学用无菌棉拭子互相于咽喉部涂抹采集标本，然后将两个标本以无菌操作分别涂于两个相应区域的血琼脂平板一端，用接种环划线分离。

3. 将血琼脂平板置35℃培养18～24小时后观察结果。

【注意事项】

1. 操作时要严格进行无菌操作。

2. 用无菌棉拭子采集分泌物时，应避免与口腔黏膜接触。

【实训检测】

1. 咽部细菌的检查有何用途及如何判断实训结果？

2. 通过细菌分布检查试验，说明为什么在生物制药生产中要始终贯穿无菌观念，严格执行无菌操作？

【实训报告】

记录咽喉部的细菌检查结果，并说明其意义。

二、细菌控制技术

(一) 无菌器材的准备技术

【实训目的】

学习玻璃器材的清洗、包扎及灭菌技术，培养无菌操作能力，为后续实训课的器材准备、操作技能的培养奠定基础。

【实训用品】

1. 玻璃器皿　培养皿、试管、三角烧瓶、吸管。
2. 包装用品　牛皮纸、报纸、硅胶塞、包装绳、试管筒或平皿筒。
3. 灭菌装置　电热恒温干燥箱、高压蒸汽灭菌器。
4. 灭菌效果检测用品　含芽孢菌片。

【方法及步骤】

1. 玻璃器皿的清洗、干燥与包扎

(1)玻璃器皿的清洗

1)新玻璃器皿的清洗：先在 2%盐酸溶液中浸泡数小时；对容量较大的烧瓶、量筒等，洗净后注入浓盐酸少许，数分钟后倾去盐酸，再以流水冲净。

2)带菌玻璃器材的洗涤：凡实验室用过的带有活菌的各种玻璃器皿，必须经过高温灭菌或消毒后才能进行刷洗。①带菌培养皿、试管等物品，需 121.3℃烘烤 20～30 分钟后再刷洗。含油脂的带菌器材趁热倒去污物，倒置于吸水纸上，100℃烘烤 30 分钟，用 5% $NaHCO_3$ 水煮 2 次，再用肥皂水刷洗干净。②带菌的吸管、载玻片及盖玻片等，需放入盛有 3%～5%甲酚皂或 5%苯酚等消毒剂的玻璃缸(筒)内消毒 24 小时后，清水冲干净。③细菌染色的载玻片，用 50g/L 肥皂水中煮沸 10 分钟，用肥皂水及清水洗净后，再浸入 95%乙醇中片刻，取出用软布擦干备用。

3)常用旧玻璃器皿的清洗：确实无病原菌或未被带菌物污染的器皿，使用前后可按常规用洗衣粉水进行刷洗。

(2)玻璃器皿的干燥：自然晾干或于烘箱内 80～120℃烘干，当温度下降到 60℃以下再打开取出器材使用。

(3)玻璃器皿的包扎：要使灭菌后的器皿仍保持无菌状态，需在灭菌前进行包扎。①培养皿：培养皿烘干后每 10 套(或根据需要而定)叠在一起，用牢固的纸卷成一筒，或装入特制的铁桶中，然后进行灭菌。②吸管：在吸口的一头塞入少许脱脂棉，以防在使用时造成污染。塞入的棉花量要适宜，多余的棉花可用酒精灯火焰烧掉。每支吸管用一条宽 4～5cm 的纸条，以 30°～50°的角度螺旋形卷起来，吸管的尖端在头部，另一端用剩余的纸条打成一结，以防散开，标上容量，若干支吸管包扎成一束进行灭菌。③试管和三角瓶：试管口和三角烧瓶口加硅胶塞或棉塞后，若干支试管用绳扎在一起，在硅胶塞部分外包裹油纸或牛皮纸，再用绳扎紧。三角瓶加塞后单个用油纸包扎。

2. 玻璃器材的灭菌

(1)干热灭菌法：将包扎后玻璃器皿于干烤箱内进行干热灭菌。检查干烤箱的电源、温控器正常后方可使用。①将欲灭菌物品包装后放入箱内，物品间要留有一定空隙，以便空气流通。放入含枯草芽孢杆菌黑色变种菌片，关闭箱门，接通电源，打开鼓风机使温度均匀。②当温度升至 100℃时关闭鼓风机，使温度继续升至 160～170℃，维持

2小时，关闭电源。③待箱内温度降至40℃以下时，方可打开箱门取物。取出枯草芽孢杆菌黑色变种菌片，放入液体培养基，37℃培养72小时观察最终灭菌效果。

(2)高压蒸汽灭菌法：将带菌玻璃器皿于高压蒸汽灭菌器内湿热灭菌。①检查灭菌器电源、各功能阀，正常时可使用。将锅内加水至规定刻度，然后放入待灭菌物品及装有嗜热脂肪芽孢杆菌纸片的小试管(各物品间留出一定间隙，使物品均匀受热)，盖紧锅盖。②打开排气阀，接通电源开始加热，待器内冷空气排尽后，关闭排气阀。③继续加热直至压力表达到所需压力时开始计算时间，调节热源，维持15～30分钟即可达到灭菌目的。通常灭菌器内气压在103.4kPa/cm^2时，温度达121.3℃，经15～30分钟，可杀死所有细菌繁殖体和芽孢。④灭菌完毕关闭热源，使压力缓缓下降至指针到0时，方可打开排气阀，再开盖取出灭菌物品。⑤将嗜热脂肪芽孢杆菌的纸片放入溴甲酚紫蛋白胨水培养基中50℃培养48小时，如培养基不变色表示无细菌生长，说明此次灭菌合格。

【注意事项】

1. 使用干烤箱的注意事项

(1)需要灭菌的玻璃器皿、试管、吸管等必须洗净并干燥后再进行灭菌。平皿、吸管等需包装、塞上胶(棉)塞。

(2)放入箱内的物品不可排列过挤。物品包体积不应超过10cm×10cm×20cm，装载高度不应超过烤箱高度的2/3。

(3)灭菌时应经常查看。灭菌温度不得超过180℃，否则棉塞和包扎纸张可被烧焦甚至起火。

(4)灭菌后，让温度自然下降至40℃以下时，方可开门取物，否则玻璃器材可因骤冷而爆裂。

2. 使用高压蒸汽灭菌器的注意事项

(1)使用前必须检查安全阀、排气阀、压力表、锅盖是否盖紧等，以免发生危险。

(2)待灭菌物品的包裹不要太大，也不应放置过挤，防止影响灭菌效果。

(3)进行灭菌时，必须将容器内冷空气完全排出，否则压力表所示压力与应达到的温度不符，将影响灭菌效果。

(4)灭菌完毕，应使压力缓慢下降至0时，方可打开排气阀，切不可排气太快或突然打开排气阀，以免灭菌器内液体外溢。

【实训检测】

1. 高压蒸汽灭菌法和干烤灭菌法灭菌的温度、时间及适用范围如何？

2. 使用高压蒸汽灭菌器和干烤箱灭菌应如何操作？各有哪些注意事项？

【实训报告】

记录高压蒸汽灭菌器、干烤箱的使用方法、用途及注意事项。

(二) 消毒灭菌试验

【实训目的】

学习热力灭菌、紫外线杀菌、化学消毒剂杀菌试验的原理、方法及结果观察，能正确运用消毒灭菌方法，为今后的医药学实践中要求的消毒灭菌技术奠定基础。

【实训用品】

1. 培养基　普通琼脂培养基、肉汤培养基。

2. 细菌培养物　葡萄球菌、大肠埃希菌、枯草芽孢杆菌。

3. 试剂　75%乙醇、聚维酮碘、2%红汞、2%甲紫、0.1%苯扎溴铵。

4. 器材　酒精灯、接种环、小镊子、记号笔、黑纸、含嗜热脂肪芽孢杆菌的纸片、含枯草芽孢杆菌黑色变种菌片、干烤箱、恒温培养箱、高压蒸汽灭菌器等。

【方法及步骤】

1. 热力消毒灭菌试验

(1)取8支肉汤培养基,分成A、B、C和D四组,每组2只,分别标记大肠埃希菌、枯草芽孢杆菌。

(2)用无菌毛细管分别在肉汤中接种相应菌液2滴。

(3)将A组2管置于60℃水浴30分钟,B组2管置于100℃水浴5分钟,C组2管置于高压蒸汽锅内121.3℃ 15~30分钟,D组2管不加热作对照。

(4)将4组肉汤管置35℃恒温箱培养18~24小时,观察细菌生长情况。

2. 紫外线杀菌试验

(1)取普通琼脂平板1块,密集划线接种葡萄球菌或大肠埃希菌。

(2)将剪好的黑纸片用无菌的小镊子,贴于涂有细菌的平板培养基表面,用镊尖将纸片四周与培养基贴紧。

(3)打开皿盖,将平板暴露于距紫外灯下20~30cm处,打开紫外灯照射30分钟。

(4)照射完毕,用小镊子取出纸片并焚烧。盖上皿盖,底部标记。置35℃培养18~24小时,观察培养基表面细菌生长现象并分析其结果。

3. 化学消毒剂杀菌试验

(1)取普通琼脂平板1块,密集划线接种葡萄球菌或大肠埃希菌。

(2)用无菌小镊子夹取无菌滤纸片,分布蘸取75%乙醇、2%红汞、2%甲紫、0.1%苯扎溴铵、聚维酮碘消毒剂,轻轻贴于琼脂表面切勿移动,纸片间距为3cm,盖好皿盖,标记。

(3)置35℃培养18~24小时后,观察各种消毒剂的杀菌效果。

【注意事项】

1. 将细菌涂布于琼脂培养基表面时,应连续反复划线,涂抹要均匀。

2. 紫外线光源与被消毒物品之间的距离应在1m以内,照射的时间要足够。

3. 由于紫外线也可以破坏人体细胞的DNA,所以实验者不能长时间暴露于紫外光源下,避免皮肤和黏膜的损伤。

4. 消毒剂不宜蘸得过多,防止其外流而导致抑菌环直径不真实。

【实训检测】

1. 紫外线杀菌的原理是什么?如何利用它作为诱变育种的诱变剂?

2. 热力灭菌的原理是什么?在同一温度下湿热灭菌效果为什么比干热好?

【实训报告】

1. 记录并分析紫外线杀菌试验的结果,总结其杀菌特点及使用范围。

2. 记录煮沸消毒灭菌实验结果,比较细菌繁殖体与芽孢对热的抵抗力,分析煮沸时间长短对细菌的影响。

3. 记录并分析常用化学消毒剂杀菌的实训结果。

【实训评价】

消毒灭菌应用能力检测。

评价内容	接种环	试管口	玻璃器皿	静脉注射部位	普通培养基	实验室空气
消毒灭菌方法						
评价结果						

（赵秀梅）

实训七　细菌对药物的敏感性试验

【实训目的】

通过学习药物的体外敏感试验，观察药物抗菌现象，为分析药物的抗菌作用奠定基础。

一、纸片扩散法(K-B法)

【实训用品】

1. 培养基　水解酪蛋白(Mueller-Hinton，M-H)琼脂培养基，是CLSI推荐采用的需氧菌和兼性厌氧菌药敏试验标准培养基，pH7.2。制平板时，90mm内径的平板倾注25ml，使琼脂厚度为4mm。待琼脂凝固后放入35℃温箱30分钟，使琼脂表面干燥后方可应用。制备的M-H琼脂平板可置塑料密封袋中4℃备用。

2. 抗菌药物纸片　按表2-5选择。市售商品注意在有效期内使用。

3. 菌种　金黄色葡萄球菌、大肠埃希菌。

4. 试剂与器材　无菌生理盐水、0.5麦氏标准比浊管、无菌棉拭子、镊子、直尺(或游标卡尺)、记号笔、恒温箱等。

【方法与步骤】

1. 待检菌液制备

(1)生长法：从培养18～24小时纯培养琼脂平板上选取3～5个菌落，用接种环转移至含4～5ml的肉汤培养管中，35℃孵育4～6小时。用无菌盐水或肉汤调整菌液浊度相当于0.5麦氏标准。

(2)直接调制法：用接种环挑取琼脂平板上待检菌落，直接用肉汤或无菌盐水制成0.5麦氏标准浊度的细菌悬液。校正后的菌悬液应在15分钟内接种至M-H琼脂平板。

2. 接种　用无菌棉拭蘸取细菌悬液，在试管内壁旋转挤去多余菌液后在M-H琼脂表面均匀涂布接种3次，每次旋转平板60°，最后沿平板内缘涂抹1周。

3. 贴药敏纸片　涂布后的平板在室温下干燥3～5分钟，用纸片分配器或无菌镊子将含药纸片紧贴于琼脂表面，各纸片中心相距应大于24mm，纸片距平板内缘应大于15mm，纸片贴上后不能再移动位置，直径为90mm的平板可贴放5张纸片。

4. 孵育　纸片贴好后，须在15分钟内置35℃孵箱，18～24小时读取结果。

5. 结果判断　将培养物置黑色无反光背景下，从平板背面用游标卡尺或直尺量取抑菌环直径，单位为毫米，抑菌圈的边缘以肉眼见不到细菌明显生长为限。先量取质控菌株的抑菌圈直径，以判断质控是否合格。然后量取试验菌株的抑菌环直径，参照表2-6的标准判读结果。按敏感(S)、中介(I)、耐药(R)报告。

【注意事项】

1. 培养基的成分、含量、pH 及琼脂的硬度、厚度和表面湿度等均可影响药物的扩散，故每批 M-H 琼脂平板均需检测合格后方可使用。

2. 药敏纸片的质量是影响试验结果的重要因素。药敏纸片应在有效期内使用。以低温干燥保存为佳。若保存不当，可使药效减低，致抑菌环缩小。

3. 待检菌液的浓度和接种量取决于麦氏标准比浊管的配制、保藏和正确使用。菌量过大可使抑菌环缩小，因此菌量应相对固定。麦氏比浊标准管使用前应充分摇匀，每半年重配一次。配制的菌液应在 15 分钟内接种。

4. 接种细菌后应在室温放置片刻，待菌液被培养基吸收后再贴纸片，但不宜放置过久，否则在贴纸片前细菌已开始生长，可致抑菌环缩小。

5. 纸片贴放后不能移动（因为有些药物立刻就可扩散至琼脂内），并应注意各纸片的间距及与平板应有一定距离。

6. 培养时，平板最好单独平放，或不超过 2 个叠放，使平板均匀受温。

7. 测量工具应精确，抑菌环范围判定应准确。

【实训检测】

1. K-B 法进行药敏试验时，应注意哪些问题？为什么？

2. 药敏试验有何意义？怎样防止耐药菌的产生？

【实训报告】

记录 K-B 法药敏试验的结果，分析其实际意义。

【实训评价】

细菌	敏感的抗菌药物	耐药的抗菌药物
金黄色葡萄球菌		
大肠埃希菌		

二、肉汤稀释法

【实训用品】

1. 菌种　金黄色葡萄球菌、大肠埃希菌。

2. 培养基　水解酪蛋白（M-H）琼脂、M-H 肉汤。

3. 试剂　无菌生理盐水、蒸馏水、0.1mol/L 磷酸盐缓冲液（pH 6.0）、抗菌药物。

4. 其他　0.5 麦氏标准比浊管、试管、吸头。

【方法与步骤】

1. 抗菌药物原液的配制　根据药物性能，配制各种抗菌药物原液的溶剂和稀释剂选择蒸馏水及 0.1mol/L 磷酸盐缓冲液（pH 6.0）。一般原液浓度不低于 1000μg/ml 或 10 倍于最高测试浓度。肉汤稀释法常用的原液浓度为 1280μg/ml。原液配制好后用过滤法除菌，小量分装备用。大部分抗菌药物原液在 20℃以下可保存 3 个月，−60℃以下保存期不超过 6 个月，但在 4℃下只能保存 1 周。肉汤稀释法常用抗菌药物容积稀释法见实训表 7-1。

实训表 7-1　琼脂和肉汤稀释法常用抗菌药物容积稀释法

药物浓度(μg/ml)	取药液量(ml)	加稀释剂量(ml)	药物稀释浓度(μg/ml)	琼脂或肉汤中最终含药浓度(μg/ml) 药物：琼脂(或肉汤)＝1∶9
5120(原液)	1	0	5120	512
5120	1	1	2560	256
5120	1	3	1280	128
1280	1	1	640	64
1280	1	3	320	32
1280	1	7	160	16
160	1	1	80	8
160	1	3	40	4
160	1	7	20	2
20	1	1	10	1
20	1	7	2.5	0.25
2.5	1	1	1.25	0.125
2.5	1	3	0.625	0.0625
2.5	1	7	0.312	0.0312

2. 抗菌药物稀释　取 26 支试管排成 2 排，每排 13 支。另取 3 支试管，分别标记上“肉汤对照”、“测试菌生长对照”和“质控菌生长对照”。用 M-H 肉汤稀释抗菌药物原液至待测最高浓度，操作可按实训表 7-1 所示的稀释方法进行。除每排的第一支试管外，每管内加 M-H 肉汤 2ml；于每排的第一、二管分别加入 2ml 抗菌药物稀释液，依次倍比稀释至第 13 管，并从第 13 管中吸取 2ml 弃去。各管中抗菌药物的终浓度依次为 128、64、32、16、8、4、2，0.5、0.25、0.12、0.06 和 0.03μg/ml。

3. 测试菌和质控标准菌的准备　增菌培养同 K-B 法，生长后的菌液用 3～5ml 生理盐水校正浓度至 0.5 麦氏比浊标准，再用 M-H 肉汤 1∶10 稀释，使含菌量达到 1×10^7cfu/ml。稀释菌液 15 分钟内接种完毕。

4. 加样　用微量加样器取 0.1ml 稀释菌液由低药物浓度向高药物浓度加于各排试管中，其最终细菌接种量为 5×10^5cfu/ml。加样时，加样器吸头必须插到管内液面下加菌并注意避免与管内壁接触。加毕菌液后的试管应避免晃动。

5. 结果判断　35℃孵育 24 小时后测试菌（或标准菌）不出现肉眼可见生长的最低药物浓度为该药对测试菌（或标准菌）的 MIC。甲氧苄啶或磺胺药物的肉汤稀释法敏感试验的终点判断以 80%生长抑制作为判断指标。

【注意事项】

1. 抗菌药物的稀释应准确。

2. 加样顺序应由低药物浓度向高药物浓度加于各排试管。

3. 液体稀释法不适于做磺胺药或甲氧苄啶等抑菌剂的药敏试验，因为敏感株在被抑制前已可繁殖数代，导致结果的终点不清，而应用琼脂稀释法可获满意的结果。

【实训检测】

肉汤稀释法进行药敏试验时应注意哪些问题？为什么？

【实训报告】

记录肉汤稀释法药敏试验的结果，分析其实际意义。

（赵秀梅）

实训八　真菌的形态与结构观察

【实训目的】

学习观察真菌形态与结构的方法，为真菌鉴别及相关学习或生产奠定基础。

【实训用品】

1. 菌种　啤酒酵母、根霉、青霉、曲霉培养物。

2. 标本片　白假丝酵母菌小培养标本片、新生隐球菌墨汁负染标本片。

3. 试剂及器材　蒸馏水、显微镜、接种针（环）等。

【方法及步骤】

观察单细胞真菌（啤酒酵母、白假丝酵母菌、新生隐球菌）和多细胞真菌（根霉、青霉、曲霉）的形态结构。

1. 水浸片的制作

（1）在载玻片上滴加1滴蒸馏水，用接种针以无菌操作方式挑取根霉或曲霉或青霉的少许菌丝于蒸馏水中并充分展开，然后盖上盖玻片。

（2）在载玻片上滴加1滴蒸馏水，用接种环以无菌操作方式蘸取少许酵母菌溶于蒸馏水中并混匀，然后盖上盖玻片。

2. 镜检　用低倍镜或高倍镜依次观察不同的标本片。

【注意事项】

1. 制作水浸片时，一定要将真菌在蒸馏水中充分展开、混匀，否则会影响对菌丝和孢子的观察。

2. 盖盖玻片时应避免气泡的产生。

【实验结果】

1. 青霉菌　可见有隔的竹节样菌丝，其末端为扫帚状排列成堆的圆形或卵圆形小分生孢子。

2. 根霉菌　可见无隔的葡萄菌丝以及特化菌丝——假根，葡萄菌丝顶端呈圆形的孢子囊。

3. 曲霉菌　可见有隔菌丝、足细胞、足细胞末端的顶囊以及呈辐射状排列的1～2层小梗和成串的圆形有色的分生孢子。

4. 啤酒酵母　可见单个的圆形或卵圆形细胞，有的可见出芽，为芽生孢子。

5. 白假丝酵母　可见单个的圆形或卵圆形细胞，有的可见出芽，为芽生孢子。有的形成芽管，为假菌丝。折光下可见细胞厚壁，为厚膜孢子。

6. 新生隐球菌　黑色背景中可见单个的圆形透亮小体，内有1个或数个反光颗粒，为核仁。细胞周围可见一层厚的透明带，为荚膜。有的可见芽生孢子。

【实验报告】

绘图表示观察到的6种真菌的形态，并标注其中的特征性结构。

（吴正吉）

参考文献

1. 沈关心.微生物学与免疫学.第7版.北京:人民卫生出版社,2011
2. 甘晓玲,黄建林.微生物学与免疫学.北京:人民卫生出版社,2011
3. 许正敏,杨朝晔.病原生物与免疫学.第2版.北京:人民卫生出版社,2010
4. 许正敏.病原生物与免疫学.第2版.北京:人民卫生出版社,2011
5. 李凡,刘晶星.医学微生物学.第7版.北京:人民卫生出版社,2010
6. 肖纯凌,赵富玺.病原生物学与免疫学.第6版.北京:人民卫生出版社,2012
7. 郭积燕.微生物检验技术.第2版.北京:人民卫生出版社,2008
8. 刘运德.微生物检验.第2版.北京:人民卫生出版社,2005
9. 黄贝贝,陈电容.微生物学与免疫学基础.北京:化学工业出版社,2009
10. 周长林.微生物学.第2版.北京:中国医药科技出版社,2009
11. 马兴元,廉慧锋,付作申.疫苗工程.上海:华东理工大学出版社,2009
12. 董德祥.疫苗技术基础与应用.北京:化学工业出版社,2002

目标检测参考答案

第一章　微生物与微生物学

一、选择题

（一）单项选择题

1. A　2. A　3. B　4. B　5. B

（二）多项选择题

1. ABE　2. ABDE　3. ABCDE　4. ABCDE　5. ABCDE

二、简答题

略，请参考教材相关内容。

三、实例分析

略，请参考教材相关内容。

第二章　原核微生物

一、选择题

（一）单项选择题

1. A　2. A　3. B　4. B　5. B　6. D　7. A　8. D　9. D　10. B　11. B　12. B　13. C　14. D　15. C　16. C　17. B　18. C　19. C　20. D　21. D　22. D　23. B　24. B　25. C　26. A　27. D　28. B　29. D　30. C　31. D　32. B　33. B　34. B　35. B

（二）多项选择题

1. ABCDE　2. BDE　3. BD

二、简答题

1～3 略。

4. 人是梅毒的唯一传染源。①通过胎盘传给胎儿的，能引起流产、早产或死胎。若出生后能存活，呈现锯齿牙、间质性角膜炎、先天性耳聋等症状。②通过性接触传染：后天性梅毒分为三期。第一期在局部出现无痛性硬下疳，多见于外生殖器，此期传染性极强。经 2～3 个月的潜伏期进入第二期，表现为全身皮肤黏膜出现梅毒疹、周身淋巴结肿大，有时累及骨、关节、眼及其他器官。第三期为梅毒晚期，侵犯内脏器官，出现心血管及中枢神经系统病变，导致动脉瘤、脊髓结核等。

梅毒螺旋体感染的免疫包括细胞和体液免疫，以细胞免疫为主，为传染性免疫。

三、实例分析

要点提示：

(1)可能的原因：热原反应。

(2)可能的处理：①立即更换输液器及液体，做好对症治疗；②用更换下的输液器和输液制剂检测热原或内毒素。

第三章 真核微生物

一、选择题

(一) 单项选择题

1.B 2.C 3.A 4.C 5.D 6.B 7.B 8.D 9.A 10.D

(二) 多项选择题

1.BCD 2.CD 3.ABC 4.ABD 5.ABCD

二、简答题

略，请参考教材相关内容。

第四章 病 毒

一、选择题

(一) 单项选择题

1.A 2.D 3.B 4.D 5.C 6.B 7.D 8.D 9.D 10.A 11.B 12.B 13.C 14.C 15.D 16.C 17.A 18.D 19.B 20.D 21.D 22.D 23.D 24.C 25.C

(二) 多项选择题

1.ABCE 2.BCD 3.ACD 4.BCE 5.ACD

二、简答题

略，请参考教材相关内容。

三、实例分析

1. 要点提示

(1)感染的病原体：HIV。

(2)感染途径：血液和性传播。

(3)疾病时期：可能处于 AIDS 相关综合征期。

(4)确诊该疾病的试验：免疫印迹试验。

2. 要点提示

(1)感染的病原体：HBV。

(2)感染途径：血液、性传播和母婴垂直传播。

(3)疾病时期：乙肝急性期。

(4)血液有传染性。

第五章　微生物的感染与免疫

一、选择题

(一) 单项选择题

1. C　2. B　3. D　4. D　5. A　6. D　7. A　8. A　9. D　10. A　11. A　12. D　13. A　14. D　15. D　16. A

(二) 多项选择题

1. ACD　2. ABD　3. ABCE　4. BC

二、简答题

略，请参考教材相关内容。

第六章　微生物在生物制药中的应用

一、选择题

(一) 单项选择题

1. D　2. D　3. D　4. A　5. A

(二) 多项选择题

1. ABDE　2. ABCDE　3. ABD　4. ABCDE　5. ABDE

二、简答题

略，请参考教材相关内容。

微生物学教学大纲

（供生物制药技术专业用）

一、课程任务

微生物学是高职高专生物制药技术专业的重要专业基础课程。本课程主要内容包括微生物（原核微生物、真核微生物和非细胞型微生物）的特点、代表种类、生理、代谢、分布与控制、感染与免疫、微生物药物、微生物在生物制药中的应用。本课程的任务是使学生掌握本专业所需要的微生物学基本知识、基本操作技能，熟悉微生物学知识在生物制药中的实际应用，使学生具备无菌操作、微生物培养、控制、检测的能力，为药理学、药学、药品检验和质量管理等药学专业知识的学习、指导合理用药和增强适应职业变化的能力奠定基础。

二、课程目标

（一）知识目标

1. 掌握微生物的概念、分类；掌握微生物的分布与控制；掌握抗生素的概念、来源、种类、微生物耐药性及监测方法；掌握药品卫生的微生物学检验项目、方法与评价；掌握微生物药物的概念和实际应用。

2. 熟悉常见细菌、病毒、真菌的主要特性、致病性、免疫性和防治中的药品选择原则；熟悉药品污染微生物的来源、途径、危害及防治措施。

3. 了解细菌的生理和代谢；了解除细菌以外的其他原核微生物的生物学特性、致病性、免疫性及预防；了解微生物感染与免疫系统的构成和作用、免疫应答的概念、类别、作用、防治原则。

（二）技能目标

1. 熟练掌握无菌操作技术、细菌分离培养、鉴定技术、消毒灭菌、药品微生物学检验技术等，通过实训，使学生具备微生物学的基本操作技能及预防医院内感染和药品管理中的微生物控制技能。

2. 学会显微镜使用方法及常见微生物的形态、生长观察技术、微生物对药物敏感性的检测技术等，使学生能正确认识常见的微生物，初步具备抗生素应用筛选、为临床提供合理用药信息的能力，为药物的质量管理、药物的选用、药物储存保养等专业课打下基础。

（三）职业素质和态度目标

1. 养成无菌操作的良好习惯，树立生物安全意识和环境保护意识。

2. 培养学生科学、严谨、踏实、协作的工作作风，具备良好的职业道德和行为规范。

3. 具有不断进取和创新意识。

三、教学时间分配

教学内容	学时数		
	理论	实践	合计
第一章　微生物与微生物学	2		2
第二章　原核微生物	16	21	37
第三章　真核微生物	4	3	7
第四章　病毒	12		12
第五章　微生物的感染与免疫	6		6
第六章　微生物在生物制药中的应用	8		8
合　　计	48	24	72

四、教学内容与要求

单元	教学内容	教学要求	教学活动参考	参考学时	
				理论	实践
一、微生物与微生物学	（一）微生物概述 1. 微生物的概念 2. 微生物的特点 3. 微生物的分类	掌握	理论讲授 多媒体演示 讨论	0.5	
	（二）微生物与人类的关系 1. 微生物在自然界物质循环中的作用 2. 微生物与医疗卫生 3. 微生物与工业发展 4. 微生物与农业生产 5. 微生物与环境保护 6. 微生物与药学的发展	熟悉		1.0	
	（三）微生物学及其发展简史 1. 微生物学及其分支学科 2. 微生物学发展简史 3. 微生物学发展趋势	了解		0.5	

续表

单元	教学内容	教学要求	教学活动参考	参考学时	
				理论	实践
二、原核微生物	(一)细菌	掌握	理论讲授	12	
	1. 细菌的形态与结构		多媒体演示		
	2. 细菌的生理		讨论		
	3. 细菌的分布与控制				
	4. 细菌的遗传与变异				
	5. 细菌对药物的敏感性				
	6. 细菌的致病性				
	7. 常见病原性细菌				
	(二)放线菌	掌握		2	
	1. 放线菌的生物学特性				
	2. 放线菌的主要用途与危害				
	(三)其他原核微生物简介	熟悉		2	
	1. 螺旋体				
	2. 支原体				
	3. 衣原体				
	4. 立克次体				
	实训一:显微镜的使用与细菌形态结构观察	掌握	实践		3
	实训二:革兰染色技术	掌握	实践		3
	实训三:培养基的制备	掌握	实践		3
	实训四:细菌的接种与培养	掌握	实践		3
	实训五:细菌的生化鉴定	掌握	实践		3
	实训六:细菌的分布与控制技术	掌握	实践		3
	实训七:细菌对药物的敏感性试验	掌握	实践		3
三、真核微生物	(一)真菌概述	掌握	理论讲授	2	
	1. 真菌的基本特性		多媒体演示		
	2. 几种常见的真菌		讨论		
	(二)药用真菌	熟悉		2	
	1. 药用真菌概述				
	2. 常用的药用真菌				
	实训八:真菌的形态与结构观察	掌握	实践		3

续表

单元	教学内容	教学要求	教学活动参考	参考学时	
				理论	实践
四、病毒	(一) 病毒概述 1. 病毒的基本特性 2. 病毒的增殖 3. 病毒的遗传与变异 4. 病毒的分类 5. 病毒的感染与防治	掌握	理论讲授 多媒体演示 讨论	6	
	(二) 病毒的人工培养 1. 病毒的细胞培养 2. 病毒的鸡胚培养 3. 病毒的动物培养	熟悉		1	
	(三) 抗病毒药物 1. 抗病毒化学药物 2. 干扰素和干扰素诱生剂 3. 抗病毒基因制剂 4. 抗病毒中草药 5. 抗病毒药物的作用机制	掌握		2	
	(四) 噬菌体 1. 噬菌体的生物学特性 2. 噬菌体与宿主的相互关系 3. 噬菌体在医药学中的应用	熟悉		1	
	(五) 常见的致病性病毒 1. 流行性感冒病毒 2. SARS 冠状病毒 3. 脊髓灰质炎病毒 4. 肝炎病毒 5. 人类免疫缺陷病毒	了解		2	
五、微生物的感染与免疫	(一) 固有免疫的抗感染作用 1. 固有免疫的概念与特征 2. 固有免疫的结构基础 3. 固有免疫的抗感染作用	熟悉	理论讲授 多媒体演示 讨论	3	
	(二) 适应性免疫的抗感染作用 1. 适应性免疫的概念与特征 2. 适应性免疫的结构基础 3. 适应性免疫的抗感染作用	熟悉		3	

续表

单元	教学内容	教学要求	教学活动参考	参考学时	
				理论	实践
六、微生物在生物制药中的应用	(一) 生物制药工业中的微生物污染 1. 生物制药工业中污染微生物的来源 2. 生物制药工业中微生物污染的危害 3. 生物制药工业中微生物污染的防止措施	掌握	理论讲授 多媒体演示 讨论	2	
	(二) 微生物发酵 1. 微生物发酵概述 2. 微生物发酵的发展历程 3. 微生物发酵的基本流程 4. 微生物发酵的异常及其处理 5. 微生物发酵的发展趋势	掌握		4	
	(三) 微生物药物 1. 微生态制剂 2. 疫苗 3. 微生物代谢产物	熟悉		2	

(五) 大纲说明

(一) 适用对象与参考学时

主要供高职高专生物制药技术专业教学使用，总学时 72 学时，其中理论 48 学时，实践 24 学时。

(二) 教学要求

1. 本课程对理论部分教学要求分为掌握、熟悉、了解 3 个层次。掌握：指学生对所学的知识和技能能熟练应用，能综合分析和解决工作中实际问题；熟悉：指学生对所学的知识基本掌握和会应用所学的技能；了解：指对学过的知识点能记忆和理解。

2. 本课程重点突出以能力为本位的教学理念，在实践技能训练方面考虑了 2 个层次，即掌握：指学生能正确理解实验原理，独立、正确、规范地完成各项实验操作；学会：指学生根据实验原理，按照实训指导能进行正确操作。

(三) 教学建议

1. 本大纲力求体现“工学结合，突出实践能力培养，以发展技能为核心”的职业教育理念，理论知识以“必需、够用”为原则，在微生物的介绍方面，打破原有的知识体系，以细胞的结构为主线，将微生物划分为原核微生物、真核微生物、非细胞微型生物，同时重点介绍微生物学在生物制药领域的应用，这样的体系安排有利于学生的学习与记忆。教学内容增加了与生物制药专业密切相关的内容，实践训练着重培养学生实际动手能力，全面掌握执业技能鉴定需要的本专业基本技能。

2. 课堂教学时应突出专业特点，以培养目标、就业岗位确定教学内容，减少知识的抽象性，多采用教辅手段，如多媒体、图片等直观教学的形式，把复杂的微生物作用过程呈现出来，增加学生的感性认识，提高课堂教学效果。

3. 实践教学注重培养学生实际操作的基本技能，核心内容是培养无菌操作及微生物控制等能力，为工作过程中防止微生物感染、污染奠定坚实基础，切实提高学生动手的能力和分析问题、解决问题及独立操作的能力。

4. 考核学生的知识水平和能力水平，应通过平时达标训练、作业（实验报告）、操作技能考核和考试等方面综合考评，通过毕业前集中实训进一步培养执业能力，使学生更好地适应未来职业岗位的需要。